普通高等教育"十一五"国家级规划教材

工科基础化学

GONGKE JICHU HUAXUE

第二版

U0288793

唐和清　主编

齐公台　副主编

化学工业出版社

·北京·

本书共分 9 章，依次介绍了化学物质的基本分类和命名法则、化学物质结构基础、化学热力学和化学动力学基础、溶液化学与离子平衡、电化学与金属腐蚀，以及有机化学的基础知识；还通过介绍基础化学知识在日常生活、能源、环境和生命等领域中的应用，初步完成了相关化学基础知识的网络编织；并选配了 11 个基本的化学实验，以便进一步提高学生利用化学解决实际问题的能力。本书的编写特点是，以基础概念、基本原理和基本方法为重点，以实际应用为知识点的连接手段，顺应"宽口径、厚基础"的培养模式，初步具备由模块式教学功能，可满足不同的教学课时数要求。

本书的主要适用对象为高等学校非化学和化工类的本科生，也可作为化学与化工类学生的学习参考书。

图书在版编目（CIP）数据

工科基础化学/唐和清主编 . —2 版 . —北京：化学工业
出版社，2009.8（2024.9 重印）
普通高等教育"十一五"国家级规划教材
ISBN 978-7-122-06381-6

Ⅰ. 工⋯　Ⅱ. 唐⋯　Ⅲ. 化学-高等学校-教材　Ⅳ. O6

中国版本图书馆 CIP 数据核字（2009）第 144324 号

责任编辑：宋林青　　　　　　　　　　文字编辑：陈　雨
责任校对：徐贞珍　　　　　　　　　　装帧设计：史利平

出版发行：化学工业出版社（北京市东城区青年湖南街 13 号　邮政编码 100011）
印　　装：三河市双峰印刷装订有限公司
787mm×1092mm　1/16　印张 18½　彩插 1　字数 495 千字　　2024 年 9 月北京第 2 版第 14 次印刷

购书咨询：010-64518888　　　　　　售后服务：010-6451889
网　　址：http://www.cip.com.cn
凡购买本书，如有缺损质量问题，本社销售中心负责调换。

定　　价：42.00 元

前　言

随着科学与技术的飞速发展，化学也从一门传统的古老科学发展成为一门极具活力、对人类社会的进一步发展具有决定性作用的现代科学。化学的应用伙伴——化学工程也经历了与化学相似的快速发展。化学与化工从相互分离到再次融合，并且化学与众多其它工业相互渗透，构成了目前新的化学蓝图。且不说化学与化工自身对人类的重要性，单说它们对其它科学与技术的支撑就知其地位。高科技影响着人类生活的方方面面，而许许多多的高科技都与化学紧密相关。众所周知，信息科学、生命科学和材料科学是 21 世纪的三大支柱性学科。然而，如果将其中的"化学"成分去掉，这些学科也就无法担当大任了。正是由于这一重要性，非化学化工类的普通工科专业的大学生也必须学习基本的化学知识，以备将来在工作岗位上利用掌握的化学知识为自身的专业工作提供更好的创新机会。

本书通过第一版的使用，在一线教师和广大大学生的共同努力下，取得了良好的教学效果。借着这次入选为"十一五"国家级规划教材的机会，我们在第一版的基础上进行了修订。在内容和体系上，基本保持了第一版的格局，但在一些具体内容和先后次序方面进行了合理的调整，增强了其可读性。另外，适当地增加了每一章的习题量，以有利于学生的复习与提高。

第一版的参编者金名惠教授由于退休而不再参与修订版的工作，在此特别感谢金名惠教授的大力支持和重要贡献。为了更好地完成修订工作，我们增加了一些新的参编人员，他们主要负责的编写内容如下：刘宏芳、刘列炜（第 2 章）；郭兴蓬、陈振宇（第 3 章）；齐公台（第 5 章和第 6 章）；王芹（第 7 章）；邱于兵（第 8 章）；董泽华（第 9 章和附录）。唐和清负责了第 1 章和第 4 章的编写以及全书的统稿。在编写和修订过程中，得到了化学工业出版社编辑的大力支持和具体指导，特此感谢。

编　者
2009 年 5 月于华中科技大学

第一版前言

化学是一门基础学科，也是一门中心学科，一门应用性非常强的学科。在人类社会发展史上，特别是在近两百年来，化学得到了飞速发展，在许多方面得到了自我完善，为人类社会的进步发挥了巨大的作用。在 21 世纪的今天，化学将更深入地影响人类社会的方方面面，在国民经济和现代化建设中占有越来越重要的地位。它将与信息、生命、新能源、新材料、空间、海洋、环境等学科紧密相连，并发挥更大的作用。因此，一个普通的当代人必须掌握基础的化学知识，一个 21 世纪的科技工作者更必须有化学知识的武装。本教材的目的就是为了给广大的非化学化工类的理工科大学生提供基础的化学知识。

化学知识的领域很广，本教材并不打算将其各个方面都作详细地介绍，而只是选择一些最基础、最重要的内容，为广大学生展现一幅化学世界的美景图。全书共分 9 章。第 1 章绪论简单地介绍化学对人类生活的影响、化学物质的基本分类及其简单命名法则。第 2 章物质结构基础讨论了物质的状态、原子和分子的结构、元素周期律及各元素的基本化学性质。第 3 章化学热力学初步将主要讨论化学热力学和化学平衡问题，重点介绍与化学反应中质量和能量守恒、反应的方向和限度相关的基本规律。第 4 章溶液化学与离子平衡重点讨论溶液的形成、简单体系的相平衡、稀溶液的通性、水溶液中的酸碱平衡、溶解-沉淀平衡和配离子解离平衡，还简单介绍了表面化学和胶体化学的初步知识。第 5 章化学动力学初步介绍化学反应速率、速率方程、碰撞理论、过渡状态理论、活化能、反应分子数和反应级数等基本概念，探讨物质浓度、温度、催化剂等反应条件对化学反应速率的影响规律，阐明某些特征反应的基本动力学特征，以及阿仑尼乌斯公式的应用。第 6 章电化学基础与金属腐蚀主要讨论化学反应产生电功（电池）和电功引起化学反应（电解）两个问题，在介绍氧化还原反应的基础上，着重讨论电极电势及其在化学上的应用，介绍化学电源、电解的应用、电化学腐蚀及其防护的原理。第 7 章有机化学基础介绍了有机化合物的基本特性、结构特点、有机反应的基本类型和基本有机物的制备方法。第 8 章化学的应用主要介绍基础化学知识在日常生活、能源、环境和生命等领域中的应用，试图完成相关化学基础知识网络的编织。第 9 章基础化学实验重点介绍 10 个基本的化学实验。通过这些化学实验，可以初步掌握一些基本的化学操作、化学实验过程的设计以及实验数据的处理，是对所学的基本化学理论知识综合运用的实践。

在本教材的编写过程中，编者力图重点介绍基本概念、基本原理、基本方法和主要应用。"宽口径、厚基础"已经成为中国大学教育的基本方针，这使得基础化学的教学课时数可在一个相当大的范围内变化。本教材以精练的语言叙述，尽量减少学时，各专业可以视情况所需对教学内容进行必要的增补。

本教材的参编人员都是多年担任工科基础化学课程教学任务的教师，他们是金名惠（第 2 章）、郭兴蓬（第 3 章）、齐公台（第 5 章和第 6 章）、王芹（第 7 章）、邱于兵（第 8 章）、董泽华（第 9 章和附录）。唐和清负责了第 1 章和第 4 章的编写以及全书的统稿。在编写过程中，得到了化学工业出版社的大力支持和具体指导，特此感谢。

限于作者水平，不妥之处在所难免，欢迎广大读者批评指正。

唐和清

2005 年 4 月于华中科技大学

目　录

第 8 章　化学的应用 ·············· 207

第 9 章　基础化学实验 ·············· 250

附录 ·············· 279

第①章 绪 论

【学习提要】 化学世界无边无际、奥妙无穷。作为一门中心学科，化学与人类的工业生产活动和日常生活紧密相关。本章将简单介绍现代化学的定义、化学物质的基本分类及其名称等入门知识。

每一个人都处身于化学之中，无论是个人还是群体都无法逃逸出化学的世界。进入小学，我们开始接触化学；进入中学，我们开始系统地学习化学；进入大学，我们开始研究化学；进入社会，我们将依赖化学、享受化学、使用化学。作为一门研究物质的自然科学，化学研究包括我们人体自身在内的所有物质。随着我们在化学世界的探索，我们将发现化学既能为我们带来无比美妙的世界，也会为我们制造许许多多的困境和陷阱。我们依靠化学，它会为我们制造新的物质，创造美好的家园，我们滥用它，它则可能给我们的地球带来灭顶之灾。中学化学课程中描述的化学世界，也许我们还记忆犹新。然而，世界在发展，科学在进步，化学在延伸，我们对化学的传统了解已经不能满足我们对现代生活的追求，我们必须站在更高的层次上了解化学，而这又需要我们首先了解化学的基本定义，了解化学物质的基本分类。

1.1 化学与化学工业

化学是什么？通常，我们认为化学是研究物质的组成、结构、性质、相互关系和变化规律的基础自然科学。这个简单的传统定义似乎无法完全说明现在不断发展的化学学科。然而，要为不断发展的化学给出一个完整的定义却十分困难。根据化学与其它学科的相互联系、化学的发展性以及对化学学科描述程度的可变性，徐光宪教授提出了一维、二维、三维直至多维的定义。随着维数的增大，所给出的定义对化学的描述越来越详细，层次越来越高，当然，其定义的本身也越来越复杂。因此，本书采用比较简单的一维定义。根据化学的一维定义，21 世纪的化学是研究泛分子的科学。所谓的泛分子包含以下 10 个层次的内涵：①原子层次（例如碱金属原子的 Bose-Einstein 凝聚态）；②分子片层次（例如 CH_3、CH_2、CH 等一价、二价和三价分子碎片）；③结构单元层次（例如芳香化合物的母核、高聚物的单体、蛋白质中的氨基酸以及蛋白质中的 α-螺旋和 β-片层等高级结构单元）；④分子层次（在分子层次研究元素周期律、单分子光谱、单分子监测和控制、分子的激发态和吸附态等）；⑤超分子层次（超分子是通过非共价键的分子间作用力结合起来的双分子或多分子物质微粒）；⑥高分子层次；⑦生物分子层次；⑧纳米分子和纳米聚集体层次（例如碳纳米管、纳米金属、微乳、胶束、反胶束、气溶胶、纳米微孔结构、纳米厚度的膜、固体表面的有序膜、单分子分散膜等）；⑨宏观聚集体层次（包括固体、液体、气体、等离子体、溶液、熔融体、胶体、表面、界面等）；⑩复杂分子体系及其组装体的层次（包括复合和杂化分子材料，分子开关和分子晶体管等分子器件，分子马达和分子计算机等分子机器，燃料电池和太阳能电池等宏观组装器件）。

过去，人们虽然能够感受到化学世界的魔幻境界，但传统化学会造成环境污染也似乎成为了定论。为了消除化学品生产过程中可能产生的污染，"绿色化学"和"清洁生产"正在逐步普及。随着现代科学与技术的发展，随着人类社会对环境保护意识的增强，化学在不断认识世界和改造世界的同时，又开始了"保护世界"，这导致了造成污染的传统化学向绿色化学的必然转变。"绿色蔬菜"、"绿色食品"等构成的"绿色世界"无一不与绿色化学形成千丝万缕的联系。

化学工业包含了所有在生产过程中以化学过程为核心内容和关键步骤的工业，人们比较熟悉的化学工业有硫酸工业、氯碱工业、塑料工业、橡胶工业、石化工业等。还有许多工业，通常不被称为化学工业，但它们的核心工艺却是化学过程。例如，能源工业、冶金工业。

化学工业实际上就是化学在工业活动中的直接应用。考虑到化学的发展，化学的定义在不断发展。出于同样的考虑，也可以给化学工业一个更富于包容性的定义：化学工业泛指所有以化学过程实现其全部或部分生产目的的工业。这样的话，人们就更加容易地理解化学正在与数理学科、生命学科、材料学科、能源学科、地球和生态环境学科、信息学科、纳米技术学科、工程技术学科、系统学科、哲学和社会科学等学科发生渗透、交叉和融合。这既是化学学科发展的趋势之一，也是普通工科类学生必须加强基础化学知识学习的原因。

1.2 化学与生活

化学知识以及化学品本身在人们日常生活中的应用非常广泛，以至于每个人都不可能离开化学。换句话说，化学与人们的衣食住行密切相关。

衣，其基本构成物为纤维。纤维或者来自于传统棉、麻类植物的天然纤维，或者来自于人工合成的化学纤维，今后还可能来源于由遗传基因工程所创新物种产生的天然纤维，其生产、加工和使用过程均包含许多化学过程。布料的印染依赖于印染化学；印染业产生的环境破坏问题需要环境化学来解决。在衣物的洗涤过程中，滥用洗涤剂会损害衣物的颜色与寿命，甚至损害人体健康。

在高科技领域，高分子发光材料和显示材料引人注目。人们期待着在不久的将来，可以将电视机制在衣物上，从而随时随地可以观看电视并进行可视通信。还有一类服装，要求内层吸汗和透气性良好，而外层则不怕雨淋。要达到这一目的，表面化学的知识是必不可少的。

食，民之天。食品化学为人们提供安全和营养保证。食品的非安全性可能来自两个方面：一个是人们对某些食品的化学组成与性质了解不足；另一个是化学药品特别是农药类化学品的广泛使用，使许多天然食品受到有毒化学品的污染，使许多加工食品受到过量添加剂的污染。食品添加剂的滥用给我们的日常生活带来过严重的危害，正因为如此，前不久出现了这样一条手机短信："从大米里我们认识了石蜡；从火腿里我们认识了敌敌畏；从咸鸭蛋里我们认识了苏丹红；从火锅里我们认识了福尔马林；从银耳里我们认识了硫黄；从奶粉里我们认识了三聚氰胺"。暂且不管商家的道德底线，我们必须做到自己能够构筑防线。化学知识可以帮助人们控制甚至消除这种食品污染。另外，对这类污染的监测，也主要通过化学方法完成。

住，涉及两个基本部分，家具与建筑物。现代化的家具与房间都采用了现代化的制造方法。与传统的制造方法相比，这里所谓的现代化制造方法广泛使用黏结剂、防腐剂、涂料。"浸透"了这些化学品的家具和墙面可能常年不断地向房内释放甲醛等有害气体。这些室内有害气体成了人类的隐形杀手。对室内有害气体的监测，需要化学；在源头上控制这种污染，也需要化学；要消除已经存在的这种污染，更离不开化学。

行，是人类的基本活动。自行车可以加快人们的行进速度，自行车体在制作过程中至少采用了电镀与涂料，相关的化学知识对自行车的保护是必不可少的。小汽车是现代化的代步工具，它与化学的关系就更为密切了。且不说一般性的车体保护，装饰性的特种涂料、具有电致变色功能的美丽窗、电动汽车的新型化学电源，都是化学与其它高科技技术结合而成的新领域。至于在天空中的飞机，就更是遍布化学了。

简而言之，为了保证自身的生活安全，为了提高自身的生活质量，人们需要最基本的化学知识。

1.3 化学与非化工类工业

从化学学科形成之初，到科学技术高度发展的当今，甚至到遥远的未来，化学与许多其它学科紧密相连，并将其根系深深地植于人类活动的许多领域，因此，也常常把化学看作一门中心学科。图 1-1 显示出了化学的中心学科地位。根据人们的传统认识，有些学科基础知识离不开化学，甚至建筑在化学知识基础之上，这些学科往往又被称为近化学类学科，例如药学、农学、环境科学等。这里我们称这些学科为与化学发生第一层次学科交叉的学科。还有更多门类的学科，其基础知识似乎与化学无关，但其最新发展已经离不开化学的支撑，甚至于在这些学科的许多前沿领域中化学发挥着决定性的作用。例如，能源学科、材料学科、信息学科、纳米技术学科、工程技术学科等。我们称这些学科为与化学发生第二层次学科交叉的学科。随着各门科学的不断发展，所谓的第一层次交叉和第二层次交叉的学科之间的分类并无明显的差别。

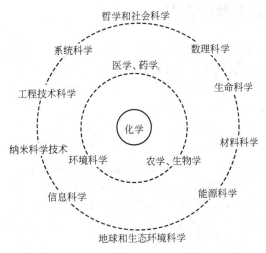

图 1-1　化学的中心学科地位

由于化学与众多的其它学科发生相互渗透与交叉，化学学科将渗透进那些其它学科支撑的非化工类专业。这种相互渗透一方面要求化学家和化学工程师们在掌握扎实的化学和化工基础知识的基础上，还要具有宽广的知识面和多学科的基础，另一方面要求非化学与化工类专业的科学家与工程技术人员有良好的化学知识基础。本书正是应后者的需要，为一般工科类大学生提供基础化学教育。一般工科类大学生在完成自身专业知识体系的构筑之前，容易产生化学与自身所处的学科和专业无关的想法。如果我们看看下面的例子，或许我们就会修正这一观点。

① 机械制造类行业中，拉拔、轧制、磨削等加工过程最为常见，为了提高加工效率、防止工件变形，润滑剂的使用是不可避免的；为了提高传动效率、减少能耗、延长部件的服

役寿命，同样也离不开润滑剂。无论是油基液体润滑剂、水基液体润滑剂，还是固体润滑剂，它们都是由多种添加剂构成的复杂化学体系，其研究内容构成了机械与化学的交界面——摩擦化学的基本内容。以电动汽车为主体的电动运载工具，是目前世界各国极为重视的新产业之一。就目前情况而言，对电动汽车开发与制造起决定作用的与其说是机械制造技术，还不如说是化学电源技术。

② 能源工业中，传统的火力发电、燃煤动力、燃油动力都产生明显的环境污染，核能利用体系的不安全性往往与设备材料的电化学腐蚀有关，这些问题的解决也主要依靠化学方法。在新能源开发中，无论无机型太阳能电池，还是有机型太阳能电池，其核心的光电换能材料的制造均依赖化学方法；燃料电池在今后各行各业中将占据的重要地位已经无需多言，其核心是电化学过程；氢作为理想的洁净能源，将构筑未来"氢经济"的基础，而真正的具有使用价值的氢制造过程将依赖于光电解水催化制氢体系的开发。

③ 建筑行业为现代社会创造了大量的基础设施，然而由于建筑材料与所处环境发生化学作用而引起的建筑设施遭受腐蚀破坏的实例报道并不鲜见。"解铃还需系铃人"，要解决这一问题，实现对基础设施的保护，还得依靠化学的方法。

④ 信息行业是当今社会发展最为迅猛的行业之一，"分子导线"、"分子晶体管"、"DNA 计算机"等许许多多备受关注的最前沿领域，如果要突破，离开了化学也是绝对不可能的。

以上寥寥数语，也能告知人们当今的生活与工作已浸没在化学的海洋之中，作为一门中心学科，化学无时不在影响（或者帮助，或者阻碍）着人们的工作与生活。因此，作为非化学化工类的普通工科大学生，需要也必须掌握一些相关的化学基础知识。

1.4 一般化学物质的分类与命名

物质是化学的研究对象。所有的物质都由一些基本的分子或化合物组成。根据美国《化学文摘》的记录，已知的分子或化合物，在 1900 年底为 55 万种，1970 年底为 237 万种，到 2003 年已达 4500 万种，显然，这一数量还会急剧增大。数量如此之多的化学物质具有个性，也具有共性。为了方便，有必要对化学物质进行基本分类。

一种物质之所以能与另外的物质相互区分，是因为它具备自身的性质。这些性质可以区分为物理性质和化学性质。在不改变组成的条件下，物质表现出的性质称为物理性质，包括颜色、形状、延展性、导电性等；在给定条件下物质发生组成变化时所显现出来的性质称为化学性质，例如酸碱度、反应活性等。复杂的物质可以由更基本的化学物质组成，这些化学物质的组成由它们的种类及其相对含量来描述。化学的主要任务之一是研究物质的变化。在变化中，如果物质不改变组成，这种变化叫物理变化；如果发生组成上的改变，则为化学变化。

如图 1-2 所示，如果采用物理的方法能够将一种物质分成两种或者两种以上简单物质，那么这种物质称为混合物（mixture），否则称为纯净物（substance）。有些混合物可能像清亮透彻的食盐水，整体上完全均一，这些混合物被描述为单相的（homogeneous）；有些混合物可能像浑浊的泥浆、乳白的牛奶或者散乱的砂石堆一样，这些混合物被描述为多相的（heterogeneous）。对于一纯净物质，如果不能采用化学的方法将其分解，则表明它由单种原子构成，是单质（element）；如果能采用化学的方法将其分解，则表明它包含两种或者两种以上的原子，是化合物（compound）。

化合物可以进一步分为无机和有机化合物。无机化合物包括所有不含碳的化合物、碳的氧化物以及碳酸盐。根据分子中化学键的特点，无机化合物还可分为酸、碱、盐等简单无机化合物与配位化合物。单质往往被归类于简单无机物。有机化合物则包括除碳的氧化物和碳

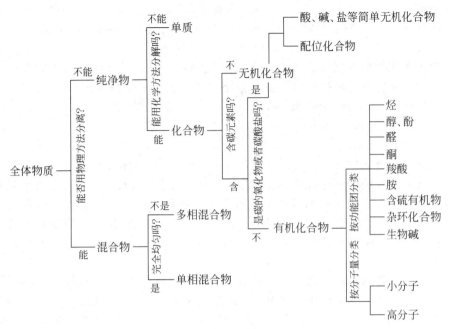

图 1-2　物质的简单分类

酸盐之外的所有含碳化合物。硅烷通常作为有机化合物看待。根据分子量的大小，有机化合物又可分为有机小分子化合物与有机高分子化合物。前者是有机化学研究的主要内容，后者则构成高分子化学研究的主要对象。在有机化学中，通常根据分子中的功能团将有机化合物分成烃、醇、酚、醛、酮、羧酸、胺、含硫有机物、杂环化合物、生物碱等类别。

　　每一种化学物质（单质或化合物）都有其标准命名，许多化合物还有其俗名。无论是为了学习，还是为了研究与工作，掌握化学物质的基本命名法则是非常有必要的。这里介绍的命名法则主要针对比较简单的化合物。对于复杂的化合物，其命名规则也更为复杂，本书中不作要求。

　　（1）简单无机物的命名　金属元素与非金属元素或者非金属元素与非金属元素形成的化合物通常命名为"某化某"，在次序上，英文名称则是先列出氧化数为正数的金属或非金属元素的名称，再列出氧化数为负数的非金属元素名，且后者的词尾要变为-ide；化学式中含多个同种原子时，再用数词标记；当某元素可能存在多种氧化态时，应在此元素之后利用小括号和罗马数字加以标记，氧化数为+1时，则省略。例如，NaCl，氯化钠，sodium chloride；CO，一氧化碳，carbon monooxide；CO_2，二氧化碳，carbon dioxide；Fe_3O_4，四氧化三铁，ferric oxide，或氧化铁（Ⅲ），iron（Ⅲ）oxide；SnO，氧化锡（Ⅱ），tin（Ⅱ）oxide，或氧化亚锡，stanneous oxide；SnO_2，氧化锡（Ⅳ），tin（Ⅳ）oxide，或氧化（高）锡，stannic oxide。

　　根据酸根中有无氧的存在，无机酸可分为无氧酸和含氧酸。无氧酸主要包括盐酸、氢硫酸、氢氰酸等。它们的命名规则是根据其化学式的书写次序自然地命名为"氢某酸"，例如，HF，氢氟酸，hydrofluoric acid；HCl，氢氯酸（通常称为盐酸），hydrochloric acid；HBr，氢溴酸，hydrobromic acid；HI，氢碘酸，hydroiodic acid；H_2S，氢硫酸，hydrosulfuric acid；HCN，氢氰酸，hydrocyanic acid。含氧酸主要包括硫酸、硝酸、氯酸等。其命名法则也较为简单，针对酸根中的中心原子直接称为"某酸"，此时中心原子的氧化数等于它在元素周期表中的族数；当中心原子可能出现多种氧化态时，则用"次"、"亚"、"高"等表示其不同的氧化数。例如：H_2CO_3，碳酸，carbonic acid；H_3PO_4，磷酸，phosphoric acid；

H_2SO_3，亚硫酸，sulfurous acid；H_2SO_4，硫酸，sulfuric acid；$HClO$，次氯酸，hypochlorous acid；$HClO_2$，亚氯酸，chlorous acid；$HClO_3$，氯酸，chloric acid；$HClO_4$，高氯酸，perchloric acid。

对于以氢氧化物形式存在的碱，一般称为"氢氧化某"，当金属元素可能存在多种氧化态时，应在此元素之后利用小括号和罗马数字加以标记，氧化数为+1时，则省略。例如，$NaOH$，氢氧化钠，sodium hydroxide；$Fe(OH)_2$，氢氧化铁（Ⅱ），iron（Ⅱ）hydroxide，或氢氧化亚铁，ferrous hydrooxide；$Fe(OH)_3$，氢氧化铁（Ⅲ），iron（Ⅲ）hydroxide，或氢氧化高铁，ferric hydroxide。

由无氧酸与氢氧化物反应生成的盐类，其命名法则与二元化合物的命名基本相同，而由含氧酸与氢氧化物反应生成的盐类通常称为某酸某。对于二元酸，其氢原子可能只有一部分被金属原子所取代，形成所谓的酸式盐，需要用数词指明。例如，Na_2S，硫化钠，sodium sulfide；$NaHS$，硫氢化钠，sodium hydrogen sulfide；Na_3PO_4，磷酸钠，sodium phosphate；Na_2HPO_4，磷酸一氢钠，disodium monohydrogen phosphate；NaH_2PO_4，磷酸二氢钠，monosodium dihydrogen phosphate。

（2）配位化合物的命名　配位化合物由中心原子以及与之以配位键相结合的配体组成。所谓中心原子，指的是在配位化合物中，与配体发生配位结合并占据配位化合物分子中心的原子（或离子）。中心原子通常为金属原子。配体指的是与中心原子以配位键相结合的原子、原子团（或离子）。配体中与中心原子直接结合的原子称为配位原子。与中心原子相结合的配位原子的个数称为配位数。无论是中心原子、配体，还是配位化合物，它们可以是中性的，也可以是带电荷的；所带电荷可以是正电荷，也可以是负电荷。

书写配位化合物的化学式时，先写中心原子，然后写配体。当有荷电状态不同的配体共存时，按阴离子、阳离子、中性配体的次序排列；当存在两种以上荷电状态相同的配体时，按配体化学式的第一个元素符号在英文字母表中先后次序列出；配体含多个原子时，其化学式写在小括号内。中心原子的氧化数可以省略，也可以用小括号中的罗马数字标示，并在数字前面加"+"或"−"表示其正负氧化数（符号"+"通常省略）。无论是配离子，还是中性配合物，其全体的化学式都必须写在方括号内；若为配离子，其电荷数在方括号的右上标出。配离子形成配合物盐类时，其写法与普通盐类化合物的写法相同；配阴离子相当于酸根，而配阳离子相当于金属阳离子。另外，复杂的配体常用惯用符号的略写形式。例如：$H_2NCH_2CH_2NH_2$（ethylenediamine，乙二胺）略写成 en；ethylenediaminetetraacetate 略写成 EDTA。

命名时，有以下几条基本规则：

① 中心原子与配体的前后次序为先配体后中心原子。

② 中心原子的氧化数在中心原子之后于小括号中用罗马数字给出，负值的氧化数还需前置"−"，氧化数为零时则用阿拉伯数字 0。

③ 配位体的先后次序遵循配体英文名称的字母表次序，而与电荷无关，且表示配体数目的接头词不计入配体名称内排序。其中文名称中，配位体的先后次序与英文名称相同。

④ 英文命名时，阳离子配体和中性配体保持原有名称不变，阴离子配体在其词尾加上"o"；中文命名时，各配体均保持原有名称不变。例如：$H_2NCH_2CH_2NH_3^+$，2-aminoethylammonium，2-氨基乙镓；$H_2NCH_2CH_2NH_2$，ethylenediamine，乙二胺；CN—，cyano，氰。不过，本规则存在例外：H_2O，aqua，水；NH_3，ammine，氨；CO，carbonyl，羰基；NO，nitrosyl，亚硝基。

⑤ 配体的个数用接头词（数词）表示，个数为 1 时则省略。对于简单的配体，采用接头词 di-、tri-、tetra-、penta-、hexa-、hepta-、octa-分别表示二、三、四、五、六、七和八；对于复杂的配体，为了避免与配体名称中表示基团数目的接头词相混同，采用 bis-, tris-，tetrakis-，pentakis-，hexakis-，heptakis-，octakis-依次相应地表示二，三，四，五，六，七和八，并将配体的名称写入小括号内。中文名称内，数字的使用与配体的复杂程度无关，但对于复杂的配体，同样采用小括号加以区分。

⑥ 配离子的词尾与普通无机盐类化合物的相类似。配阴离子相当于酸根，其词尾为-ate ion，配阳离子无特殊词尾变化。中性配合物自然也无特殊词尾变化。

一些具体的实例如下：

$[CrCl_2(H_2O)_4]^+$	tetraaquadichlorochromium(Ⅲ)ion	四水二氯合铬(Ⅲ)离子
$K_2[PtCl_6]$	potassium hexachloroplatinate(Ⅳ)	六氯合铂(Ⅳ)酸钾
$[CrCl(NH_3)_5]SO_4$	pentaamminechlorochromium(Ⅲ)sulfate	硫酸五氨一氯合铬(Ⅲ)
$NH_4[Co(C_2O_4)(NO_2)_2(NH_3)_2]$	ammonium diamminedinitrooxaltocobaltate(Ⅲ)	二氨二硝基一草酸合钴(Ⅲ)酸铵

（3）有机化合物的命名　命名原则：根据国际上通用的系统命名法，首先确定有机化合物的分子主链，即最长的碳链，在由分子主链构成的母体化合物名称的基础上，添加反映取代基情况的接头词或接尾词，从而构成有机化合物的名称。通常根据不同类型的取代基将有机化合物分成不同的类别，其命名也是如此。如果一个物质有多种类型的取代基，那么它可能具有不同的名称。

① 直链饱和烃　直链饱和烃通常称为烷烃，其通式可用 C_nH_{2n+2} 表示。命名时，直接以所含的碳原子个数(n)称为某烷：当碳原子个数不超过10时，习惯上用甲、乙、丙、丁、戊、己、庚、辛、壬、癸依次代表一至十的数字；当碳原子个数超过10时，则直接采用中文数字，例如，$C_{12}H_{26}$ 的名称为十二烷。英文名称由希腊数词的接头词与表示烷烃的结尾词-ane 构成。例如，C_6H_{14}（己烷）的名称为 hexane，$C_{12}H_{26}$（十二烷）的名称为 dodecane。但对于 $n=1$ 到 $n=4$ 的情况来说，则采用惯用的数字接头词，属于例外，即 CH_4（甲烷）的名称为 methane，C_2H_6（乙烷）为 ethane，C_3H_8（丙烷）的名称为 propane，C_4H_{10}（丁烷）的名称为 butane。当直链饱和烷烃的最末端失去一个氢原子形成取代基时，称为（某）烷基，英文名称的词尾由-ane 改为-yl。例如，—CH_3 为甲（烷）基（methyl）。

② 支链饱和烃　命名方式为在最长碳链名上添加表示支链上取代基的接头词。为了标记支链的位置，要在主链上从一端到另一端标出位置的序号，依次用阿拉伯数字标记，标记序号时要求使第一个支链位置的序号数为最小。有多个同一取代基存在时，在取代基名称之前相应地加上 di-(二)、tri-(三)、tetra-(四) 等数词。例如，$CH_3CH(CH_3)CH_2CH_2CH_2C(C_2H_5)_2CH_2CH_2CH_3$，2-甲基-6,6-二乙基壬烷，2-methyl-6,6-diethylnonane。

③ 芳香烃　对于分子中含有苯环等芳香环的化合物，其命名规则是将苯环等芳香环部分看做母体化合物，然后将整个分子看做母体化合物的衍生物。当母体化合物为芳香烃时，大多采用惯用名称。例如，苯（benzene）、萘（naphthalene）、蒽（anthracene）、菲（phenanthrene）等。苯失去1个氢原子生成取代基，称为苯基，phenyl。芳烃衍生物的主要命名原则是将苯环或芳环看做取代基，例如，C_6H_5—COOH，苯甲酸；C_6H_5—SO_3H，苯磺酸；当苯环或芳环上存在取代基时，将苯环或芳环上的碳原子依次用阿拉伯数字编号，使不饱和键、官能团或取代基的位次具有最小的数目；当苯环上存在两个相同的取代基时，也可用“邻”（ortho）、“间”（meta）、“对”（para）分别表示三种不同相对位置的构造异构体；萘环上1,4,5,8 位情况相同，叫做 α 位，而 2,3,6,7 位情况相同，叫做 β 位。下面是一些命名实例：

氯苯　　　2,4-二氯苯甲酸　　　2,4,6-三硝基甲苯

邻二甲苯或 1,2-二甲苯　　　间二甲苯或 1,3-二甲苯　　　对二甲苯或 1,4-二甲苯

α-硝基萘或 1-硝基萘　　　　　　β-萘磺酸或 2-萘磺酸

④ 不饱和烃　对于烯烃，选定含有碳碳双键的最长碳链为主链，与某烷相类似，称此主链代表的化合物为某烯，英文名称的词尾由烷烃的-ane 改变为烯烃的-ene。类似的，对于具有碳碳三键的烃，称之为某炔，英文名称的词尾相应地变为-yne。双键或者三键的位置用阿拉伯数字表示，其数值应尽可能小。例如，$CH_3CH_2CH_2CH_2CH_2$═CH_2CH_3，2-庚烯，2-heptene。不饱和键处于末端时，其位置标记省略。

⑤ 含卤素化合物　命名时，在烃的名称上加上卤素元素的接头词，并用阿拉伯数字和中文数字分别表示出卤素取代原子的位置与数目。氟、氯、溴、碘的英文接头词分别为 fluoro-，chloro-，bromo- 和 iodo-。也可以采用卤化烃基的形式命名，英文名称为在烃基名之后加上 fluoride，chloride，bromide 或 iodide。

⑥ 含羟基化合物　羟基与烷基结合生成醇 (alcohol)，与芳香环结合则生成酚 (phenol)。命名时都是以母体化合物为基础，称为某醇或某酚；英文名称则是将母体化合物名的词尾 e 去掉，再加上-ol。当存在命名法上具有优先权的其它功能团时，或者当羟基存在于支链上时，则采用羟基 (hydroxy) 命名。还有一种方式，即在代表母体化合物的基团名之后，加上 alcohol (醇)。例如，$CH_3CH(OH)CH_3$，2-丙醇 (2-propanol) 或者异丙醇 (isopropyl alcohol)。

⑦ 醛类化合物　与烃类化合物的命名相似，称为某醛，英文名称则是将烃词尾的 e 去掉，再加上-al，也可以是在去掉—CHO 原子团的母体化合物的名称后添加-carbaldehyde。当存在命名法上具有优先权的其它功能团时，醛原子团用醛基 (formyl) 表示。

⑧ 酮类化合物　有两种命名方式。其一，与烃类命名相似，称为某酮，英文名称则是将母体化合物名的词尾 e 去掉，再加上-one，并用数字表示出与═O 结合的碳原子的位置及羰基的位置。例如，CH_3—CO—CH_3—CO—CH_3，2,4-戊二酮。其二，用羰基两侧的烃基并列命名，称为某某酮，英文名则是在两个并列的烃基名之后添加 ketone。例如，$CH_3CH_2COCH_3$，2-丁酮 (2-butanone) 或甲乙酮 (methylethyl ketone)。

⑨ 醚类化合物　通常用氧原子两侧的烃基并列命名，称为某某醚。例如，$CH_3CH_2OCH_3$，甲乙醚；$CH_3CH_2OCH_2CH_3$，二乙醚，一般简称为乙醚。

⑩ 含羧基化合物　与烃类命名相似，称为某酸。英文名称的构成法是将母体化合物名的词尾 e 去掉，再加上-oic acid；或者在母体化合物的名称后添加-carboxylic acid。许多羧酸都有惯用名。例如，HCOOH，甲酸 (methanoic acid) 或蚁酸 (formic acid)；CH_3COOH，乙酸 (ethanoic acid) 或醋酸 (acetic acid)。

⑪ 酯类化合物　按照生成酯的酸和醇的名称而叫做某酸某酯。例如，$HCOOCH_2CH_3$，甲酸乙酯。

⑫ 胺类化合物　与烃类命名相似，称为某胺，英文名称则是在烃基名之后添加 amine。也可以用氨基 (amino-) 表示—NH_2。

◇ 本章小结

1. 基本概念

化学、化学工业、中心学科、化学性质、物理性质、纯净物、混合物、绿色化学、清洁生产、标准命名法。

2. 简单物质的命名法则

（1）给简单无机物进行命名时，通常将无机物分为单质、金属元素与非金属元素或非金属元素与非金属元素之间构成的简单化合物、酸、碱、盐等若干类。一般情况下，单质直接以其元素名称命名；简单化合物被称为某化某；酸、碱和盐的名称则基本遵循某酸、氢氧化某、某酸某的规则。

（2）给配合物进行命名时，需重点注意配离子在配合物分子中的角色，按照简单化的优先原则，正确处理不同配体的先后次序。

（3）给有机化合物进行命名时，首先要确立最主要的官能团，然后确定碳主链，再确定取代基团的位置和数量，最后根据官能团的类别进行命名。

◇ 思考题

1. 化学在人类生活中的基本地位如何？
2. 根据科学的整体性与局部性的特点，讨论化学科学与其它科学之间的相互联系。
3. 一般化学物质的命名法中有哪些普遍规律可循？
4. 在课堂之外的日常生活中，你如何感知化学的存在？
5. 结合自身的专业特点，预测本专业中有哪些领域与化学密切相关。

◇ 习题

1. 完成下列物质的命名：

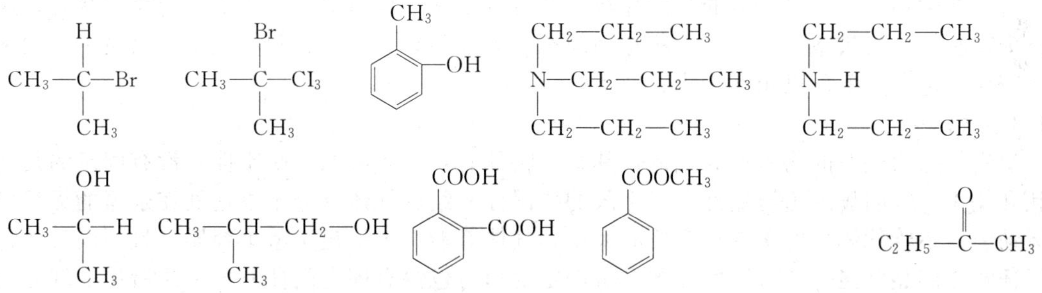

2. 写出下列无机化合物的分子式或有机化合物的结构式：

甲乙胺、乙酸甲酯、乙二醇、甲丙醚、苯乙烯、硫酸亚铁铵、高氯酸锂、苯甲酸钠、二硫化碳、铁氰化钾

3. 从自身所学的工科专业出发，调查并选定至少一个与化学有紧密关系的主题，写出一份 1000 字以上的课外研究报告（报告的形式不限，可集体合作完成）。

4. 利用网络跟踪明星化学品，例如：三聚氰胺、瘦肉精、苏丹红、孔雀绿，并从分子结构的观点出发，简单分析它们为什么能够被某些商家包装为明星。

◇ 习题答案

1. 2-溴丙烷；1,1,1-三碘-2-溴-2-甲基丙烷；2-甲基苯酚；N,N,N-三丙胺；N,N-二丙胺；2-丙醇；2-甲基丙醇；邻苯二甲酸；苯甲酸甲酯；2-丁酮

2. $CH_3CH_2—NH—CH_3$，CH_3COOCH_3，$HO—CH_2CH_2—OH$，$CH_3OCH_2CH_2CH_3$，$C_6H_5CH=CH_2$，$Fe(NH_4)_2(SO_4)_2$，$LiClO_4$，C_6H_5COONa，CS_2，$K[Fe(CN)_4]$

第 2 章　物质结构基础

【学习提要】　本章介绍了物质的聚集状态、原子结构和元素周期律、化学键和分子结构、元素化学。在重点介绍原子核外电子的运动状态、原子核外电子排布所遵循的三个原理和原子核外电子的排布方法的基础上，讨论了原子结构与元素周期律的关系、物质的性质与化学键和分子结构的关系，并简单介绍了金属元素和非金属元素单质及化合物的性质、结构特征、变化规律。

人类已经实现了进入太空、登上月球、探测土卫的梦想，实现了对核能的有效控制和利用，创造了大量的新材料，利用计算机网络构建了信息高速公路。这些都源于对物质世界的认识、把握和控制。宏观物质世界五光十色，种类繁多，而且各自呈现不同的物理性质和化学性质。它们的变化和它们之间的相互作用千变万化，精彩纷呈，究其原因就会发现这些都源于它们微观结构上的差异，即结构决定性质。为了深入了解和掌握物质性质的变化规律，揭示化学反应的本质，必须认真研究物质的微观结构，研究物质微观结构与宏观性质的关系，最终达到人类自如地驾驭物质世界、控制物质世界、改造物质世界与创造物质世界的目的。

2.1　物质的状态

自然界中物质总是以一定的状态存在，在自然条件下物质宏观上所呈现的稳定状态，通常称为物质的聚集状态。有气态、液态和固态。此外还有等离子态和液晶态。物质不同的聚集状态在一定条件下可以相互转化。

2.1.1　气体

聚集状态为气态的物质称为气体，其基本特征有：①无限的可膨胀性，没有固定的几何形状和体积；②明显的可压缩性；③无限的掺混性。组成气体的分子永远处在永恒的无规则的运动中，不管气体量的多少，容器的大小，气体都能均匀地充满整个容器，且不同气体都能以任意比例相互混合。所以气体既没有确定的形态也没有固定的体积，平时所讲的气体的体积，实际上是指气体所在容器的容积。

一切气体分子本身都占有一定的体积，而且分子之间存在着相互作用力。当气体的压力很小时，分子本身的体积可以忽略不计，且气体分子之间的距离较大，分子与分子之间的相互吸引力与气体分子本身的能量相比亦可忽略不计。此时，气体中的分子可看成是几何上的一个点，只有位置而无体积，同时气体中分子间没有相互作用力，这样的气体称为理想气体。事实上理想气体只不过是一种抽象概念，是实际气体的一种极限情况。研究理想气体是为了简化问题，低压、高温下的实际气体的性质接近理想气体。一般情况下，对理想气体状态方程进行必要的修正，可用于实际气体。

2.1.1.1　理想气体状态方程式

对于一定物理量的理想气体，其温度、压力和体积之间存在如下的关系：

$$pV = nRT \tag{2-1}$$

或
$$pV = \frac{m}{M}RT \qquad (2-2)$$

式中，p 为理想气体的压力；n 为理想气体物质的量；V 为理想气体的体积；T 为理想气体的温度；m 为理想气体的质量；M 为气体的摩尔质量；R 为气体常数，其值为 $8.314\mathrm{J} \cdot \mathrm{mol}^{-1} \cdot \mathrm{K}^{-1}$。式(2-1)、式(2-2) 称为理想气体的状态方程。

2.1.1.2 道尔顿的理想气体分压定律、分体积定律

道尔顿（J. Dalton）和阿马格（E. H. Amagat）在研究低压混合气体时，分别于 1801 年和 1880 年提出了气体的分压定律和分体积定律。

分压指混合气体中某一种气体在与混合气体处于相同温度下时，单独充满整个容积时所呈现的压力。混合气体的总压等于各种气体分压的代数和：

$$p_{总} = p_1 + p_2 + p_3 + \cdots = \sum_i p_i \qquad (2-3)$$

因为　$p_1 V = n_1 RT$，$p_2 V = n_2 RT$，…

所以
$$p_{总} V = n_{总} RT \qquad (2-4)$$

由上可得　$\dfrac{p_1}{p_{总}} = \dfrac{n_1}{n_{总}}$，$\dfrac{p_2}{p_{总}} = \dfrac{n_2}{n_{总}}$，…

根据物质的摩尔分数 $x_i = n_i / n_{总}$，有：

$$p_i = x_i p_{总} \qquad (2-5)$$

分体积是指混合气体中任一气体在与混合气体处于相同温度下，保持与混合气体总压相同时所占有的体积。混合气体的总体积等于各种气体的分体积的代数和：

$$V_{总} = V_1 + V_2 + V_3 + \cdots = \sum_i V_i \qquad (2-6)$$

同样可得
$$V_i = x_i V_{总} \qquad (2-7)$$

由式(2-5) 和式(2-7) 可得

$$\frac{p_i}{p_{总}} = \frac{V_i}{V_{总}} \qquad (2-8)$$

2.1.1.3 实际气体的状态方程

建立在理想气体模型基础上的状态方程和定律，对于实际气体只有在压力不太高、温度不太低时才近似适用，在高压、低温下，随着气体分子间平均距离的缩短，分子之间的相互作用力和分子自身的体积等因素就不能被忽略了，这时，实际气体与理想气体的行为之间就会有较大的偏差，气体在降温和加压后可以液化这一事实，证实了这种偏差的存在。根据定义可以推知，理想气体是不可液化的。

与理想气体相比，实际气体分子占有一定的体积，所以 $V_{实际} > V_{理想}$；并且在实际气体分子之间还存在明显的的作用力，此时 $p_{实际} < p_{理想}$ 荷兰物理学家范德华（van der Waals）将理想气体状态方程进行了修正，用于实际气体，得到：

$$\left[p + \frac{a}{(V/n)^2} \right] (V - nb) = nRT \qquad (2-9)$$

式中，a 和 b 称为范德华（van der Waals）常数。在低压、高温下，实际气体与理想气体的偏差可忽略，在常温常压下的一般实际气体与理想气体的偏差较小（$<5\%$）。

2.1.2 液体

聚集状态为液态的物质称为液体。其基本特征有：①固定的体积和可变的形状；②基本上不可压缩，膨胀系数小；③流动性；④掺混性，结构相同的液体可以任何比例掺混，否则分层；⑤毛细现象；⑥液体表面具有表面张力。液体和气体是可以互相转变的。气体凝结变成液体，液体转变成气体有蒸发和沸腾两种方式。液体的蒸发是从液体的表面即液面开

始的。

$$\text{气态} \underset{\text{蒸发或沸腾}}{\overset{\text{冷凝}}{\rightleftharpoons}} \text{液态}$$

当液体蒸发和气体凝结的速度相等时，体系达到了两相平衡，称为相平衡。一定温度下液体与其蒸气处于动态平衡时的气体称为饱和蒸气，此时，它的压力称饱和蒸气压，简称蒸气压。蒸气压与液体本性和温度有关。因为蒸发是吸热过程，升高温度有利于液体的蒸发，因此蒸气压随温度的升高而变大。表 2-1 列出了不同温度下水的蒸气压数据。

表 2-1　水的蒸气压

温度/℃	10.0	20.0	30.0	40.0	50.0	60.0	70.0	80.0	90.0	100.0
蒸气压/kPa	1.228	2.338	4.243	7.376	12.33	19.92	31.16	47.34	70.10	101.32
温度/℃	110.0	120.0	130.0	140.0	150.0	160.0	170.0	180.0	200.0	250.0
蒸气压/kPa	143.3	198.6	270.2	361.5	476.2	618.3	792.3	1004	1554	3978

液体蒸气压随温度升高而增大。液体蒸气压与外界压力相等时的气化现象称为沸腾。蒸发过程是在液体表面上进行的，沸腾时的气化是在整个液体中进行的。液体的沸腾温度（沸点）与外界压力密切相关。外界压力增大，沸点升高；外压减小，沸点降低。外压等于一个标准大气压（101.325kPa）时液体的沸腾温度称为正常沸点，简称沸点。

利用液体沸腾温度随外界压力而变化的特性，可以通过减压或在真空下使液体沸腾的方法来分离和提纯那些在正常沸点下会分解或正常沸点很高的物质。工业上及实验室中所使用的减压（或真空）蒸馏操作就是基于这一原理。

把气体冷却到它的沸点以下时，气体就冷凝成液体。使气体液化的另外一种方法是给气体加压。但所有的气体都存在一个特定的温度，在这个温度以上加多大的压力也不能使该液体液化，这个温度称为该气体的临界温度（T_c）。在临界温度时使气体液化所需的最低压力称临界压力（p_c）；在临界温度和临界压力下，1mol 气体的体积称临界体积（V_c）。如水的临界温度为 647.3K，临界压力为 2.206×10^4kPa，临界体积为 56.6cm³。表 2-2 列出了常见气体的临界温度和临界压力。所有气体物质中，一部分气体的临界温度高于室温，它们是室温可液化气体；而另一些气体的临界温度低于室温，是室温不可液化的气体。

表 2-2　常见气体液化的临界温度 T_c 与临界压力 p_c 值

物质	Ne	N₂	CO	F₂	Ar	Kr	CO₂	NH₃	Cl₂	Br₂
T_c/℃	−228.71	−146.89	−140.23	−129.0	−122.44	−63.75	31.04	132.4	144.0	311.0
p_c/100kPa	27.22	33.98	34.99	55.73	48.64	54.92	73.82	112.8	79.13	103.4

2.1.3　固体

聚集状态为固态的物质称为固体。降低气体温度，它会凝结成液体。如果降低液体温度，液体会凝结成固体，这个过程称为液体的凝固，相反的过程称熔化。凝固是一种放热过程，熔化则是吸热过程。固体有一定的几何外形，晶态固体有固定的熔点。自然界中，固体物质大多数为晶体。

2.1.4　等离子体

随着温度的升高，物质可由固态变为液态，再变为气态。若对气体采取某种手段，如加热升温、激光照射、放电或用电磁场作用等，气体的部分粒子将会电离，当电离产生的带电粒子密度超过一定限度（如＞0.1%），气体的行为将主要取决于离子和电子间的库仑力，这种电离气体形成有别于普通气体的一种新的聚集状态，称为等离子体（plasma），它是带电粒子密度达到一定程度的电离气体，由电子、原子、离子、分子或自由基等组成，无论部分电离还是完全电离，其中负电荷总数总是等于正电荷总数，所以称为等离子体。它是由英国物理学家克鲁克斯（S. Crookes）在 1879 年研究了放电管中电离气体的性质后首先提出的。等离子体是物质的第四种聚集状态，可能不像对固、液、气三态那样熟悉，但就整个宇宙而言，等离子体是物质的一种比较普遍的存在形式。太阳等恒星都是灼热的等离子体火球、地球上空的电离层、闪电、极光、霓虹灯管中的辉光放电等也都是等离子体。

等离子体的基本特性如下：

① 导电性　由于存在自由电子和带正电荷的离子，所以等离子体具有导电性。

② 电中性　虽然等离子体内有很多带电粒子，但在一定的空间和时间尺度内，粒子所带正负电荷总数相等，因此是电中性的。

③ 与磁场可作用性　等离子体是由带电粒子组成的导电体，因此可用磁场控制它的位置、形状和运动，而带电粒子集体运动又可形成电磁场。

④ 活泼的反应性　等离子体中富集了离子、电子、激发态的原子、分子及自由基，因此容易发生各种化学反应。

需要指出的是，并非任何电离气体都可称为等离子体，仅当带电粒子的密度达到足以约束其自身运动时，带电粒子才会对物质性质产生显著的影响，具有这样密度的电离气体才可称为等离子体。

当物质由气态转变为等离子体时，其化学行为将会发生变化。从化学角度讲，等离子体空间富集的离子、电子、激发态的原子、分子及自由基，是极活泼的反应物种，它有利于产生高能量、高密度的化学反应条件。等离子体的研究和应用已从早期作为导电流体、高能量密度的热源等发展到化学合成、薄膜制备、表面处理和精细化学加工等领域，促成了一系列工艺革新和巨大的技术进步。

例如，人工合成金刚石的传统方法是高温、高压法。在催化剂存在下，温度约 1077K 和压力 6GPa 条件下利用石墨作为原料可获得金刚石。此法条件苛刻，设备投资大，所获金刚石纯度不高。20 世纪 60～70 年代，人们研究了用等离子体法合成金刚石并取得了成功，其中微波等离子体法低压合成金刚石薄膜获得了突破性进展。反应系统是 CH_4 和 H_2 的混合气体，在微波电场作用下产生等离子体，发生甲烷热分解反应：

$$H_2 \longrightarrow 2H$$
$$H + CH_4 \longrightarrow CH_3 + H_2$$
$$CH_3 \longrightarrow C(金刚石) + 3H$$

H_2 促进了甲烷热分解反应并有效地抑制了石墨碳和其它高分子碳氢化合物的形成。在 800～900℃、$3 \times 10^3 \sim 4 \times 10^3$ kPa 的条件下，可得到纯度很高的金刚石薄膜。

等离子体还可用于微量元素分析，由于其具有很高的能量，在用做原子化源时表现出了突出的优越性，等离子发射光谱仪就是一个具体的例子。

2.1.5　中子态（选读材料）

如果将固态物质施以高压，非金属可变成金属。如 Te、I_2、P 等，加压到 1000～5000MPa 就变成了金属，此时它们能导电。若把金属态再加高压或超高压，此时，核外电子被压到核里面去，电子与质子结合成中子，物质就成了中子态，这是物质的第五态。此时，体积很小，密度就大得惊人。天文学家已在宇宙中发现"中子星"的存在，它就是密度极大的星体。

2.1.6　液晶（选读材料）

晶体是各向异性的，液体则是各向同性的。一般的晶体溶化后就由各向异性转化为各向同性的液体。但是，有些物质在由晶体向液体的转变过程中，要经历一种各向异性的液态，这种状态的物质称液晶（liquid crystal）。最初的液晶是奥地利科学家莱尼茨尔

（F. Reinizer）在 1888 年发现的。到目前为止，世界上已合成了五万多种液晶化合物。由于液晶兼有液体的流动性和晶体的有序排列、各向异性的特点，这就使液晶有许多特别的电、磁、光学特性。图 2-1 表示晶态、液态和液晶态分子排列状态的对比。

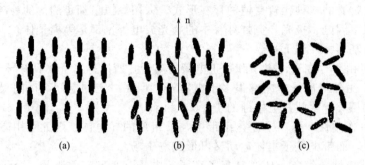

图 2-1　物质的晶态（a）、液晶态（b）和液态（c）的示意图

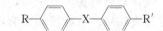

图 2-2　棒状液晶分子的化学结构

　　液晶分子的几何形状可以是棒状、盘状、板状等；大小可以是小分子或聚合物。棒状分子如图 2-2 所示。液晶小分子长约 2～4nm，宽约 0.4～0.5nm，实验证明，当分子的长宽比大于 4 时，才有可能呈液晶态。液晶不同于晶体，其各向异性的分子排列并不稳定，易受电、磁场和温度的影响而发生变化，从而导致宏观性也发生变化，如 $H_3C—O—C_6H_4—N＝N—C_6H_4—C_4H_9$ 在 22℃ 由晶相（各向异性）转变为液晶，47℃ 又转变为（液态）各向同性。这种转变也可由电场诱发，结果会出现在不同条件下透明与不透明或颜色的变化。

　　把一层液晶夹于两层透明的导电玻璃电极之间，施以电压，液晶便在有电场和无电场之间表现出不同的光学性质。在一定形状的电极下便可显示出汉字或符号。若采用彩色偏振薄膜技术，便可实现彩色显示。液晶显示具有功耗小、用量少、成本低、可在明亮环境下工作等特点。因此，自 1968 年 Heilmeier 首次报道液晶的电光效应以来，液晶工业得到了飞速发展，已成为显示工业的重要组成部分。液晶显示在 20 世纪 70 年代初主要用于电子表、计算器的笔画单色显示，现在已迅速发展到数万、数十万像元的有源矩阵大面积彩色显示。其应用范围已扩大到文字处理、掌上电脑、袖珍电视、计算机终端等领域。

2.2　原子结构和元素周期律

2.2.1　原子的基本结构

　　人们已经发现、合成、表征了千千万万不同的物质，从微观上来看，各种物质都是由分子组成的（除了少数的惰性气体是单原子分子），而分子都是由原子组成的。究竟原子是怎样形成具有不同性质的分子，而分子又是怎样构成具有各种性质的宏观物质的？要回答这个问题，首先必须搞清楚原子的结构（atomic structure）。由于在发生物理或化学变化时原子核不会发生变化，因此，我们所说的原子结构就是指原子核外的电子结构，即原子核外所有电子的运动状态。

　　英国科学家道尔顿（J. Dalton）在 1808 年出版的《A New System of Chemical Philosophy》一书中提出了物质的原子理论，主要内容有以下五点：

① 物质是由不可再分的原子组成的；

② 对于给定化学元素，其原子的质量和所有性质都是确定的；

③ 不同化学元素具有不同的原子，不同的原子具有不同的质量；

④ 在化学反应中，原子不可重构并保持其所有特性；

⑤ 化合物是由不同元素的原子以小整数比结合而成的。

从古希腊一直到 J. Dalton 时代，原子都被认为是不可再分的物质组成单元，直到 19 世纪末和 20 世纪初，人们逐渐认识到了原子是由更小的基本粒子构成的，并由此建立了现代物质结构理论。

2.2.1.1 玻尔理论

早在 1911 年，英国著名物理学家卢瑟福（E. Rutherford）和他的学生通过粒子散射实验提出了含核原子结构模型，认为原子是由一个带正电的原子核（atomic nucleus）和绕核运动的电子构成的，原子核在整个原子中只占有很小的空间，但却几乎集中了原子的全部质量，而在核外运动电子的体积和质量都极小，原子中绝大部分是空的。这一模型是现代原子结构理论的基础。该模型建立在 Newton 经典力学理论基础上，根据该理论，电子在运动速度改变时，要发射电磁波，能量降低。结果是：①发射光谱连续；②原子烟灭。

但实践证明，气态原子在高电压激发下会发出不同波长的光线，若将产生的光经棱镜分光后用照相底片记录下来，所得到的图像就称为光谱。氢原子光谱是一种线状光谱（见图 2-3），其特点是不连续而有规律，与氢原子的结构密切相关。

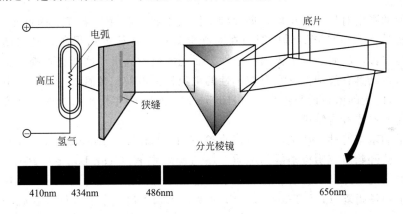

图 2-3 氢原子线状光谱的产生

1913 年，卢瑟福的学生玻尔（N. Bohr）在含核型原子模型理论、普朗克（M. Planck）的量子论和爱因斯坦（Einstein）光子学说的基础上，提出了如下的几点假设，成功地解释了氢原子光谱的不连续特征，建立了原子结构的玻尔理论：

① 在原子中，电子不是在任意的轨道上绕核运动，而是在一些符合一定条件的轨道上运动，这些轨道称为稳定轨道（stable orbital），它具有固定的能量。在最低能量稳定轨道上运动的电子，称为基态电子，它不吸收能量，也不发射能量。

② 电子在不同轨道上运动时具有不同的能量，通常把这些具有不连续能量的状态称为能级（energy level）。

③ 只有当电子从某一轨道跃迁到另一轨道时，才有能量的吸收或放出。若电子从低能态轨道吸收能量跃迁到高能态轨道上运动，就称为激发态电子。

玻尔理论冲破了经典物理学中能量连续变化的束缚，引用了普朗克量子化（即不连续）的观点，提出了原子轨道能级的概念，说明了原子的相对稳定性，用量子化概念解释了经典物理学无法解释的氢原子结构和氢原子光谱之间的关系，并正确地预言了复杂原子中的电子必须以"壳层"形式存在，还指出了最外层电子的个数决定着元素的化学性质。这都是玻尔理论的成功之处，但玻尔理论是在经典力学连续概念的基础上勉强加进了一些人为的量子化条件和假定，认为电子在原子核外的运动具有类似宏观物体运动的固定轨道，这不仅无法解释多电子原子（核外电子数大于1的原子）、分子或固体的光谱，就是氢原子光谱的精细结构以及每条谱线实际上在强磁场中还可分裂为两条谱线的现象也无法解释，这是玻尔理论的不足之处。尽管如此，由于他对原子结构和辐射研究的巨大贡献和对量子力学发展所做的开创性工作，于1912年获得了诺贝尔物理学奖。

2.2.1.2 现代原子结构理论

现代原子结构理论是建立在玻尔理论和量子力学基础之上的。量子力学是现代物理学的理论基础之一，是研究微观粒子运动规律的科学，使人们对物质世界的认识从宏观层次跨进了微观层次。1900年，德国理论物理学家普朗克在研究光的黑体辐射问题时发现，辐射过程是不连续的，而是以某个最小量一份一份地辐射出来，他把这个最小能量单位称为量子，且给出了一个与实验结果完全一致的公式

$$E = nh\nu$$

式中，$n = 1, 2, 3, \cdots$；h 是 Plank 常数，其值为 $6.626 \times 10^{-34} \text{J} \cdot \text{s}^{-1}$；$\nu$ 是辐射频率。这就是非常简单而又著名的 Plank 公式。当 $n = 1$ 时，$E = h\nu$，是不同频率光的能量最小单位，即光量子能量。

量子假说的提出对量子理论的发展起到了巨大的推动作用，普朗克因此于1918年获得了诺贝尔物理学奖。1905年，爱因斯坦在对光电效应进行研究后得出，光的动量 $P = h/\lambda$，其中 λ 是光的波长，从而确定了光的粒子性。而光的衍射和干涉实验已经充分证明了光的波动性，光的这种既具有波动性又具有粒子性的现象称为波粒二象性。至此，牛顿（Newton）于1680年提出的光的微粒说与惠更斯（Huygens）于1690年提出的光的波动说之间长达两百多年的反复争论才宣告结束。

(1) 电子的基本特性 从英国科学家克鲁克斯（William Crookes）在1879年发现阴极射线后，人们就开始研究阴极射线的本质。1895年，培润（Jean-Baptiste Perrin）将铝集电管置于阴极射线的通路上，在管中检测出了负电荷，从而推断阴极射线是带负电荷的微观粒子。这一结论由汤姆森（J. J. Thomson）所证实，汤姆森研究了阴极射线在磁场和电场作用下的行为，在1897年发表的研究论文中指出：由不同的物质制成阴极，使用不同的电压，管内充以不同的气体，所得到的阴极射线都具有相同的基本性质，粒子所带的电荷与其质量的比值，即质荷比 m/e 均为 $5.6856 \times 10^{-9} \text{g} \cdot \text{C}^{-1}$。显然，这种带负电的微粒是一切物质所共有的基本微粒，他称这种带负电荷的微粒为电子。

密立根（R. A. Millikan）独创了著名的油滴实验，并通过这一实验花费了11年的时间于1917年精确测定出电子电量为 4.807×10^{-10} 静电单位电量（电子电量为 $1.602189 \times 10^{-19} \text{C}$），结合汤姆森测出的电子质荷比，可以得到电子的质量为 $9.1094 \times 10^{-31} \text{kg}$，因此，电子是一个实物微粒。

若某个物理量的变化是以某个最小单位或其整数倍作不连续的增减，就称该物理量是量子化的。由原子光谱是线状光谱和光电效应等实验事实可以知道，运动电子的能量是不连续的，即电子的运动具有量子化特征。

(2) 德布罗依波粒二象性 1924年法国物理学家德布罗依（De Broglie）提出了静止质量不等于零的原子、分子、电子等微观粒子和光一样，也具有波粒二象性的假设。并预言质量为 m，速度为 v 的微观粒子的波长为：

$$\lambda = \frac{h}{mv} \tag{2-10}$$

λ 表示电子具有波动性的波长，这种波称为物质波；mv 表示粒子性的动量，用 Planck 常数将二者以定量的关系联系起来，以便使用粒子性的数据测算波动性，De Broglie 的预言经电子衍射实验证实，它说明电子波动性是电子无数次行为的统计结果。

（3）核外电子运动状态的描述　1926 年，奥地利物理学家薛定谔（E. Schrdinger）和德国物理学家海森堡（Werner Heisenberg）分别用波动力学和矩阵力学的方法对像核外电子那样高速运动的微观粒子的运动状态进行了科学的描述，建立了现代量子力学，二者实际上是等同的。由于波动力学的描述方法相对比较容易理解，所以现代原子结构理论是以薛定谔波动方程为基础建立起来的。

对于宏观物体的运动我们都比较熟悉，例如，一个质量为 m 的汽车绕一个中心点在半径为 R 的圆周上以速度 v 作匀速运动，汽车的运动状态可以很简单地描述出来：以中心点为坐标原点，汽车的运动状态可以如下描述：

$$x^2 + y^2 = R^2 \qquad 运动轨道$$
$$P = mv \qquad 动量$$

同样道理，原子核外某个电子的运动状态也可以用一个数学方程来描述，这就是薛定谔方程：

$$\frac{\partial^2 \Psi}{\partial x^2} + \frac{\partial^2 \Psi}{\partial y^2} + \frac{\partial^2 \Psi}{\partial z^2} + \frac{8\pi^2 m}{h^2}(E-V)\Psi = 0 \tag{2-11}$$

式中，Ψ 称为波函数，是电子波动性的体现；E 是总能量；V 是势能；m 是微观粒子的质量。

1928 年，狄拉克（Dirac）引进爱因斯坦相对论的观点，对薛定谔方程进行了改进。其中 Ψ 为描述核外电子（或特定微粒）运动状态的波函数（wave functions），代表着电子在核外空间的运动状态。若沿用经典物理学的概念，Ψ 就是电子在原子核外的"运行轨道"，称为原子轨道，但一定要注意，由于运动电子的波粒二象性，核外运动的电子是不可能像宏观物体那样具有确定轨道的。

海森堡是玻尔的学生，在思考如何用量子力学对云室中运动电子的粗大径迹进行数学描述时，提出了著名的海森堡测不准原理，他指出了同时严格确定两个共轭变量（例如位置和速度）的值是不可能的，它们的值的准确度有一个下限，这是一条自然定律。海森堡测不准原理可通俗地表达为：不可能同时测得高速运动微观粒子的精确位置和动量，可近似用 $\Delta x \Delta P \geqslant h$ 来表达，更精确的结论是 $\Delta x \Delta P \geqslant h/4\pi$。从理论上讲，任何运动物体（包括宏观物体）都应服从海森堡测不准原理，但只有在处理微观粒子的运动时，才是不可忽视的。不可能存在卢瑟福和玻尔模型中像行星绕太阳运动那样的电子运行轨道。

玻恩（Bohn）在用薛定谔理论处理粒子碰撞问题时，提出了得到公认的波函数（即德布罗依波或物质波）的物理解释，波函数 Ψ 就是电子绕核运动的原子轨道，与其共轭复数 Ψ^{-1} 的乘积记为 $|\Psi|^2$，代表了在核外某处电子出现的概率，即概率密度，若在空间坐标系中用小黑点的疏密来表示该处概率密度的大小，所得到的图像就称为电子云，它是电子出现概率密度的形象化描述。物质波是一种概率波，具有粒子性的电子运动具有统计性，电子运动的统计行为构成了其波动性。这样就化解了微观粒子波动性和粒子性的对立，而将两者统一了起来。俄罗斯科学家毕柏曼、苏式金和法布里坎特的电子衍射实验证明了这一结论。

（4）四个量子数　薛定谔方程只是描述微观粒子运动状态的一般数学表达式，要得到某个电子的真实运动状态，就必须对薛定谔方程进行求解，找出波函数 Ψ 的具体数学表达式，在求解时，针对特定的运动电子，只要 n、l、m、m_s 四个参数的取值一定，波函数 Ψ 的具体数学表达式也就确定了，因此，我们可以用 n、l、m、m_s 四个参数的一组取值来间接描述特定电子的运动状态，也就是说，n、l、m、m_s 四个参数的一组取值就代表着一个原子轨道。

由于 n、l、m、m_s 四个参数的取值是不连续的，所以我们将其称为量子数。根据运动电子能量量子化的概念，可以推测出核外电子是按能级高低分层分布的，这种不同的能级就称为电子层（electron layer）。从统计的观点，电子层是按电子出现概率较大区域离核的远近来划分的。

n 是主量子数（principal quantum number），它代表着原子轨道（即运动电子）离核的远近，决定了运动电子所在的电子层数和电子在核外出现概率最大区域离核的平均距离，是影响运动电子能量的主要因素。n 的取值是 $1,2,3,\cdots$ 所有的正整数，但对于地球上的任何元素，尚未发现 $n>7$ 的基态。对于 $n=1$, 2, 3, 4, 5, 6, 7 这七个取值，即七个电子层，在光谱学上分别用 K、L、M、N、O、P、Q 来表示。原子轨道（即运动电子）的能量随 n 值的增大而升高。

l 是角量子数（azimuthal quantum number），代表着原子轨道（或电子云）的形状（见图 2-4 和图 2-5），是影响运动电子能量的因素之一。l 值可以取从 0 到 $n-1$ 的正整数，$l=0$, 1, 2, $\cdots$, $n-1$，在光谱学上分别用 s、p、d、f、g 等符号表示，总共可以取 n 个数值，称为电子亚层，l 的取值受 n 值的限制。

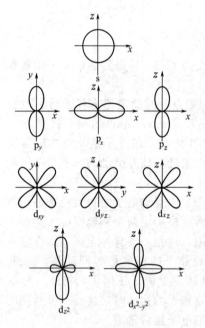
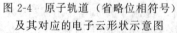

图 2-4　原子轨道（省略位相符号）
　　及其对应的电子云形状示意图

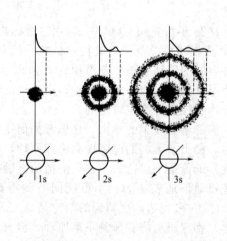

图 2-5　ns 电子云的形状和空间分布

通常将 n 值相同，l 值也相同的电子归在同一电子亚层，不同的电子层中，其亚层数不同。

$n=1$（K 层）：$l=0$（s 态），只有 1s 一个亚层。$l=0$ 的原子轨道称为 s 轨道，相应的电子云就称为 s 电子云，呈球形对称。

$n=2$（L 层）：$l=0$（s 态），$l=1$（p 态），有 2s、2p 两个亚层。$l=1$ 的原子轨道称为 p 轨道，相应的电子云就称为 p 电子云，呈哑铃形分布，p 轨道（或电子云）沿某一直角坐标轴的方向有最大值。

$n=3$（M 层）：$l=0$（s 态），$l=1$（p 态），$l=2$（d 态），有 3s、3p、3d 三个亚层。其中 $l=$

2 的原子轨道称为 d 轨道，相应的电子云就称为 d 电子云，呈花瓣形分布。

$n=4$（N 层）：$l=0$（s 态），$l=1$（p 态），$l=2$（d 态），$l=3$（f 态），有 4s、4p、4d、4f 四个亚层。其中 $l=3$ 的原子轨道称为 f 轨道，相应的电子云就称为 f 电子云，其形状复杂。

$n=5$、6、7 等依此类推，到目前还没有发现或制备出 n 大于 7 的元素。l 值基本上反映了波函数即习惯上称为原子轨道（简称轨道）的形状。每种 l 值表示一类原子轨道（或其电子云）的形状，其数值一般用光谱学符号表示：$l=0$、1、2、3、4 分别用 s、p、d、f、g 来表示。见图 2-6。

要注意，原子轨道图像是波函数的形象化表示，而波是有位相的，位相是有正负之分的，所以原子轨道是有正负号的，在图示中原子轨道的正负与坐标一致，电子云是概率密度的形象化表示，无正负之分。同种类型的原子轨道的形状与电子云的形状是类似的，只不过原子轨道略"瘦"一些，而电子云稍"胖"一些。

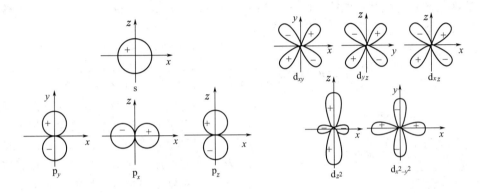

图 2-6　s，p，d 轨道图

m 是磁量子数（magnetic quantum number），代表了原子轨道在空间的伸展方向。m 的数值受 l 数值的限制，它可以取包括 0 在内从 $-l$ 到 $+l$ 的所有整数值，故 l 确定后 m 可以取 $2l+1$ 个数值，每一个不同的取值代表着原子轨道在空间的一个伸展方向。

通常把 n、l 和 m 都确定的电子运动状态称为原子轨道。n 和 l 相同的几个原子轨道的能量一般是等同的，这样的轨道称为等价轨道（equivalent orbital）或简并轨道（degenerate orbital）。如相同的 p 轨道有 3 个简并轨道、d 轨道有 5 个简并轨道、f 轨道有 7 个简并轨道。

原子中电子不仅绕核旋转，而且还绕着本身的轴作自旋运动。m_s 是自旋量子数（spin quantum number），只有 $+1/2$ 和 $-1/2$ 两个取值，分别代表了运动电子两个相反的自旋方向，通常可用向上（↑）和向下（↓）的箭头来表示。

上述四个量子数综合起来，可以说明电子在原子中的运动状态。如对原子中某一电子来说，如果只指出 $n=2$，这是不够明确的，因为 $n=2$ 的电子，可以是 s 电子，也可以是 p 电子。如果指出它的 $l=1$，则是 p 电子，但又必须要指出 m 值，最后，还必须指出电子的自旋方向，即 m_s 是 $+1/2$ 还是 $-1/2$。总之，必须是四个量子数的一组取值，才能完全说明某一个电子的运动状态。对于多电子原子，要完整描述其核外所有电子的运动状态（亦即原子结构），就必须要知道每一个电子的量子数取值。

2.2.2　多电子原子核外电子的运动状态

上面从量子力学的原子模型出发，介绍了核外电子的运动状态。下面将重点讨论多电子原子核外电子的运动状态，即多电子原子的结构，分析核外电子是如何分布在各个轨道上的。电子在核外各个轨道上的分布称为核外电子排布（arrangement of extra nuclear electrons)，对氢原子，通常其核外的一个电子总是位于基态 1s 轨道上。除氢外，其它元素的原子核外都不止一个电子，这些原子统称为多电子原子（multi electron atoms）。要了解多电子原子的核外电子是怎样排布的，首先要对多电子原子的能级进行讨论。

2.2.2.1 多电子原子的原子轨道能级

氢原子的核外只有一个电子，原子的基态和激发态的能量都取决于主量子数，与角量子数无关，原子的能级主要由光谱实验结果获得。在多电子原子中，由于电子之间的相互作用，使主量子数相同的各轨道产生分裂。原子的能级主要与主量子数有关，但也受角量子数的影响。多电子原子中各个电子在轨道上的能量很复杂，在此仅讨论各个原子轨道能级的相对高低。

鲍林（L. Pauling）根据光谱实验的结果，总结出了多电子原子轨道近似能级图，如图2-7 所示。图中每个小方块表示一个原子轨道，它们所在位置的高低表示各轨道能级的相对高低。这样的图称为鲍林近似能级图（approximate energy level diagram），它反映了核外电子填充的一般顺序，能级由低到高的顺序为：

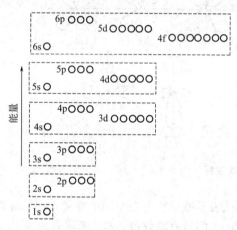

图 2-7　原子轨道近似能级图

1s、2s、2p、3s、3p、4s、3d、4p、5s、4d、5p、6s、4f、5d、6p、7s、5f、6d、7p、…

2.2.2.2 多电子原子核外电子的分布

（1）核外电子分布的三个原则　为了比较简明地了解多电子原子核外电子的运动状态，即多电子原子结构，我们可以假设在开始形成原子时，核外所有的原子轨道都是空的，确定数目的电子按一定规则顺序填入，最终形成了原子。根据光谱实验结果以及对元素周期律的分析，总结出填充电子形成核外电子分布时要遵循以下三个原则：

能量最低原理：电子在原子中总是尽可能处于能量最低状态，这样的状态最稳定。核外电子总是分布到能量较低的轨道，这一规律称为能量最低原理（lowest energy principle）。因此，核外电子按近似能级图由低至高填充到各原子轨道中。

泡利不相容原理：瑞士物理学家泡利（W. Pauli）根据光谱实验结果和考虑到周期系中每一周期元素的数目，提出了一个假定——不相容原理（exclusion principle）。该原理认为：同一个原子内不可能存在四个量子数完全相同的两个电子，或者说同一个原子中不会有运动状态完全相同的两个电子。这一规则说明了任何一个原子轨道最多只能容纳两个自旋方向相反的电子，由此可以确定各种原子轨道所能填充电子的数目，即 s 轨道可填 2 个电子，p 轨道可填 6 个电子，d 轨道可填 10 个电子，f 轨道可填 14 个电子。

洪特规则：洪特（F. Hund）根据大量光谱实验数据总结出一个普遍规律。在同一亚层的各个轨道（即简并轨道或等价轨道）上，电子将尽可能以自旋平行的方向分占不同的原子轨道。此规则称为洪特规则（Hund's rule）。例如，氮原子的最外层 2p 轨道共有 3 个电子，按照洪特规则应如下分布：

$$p_x \enspace ⊛ \qquad p_y \enspace ⊛ \qquad p_z \enspace ⊛$$

作为洪特规则的特例，当等价轨道处于全充满（p^6、d^{10}、f^{14}）、半充满（p^3、d^5、f^7）或全空状态时，原子的结构比较稳定，核外电子会优先按此分布。例如原子序数为 29 的元素铜，其原子核外电子的外层排布为 $3d^{10}4s^1$，而不是 $3d^9 4s^2$，亚层半充满的例子如 $_{24}Cr$，它的外层电子分布式为 $3d^5 4s^1$，而不是 $3d^4 4s^2$。

一定要注意，上述三个原则只是根据光谱实验结果总结出来的近似规律，在周期表中有一些例外情况，真正的原子结构还是要以实验测定结果为准。

（2）基态原子中电子的分布　核外电子的分布是客观事实，本不存在人为地向核外原子轨道填入电子以及填充电子的先后次序问题，但作为研究原子核外电子运动状态的一种科学假设，对于了解原子的电子层结构是有益的。

对于多电子原子，根据以上三原则（外加一特例）和原子序数，可以写出周期系中大多数元素基态时的电子分布式，或称为原子的电子结构分布式。书写基态原子的电子结构分布式可分三步完成：

① 写出原子轨道能级顺序；

② 按上述三原则和特例在每个轨道上填充电子；

③ 将相同主量子数的各亚层按 s、p、d、f 的顺序进行整理，即可得到基态原子的电子结构分布式。

【例 2-1】　写出 35 号元素溴元素的电子结构分布式。

解：（1）写出原子轨道能级顺序：1s 2s 2p 3s 3p 4s 3d 4p 5s 4d 5p。

（2）按上述原则在每个轨道上填充电子。Br 原子序数为 35，共有 35 个电子，直至排完为止。即 $1s^2 2s^2 2p^6 3s^2 3p^6 4s^2 3d^{10} 4p^5$。

（3）将相同主量子数的各亚层按 s、p、d、f 的顺序整理得：$1s^2 2s^2 2p^6 3s^2 3p^6 3d^{10} 4s^2 4p^5$，这就是 Br 元素基态时的电子结构分布式。

我们反复强调过"结构决定性质"这一简单而又重要的概念，原子结构当然决定着原子的性质，在多电子原子表现其各种物理或化学性质时，原子核是不发生变化的，变化的只是原子核外电子的运动状态，实际上也并非所有核外电子的运动状态都会发生明显的变化，一般发生变化的仅仅是外层电子，我们将其称为价电子，价电子所在的原子轨道称为价层轨道。根据上述核外电子分布的规律，结合鲍林近似能级图，我们可以比较容易地判断一个原子的价层轨道以及价电子，具体方法是：根据鲍林近似能级图按上述原则填充电子，确定最后一个电子填充轨道的主量子数 n，若此之前电子填充轨道的最大主量子数 n' 大于或等于 n，则主量子数为 n' 的填充轨道和其后主量子数大于或等于 n 以及主量子数小于或等于 n' 的所有轨道（包括未填充电子的能量最低的空轨道）都是价层轨道，价层轨道上的电子就是价电子。

例如，24 号铬（Cr）元素，按规则所有电子如下填充：$1s^2 2s^2 2p^6 3s^2 3p^6 4s^1 3d^5$，最后一个电子填充在 3d 上，主量子数 $n=3$，在此之前电子填充轨道的最大主量子数 n' 为 4 大于 n，则 24 号铬元素的价层轨道就是 3d4s，其价层电子分布为 $3d^5 4s^1$，价层轨道上的 6 个电子就是其价电子。

再如，7 号氮（N）元素，所有电子如下填充：$1s^2 2s^2 2p^3$，最后一个电子填充在 2p 上，主量子数 $n=2$，在此之前电子填充轨道的最大主量子数 n' 为 2 等于 n，则 7 号氮元素的价层轨道就是 2s2p，其价层电子分布为 $2s^2 2p^3$，价层轨道上的 5 个电子就是其价电子。

11 号钠（Na）元素的所有电子如下填充：$1s^2 2s^2 2p^6 3s^1$，最后一个电子填充在 3s 上，主量子数 $n=3$，在此之前所有电子填充轨道的主量子数都小于 n，则 11 号钠元素的价层轨道就是 3s，其价层电子分布为 $3s^1$，价层轨道上的 1 个电子就是其价电子。

原子核外电子的排布，应用 Pauling 的近似能级图，根据核外电子的排布规律，就可以写出周期表中绝大多数元素的核外电子结构式。例如 $_{25}Mn$ 原子的电子结构式为：$1s^2 2s^2 2p^6 3s^2 3p^6 3d^5 4s^2$。又如 $_{82}Pb$ 原子的电子结构式为：$1s^2 2s^2 2p^6 3s^2 3p^6 3d^{10} 4s^2 4p^6 4d^{10} 4f^{14} 5s^2 5p^6 5d^{10} 6s^2 6p^2$。

对于原子序数较大的元素，为了书写方便，常将内层已达稀有气体的电子层结构部分称为原子实，用该稀有气体元素符号加方括号表示，如 [Ne] 表示原子价电子层内的原子结构实体。例如，$_{12}$Mg 电子排布为：$1s^2 2s^2 2p^6 3s^2$，可写成 [Ne]$3s^2$，$_{24}$Cr 原子的电子层结构式可简写成 [Ar] $3d^5 4s^1$，$_{82}$Pb 的电子结构式可简写成 [Xe] $4f^{14} 5d^{10} 6s^2 6p^2$。

(3) 基态阳离子的结构　像描述原子结构一样，基态阳离子的结构也用其核外电子分布式来描述，可以在相应原子核外电子分布的基础上来考虑，通过对基态原子和离子内轨道能级的研究，从大量光谱数据中可得如下经验规律：

基态原子外层电子填充顺序：ns、$(n-2)$ f、$(n-1)$ d、np。

价电子电离顺序：np、ns、$(n-1)$ d、$(n-2)$ f。

也就是说，在写出相应原子核外电子分布式后，根据基态阳离子的电荷数，从最外层开始依次去掉相应数目的价电子，剩下的就是基态阳离子的核外电子分布。

例如：82 号 Pb 原子中电子的分布为 [Xe] $4f^{14} 5d^{10} 6s^2 6p^2$；则 Pb^{2+} 和 Pb^{4+} 的核外电子分布式分别为 [Xe] $4f^{14} 5d^{10} 6s^2$ 和 [Xe] $4f^{14} 5d^{10}$。Fe 原子的外层电子构型为 $3d^6 4s^2$，先失去 4s 上的 2 个电子（而不是先失去 3d 上的 2 个电子）成为 Fe^{2+}，再失去 3d 上的 1 个电子成为 Fe^{3+}。

2.2.2.3　屏蔽效应与有效核电荷

原子核外某一电子（一般称为指定电子）不仅要受到核的吸引，同时还要受到核外其余电子的排斥作用。在多电子原子中考虑核外电子之间的相互作用时，可用一种近似的方法来处理：把多电子原子中其余电子对指定电子的排斥作用，简单地看成是抵消了一部分核电荷对指定电子的吸引作用，相当于作用于指定电子核电荷数的减少。这种在多电子原子中其余电子抵消核电荷对指定电子吸引作用的现象称为屏蔽效应 (screening effect)，其余电子抵消核电荷的程度即屏蔽效应的强弱，可用一个实验得到的经验常数来衡量，称为屏蔽常数 (screening constant)，用 σ 表示，它相当于抵消掉的核电荷数。因此，指定电子真正感受到的核电荷数就是实际核电荷数 Z 减去其余电子的总屏蔽常数，称为有效核电荷，用 Z^* 表示。下面是屏蔽常数的近似计算规则，称为 Slater 规则。

① 首先要写出基态原子的核外电子分布式。

② 将原子核外的电子按如下分组：

1s；　2s, 2p；　3s, 3p；　3d；　4s, 4p；　4d；　4f；　5s, 5p；　5d…。

③ 内层电子对指定电子的屏蔽常数值规定如下：

a. 被屏蔽电子（即指定电子）右边的各组电子，对被屏蔽电子的屏蔽常数 $\sigma = 0$；

b. 1s 轨道上的 2 个电子相互间的屏蔽常数 $\sigma = 0.3$，其它同一轨道上的其余电子对指定电子的屏蔽常数 $\sigma = 0.35$；

c. 若被屏蔽电子是 ns 或 np 电子时，$(n-1)$ 层轨道上每一个电子对指定电子的屏蔽常数 $\sigma = 0.85$，$(n-2)$ 层轨道及更内层的每一个电子对 n 层轨道指定电子的屏蔽常数 $\sigma = 1.0$；

d. 若被屏蔽电子为 nd 或 nf 电子时，则位于它左边的每一个电子对它的屏蔽常数 $\sigma = 1.0$。

④ 将原子中其余电子对被屏蔽电子的屏蔽常数求和，即得其余电子对指定电子总的屏蔽常数 $\sum \sigma$。用原子核电荷数（即原子序数）Z 减去其余电子对指定电子的总屏蔽常数 $\sum \sigma$，就可以得到实际作用于指定电子的有效核电荷 Z^* (effective nuclear charge)：

$$Z^* = Z - \sum \sigma \tag{2-12}$$

【例 2-2】 试计算 22 号元素 Ti 原子中作用于 4s 电子上的有效核电荷。

解：Ti 的原子序数 $Z = 22$，其电子分布式：$1s^2 2s^2 2p^6 3s^2 3p^6 3d^2 4s^2$，按近似计算规则，作用在 4s 电子上的屏蔽常数为：

$$\sum \sigma = 1 \times 0.35 + 10 \times 0.85 + 10 \times 1.0 = 18.85$$

所以，作用在 4s 电子上的有效核电荷为：

$$Z^*_{4s}=Z-\sum\sigma=22-18.85=3.15$$

故 Ti 原子中作用于 4s 电子上的有效核电荷为 3.15。

一般来讲，屏蔽常数 $\sum\sigma$ 越大，有效核电荷 Z^* 越小，核对该电子的吸引力就越小，因此该电子的能量就越高，也就越容易失去。如 Ti 原子中对 4s 电子总的屏蔽常数大于对 3d 电子总的屏蔽常数，而 $Z^*_{4s}<Z^*_{3d}$，所以 Ti 的 4s 电子比 3d 电子更易失去。

总的来讲：

① l 相同，n 越大，原子轨道的能量越高。这是因为 n 越大，电子离核的平均距离越远，受内层电子的屏蔽作用也越大，从而有效核电荷减小，能量越高。

② n 相同，l 不同，则 l 越大，轨道能级越高。这可由大量原子光谱实验所证实，其原子轨道能级顺序为 $E_{ns}<E_{np}<E_{nd}<E_{nf}$。

③ 当 n 和 l 都不同时，相邻能级的高低问题尚有争议（例如 3d 和 4s）。在近似能级图中 $E_{4s}<E_{3d}$、$E_{5s}<E_{4d}$、$E_{6s}<E_{4f}<E_{5d}$ 等，这就是所谓的能级交错现象。

2.2.3 元素周期律

元素的性质随着核电荷的递增呈周期性的变化，称为元素周期律。门捷列夫发现了元素周期律，将自然界所有的元素组成一个完整有序的体系，叫元素周期系。元素周期表就是元素周期系的表达形式。周期表中的元素共划分为 7 个横行，每一个横行称为 1 个周期。元素所在的周期数等于其基态原子中含有电子的最高能级组的序号数，等于原子最外层主量子数 n。例如，第一周期，$n=1$；第二周期，$n=2$；以此类推。各周期元素总数等于其对应各能级组容纳的电子总数（$2n^2$）。

2.2.3.1 电子层结构与族

元素的原子参加化学反应时，能参与成键的电子称为价电子，价电子所处的电子层称为价电子层，价电子层的排布式称为价电子组态或称价电子层结构。周期表中的各元素根据它们的价电子组态和相似的化学性质而划分为一个个纵列，称为族。

（1）主族 凡是最后一个电子填入 ns 或 np 能级的元素称为主族元素。各主族的族数等于该元素原子的最外层电子数（即 $ns+np$）。

（2）副族 凡是最后一个电子填入次外层 $(n-1)d$ 或倒数第三层 $(n-2)f$ 能级上的元素称为副族元素。除了第 Ⅷ 族外，大多数副族元素的族数等于 $[(n-1)d+ns]$；ⅠB～ⅡB 的族数等于 ns；ⅢB～ⅦB 的族数等于价电子数。

2.2.3.2 电子层结构与区

根据价电子结构不同，可将元素周期表分为 s、p、d、ds、f 5 个区（表 2-3）。

表 2-3　周期表中元素的分区表

	ⅠA						0
1		ⅡA				ⅢA～ⅦA	
2	S区					p区	
3	$ns^{1\sim2}$	ⅢB～ⅦB Ⅷ		ⅠB ⅡB		$ns^2np^1\sim ns^2np^6$	
4		d区		ds区			
5		$(n-1)d^1ns^2\sim(n-1)$		$(n-1)d^{10}ns^1\sim$			
6		d^8ns^2		$(n-1)d^{10}ns^2$			
7		不完全周期					

镧系元素	f区
锕系元素	$(n-2)f^1ns^2\sim(n-2)f^{16}ns^2$（有例外）

2.2.3.3 元素基本性质的周期性

原子半径、电离能、电子亲合能、电负性等都是元素的基本性质，与原子电子层结构的周期性变化密切相关，它们在元素周期表中呈现周期性变化。

（1）原子半径 由于电子云没有明显的界面，因此原子大小的概念是比较模糊的，最外电子层到原子核的距离实际上是难以确定的。根据相邻原子间作用力的差异，原子半径分为共价半径、金属半径和范德华半径三类。两个相同原子形成共价键时，其核间距离的一半，称为原子的共价半径；在金属晶格中，相邻金属原子核间距离的一半，称为金属半径；在分子晶体中，分子间是以范德华力结合的。两个相邻原子在没有键合的情况下，仅借范德华力联系在一起，核间距离的一半，称为范德华半径。

同一种元素，这三种关系相差甚大，所以，在比较不同元素原子半径的相对大小时，一定要选择同一类型的原子半径。表 2-4 列出各原子的共价半径，而稀有气体为范德华半径。

表 2-4　原子半径表　　pm

I A	II A	III B	IV B	V B	VI B	VII B	VIII			I B	II B	III A	IV A	V A	VI A	VII A	0
H	元素符号上 H																He
30	共价半径 30																
78	单质的结晶半径 78																128
120	范德华半径 120																122
Li	Be											B	C	N	O	F	Ne
123	89											88	77	70	66	58	
152	113											83		71		70.9	160
												208	185	154	140	135	
Na	Mg											Al	Si	P	S	Cl	Ar
	136											125	117	110	104	99	
153	160											143	117	115	104		174
231												205	200	190	185	181	191
K	Ca	Sc	Ti	V	Cr	Mn	Fe	Co	Ni	Cu	Zn	Ga	Ge	As	Se	Br	Kr
203	174	144	132		117	117	117	116	115	117	125	125	122	121	117	114	189
227	197	160	144	132	124	124	124	125	124	127	133	122	122	125	125		198
231														200	200	195	
Rb	Sr	Y	Zr	Nb	Mo	Tc	Ru	Rh	Pd	Ag	Cd	In	Sn	Sb	Te	I	Xe
	192	162	145	134	129		124	125	128	134	141	150	140	141	137	133	209
247	215	181	160	142	134	135	134	134	137	144	148	162	140	182	143		218
244														220	220	215	
Cs	Ba	La	Hf	Ta	W	Re	Os	Ir	Pt	Au	Hg	Tl	Pb	Bi	Po	At	Rn
235	198	169	144	134	130	128	126	126	129	134	144	155	154	152	153		
265	217	187	156	143	137	137	135	135	138	144	160	170	175	155	167		
262														240			
Fr	Ra	Ac															
270	223	187															

Ce	Pr	Nd	Pm	Sm	Eu	Gd	Tb	Dy	Ho	Er	Tm	Yb	Lu
165	165	164		166	185	161	159	159	158	157	156	170	156
182	182	182	181	180	204	180	178	177	176	175	174	194	173

Th	Pa	U	Np	Pu	Am	Cm	Bk	Cf	Es	Fm	Md	No	Lr
179	160	138			184								

原子半径在周期表中的变化规律如下：

① 同一周期从左到右原子半径逐渐减小，原因是同一周期元素原子的电子层相同，有效核电荷逐渐递增，核对外层电子的引力增强，原子半径从左到右逐渐减小。主族元素有效核电荷增加比过渡元素显著，所以同一周期主族元素的原子半径减小的幅度较大。

② 同一主族，从上至下原子的电子层增加，原子半径依次增大。同族副族元素，自上而下原子半径增大幅度较小。第五和第六周期的同族元素间，原子半径非常接近，从左到右逐渐减小，称为"镧系收缩"。

（2）氧化值

① 氧化值和化合价　元素的氧化值表示化合物中各个原子所带的电荷（或形式电荷）数，该电荷数是假设把化合物中的成键电子都归于电负性更大的原子而求得。例如在 NaCl 分子中氯元素的电负性比钠大，所以氯原子获得一个电子，氧化值为 -1，钠的氧化值为 $+1$；在 H_2O 中，两对成键电子都归电负性大的氧原子所有，因而氧的氧化值为 -2，氢的氧化值为 $+1$。确定氧化值有下述一般规则：

a. 在单质中元素的氧化值为零。

b. 氧在化合物中的氧化值一般为 -2，仅在 OF_2 中为 $+2$；在过氧化物（如 H_2O_2、Na_2O_2 等）中为 -1；在超氧化物（如 KO_2）中为 $-1/2$。

c. 氢在化合物中的氧化值一般为 $+1$，但在与活泼金属生成的离子型氢化物（如 NaH、CaH_2）中为 -1。

d. 碱金属和碱土金属在化合物中的氧化值分别为 $+1$ 和 $+2$；氟的氧化值总是 -1。

e. 在任何化合物分子中各元素氧化值的代数和等于零；在多原子离子中各元素氧化值的代数和等于该离子所带电荷数。

多数情况下氧化值和化合价是一致的。氧化值和正负化合价也混用，但它们是两种不同的概念，且数值上也有不一致的情况。一般来讲，在离子化合物中元素的氧化值等于其离子单原子的电荷数，但在共价化合物中元素的氧化值和共价数常不一致。例如在 CH_4、CH_3Cl、CH_2Cl_2、$CHCl_3$ 和 CCl_4 中，碳的化合价均为 4，但其氧化值分别为 -4、-2、0、$+2$ 和 $+4$。氧化值是元素在化合状态时的形式电荷，它是按一定规则得到的，不仅可以有正、负值，而且还可以有分数。例如，KO_2 中 O 的氧化值为 $-1/2$，在 Fe_3O_4 中 Fe 的氧化值为 $+8/3$。而化合价指元素在化合时原子的个数比，它只能是整数。

② 氧化值与原子结构　元素所呈现的氧化值与其原子的外电子层结构有着密切的关系。元素参加化学反应时，原子常失去或获得电子以使其最外电子层结构达到 2、8 或 18 个电子的稳定结构。在化学反应中，参与化学键形成的电子称价电子。元素的氧化值决定于价电子的数目，而价电子的数目则决定于原子的外电子层结构。虽然元素的最高正氧化值等于价电子的总数。对于价电子总数与外电子层结构的关系，我们按主族元素和副族元素分别讨论。

对于主族元素来说，次外电子层已经充满，因此，最外层电子是价电子。主族元素从ⅠA 到ⅦA 各主族元素的最高正氧化值从 $+1$ 逐一升高至 $+7$。也就是说，元素呈现的最高正氧化值等于该元素所属的族数。对于副族元素来说，除了最外层电子外，未充满的次外层的 d 电子也是价电子。现将各副族元素的价电子构型和最高氧化值列于表 2-5。

表 2-5　副族元素的价电子构型和最高氧化值

副族	ⅢB	ⅣB	ⅤB	ⅥB	ⅦB	ⅧB	ⅠB	ⅡB
价电子构型	$(n-1)d^1ns^2$	$(n-1)d^2ns^2$	$(n-1)d^3ns^2$	$(n-1)d^5ns^1$	$(n-1)d^5ns^2$	$(n-1)d^{6\sim8}ns^2$	$(n-1)d^{10}ns^1$	$(n-1)d^{10}ns^2$
最高氧化值	$+3$	$+4$	$+5$	$+6$	$+7$	$+8$	$+1$	$+2$

从表 2-5 可以看出，ⅢB 到ⅦB 元素的价电子结构为 $(n-1)d^1ns^2$ 到 $(n-1)d^5ns^2$，

因此最高正氧化值从+3逐一增至+7，也等于元素所在族数。ⅧB元素中只有Ru和Os达到+8氧化值。至于ⅠB、ⅡB，$(n-1)$d亚层已填满10个电子，即次外层为18个电子，也是稳定结构，所以一般只失去最外层s电子，而显+1、+2氧化值，也分别等于它们所在的族数。但ⅠB元素有例外，元素最高正氧化值不全是+1。

由于元素周期性地重复它的外电子层结构，因此最高正氧化值的变化也呈现周期性。

（3）元素的电离能　在定温定压下，使基态的气态原子失去一个电子形成+1价氧化态气态离子所需的最低能量称为元素的第一电离能，用I表示，单位为$kJ \cdot mol^{-1}$。例如，1mol氢原子得到1312kJ的能量，将失去电子变成+1价的气态阳离子，所以氢原子的电离能是1312$kJ \cdot mol^{-1}$。对于多电子原子，处于基态的气态原子失去一个电子变成+1价气态阳离子所需的最低能量称为元素的第一电离能I_1。由+1价阳离子再失去一个电子变成+2价阳离子所需最低能量，称元素的第二电离能I_2，以此类推。

同一原子的各级电离能是不同的，其大小顺序为$I_1 < I_2 < I_3 < I_4 \cdots$。因为阳离子电荷数越大，离子半径越小，核对电子的吸引力越大，失去电子所需能量越高。

电离能可由实验测得，通常只用第一电离能来衡量元素的原子失去电子的难易程度，元素的I_1越小，表示该元素原子在气态时越容易失去电子，金属性越强。

原子的有效核电荷、原子半径和原子的电子层结构等因素对元素原子的电离能有影响，因此周期表中各元素原子的第一电离能呈明显的周期性变化，见表2-6。

表2-6　元素的第一电离能 I_1　　　　　　　　　　　　　　$kJ \cdot mol^{-1}$

H 1312																	He 2372
Li 520	Be 900											B 810	C 1086	N 1402	O 1314	F 1681	Ne 2081
Na 496	Mg 738											Al 578	Si 787	P 1012	S 1000	Cl 1251	Ar 1521
K 419	Ca 590	Sc 631	Ti 658	V 650	Cr 653	Mn 711	Fe 759	Co 758	Ni 737	Cu 746	Zn 906	Ga 579	Ge 762	As 944	Se 941	Br 1140	Kr 1350
Rb 403	Sr 550	Y 616	Zr 660	Nb 664	Mo 685	Tc 702	Ru 711	Rh 720	Pd 805	Ag 731	Cd 868	In 558	Sn 709	Sb 832	Te 869	I 1008	Xe 1170
Cs 376	Ba 503	La 538	Hf 654	Ta 761	W 770	Re 760	Os 840	Ir 880	Pt 870	Au 890	Hg 1007	Tl 589	Pb 716	Bi 703	Po 812	At	Rn 1037

La	Ce	Pr	Nd	Pm	Sm	Eu	Gd	Tb	Dy	Ho	Er	Tm	Yb	Lu
538	528	523	530	536	543	547	592	564	572	581	589	597	603	524

同一周期元素原子的第一电离能自左至右总的趋势是逐渐增大，某些元素具有全充满或半充满的电子结构，稳定性高，其第一电离能比左右相邻元素都高。如第二周期中Be、N、He。对于主族元素，第一电离能增加的幅度大，副族元素从左向右，第一电离能稍有变化，个别处出现不规则变化，这是由于副族元素所增加的电子填入$(n-1)$d轨道，以及ns和$(n-1)$d轨道间能量比较接近的缘故。

同一族中，元素原子的第一电离能从上至下总的趋势是减小，主族元素原子的第一电离能从上至下随原子半径的增大而明显减小，变化较规律；副族元素的第一电离能从上至下变化幅度小，由于镧系收缩的影响，第六周期的副族元素原子的第一电离能比第五周期的略有增加。

（4）电子亲合能　处于基态的气态原子得到一个电子形成气态阴离子所放出的能量，为该元素原子的第一电子亲合能（electron affinity），常用符号A_1表示。A_1为负值表示放出能量（稀有气体元素原子等少数例外），其单位与电离能相同。

表示式　　$X(g) + e^- \longrightarrow X^-$　　　　第一电子亲合能

例如：　　$O(g) + e^- \longrightarrow O^-$　　　　$A_1 = -141 \text{kJ} \cdot \text{mol}^{-1}$

　　　　　$O^-(g) + e^- \longrightarrow O^{2-}$　　　$A_2 = 844 \text{kJ} \cdot \text{mol}^{-1}$

第二电子亲合能是指 -1 氧化态的气态阴离子再得到一个电子，因为阴离子本身是个负电场，对外加电子有静电斥力，在结合过程中系统需吸收能量，所以 A_2 是正值。

电子亲合能的大小反映了原子得到电子的难易程度，即元素的非金属性的强弱。常用 A_1 值（习惯上用 $-A_1$ 值）来比较不同元素原子获得电子的难易程度。$-A_1$ 值愈大表示该原子愈容易获得电子，其非金属性愈强。由于电子亲合能的测定比较困难，所以目前测得的数据较少，准确性也较差。有些数据还只是计算值。表 2-7 是一些元素的第一电子亲合能数据。

表 2-7　主族元素的电子亲合能 A_1　　　　　　　　　　　　$\text{kJ} \cdot \text{mol}^{-1}$

H −72.9							He (+21)
Li −59.8	Be (+240)	B −23	C −122	N 0±20	O −141	F −322	Ne (+29)
Na −52.9	Mg (+230)	Al −44	Si −120	P −74	S −200.4	Cl −348.7	Ar (+35)
K −48.4	Ca (+156)	Ga −36	Ge −116	As −77	Se −195	Br −324.5	Kr (+39)
Rb −46.9	Sr	In −34	Sn −121	Sb −101	Te −190.1	I −295	Xe (+40)
Cs −45.5	Ba (+50)	Tl −50	Pb −100	Bi −100	Po (−180)	At (−270)	Rn (+40)

同周期元素，从左到右，元素电子亲合能逐渐增大，以卤素的电子亲合能为最大。氮族元素由于其价电子构型为 $n\text{s}^2 n\text{p}^3$，p 亚层半满，根据洪特规则较稳定，所以电子亲合能较小。又如稀有气体，其价电子构型为 $n\text{s}^2 n\text{p}^6$ 的稳定结构，所以其电子亲合能为正值。

值得指出：电子亲合能、电离能只能表征孤立气态原子（或离子）得失电子的能力。常温下元素的单质在形成水合离子的过程中得失电子能力的相对大小应用电极电势的大小来判断。

（5）元素的电负性　元素的电负性（x）是指元素的原子在分子中对电子吸引能力（或本领）的大小。电负性越小，金属性越强，非金属性越弱。例如，当 A 和 B 两种原子结合成 AB 分子时，若 B 的电负性大，则生成的分子为 $A^+ B^-$ 分子；若 A 的电负性大，则生成的分子为 $B^+ A^-$ 分子。因此，电负性的大小，可作为原子形成正或负离子倾向的量度。

元素电负性的标度和计算方法很多，Pauling 根据热力学数据和键能，指定氟的电负性为 4.0，相比较求算其他元素的相对电负性数值，见表 2-8。由此可见，随着原子序数的递增，电负性明显地呈周期性变化。同一周期自左至右，电负性增加（副族元素有些例外）；同族自上至下，电负性依次减小，但副族元素后半部，从上至下电负性略有增加。金属元素的电负性一般在 2.0 以下，非金属元素的电负性一般在 2.0 以上，元素的电负性大小可用来衡量元素金属性与非金属性的强弱。氟的电负性最大，因而非金属性最强，铯的电负性最小，金属性最强。

表 2-8　元素的电负性 x

s 区

H 2.1																
Li 1.0	Be 1.5				d 区					ds 区		B 2.0	C 2.5	N 3.0	O 3.5	F 4.0
Na 0.9	Mg 1.2											Al 1.5	Si 1.8	P 2.1	S 2.5	Cl 3.0
K 0.8	Ca 1.0	Sc 1.3	Ti 1.5	V 1.6	Cr 1.6	Mn 1.5	Fe 1.8	Co 1.9	Ni 1.9	Cu 1.9	Zn 1.6	Ga 1.6	Ge 1.8	As 2.0	Se 2.4	Br 2.8
Rb 0.8	Sr 1.0	Y 1.2	Zr 1.4	Nb 1.6	Mo 1.8	Tc 1.9	Ru 2.2	Rh 2.2	Pd 2.2	Ag 1.9	Cd 1.7	In 1.7	Sn 1.8	Sb 1.9	Te 2.1	I 2.5
Cs 0.7	Ba 0.9	La~Lu 1.0~1.2	Hf 1.3	Ta 1.5	W 1.7	Re 1.9	Os 2.2	Ir 2.2	Pt 2.2	Au 2.4	Hg 1.9	Tl 1.8	Pb 1.9	Bi 1.9	Po 2.0	At 2.2
Fr 0.7	Ra 0.9	Ac 1.1	Th 1.3	Pa 1.4	U 1.4	Np~No 1.4~1.3										

p 区

2.3　化学键与分子结构

化学键是指分子内或晶体中相邻原子间（或离子间）强烈吸引的作用力或结合力，化学键主要有离子键、共价键和金属键。在分子间还存在着较弱的分子间力或范德华力。

2.3.1　离子键 (ionic bond)

离子键指的是由正、负离子的静电作用而形成的化学键。正、负离子所带电荷越多，离子半径越小，所形成的离子键越强。当两种电荷不同的球形离子相互接近时，由于它们的电子层产生排斥作用，使得两个离子不能极端靠近而是在保持一定距离的位置上振动，从而使正、负离子的电子云保持各自的独立性。这样正、负离子就分别形成了"分子"的正极和负极，所以离子键是有极性的。由于离子的电场分布是球形对称的，因此可在任意方向上吸引异号电荷离子，所以离子键是没有方向性的；由于只要周围空间许可，每一个离子就能吸引尽量多的异号电荷离子，所以离子键又是没有饱和性的。没有饱和性并不是说可以吸引任意多个带相反电荷的离子，实际上每一种离子都各有自己的配位数。

离子的结构特征包括：离子的电荷、离子的电子层结构和离子半径。

(1) 离子的电荷　离子的电荷数是形成离子时原子得、失的电子数。原子获得电子形成负离子时，通常是电子进入最外层，形成稀有气体的电子层结构。原子失去电子形成正离子时，通常也首先失去的是最外层的电子。

(2) 离子的电子层结构　各种原子能形成何种离子构型，这与同它作用的其它原子和分子有关。简单负离子的电子层构型，与稀有气体的电子层构型相同，如 Cl^-（$3s^2 3p^6$）、O^{2-}（$2s^2 2p^6$）等。正离子的电子层构型，除了有与稀有气体相同的电子层构型外，还有其它多种构型，根据离子的外层电子结构中的电子总数，可分为 2 电子型、8 电子型、18 电子型、18+2 电子型和 9~17(不饱和)电子型，如表 2-9 所示。

(3) 离子半径　离子半径是指离子在晶体中的接触半径。把晶体中的正、负离子看做是相互接触的两个球，两个原子核之间的平均距离，即核距离，就可看做是正、负离子半径之和。核间距的数值可由实验测得。以氟离子（F^-）半径为 133pm 或氧离子（O^{2-}）半径为 132pm 作为标准，然后计算出其它离子的半径。

表 2-9　正离子的电子层结构

电子构型	离子的电子层结构	实例
2 电子型	$1s^2$	Li^+、Be^+
8 电子型	$2s^2 2p^6$	Na^+、Mg^{2+}、Al^{3+}
	$3s^2 3p^6$	K^+、Ca^{2+}、Sc^{3+}
18 电子型	$3s^2 3p^6 3d^{10}$	Zn^{2+}
	$4s^2 4p^6 4d^{10}$	Ag^+、Cd^{2+}
	$5s^2 5p^6 5d^{10}$	Hg^{2+}
18+2 电子型	$4s^2 4p^6 4d^{10} 5s^2$	Sn^{2+}、Sb^{3+}
	$5s^2 5p^6 5d^{10} 6s^2$	Pb^{2+}、Bi^{3+}
9~17 电子型	$3s^2 3p^6 3d^2$	V^{3+}
	$3s^2 3p^6 3d^5$	Fe^{3+}、Mn^{2+}
	$3s^2 3p^6 3d^6$	Fe^{2+}
	$3s^2 3p^6 3d^8$	Ni^{2+}

　　原子失去电子成为正离子时，由于有效核电荷增加，外层电子受到的引力增大，所以正离子的半径比原来的原子半径小。原子形成负离子后，外层电子的相互斥力增大，所以负离子半径比原来的原子半径大（见表 2-10）。

表 2-10　离子半径　　　　　　　　　　　　　　　　　　　　　　pm

(1)正离子半径

Li^+ 68	Be^{2+} 25													
Na^+ 97	Mg^{2+} 66													
K^+ 133	Ca^{2+} 99	Sc^{3+} 73.2	Ti^{4+} 68	Cr^{3+} 63	Mn^{2+} 80	Fe^{2+} 74	Fe^{3+} 64	Co^{2+} 72	Ni^{2+} 69	Cu^{2+} 72	Zn^{2+} 74	Ga^{3+} 62	Ge^{2+} 73	As^{3+} 58
Rb^+ 147	Sr^{2+} 112	外层(9~17)个电子								Ag^+ 126	Cd^{2+} 97	In^{3+} 81	Sn^{2+} 93	Sb^{3+} 76
Cs^+ 167	Ba^{2+} 134									Hg^{2+} 110	Tl^{3+} 95	Tl^+ 147	Pb^{2+} 120	Bi^{3+} 96
外层 8(或 2)个电子										外层 18 个电子	外层 18+2 个电子			

（2）负离子半径

O^{2-} 132	S^{2-} 184	Se^{2-} 191	Te^{2-} 211	F^- 133	Cl^- 181	Br^- 196	I^- 220
外层 8 个电子							

2.3.2　共价键

　　两个电负性相差较小或几乎相等的原子间可通过共用电子对使分子中各原子具有稳定的稀有气体的原子结构。这种原子间靠共用电子对结合的化学键叫做共价键，由共价键形成的化合物叫共价化合物。例如：H_2、Cl_2、O_2、N_2、HCl 等，用 H—H、Cl—Cl、O =O、N≡N、H—Cl 来表示。由于离子键理论仅从静止的电子对观念出发，因而对于存在着电荷排斥的两个电子能形成共用电子对并把两个原子结合在一起的本质则无法予以说明。

　　1927 年美国科学家海特勒（W. Heitler）和伦敦（F. London）应用量子力学求解氢分子的薛定谔方程以后，共价键的本质才得到理论上的解释。近代共价键理论主要有价键理论（valence bond theory，简称 VB 法）和分子轨道理论（molecule orbital theory，简称 MO 法）。

2.3.2.1　价键理论

　　（1）氢分子中共价键的形成　用量子力学求解氢分子的薛定谔方程，得到两个氢原子相互作用能量（E）与它们的核间距（R）之间的关系，如图 2-8 所示。结果表明，当电子自旋方向相同的两个氢原子相互靠近时，核间电子云密度小，系统能量升高，这叫氢分子的排斥态（exclude state，图 2-9）。排斥态表明两个氢原子不可能形成稳定的氢分子。只有电子自旋方向相反的两个氢原子相互靠近时，核间电子云密度较大，系统能量降低，从而使两个氢原子趋于结合，形成稳定的氢分子，这叫做氢分子的基态（ground state）。当两个氢原子核间距 $R=74\text{pm}$(实验值) 时，其能量最低，实验测得 $E_s = -436\text{kJ·mol}^{-1}$。此时，两个氢原子之间形成了稳定的共价键，结合成氢分子。核间距 74pm 是 H—H 键的键长，而能量 436kJ·mol^{-1} 则是 H—H 键的键能。

氢分子核间距为 74pm，而氢原子的玻尔半径为 53pm。显然，氢分子核间距比两个氢原子的玻尔半径之和要小。这一事实说明，在氢分子中两个氢原子的 1s 轨道发生了重叠。使两核间形成了一个电子出现概率密度较大的区域，在两核间产生了吸引力，系统能量降低，形成稳定的共价键，使氢原子结合形成了氢分子。

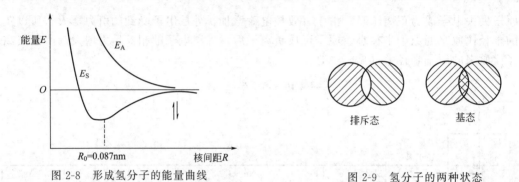

图 2-8　形成氢分子的能量曲线　　　　图 2-9　氢分子的两种状态

（2）价键理论要点　将应用量子力学研究氢分子的结果推广到其它分子系统，发展成为价键理论。它的基本要点是：

① 原子中自旋方向相反的未成对电子相互接近时，由于原子轨道的对称性匹配，可相互配对形成稳定的化学键。一个原子有几个未成对电子时，则在两个原子间可形成共价双键或共价三键。例如，H—H、H—Cl、H—O—H、N≡N 等。

② 原子轨道重叠时，必须考虑原子轨道的"＋"、"－"号。因电子运动具有波动性，两个原子轨道只有同号才能实行有效重叠。而原子轨道重叠时总是沿着重叠最多的方向进行。成键电子的原子轨道重叠程度越高，电子在两核间出现的概率密度越大，重叠越多，形成的共价键越牢固，这就是原子轨道的最大重叠原理（biggest overlap theory）。

（3）共价键的基本特征　具有饱和性和方向性，这与离子键是不同的。

自旋方向相反的电子配对之后，就不再与另一个原子中未成对电子配对了。每个原子的未成对电子数是一定的，所以形成共用电子对的数目也一定。这就是共价键的饱和性。

根据最大重叠原理，除 s 轨道外，p、d 轨道的最大值总是沿着重叠最多的方向取向，因而决定了共价键的方向性。例如，氢原子 1s 轨道与氯原子的 $2p_x$ 轨道有四种可能的重叠方式，其中只有采取图 2-10(a) 的重叠方式成键才能使 s 轨道和 p_x 轨道的有效重叠最大。

（4）σ键和π键　根据原子轨道重叠原则，原子轨道重叠方式有两类，一类是沿键轴（即两核间连线）方向以"头碰头"方式进行重叠而成键。例如，H_2 分子中的 s-s 重叠、HCl 分子中 $s\text{-}p_x$ 重叠，Cl_2 分子中的 $p_x\text{-}p_x$ 重叠等，这种键叫σ键，另一类是原子轨道沿键轴方向以"肩并肩"方式进行重叠，这种键叫π键。

一般来说，π键重叠程度小于σ键，因而能量较高，在化学反应中容易断开发生反应。共价单键一般为σ键，在共价双键和三键中，除一个σ键外，其余为π键。见图 2-11。

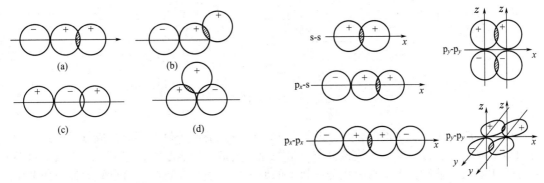

图 2-10 s 和 p_x 轨道可能的重叠方式　　　　　　图 2-11 σ 键和 π 键

（5）配位键　形成共价键的共用电子对，也可以由一个原子提供，这个原子称电子对给予体（donor of elctron pairs）；参与成键的另一原子必须具有空的原子轨道，这个原子称电子对接受体（acceptor of electron pairs）。例如 NH_4^+ 的形成，NH_3 分子中 N 原子最外层的 5 个电子（$2s^2 2p^3$），有 3 个电子已与氢成键，还有一对电子；H^+ 是一个具有空的 1s 轨道的质子。如果 "→" 表示这种共价键的形成，则可写成：NH_4^+（$[H_3N \rightarrow H]^+$）、$N_2O(O \Longrightarrow N \rightarrow N)$。以这种方式形成的共价键称配位键（coordination bond）。配位键存在于许多化合物中，特别是配离子中的化学键，主要是配位键。配位键属于 σ 键。

2.3.2.2　分子轨道理论（molecule orbital theory）

分子轨道理论是原子结构理论在分子体系中的自然推广，R. S. Mulliken 由于建立和发展分子轨道理论而获得 1966 年的诺贝尔化学奖。该理论把分子作为一个整体加以考虑，分子中的每一个价电子不仅仅属于原来所属的原子，而是在整个分子内运动，原子轨道通过线性组合而形成分子轨道。

（1）分子轨道理论　简称 MO 法。

分子轨道的要点：电子在整个分子中运动；分子轨道由能量相近的不同原子的原子轨道组合而成。分子轨道和原子轨道一样，是一个描述核外电子运动状态的波函数 Ψ，两者的区别在于原子轨道是以一个原子的原子核为中心，描述电子在其周围的运动状态，而分子轨道是以两个或更多个原子核作为中心。每个分子轨道 Ψ_i 有一个相应的能量 E_i。设分子的总能量为 E，则：

$$E = \sum N_i E_i \tag{2-13}$$

其中 N_i 为 Ψ_i 轨道上的电子数目，E_i 为 Ψ_i 轨道被一个电子占据时所具有的能量。

分子轨道 Ψ 可用原子轨道线性组合得到。原子轨道通过线性组合形成分子轨道时，轨道数目不变，轨道能量发生变化。例如 H_2 分子的分子轨道是由两个 H 原子的能量相同的 1s 原子轨道形成的。如以 Ψ_a、Ψ_b 分别代表两个氢原子的原子轨道，它们的线性组合，得到两个分子轨道：

$$\Psi_{\mathrm{I}} = C_a \Psi_a + C_b \Psi_b$$
$$\Psi_{\mathrm{II}} = C_a' \Psi_a - C_b' \Psi_b \tag{2-14}$$

式中，C 和 C' 是两个与原子轨道的重叠有关的参数，对同核双原子分子 $C_a = C_b$，$C_a' = C_b'$。两个原子轨道重叠相加时所形成的分子轨道如 Ψ_{I}，由于两核间概率密度增大，其能量低于原子轨道的能量，该分子轨道称为成键轨道（bonding orbital）；而另一个分子轨道 Ψ_{II} 由于两核间概率密度减小，其分子轨道的能量高于原子轨道的能量，称为反键轨道（antibonding orbital），可用图 2-12 表示。图中 E_a、E_b 为两个 H 原子轨道的能量，E_{I} 和 E_{II} 分别为成键和反键轨道的能量。

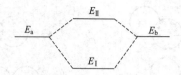

图 2-12 分子轨道的形成

（2）组成有效分子轨道的条件　并不是原子间任意的原子轨道都能组成分子轨道。为了有效地组成分子轨道，参与组成该分子轨道的原子轨道必须满足能量相近、轨道最大重叠和对称性匹配三个条件。当参与组成分子轨道的原子轨道能量相近时，可以有效地组成分子轨道；当两个原子轨道能量相差悬殊时，组成的分子轨道则近似于原来的原子轨道，即不能有效地组成分子轨道，这就是能量相近条件。由两个原子轨道组成分子轨道时，成键分子轨道的能量下降的多少近似地正比于两原子轨道的重叠程度。为了有效地组成分子轨道，参与成键的原子轨道重叠程度愈大愈好，这就是轨道最大重叠条件。所谓对称性匹配，是指两个原子轨道具有相同的对称性，且重叠部分的正负号相同时，才能有效地组成分子轨道。在以上三个条件中，对称性匹配是首要的，它决定原子轨道能否组成分子轨道，而能量相近和最大重叠则决定组合的效率问题。

（3）分子轨道能级图　分子轨道的能级顺序目前主要是由光谱实验数据确定的。将分子轨道按能级的高低排列起来，就可获得分子轨道的能级图。第二周期元素形成的同核双原子分子的分子轨道能级图见图 2-13。在图 2-13（a）中 σ_{2p} 的能级比 π_{2p} 低，适用于 O_2、F_2 分子；而 N_2、C_2、B_2 等分子的分子轨道能级顺序则如图 2-13（b）所示，σ_{2p} 的能级比 π_{2p} 高。分子轨道的名称（σ，π）与分子轨道的对称性有关。图中分子轨道的符号上带"＊"号的是反键轨道，不带"＊"号的是成键轨道。注意分子轨道的数目和组成分子的原子轨道的数目相同，即 2 个 2s 原子轨道组成 σ_{2s} 和 σ_{2s}^* 2 个分子轨道，6 个 2p 原子轨道组成的 6 个分子轨道中，2 个是 σ 轨道即 σ_{2p} 和 σ_{2p}^*，4 个是 π 分子轨道即 π_{2p_y}，π_{2p_z} 和 $\pi_{2p_y}^*$，$\pi_{2p_z}^*$。π_{2p_y} 和 π_{2p_z} 轨道的形状相同，能量相等，称为简并分子轨道，同样 $\pi_{2p_y}^*$ 和 $\pi_{2p_z}^*$ 也是简并分子轨道。

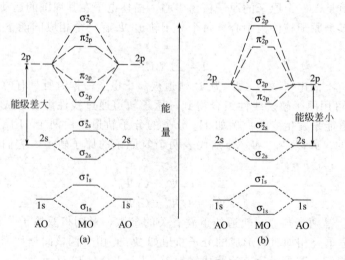

图 2-13　同核双原子分子轨道能级示意图

图 2-14 是由 2s 和 2p 原子轨道形成的各种分子轨道的图形。图中成键轨道为两个原子

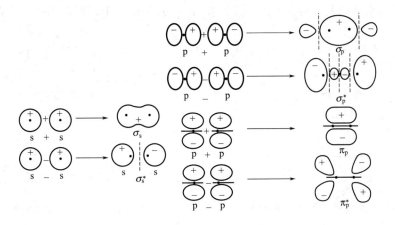

图 2-14 $n=2$ 的原子轨道与分子轨道的示意图

轨道的 Ψ 相加所得的结果，反键轨道则为两个原子轨道的 Ψ 相减的结果。

分子轨道波函数的平方也表示电子的概率密度，在成键轨道中核间的概率密度大，而在反键轨道中，核间的概率密度小。

分子中的电子被逐个填入分子轨道时，其填充顺序所遵循的规则与电子填入轨道时所遵循的规则相同。例如，H_2 分子由两个 H 原子组成，每个 H 原子的 1s 轨道上有一个 1s 电子，两个 1s 原子轨道组成两个分子轨道，根据电子排入规则，两个 1s 电子进入能量较低的 σ_{1s} 分子轨道，形成了 H_2 分子，如图 2-15 所示。

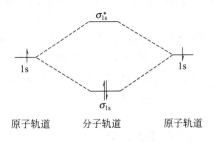

图 2-15 H_2 分子轨道能级示意图

O_2 分子由两个氧原子组成。氧原子核外有 8 个电子，一个 O_2 分子共 16 个电子，按图 2-16 中的能级顺序将电子填入 O_2 分子的分子轨道，如图所示（内层 σ_{1s} 和 σ_{1s}^* 未画出）。在排满 π_{2p} 的两个成键分子轨道后，还有两个电子，根据洪特规则，两个电子分别排在了两个 π_{2p}^* 反键轨道上，并且自旋平行。O_2 分子有两个自旋方式相同的未成对电子，这一事实成功地解释了 O_2 分子的顺磁性。不难看出，排在 σ_{2s} 和 σ_{2s}^* 上的电子数相同，成键分子轨道上电子的能量低于电子原来在原子轨道上的能量，反键分子轨道上电子的能量高于电子原来在原子轨道上的能量，对分子稳定性的贡献互相抵消。真正对成键有贡献的是 $(\sigma_{2p_x})^2$ 和 $(\pi_{2p_y})^2$、$(\pi_{2p_z})^2$，所以 O_2 分子是三键结构，而并非双键结构。但是，由于在 π_{2p}^* 的反键上还有一个电子，其能量高于 2p 轨道，从而抵消了部分 $(\pi_{2p_y})^2$ 和 $(\pi_{2p_z})^2$ 形成的 π 键键能。考虑到这一点，O_2 分子中的两个 π 键已不同于双电子 π 键，而是一个由两个成键电子和一个反键电子组成的三电子 π 键，该键不及双电子 π 键牢固。N_2 分子也是同核双原子分子，共有 14 个电子，依次填入图中的分子轨道，如图 2-17 所示（内层 σ_{1s} 和 σ_{1s}^* 未画出）。在 N_2

分子中对成键有贡献的是 $(\pi_{2p_y})^2$、$(\pi_{2p_z})^2$ 和 $(\sigma_{2p_x})^2$ 三对电子，所以 N_2 分子是三键结构。

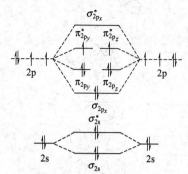

图 2-16　O_2 分子轨道能级示意图

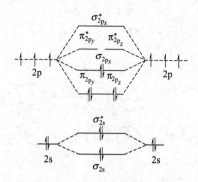

图 2-17　N_2 分子轨道能级示意图

（4）分子轨道电子分布式　正如原子核外电子的排布可以用电子构型表示，分子中的排布也可以用分子轨道电子分布式表示。如 N_2 分子的分子轨道电子分布式可表示为：N_2 $[(\sigma_{1s})^2(\sigma_{1s}^*)^2(\sigma_{2s})^2(\sigma_{2s}^*)^2(\pi_{2p_y})^2(\pi_{2p_z})^2(\sigma_{2p_x})^2]$。

在 N_2 分子中，由于 $n=1$ 时，成键分子轨道和反键分子轨道上的电子都已排满，对分子的成键没有实质上的贡献，可以用组成分子的原子的相应电子层符号表示。因此其分子轨道式可表示为 $N_2[KK\ (\sigma_{2s})^2\ (\sigma_{2s}^*)^2\ (\pi_{2p_y})^2\ (\pi_{2p_z})^2\ (\sigma_{2p_x})^2]$。

2.3.2.3　杂化轨道理论与分子的空间构型

价键理论对多原子分子空间构型的解释却遇到了困难。1931 年鲍林在电子配对法的基础上提出了轨道杂化的概念，较好地解释了许多分子的空间构型问题，形成杂化轨道理论（theory of hybrid orbital）。

杂化轨道理论认为，在成键过程中，由于原子间的相互影响，同一原子中能量相近的不同类型的原子轨道可以"混合"起来，重叠组合成成键能力更强的新的原子轨道，从而改变了原有轨道的状态。这个过程叫做原子轨道的杂化（hybridization of atomic orbital），所组成的新的原子轨道叫做杂化轨道（hybrid orbital）。下面应用这一理论来解释一些分子的空间构型。

（1）sp 杂化　实验证明，气态时 $BeCl_2$ 分子构型为直线型，键角 $180°$，两个 Be—C 键是等同的。基态的 Be 原子外层电子构型为 $2s^2$，没有未成对电子，成键时，基态 Be 原子的 2s 轨道中的一个电子被激发到 2p 轨道上，产生两个未成对电子，因而可与两个氯原子形成两个 Be—Cl 键。由实验测得，两个 Be—Cl 键是等同的。为了解释这一事实，杂化轨道理论认为，Be 在与 Cl 成键的过程中，Be 原子中原来的 2s 和 2p 轨道"混合"起来，重新组成两个等同的杂化轨道。由 1 个 s 轨道和 1 个 p 轨道进行的杂化叫做 sp 杂化（sp-hybrid），所形成的轨道叫 sp 杂化轨道（图 2-18）。每一个 sp 杂化轨道都含有 $\frac{1}{2}$ s 和 $\frac{1}{2}$ p 成分，两个 sp 轨道在 Be 原子两侧对称分布，轨道夹角为 $180°$，Be 原子的两个 sp 杂化轨道分别与 Cl 原子的 3p 轨道重叠形成两个 sp-p 的 σ 键，如图 2-18 所示。

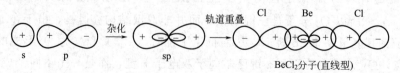

图 2-18　$BeCl_2$ 分子形成的示意图

由图 2-18 可见，sp 杂化轨道的形状与原来的 s 和 p 轨道都不相同，其形状一头大一头小，成键时用大的一头与 Cl 原子的 3p 轨道重叠。这样重叠更有效，成键能力更强，形成的共价键更牢固。

（2）sp^2 杂化 实验证明，气态时 BF_3 为平面三角形结构。B 原子位于三角形的中心，三个 B—F 键是等同的，键角为 120°。基态 B 原子的外层电子构型为 $2s^2 2p^1$，在成键过程中，B 原子的一个 2s 电子被激发到一个空的 2p 轨道上去，产生三个未成对电子。同时 B 原子中的 1 个 2s 轨道和 2 个 2p 轨道进行杂化，形成三个 sp^2 杂化轨道，每一个 sp^2 杂化轨道含有 $\frac{1}{3}$s 和 $\frac{2}{3}$p 成分。三个 sp^2 杂化轨道对称地分布在 B 原子周围，在同一平面内互成 120° 角（图 2-19）。这三个 sp^2 杂化轨道各与一个 F 原子的 2p 轨道重叠，形成三个 sp^2—p 的 σ 键。因而 BF_3 分子的空间构型为平面三角形。

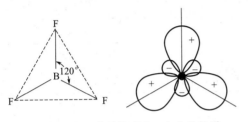
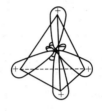
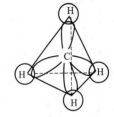

图 2-19 BF_3 分子构型和 sp^2 杂化轨道　　　　图 2-20 CH_4 分子和 sp^3 杂化轨道

（3）sp^3 杂化 实验证明，CH_4 为正四面体分子。基态 C 原子外层电子构型为 $2s^2 2p^2$，在成键过程中，有 1 个 2s 电子被激发到 2p 轨道上，产生四个未成对电子。同时 C 原子中的 1 个 2s 轨道和三个 2p 轨道杂化，形成四个 sp^3 杂化轨道，每一个 sp^3 杂化轨道含有 $\frac{1}{4}$s 和 $\frac{3}{4}$p 成分。四个 sp^3 杂化轨道对称分布在 C 原子周围，在空间互成 109°28′ 夹角。四个 sp^3 杂化轨道各与一个 H 原子的 1s 轨道重叠，形成四个 sp^3—s 的 σ 键。CH_4 分子的空间构型为正四面体（见图 2-20）。

（4）不等性 sp^3 杂化 轨道杂化并非仅限于含未成对电子的原子轨道。含孤对电子的原子轨道也可和含未成对电子的原子轨道杂化。例如 NH_3 分子，N 原子的外层电子构型为 $2s^2 2p^3$，其中 2s 为含孤对电子的轨道，它仍能与 $2p_x$、$2p_y$、$2p_z$ 轨道杂化，形成四个 sp^3 杂化轨道。其中三个含未成对电子的杂化轨道与三个氢原子的 1s 轨道成键，另一个含孤对电子的杂化轨道则未参与成键。由于这一对孤对电子未被 H 原子共用而更靠近 N 原子，所以孤对电子（只受 N 原子核吸引）轨道比成键电子（受 N 核和 H 核的吸引）轨道"肥大"。或者说，电子云伸展得更开些，所占体积更大。这就使 N—H 键在空间受到排斥，使 N—H 键之间的夹角压缩到 107°18′，因此，氨分子的空间构型不是正四面体，而是三角锥形（见图 2-21）。

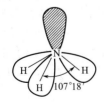
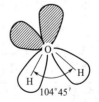

图 2-21   氨分子的空间构型　　　　　　图 2-22   水分子的空间构型

在水分子中，由于氧原子有两对孤对电子，因此 O—H 键在空间受到更强烈的排斥，

O—H 键之间的夹角被压缩到 $104°45'$。因此，水分子的几何形状为 "V" 形（见图 2-22）。

在甲烷分子碳的四个 sp^3 杂化轨道中，每一个都含 $\frac{1}{4}$ s 和 $\frac{3}{4}$ p 成分，这种杂化叫等性杂化（even hybridization）。而氨和水分子中氧的杂化轨道中，孤对电子所占的轨道含 s 轨道成分较多，含 p 轨道成分较少；而成键电子所占的轨道正好相反，含 s 轨道成分较少，含 p 轨道成分较多。这种由于孤对电子的存在，使各杂化轨道所含的成分不同的杂化叫不等性杂化（uneven hybridization）。由 s 轨道和 p 轨道形成的杂化轨道和分子的空间构型列于表 2-11 中。

表 2-11　一些杂化轨道（s-p）分子的空间构型

杂化轨道类型	sp	sp^2	sp^3	sp^3（不等性）	
参加杂化的轨道	1 个 s,1 个 p	1 个 s,2 个 p	1 个 s,3 个 p	1 个 s,3 个 p	
杂化轨道数	2	3	4	4	
成键轨道夹角 θ	180°	120°	109°28'	$90° < \theta < 109°28'$	
空间构型	直线形	平面三角形	（正）四面体形	三角锥形	V 形
实例	$BeCl_2$,$HgCl_2$	BF_3,BCl_3	CH_4,$SiCl_4$	NH_3,PH_3	H_2O,H_2S
中心原子	Be(ⅡA),Hg(ⅡB)	B(ⅢA)	C,Si(ⅣA)	N,P(ⅤA)	O,S(ⅥA)

（5）sp^3d 和 sp^3d^2 型杂化　有 d 轨道参加的杂化在过渡元素形成的配位化合物中特别重要。价键理论认为，配位化合物的中心离子与配位原子的化学键是配位键。中心离子有空的价电子轨道 [如 $(n-1)$ d、ns、np 轨道]，可接受配位体中配位原子所提供的孤对电子。在形成配合物时，中心离子的空轨道进行杂化，形成各种类型的杂化轨道，从而使配合物有一定的空间构型，如三角双锥的 PCl_5（图 2-23）和八面体的 SF_6（图 2-24）。

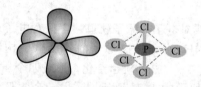 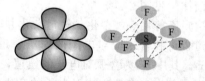

图 2-23　sp^3d 杂化轨道和 PCl_5 空间构型图　　　图 2-24　sp^3d^2 杂化轨道和 SF_6 空间构型图

2.3.3　金属键

在一百多种元素中，金属约占 80%。常温下，除汞为液体外，其它金属都是晶状固体。金属都具有金属光泽，有良好的导电性和导热性，以及良好的机械加工性能。金属的通性表明它们具有类似的内部结构。按照价键理论，元素的原子在彼此结合时共用电子，以使每个原子成为稳定的电子构型（大都具有稀有气体的构型）。对于非金属元素的原子，它们都具有足够多的价电子，互相结合时，共用电子可使其达到稳定的电子构型。但一些金属元素的价电子数少于 4，大多数仅为 1 或 2。而在金属晶体的晶格中，每个金属原子周围有 8 个或 12 个相邻原子，它们究竟靠什么相连接呢？对此，目前已经发展了两种理论。

2.3.3.1　自由电子气模型

这种模型认为，金属元素的价电子不是固定于某个金属原子或离子，它是公共化的，可以在整个金属晶格的范围内自由运动，称为自由电子（free electrons）。自由电子的运动是无秩序的（见图 2-25），它们为许多原子或离子所共用，因此在金属晶格内充满了由自由电子组成的"气"。这些电子气减少了晶格中带正电荷的金属离子间的排斥力，使金属原子或离子连接在一起的，这种"连接"作用力就称为金属键（metallic bond）。金属晶体中没有独立存在的分子，金属单质的化学式通常是用元素符号表示的，如 Fe、Cu 等。这并不表明金属是单原子分子。

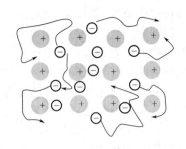

图 2-25　自由电子无秩序运动示意图

　　金属的自由电子气模型能很好地说明金属的通性。金属中的自由电子可以吸收可见光，然后又把大部分各种波长的光再发射出来，因而金属一般呈现银白色光泽。在外加电场的影响下，自由电子沿着外加电场定向流动而形成电流，使得金属具有导电性。当金属的某一部分受热，原子和离子的运动加剧时，通过自由电子的运动把热能传递给邻近的原子和离子，很快使金属整体温度均一化，表现出金属良好的导热性。金属的结构允许在外力作用下使一层原子在相邻的一层原子上滑动而不破坏金属键，这是金属有良好的机械加工性能的原因。

　　金属的自由电子气模型表明金属键没有饱和性和方向性，因而金属晶格的结构是力求金属原子采用密堆积，最紧密的堆积也是最稳定的结构。如果把金属原子看成是"半径相等的球"，则密堆积的方式很多，从而形成不同的金属晶格结构。

　　自由电子气模型能定性地解释金属的许多性质，但是由于这一模型没有考虑电子的波动性质，得不到好的定量结果。将分子轨道法的概念引入金属晶体后，发展成为了金属的能带模型。

2.3.3.2　金属键的能带理论

　　固体材料如金属材料、半导体等功能材料、陶瓷材料等在现代社会进步和人类生产、生活的各个方面都有着广泛的应用。在原子间距较大而孤立存在时，其电子都处在特定的原子能级上，而对于具有紧密堆积结构的固体，原子间距缩小，有较大的相互影响，用能带理论可以比较圆满地揭示其性能以及组成粒子之间的结合力。上节我们学习分子轨道理论时利用原子轨道叠加形成分子轨道的思路讨论了共价键的形成，仍然沿着这个思路，固体组成粒子紧密堆积在一起，可以设想它们的原子轨道都能够按图 2-26 所示的方式相互叠加，参与叠加的原子轨道越多，相对应的分子轨道也越多（有多少个原子轨道参与叠加，就形成多少个分子轨道），分子轨道的能量差也越来越小，最终合并成一个连续的分子能级区间，这就是固体的能带。对于基态金属，当原子核外价层轨道上的电子填入金属的能带后，会使系统的总体能量下降，因此形成了稳定的化学结合力，即金属键。固体能带的形成实际上是共价键

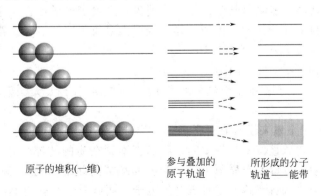

原子的堆积(一维)　　参与叠加的原子轨道　　所形成的分子轨道——能带

图 2-26　固体能带形成示意图

的高度"离域"，所以金属键是一种"改性共价键"。

原子内层轨道上是填满电子的，由原子内层轨道形成的能带（包括对应于成键和反键轨道的能带）也就会被填满电子，所有允许填充电子的能带都称为允许带；而对应于两个允许带之间的部分是不允许电子出现的能级区，称为禁带。允许带中已经填满电子的能带称为满带；所有没有电子填入的允许带都称为空带。由价电子填充的能带称为价带，价带是最高占有带，金属的典型特征是价带部分充满，即为半填充；满带（包括半填充价带中已填充电子部分）中的电子不能改变它们在能带中的运动状态（"不自由"）满足不相容原理。而价带中高于基态能量的电子可能（跃过禁带）进入能级较低的空带，与满带中的电子不同，空带中的电子是可以"自由"运动的，因此可以传导电流，所以又把空带称为导带。我们知道，空的原子轨道或分子轨道在填入电子后其能级会有所降低，同样的，若空带中填入电子，其能级也可能会下降而与满带连接在一起，从而导致禁带的消失，这就更有利于满带中的电子进入空带。在绝对 0K 时，具有紧密堆积结构的金属等固体处于基态，所有电子占有不相容原理所允许的最低可能能级，而电子占有的最高能级称为费米能级（E_F），E_F 以下所有能带均被电子充满。当温度升高时，电子跃迁最可能发生在费米能级附近，因此，费米能级通常作为电子跃迁的一个参考能级。

利用能带理论，可以判断什么样的固体是导体、半导体或绝缘体，如图 2-27 所示。

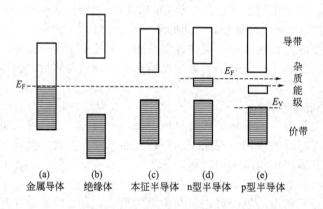

图 2-27　能带示意图

若能级最低的空带不与能级最高的满带重叠或连接在一起，则二者之间必然会存在一个禁带，当禁带很宽时，如金刚石，大约为 1.12×10^{-18} J（7eV），在价带中的电子很少能够有足够的能量激发到导带中，因此具有这种能带结构特征的材料电导率很小，称为绝缘体。若导带与已填满价带之间的能隙（禁带）很小或消失，则价带电子很容易进入导带，具有这种能带结构特征的材料电导率很大，称为导体，金属大多属于这种情况。若导带与已填满价带之间的能隙（禁带宽度）小于 8.0×10^{-19} J（5eV），例如单晶硅（Si）约为 1.76×10^{-19} J（1.1eV），与硅同族的锗（Ge）约为 1.12×10^{-19} J（0.7eV），价带电子可以跃迁进入导带，但需要一定的能量，具有这种能带结构特征的材料电导率不太大，但也不太小，称为半导体。

费米能级 E_F 对于金属来说具有价带顶部或导带底部边界能级的意义，但对于纯粹的绝缘体或半导体来说，它总是位于禁带中间。我们把不含杂质的纯粹半导体称为本征半导体。若在本征半导体中掺入少量的杂质原子（不会影响基本的能带结构），就可以得到掺杂半导体。例如在单晶硅中掺入磷，磷原子有五个价电子，而硅原子只有四个，磷置换硅，多出的价电子只有进入导带，并同时使其能级有所降低，形成一个填满价电子的杂质能级和一个新的较窄的禁带，电子从杂质能级更容易跃迁进入导带，使导电性增强，这种掺杂半导体中由于掺杂原子的价电子多而被称为 n 型半导体；若在单晶硅中掺入硼，硼置换硅，少了一个价电子，因而使原来已经填满的价带会空出一些能级，且能量有所升高，形成一个未填入电子的杂质能级和一个新的较窄的禁带，电子从价带跃迁直接进入未填入电子的杂质能级，使导电性增强，这种掺杂半导体中由于其掺杂原子的价电子少而被称为 p 型半导体，如图 2-27 所示。

固体能带理论获得成功的重要原因之一就是可以对固体显著不同的电学性质进行简单而又有效的解释，此外还可以说明金属的不透明性、具有光泽、良好的导热性和延展性等。目前能带理论虽然还有一定的局限性，但对于新型半导体材料、固体功能材料等的研究开发和非晶态固体技术等仍具有重要的理论指导意义。

2.3.4　分子间力和氢键

化学键是分子中原子与原子之间的一种较强的相互作用力，它是决定物质化学性质的主要因素。但对处于一定聚集状态的物质而言，分子和分子之间还存在着一种较弱的作用力——分子间力，也叫范德华力。气体能凝聚成液体和固体，主要是靠这种分子间的作用力。它是决定物质的熔点、沸点、溶解度等性质的一个重要因素。分子间作用力与分子的极性密切相关。

2.3.4.1　分子的极性

分子中的正、负电荷的电量是相等的，所以分子总体上是电中性的。但按分子内部的两种电荷分布情况可把分子分成极性分子和非极性分子两类。设想在分子中每一种电荷都有一个"电荷中心"，正、负电荷中心的相对位置用"＋"和"－"表示。正、负电荷中心重合的分子叫非极性分子［nonpolar molecule，图 2-28(b)］，正、负电荷中心不重合的分子叫极性分子［polar molecule，图 2-28(a)］。

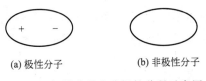

(a) 极性分子　　　　　　(b) 非极性分子

图 2-28　极性分子和非极性分子示意图

2.3.4.2　分子的电偶极矩

分子的极性也可以用分子的电偶极矩来衡量。电偶极矩 (μ) 定义为分子中正、负电荷中心间的距离 (d) 和极上电荷 (q) 的乘积：

$$\mu = q \cdot d \tag{2-15}$$

电偶极矩的数值可由实验测出，它的单位是 C·m。表 2-12 列出某些物质的电偶极矩。电偶极矩的数值越大，表示分子的极性越大，电偶极矩为零的分子为非极性分子。

从表 2-12 可见，由同种元素组成的双原子分子（如 H_2、N_2）是非极性分子，电偶极矩为零。像卤化氢（HF、HCl、HBr、HI）这类由不同元素组成的双原子分子的极性强弱与分子中共价键的强弱是一致的。从 F 到 I，由于电负性依次减小，氢卤键的极性也依次减弱，所以电偶极矩依次减小。对于多原子分子，分子的极性除取决于键的极性外，还与分子的空间构型是否对称有关。例如 P_4、P_8 分子中均为非极性键，分子中正、负电荷中心重合，为非极性分子；H_2O、NH_3 等分子中 H—O、H—N 键为极性键，分子的空间构型不对称，电偶极矩也不等于零，所以为极性分子。CO_2、CS_2 等分子中的共价键虽有极性，但分子的空间结构对称，电偶极矩等于零，所以为非极性分子。

表 2-12　一些物质的电偶极矩数据（在气相中）

类　　型	分　　子	电偶极矩 $d/10^{-30}$C·m	空 间 构 型
双原子分子	HF	6.07	直线形
	HCl	3.60	直线形
	HBr	2.74	直线形
	HI	1.47	直线形
	CO	0.37	直线形
	N_2	0	直线形
	H_2	0	直线形
三原子分子	HCN	9.94	直线形
	H_2O	6.17	V 字形
	SO_2	5.44	V 字形
	H_2S	3.24	V 字形
	CS_2	0	直线形
	CO_2	0	直线形
四原子分子	NH_3	4.90	三角锥形
	BF_3	0	平面三角形
五原子分子	$CHCl_3$	3.37	四面体形
	CH_4	0	正四面体形
	CCl_4	0	正四面体形

2.3.4.3　分子间的作用力

（1）**色散力**　当非极性分子相互靠近时（见图 2-29），由于分子中的电子和原子核在不停地运动，电子云和原子核的相对位移是经常发生的，这就会使分子中的正、负电荷中心出现暂时的偏移，分子发生瞬时变形（instantaneous distortion），产生了瞬时偶极（instantaneous dipole）。分子中原子数越多，原子半径越大或原子中电子数越多，则分子变形越显著。一个分子产生的瞬时偶极会诱导邻近分子的瞬时偶极采取异极相邻的状态，这种瞬时偶极之间产生的吸引力叫色散力（dispersion force）。虽然瞬时偶极存在的时间极短，但异极相邻的状态总是不断重复着，使得分子间始终存在着色散力。

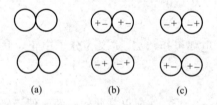
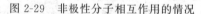

(a)　　　(b)　　　(c)

图 2-29　非极性分子相互作用的情况

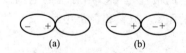

(a)　　(b)

图 2-30　非极性分子与极性分子相互作用的情况

（2）**诱导力**　当极性分子和非极性分子相互靠近时（图 2-30），除存在色散力外，非极性分子在极性分子的固有偶极（inherent dipole）的电场影响下也会产生诱导偶极（induced dipole），在诱导偶极和极性分子的固有偶极之间产生的吸引力叫诱导力（induced force）。同时诱导偶极又反作用于极性分子使偶极长度增加，极性增强，从而进一步加强了它们之间的吸引。

（3）**取向力**　当极性分子相互靠近时（见图 2-31），除存在色散力的作用外，由于它们固有偶极之间的同极相斥、异极相吸，从而使它们在空间按异极相邻的状态取向。由于取向力的存在，使极性分子更加靠近。在两个相邻分子固有偶极的诱导下，每个分子的正、负电荷中心的距离会进一步增加，由此产生诱导偶极，因此，极性分子间还存在诱导力。

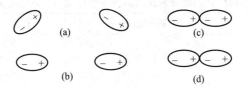

图 2-31　极性分子间相互作用的情况

综上所述，在非极性分子之间存在色散力；在非极性分子和极性分子间存在色散力和诱导力；在极性分子间存在色散力、诱导力和取向力。其中色散力在各种分子间都有，只有在极性很大的分子（如 H_2O）之间才以取向力为主，而诱导力一般较小（见表 2-13）。

表 2-13　分子间作用能 E 的分配　　　　　　　　　　　　　　　　　kJ·mol^{-1}

分　子	取　　向	诱　　导	色　　散	总能量
H_2	0	0	0.17	0.17
Ar	0	0	848	8.48
Xe	0	0	18.40	18.40
CO	0.003	0.008	8.79	8.80
HCl	3.34	1.1003	16.72	21.16
HBr	1.09	0.71	28.42	30.22
HI	0.58	0.295	60.47	61.35
NH_3	13.28	1.55	14.72	29.55
H_2O	36.32	1.92	8.98	47.22

分子间力是普遍存在的一种作用力，其强度较小（一般在几十千焦每摩尔），与共价键（一般为 $100\sim450kJ·mol^{-1}$）相比可以差 1～2 个数量级；作用范围一般在 0.3～0.5nm，属近距离作用力。分子间力没有方向性和饱和性，并与分子间距离的 7 次方成反比，即随分子间距离增大而迅速地减小。

2.3.4.4　氢键

除上述三种作用力外，在某些分子间还存在着与分子间力大小相当的另一种作用力——氢键（hydrogen bond）。氢键是氢原子与电负性大的 X 原子形成共价键时，由于键的极性很强，共用电子对强烈地偏向 X 原子一边，而使氢原子的核几乎"裸露"出来。这个半径很小的氢核能吸引另一个分子中电负性大的 X（或 Y）原子的孤对电子而形成的氢键。例如：

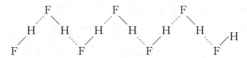

氢键只有当氢与电负性大、半径小且有孤对电子的元素的原子化合时才能形成，这样的元素有氧、氮和氟等，如 H_2O、NH_3、HF 等都含有氢键。

氢键的存在相当普遍，无机含氧酸、有机酸、醇、胺、蛋白质等分子间都存在氢键。

除分子间可形成氢键外，分子内也可以形成氢键。例如硝酸分子内的氢键。

氢键的键能一般在 $40kJ·mol^{-1}$ 以下，比化学键弱，与分子间力具有相同的数量级，属分子间力的范畴。对于某些物质，由于氢键的存在，使分子间作用力大大加强，从而对其性质产生明显影响。

2.3.4.5　分子间力和氢键对物质物理性质（熔点、沸点、溶解度等）的影响

（1）物质的熔点和沸点

① 对于同类型的单质和化合物，其熔点和沸点一般随摩尔质量的增加而升高。这是由于物质分子间的色散力随摩尔质量的增加而增强的缘故。如表 2-14 所示。

表 2-14　某些物质的摩尔质量对物质熔点、沸点的影响

物　　质	摩尔质量/g·mol⁻¹	熔点/℃	沸点/℃
CH₄（天然气主要组分）	16.04	−182.0	−164
C₈H₁₈（汽油组分）	114.23	−56.8	125.7
C₁₈H₂₈（煤油组分）	184.37	−5.5	235.4
C₁₆H₃₄（柴油组分）	226.45	18.1	287

② 含氢键物质的熔点、沸点较其同类型无氢键的物质要高。例如，HF 的熔点、沸点较同族氢化物高（HF、HCl、HBr、HI 的沸点分别为 20℃、−85℃、−67℃、−36℃），这是因为 HF 分子间存在氢键，使分子发生缔合的缘故。

（2）物质的溶解性

物质的溶解性也与分子间作用力有关，分子间作用力相似的物质易于互相溶解，反之，则难于互相溶解。

① 分子极性相似的物质易于互相溶解（相似相溶）。如 I_2 易溶于 CCl_4、苯等非极性溶剂而难溶于水。这是由于 I_2 为非极性分子，分子间除色散力外，还有取向力、诱导力以及氢键。要使非极性分子能溶于水中，必须克服水的分子间力和氢键，这就比较困难。

② 彼此能形成氢键的物质能互相溶解。例如乙醇、羧酸等有机物都易溶于水，因为它们与 H_2O 分子之间能形成氢键，使分子间互相缔合而溶解。

2.3.5　晶体结构

2.3.5.1　晶体与非晶体

物质的固态有晶体（crystal）和非晶体（non-crystal）之分。自然界中的大多数固态物质都是晶体。物质的许多物理性质都与其晶体结构有关。晶体一般都有整齐、规则的几何外形。如食盐晶体是立方体，明矾是正八面体（见图 2-32）。非晶体则没有一定的几何外形，又叫做无定形体（amorphous solid）。如玻璃、沥青、树脂、石蜡等。有一些物质，如炭黑，虽然从外观上看起来似乎没有整齐的几何外形，但实际上却是由极微小的晶体组成。这种物质称为微晶体（tiny crystal），仍属于晶体。同一物质，由于形成时的条件不同，可以成为晶体，也可以成为非晶体。如石英是 SiO_2 的晶体，燧石却是 SiO_2 的非晶体。

晶体规整的几何外形是晶体内部微粒（原子、分子、离子等）有规则排列的结果。若把晶体内部的微粒抽象成几何学上的点，它们在空间有规则的排列所形成的点群叫做晶格（lattice，或点阵）。在晶格中，能表现出其结构一切特征的最小重复单位称为晶胞（unit cell）。可见，晶格是由晶胞在三维空间无限重复而构成的。如图 2-33 所示。晶格上排有物质微粒的点叫晶格结点（lattice crunode），晶胞的特征通常可用 6 个参数描述：三个棱长 a、b、c 和 3 个棱边的夹角 α、β、γ。这六个参数称为晶胞参数。按照晶胞参数的不同，可把晶体划分为 7 个晶系（见表 2-15）。

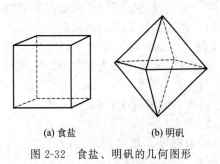

(a) 食盐　　　　　(b) 明矾

图 2-32　食盐、明矾的几何图形

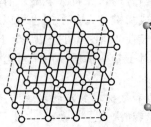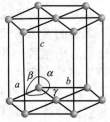

图 2-33　晶格和晶胞参数

表 2-15　晶体中的 7 个晶系

晶　系	边　长	夹　角	晶体实例
立方(cubic)	$a=b=c$	$\alpha=\beta=\gamma=90°$	Cu、NaCl
四方(tetragonal)	$a=b\neq c$	$\alpha=\beta=\gamma=90°$	Sn、SnO_2
正交(rhombic)	$a\neq b\neq c$	$\alpha=\beta=\gamma=90°$	I_2、$HgCl_2$
三方(trigonal)	$a=b=c$	$\alpha=\beta=\gamma\neq90°$	Bi、Al_2O_3
六方(hexagonal)	$a=b\neq c$	$\alpha=\beta=90°,\gamma=120°$	Mg、AgI
单斜(monoclinic)	$a\neq b\neq c$	$\alpha=\gamma=90°,\beta\neq120°$	S、$KClO_3$
三斜(triclinic)	$a\neq b\neq c$	$\alpha\neq\beta\neq\gamma\neq90°$	$CuSO_4\cdot5H_2O$

　　晶体不仅具有一定的几何外形，而且还具有一定的熔点。在一定压力下将晶体加热，温度达到其熔点时，晶体才开始熔化。在晶体未全部熔化之前，即使再加热，系统温度也不会上升。此时所提供的热量被消耗于晶体的相变，直至全部转变为液体，温度才会继续上升。而非晶体无一定熔点，但有一段软化的温度范围。例如，松香在 50～70℃之间软化。

　　晶体的另一特征是各向异性。晶体的某些性质，如光学性质、力学性质、导电性、导热性及熔解性等，从不同方向测量时，常常得到不同的数值。例如云母，特别容易裂成薄片，石墨不仅容易分层裂开，而且其电导率在平行于石墨层的方向比垂直于石墨层的方向要大得多。晶体的这种性质叫做各向异性（anisotropy）。非晶体则是各向同性的。

　　晶体还可以分为单晶和多晶。单晶（single crystal）是由一个晶核沿各个方向均匀生长而形成的，其晶体内部粒子基本上按一定规则整齐排列。如单晶硅、单晶锗等。单晶多在特定条件下才能形成，自然界较为少见。通常晶体是由很多单晶颗粒杂乱聚结而成，尽管每颗晶粒是各向异性的，但由于晶粒排列杂乱，各向异性互相抵消，整个晶体便失去了各向异性的特征。这种晶体叫多晶体（polycrystal）。多数金属及其合金都是多晶体。

2.3.5.2　晶体的基本类型

　　按照晶格结点上粒子的种类及其作用力的不同，从结构上可把晶体分为离子晶体、原子晶体、分子晶体和金属晶体四种基本类型，以及衍生出来的混合型晶体和过渡型晶体。

　　（1）离子晶体　在离子晶体（ionic ctystal）的晶格结点上交替排列着正离子和负离子，正、负离子之间靠静电引力（离子键）作用着。由于离子键没有饱和性和方向性，每个离子可在各个方向上吸引尽量多异号电荷离子，所以在离子晶体中，配位数一般都较高。例如，在 NaCl 晶体中，Na^+ 和 Cl^- 的配位数都是 6。在离子晶体中没有独立的分子，就整个 NaCl 晶体来看，Na^+ 和 Cl^- 数目比为 1∶1。化学式 NaCl 只表明两种离子的比值，而不是表示 1 个 NaCl 分子的组成。

　　属于离子晶体的物质通常是活泼金属的盐类和氧化物。由于离子键较强，因此，离子晶体有较大的硬度，较高的熔点、沸点，延展性很小，熔融后或溶于水能导电。电子在离子晶体中正、负离子电荷越多，离子半径越小时，所产生的静电与强度越大，与异号电荷离子的作用力也越强。因此该离子晶体的熔点、沸点越高，硬度越大。例如：NaF 和 MgO 都属 NaCl 型晶体，它们的硬度和熔点却有很大差别。NaF：硬度 3.6，熔点 995℃；MgO：硬度 4.5，熔点 2800℃。

　　（2）原子晶体　在晶格结点上排列着中性原子的晶体叫原子晶体。原子间通过共价键组成晶体。例如，金刚石是最典型的原子晶体，晶格结点上排列着中性 C 原子，每一个 C 原子由 4 个 sp^3 杂化轨道与其它四个 C 原子通过共价键结合，构成正四面体（见图 2-34）。由于共价键具有饱和性和方向性，配位数一般比离子晶体小。金刚石的配位数为 4。

　　属于原子晶体的物质较少。单质中除金刚石外，还有单晶硅、单晶锗和单质硼；化合物中有 SiC(金刚砂)、CaAs、B_4C、AlN 和 SiO_2（β-方石英）等。同离子晶体一样，原子晶体中也没有独立存在的分子，而是形成包括整个晶体的大分子，SiC、SiO_2 等化学式不代表一个分子的组成，只代表晶体中各元素原子数的比例。

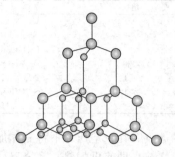

图 2-34　金刚石的晶体结构

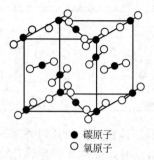

● 碳原子
○ 氧原子

图 2-35　CO_2 的晶体结构

　　由于共价键的键能强，所以原子晶体一般具有很高的熔点、沸点和很大的硬度。如金刚石熔点高达 3570℃，硬度为 10；金刚砂熔点为 2700℃，硬度为 9.5。由于晶体中没有离子，所以固态或熔融态均不导电，是电的绝缘体。但某些原子晶体如硅、锗、砷化镓等可作为优良的半导体材料。原子晶体在一般溶剂中都不溶解，延展性也很差。

　　（3）分子晶体（molecular crystal）　在晶格结点上排列着具有稳定的电子结构的共价键分子（极性或非极性分子）的晶体是分子晶体。绝大多数分子通过分子间力（某些分子晶体中还有氢键）形成分子晶体。由于分子间力无方向性和饱和性，其配位数可高达 12。与离子晶体和原子晶体不同，在 CO_2 晶体中有独立存在的 CO_2 分子（见图 2-35）。化学式 CO_2 能代表一个分子的组成，也就是分子式。许多非金属单质（H_2、N_2、Cl_2、Br_2、I_2、SO_2）、稀有气体、非金属元素所组成的化合物以及绝大多数有机化合物的晶体都属于分子晶体。由于分子间力较弱，分子晶体硬度小，熔点低（一般低于 400℃）。有些分子晶体可升华，如碘、萘等。这类晶体固态或熔融态都不导电。但某些分子晶体具有强极性共价键，能溶于水产生水合离子，因而水溶液能导电，如冰醋酸、氯化氢等。另外，分子晶体延展性也很差。

　　值得一提的是 SiO_2 和 CO_2 这两种共价化合物。它们的化学式相似，都属酸性氧化物，能和碱作用。但从晶体结构看，前者属于晶体，晶格结点上排列着 Si 和 O 原子；后者为分子晶体，晶格结点上排列着 CO_2 分子。破坏晶格时，对 SiO_2 要克服较强的 Si—O 键，而对 CO_2 只要克服较弱的分子间力就够了。所以常压下，CO_2 晶体在 -78.5℃ 时即可升华，而 SiO_2 晶体的熔点则高达 1610℃。

　　（4）金属晶体　由金属键结合的晶体是金属晶体。在金属晶格结点上排列着金属原子或金属正离子。常见的金属晶格有 3 种：①配位数为 8 的体心立方密堆积晶格，如图 2-36(c) 所示；②配位数为 12 的面心立方密堆积晶格，如图 2-36(a) 所示；③配位数为 12 的六方密堆积晶格，如图 2-36(b) 所示。

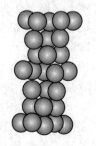
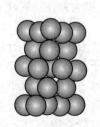

(a)面心立方密堆积晶格　　　(b)六方密堆积晶格　　　(c)体心立方密堆积晶格

图 2-36　金属晶格示意图

所谓密堆积晶格是指金属晶体以圆球的金属原子一个接一个地紧密堆积在一起而组成的。这些圆球形原子在空间的排列形式是使在一定体积的晶体内含有最多数目的原子，这种结构形式就是密堆积结构。一些金属所属的晶格类型如下：

体心立方密堆积晶格：K，Rb，Cs，Li，Na，Cr，Mo，W，Fe 等；

面心立方密堆积晶格：Sr，Ca，Pb，Ag，Au，Al，Cu，Ni 等；

六方密堆积晶格：La，Y，Mg，Zr，Hf，Cd，Ti，Co 等。

不同晶体结构具有不同的物理性质，上述四种基本类型晶体结构和性质比较如表 2-16 所示。

表 2-16 四种基本类型晶体结构和性质比较

结构和性质	离 子 晶 体	原 子 晶 体	分 子 晶 体	金 属 晶 体
晶格结点上的微粒	正、负离子	原子	极性或非极性分子	金属原子或正离子
微粒间的作用力	静电引力	共价键	分子间力	金属键
典型实例	NaCl	金刚石	冰(H_2O)，干冰(CO_2)	各种金属或合金
硬度	略硬而脆	高硬度	软	多数较硬，少数较软
熔点	较高	高	低	一般较高，部分较低
挥发性	低挥发	无挥发	高挥发	无挥发
导热性	热的不良导体	热的不良导体	热的不良导体	热的良导体
导电性	固体不导电,熔化、溶于水导电	绝缘体	绝缘体	良好导体
加工性	不良	不良	不良	良好

金属晶体具有良好的导电性、导热性和延展性、金属的不透明性和金属光泽，这些特性与金属晶体中存在着自由电子以及紧密堆积的晶格有关。

（5）过渡型结构晶体　属于典型的四种基本类型的晶体并不是很多，实际上有相当多的晶体，不仅有过渡型的化学键，而且还可以由不同的键型混合组成。

层状晶体的结构属于混合键型晶体，层内是共价键力，层间为分子间力。例如石墨、二硫化钼（MoS_2）、氮化硼（BN）等均属层状结构的晶体。

在石墨晶体结构中，同层碳原子之间的距离为 145pm，层间碳原子的距离为 334.5pm。在同一层内，碳原子以 sp^2 杂化轨道和其它碳原子形成共价键，构成正六角形平面（见图 2-37）。每一个碳原子还有一个 2p 电子，其 p 轨道垂直上述平面层。这些相互平行的 p 轨道相互重叠形成遍及整个平面层的离域 π 键（又称大 π 键）。由于大 π 键的离域性，电子能沿每一层平面移动，使石墨具有良好的导电、导热性。因此工业上常以石墨作电极和冷却器。又由于石墨晶体中层与层之间的距离较远，相互作用力与分子间力相仿，所以在外力作用下容易滑动，工业上用石墨作固体润滑剂。二硫化钼也具有类似层状结构，它被用做高温润滑剂或润滑油的添加剂。新型的无机合成材料氮化硼常称为"白色石墨"，它比石墨更耐高温，化学性质更稳定，不仅是优良的耐高温固体润滑剂，还可用做熔化金属的容器和高温实验仪器。

自然界中存在的硅酸盐晶体，有层状的，有骨架状的（三维网络），还有链状的。但它们的基本结构单元都是 SiO_4 四面体。图 2-38 是其链状结构示意图。Si 和 O 之间以共价键结合，每个氧原子最多可被两个 SiO_4 四面体所共有，并由它们组成硅酸盐负离子的单键 $(SiO_3)_n^{2n-}$。四面体也可结合成 $(Si_4O_{11})_n^{6n-}$，链与链之间有金属正离子以静电引力（离子键）与硅酸盐负离子相结合。石棉（$CaO \cdot 3MgO \cdot 4SiO_2$）是典型的链状结构晶体，其长链是由 Si—O 共价键连接而成的双键 $(Si_4O_{11})_n^{6n-}$。键与键之间有金属正离子以静电引力（离子键）与硅酸盐负离子相结合。如沿着平行于键的方向用力，这种晶体便会被撕裂成纤维状或柱状。石棉耐热、耐酸，可用来包扎蒸气管道和热水管，也可用来纺织耐火布。

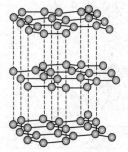

图 2-37 石墨的层状结构

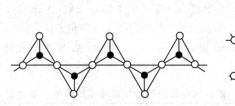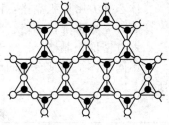

图 2-38 $(SiO_3)_n^{2n-}$ 的链状结构

表 2-17 周期系中元素单质的晶体类型

I A	II A		III As^2p^1	IV As^2p^2	V As^2p^3	VI As^2p^4	VII As^2p^5	0 s^2p^6
							(H_2) 分子晶体	He 分子晶体
Li 金属晶体	Be 金属晶体		B 近于原子晶体	C C_{60} 分子晶体 金刚石原子晶体 石墨层状晶体	N_2 分子晶体	O_2 分子晶体	F_2 分子晶体	Ne 分子晶体
Na 金属晶体	Mg 金属晶体	IIB～IB 过渡元素 金属晶体	Al 金属晶体	Si 原子晶体	P 白磷分子晶体 黑磷层状晶体	S 菱形、针形硫 分子晶体 弹性硫链状晶体	Cl_2 分子晶体	Ar 分子晶体
K 金属晶体	Ca 金属晶体		Ga 金属晶体	Ge 金属晶体	As 黄砷分子晶体 灰砷层状晶体	Se 红硒分子晶体 灰硒层状晶体	Br_2 分子晶体	Kr 分子晶体
Rb 金属晶体	Sr 金属晶体		In 金属晶体	Sn 灰锡原子晶体 白锡金属晶体	Sb 黑锑分子晶体 灰锑层状晶体	Te 灰碲层状晶体	I_2 分子晶体 有金属性	Xe 分子晶体
Cs 金属晶体	Ba 金属晶体		Tl 金属晶体	Pb 金属晶体	Bi 层状晶体（近于金属晶体）	Po 金属晶体	At	Rn 分子晶体

表 2-17 列出了周期系中元素单质的晶体类型。从表中可以看出，元素单质的晶体结构从左到右大体呈现出金属晶体、原子晶体向分子晶体的转变。在 IIIA～VIIA 族内，元素单质的晶体结构呈现出自上而下由分子晶体或原子晶体向金属晶体的转变。p 区是这种转变的过渡区，出现了各种不同类型的过渡型结构的晶体。例如碳、磷、砷、硫、硒、锡、锑都出现了同质异晶（paramorph）现象。即同一单质可以有不同类型的晶体形式存在，而且这些单质的不同晶型中，总有一种层状或链状晶体。

晶体结构的上述规律性变化导致了元素单质的性质，特别是物理性质也呈现出一定的递变规律。元素单质的密度、硬度、熔点、沸点在同一周期大体呈现"两头小、中间大"的特征。

纯净的完整晶体是一种理想状态，实际晶体总是存在着缺陷。晶体的缺陷有空位（晶体结点上缺少原子）、位错（点阵排列出现偏离）、杂质（掺杂其它原子）等。在非晶格结点的位置也可出现粒子，同样属于缺陷。

人类对化学元素的发现、认识、利用、最终达到合成新元素，经历了漫长的历史过程，至今已发现并确认了 110 种元素。在周期表中，除了氢和右上部分共 22 种非金属元素外，其余 88 种均为金属元素（见图 2-39）。这些元素以单质或化合物的形式在大气、地壳和海洋中存在（表 2-18～表 2-20）。

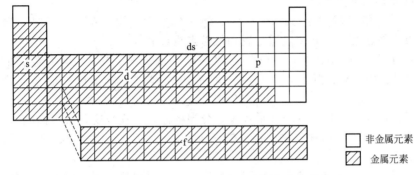

非金属元素

金属元素

图 2-39　金属元素和非金属元素在周期表中的位置

表 2-18　大气的平均组成

气　体	体积分数/%	质量分数/%	气　体	体积分数/%	质量分数/%
N_2	78.084	75.51	CH_4	0.00022	0.00012
O_2	20.9476	23.15	Kr	0.00011	0.00029
Ar	0.934	1.28	N_2O	0.0001	0.00015
CO_2	0.03(可变)	0.046	H_2	0.00005	0.000003
Ne	0.001818	0.00125	Xe	0.0000087	0.000036
He	0.000524	0.000072	O_3	0.000001	0.000036

表 2-19　地壳中主要元素的丰度

元　素	O	Si	Al	Fe	Ca	Na	K	Mg	H	Ti
质量分数/%	48.6	26.3	7.73	4.75	3.45	2.74	2.47	2.00	0.76	0.42

表 2-20　海水中主要元素的含量（未计入溶解的气体）

元　素	质量分数/%	元　素	质量分数/%
O	85.89	B	0.00046
H	10.32	Si	约 0.00040
Cl	1.9	C(有机物)	约 0.00030
Na	1.1	Al	约 0.00019
Mg	0.13	F	0.00014
S	0.088	N(硝酸盐)	约 0.00007
Ca	0.040	N(有机物)	约 0.00002
K	0.038	Rb	0.00002
Br	0.0065	Li	0.0001
C(无机物)	0.0028	I	0.000005
Sr	0.0013	U	0.0000003

元素化学就是对大气、地壳、海洋中存在的各种元素的单质和化合物的性质、结构特征、提取方法、制备方法、变化规律等进行研究，使之不断地扩大应用范围和应用领域，造

福于人类。

2.4.1 金属元素

2.4.1.1 概述

88 种金属元素占全部元素的 80%，在周期表中，它们分属于五个区域，即 s 区、d 区、ds 区、p 区和 f 区，s 区和 p 区为主族金属元素，其余为副族金属元素。

(1) 金属的分类　在冶金上称铁、锰和铬为黑色金属，此外均为有色金属。

轻金属：一般指密度小于 $5g \cdot cm^{-3}$ 的金属。包括钠、钾、镁、钙、锶、钡、铝、钛。其特点是质量轻，化学性质活泼。

重金属：一般指密度大于 $5g \cdot cm^{-3}$ 的金属。包括铜、镍、铅、锌、锡、锑、钴、汞、镉、铋等。重金属还可分为高熔点重金属和低熔点重金属。

贵金属：指金、银和铂族元素（钌、铑、钯、锇、铱、铂）。这类金属的化学性质特别稳定，在地壳中含量很少，开采和提取都比较困难，价格比一般金属高，称为贵金属。

稀有金属：通常指在自然界中含量较少，分布稀散，发现较晚，又难提取，或工业上制备及应用较晚的金属。包括锂、铷、铯、铍、镓、铟、铊、锗、锆、钛、铪、铌、钽、钼、钨和稀土金属等。

放射性金属：指金属元素的原子核能自发地放射出射线的金属。包括钫、锝、镭和锕系元素。它们在周期表中的分布见图 2-40。

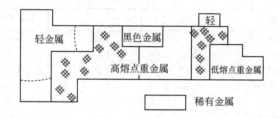

图 2-40　几类金属在周期表中的分布（※ 代表放射性元素在周期表中位置）

(2) 金属的物理性质　金属的物理性质是由金属键和金属的紧密堆积结构决定的，金属不同于非金属。金属在常温下除汞外都是固体，一般密度较大，有金属光泽，能导电、导热，大多数有延展性，硬度较大，但当我们仔细考察它们的物理性质时，发现位于周期表中不同区的金属之间的差别很大，从表 2-21 数据可知：金属的密度只有锂、钠、钾比水轻，大多数密度较大，尤其是过渡金属中的锇最重；金属的硬度以铬最硬，碱金属、钠、钾最软；金属的熔点，钨最高，最易熔的是汞和镓、钯、铷，汞在常温下是液体，铷和镓在手上受热就能熔化。金属元素熔沸点的变化与其原子化焓（$\Delta_{at} H$）的变化相似，金属的一些性质见表 2-21。

(3) 晶体结构　金属原子只有少数价电子能用来成键，为使这些电子尽量满足成键的要求，金属在形成晶体时，总是倾向于组成尽可能紧密的结构，采取紧密堆积（close packing）的方式以使每个原子与尽可能多的其它原子相接触，以保证轨道最大限度的重叠，结构尽可能稳定。

金属晶体的紧密堆积有三种方式，六方紧密堆积（hcp）、面心立方紧密堆积（fcc）和体心立方紧密堆积（bcc）。

金属的原子可以看成圆球。由半径相等的圆球以最紧密排列的一个层总是如图 2-41 所示。每一个球都与六个球相切，有六个空隙。为了保持最紧密的堆积，第二层球应放在第一层的空隙上，但只能用去三个空隙，如图 2-41 所示。

表 2-21　金属的一些性质

元素	密度/g·cm^{-3}	熔点/K	沸点/K	莫氏硬度	$\Delta_{at}H(298.15K)/kJ \cdot mol^{-1}$	$\varphi_{(M^{n+}/M)}/V$
Li	0.534	453.69	1620	0.6	159.37	−3.04
Na	0.971	370.96	1156.1	0.4	109	−2.71
K	0.862	336.80	1047	0.5	90	−2.92
Rb	1.532	312.2	961	0.3	80.88	−2.92
Cs	1.875	301.5	951.6	0.2	76	−2.92
Be	1.847	1551	3243	—	324.6	−1.97
Mg	1.738	922.0	1363	0.2	148	−2.37
Ca	1.550	1112	1757	1.5	178	−2.87
Sr	2.540	1042	1657	1.8	164.4	−2.89
Ba	3.594	1082	1910	—	180	-2.92
Al	2.702	933.5	2740	2～2.9	326	−1.706
Ga	5.9	302	2672	1.5～2.5	286	−0.56
In	7.3	429.8	2353	1.2	243	−0.338
Tl	11.8	576.7	1730	1.2～1.3	182	+0.72
Sn	7.285	505.0	2533	1.5～1.8	302	−0.136
Pb	11.34	600.7	2013	1.5	196	−0.126
Sb	6.7	903	1910	—	262	+0.21
Bi	9.8	545	1832	—	207	+0.32
Sc	3.20	1673	2750	—	378	−2.0
Ti	4.50	1950	3550	4	470	−1.63
V	6.00	2190	3650	—	517	−1.13
Cr	7.1	2176	2915	9	397	−0.90
Mn	7.4	1517	2314	6	281	−1.18
Fe	7.90	1812	3160	4.5	418	−0.44
Co	8.70	1768	3150	5.5	425	−0.277
Ni	8.90	1728	3110	4	430	−0.257
Cu	8.96	1356.4	2840	2.5～3	338	+0.34
Zn	7.133	692	1180	—	131	−0.76
Y	4.43	1770	3200	—	423	−2.37(Y^{3+}/Y)
Zr	6.49	2120	3850	4.5	609	−1.55(Zr^{4+}/Zr)
Nb	8.58	2690	5170	—	726	−0.65(Nb_2O_5/Nb)
Mo	10.22	2880	5830	6	658	−0.2(Mo^{3+}/Mo)
Tc	11.5	2410	4870	—	677	+0.272(TcO_2/Tc)
Ru	12.43	2570	3970	6.5	643	+0.68(RuO_2/Ru)
Rh	12.42	2240	4000	—	556	+0.76(Rh^{3+}/Rh)
Pd	12.03	1820	3400	4.8	378	+0.915
Ag	10.50	1230	2480	2.5～4	284	+0.799(Ag^+/Ag)
Cd	8.65	594	2040	—	112	−0.026
La	6.19	1190	3740	—	432	−2.522(La^{3+}/La)
Hf	13.3	2270	5670	—	619	−1.70(Hf^{4+}/Hf)
Ta	16.69	3270	5700	7	782	−0.81(Ta_2O_5/Ta)
W	19.10	3860	6200	7	849	−0.11(W^{3+}/W)
Re	13.50	3450	5900	—	770	+0.22(ReO_2/Re)
Os	22.7	3270	5770	7	791	+0.85(OsO_4/OsO_3)
Ir	22.6	2720	4770	6.5	665	+1.156(Ir^{3+}/Ir)
Pt	19.32	2040	4100	4.5	565	+1.188
Au	18.88	1340	3240	2.5～3	366	+0.142(Au^{3+}/Au)
Hg	13.546	234.15	629.58	—	61	+0.851

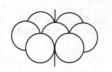

图 2-41　等径圆球的密堆积层

在第二个密堆积层上放上第三层时，则有两种放法。一种是第三层上每个球正好在第一层球上方，这样密堆积就成 ABABAB……的重复方式，见图 2-42(b)。这就是六方紧密堆积结构，配位数为 12，空间利用率约为 74％，属于这一类的有铍、镁、铪、锆、镉、钛、钴等金属的晶体。

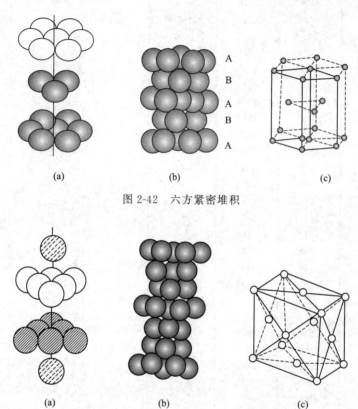

(a)　　　　　　　(b)　　　　　　　(c)

图 2-42　六方紧密堆积

(a)　　　　　　　(b)　　　　　　　(c)

图 2-43　面心立方紧密堆积

还有一种放法，即第三层与第一层、第二层都是错开的，也就是第三层放在第一层另一半的空隙位置上，而第四层的球才正好在第一层球的正上方，这样密堆积就成 ABCABC……的重复方式，见图 2-43。这就是面心立方紧密堆积结构，配位数也是 12，空间利用率也约为 74％，属于这一类的有钙、锶、铅、银、铝、铜、镍等金属的晶体。

还有一种配位数为 8 的次密堆积方式，其空间利用率约为 68％，这就是体心立方紧密堆积结构，见图 2-44。属于这一类的有锂、钠、钾、铷、铯、钼、铬、钨、铁等金属的晶体。

许多金属在温度压力发生变化时，晶体结构也随之变化。

2.4.1.2　各区金属元素的基本性质

（1）s 区金属　s 区金属包括碱金属和碱土金属，在周期表中它们分别处于ⅠA和ⅡA

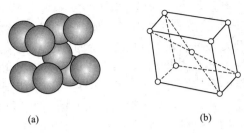

| | (a) | (b) |

图 2-44　体心立方紧密堆积

的位置，具有 $ns^{1\sim2}$ 的价电子层构型。碱金属包括锂、钠、钾、铷、铯、钫；碱土金属有铍、镁、钙、锶、钡、镭。

表 2-22　碱金属元素的基本性质

项　　　目	锂 Li	钠 Na	钾 K	铷 Rb	铯 Cs
原子序数	3	11	19	37	55
价电子层构型	$2s^1$	$3s^1$	$4s^1$	$5s^1$	$6s^1$
固体密度(293K)/g・cm^{-3}	0.53	0.97	0.86	1.53	1.90
熔点/K	453.5	370.8	336.2	311.8	301.4
沸点/K	1615	1155.9	1033	959	942.3
硬度(金刚石=10)	0.6	0.5	0.4	0.3	0.2
金属半径/pm	155	190	235	248	267
离子半径/pm	60	95	133	148	169
第一电离能/kJ・mol^{-1}	520.3	495.8	418.9	403	375.7
第二电离能/kJ・mol^{-1}	7298	4562	3051	2633	2230
电负性	1.0	0.9	0.9	0.8	0.7
φ(M$^+$/M)/V	−3.045	−2.71	−2.924	−2.925	−2.923
晶体结构	体心立方	体心立方	体心立方	体心立方	体心立方
导电性（Hg=1）	11.2	20.8	13.6	7.7	4.8

由表 2-22 可知，碱金属是密度小、硬度小、熔点低、沸点低的轻金属。它们的价电子层构型为 ns^1，原子半径在同周期中最大，电离能最小，容易失去电子变成 +1 价离子，化学性质非常活泼。

表 2-23　碱土金属元素的性质

项　　　目	铍 Be	镁 Mg	钙 Ca	锶 Sr	钡 Ba
原子序数	4	12	20	38	56
价电子层构型	$2s^2$	$3s^2$	$4s^2$	$5s^2$	$6s^2$
固体密度(293K)/g・cm^{-3}	1.85	1.74	1.55	2.6	3.5
熔点/K	1551	925.8	1112	1042	998
沸点/K	3243	1380	1757	1657	1913
硬度（金刚石=10）	4	2.0	1.5	1.8	—
金属半径/pm	112	160	197	215	222
离子半径/pm	31	65	99	113	135
第一电离能/kJ・mol^{-1}	899.5	737.7	589.8	549.5	502.9
第二电离能/kJ・mol^{-1}	1757	145.07	1145.4	1064	965.2
电负性	1.5	1.2	1.0	1.0	0.9
φ(M^{2+}/M)/V	−1.70	−2.37	−2.76	−2.89	−2.90
晶体结构	密排六方	密排六方	密排六方 面心立方	面心立方	体心立方
导电性（Hg=1）	5.2	21.4	20.8	4.2	—

碱土金属也是轻金属，但是与相应的碱金属相比，碱土金属的金属键比较强（见表 2-23）。因此硬度较大。密度较大。由于外层电子数比碱金属多，核电荷也较多，因此第一电离能远较碱金属大，它们可失去两个电子变成 +2 价的离子，化学性质很活泼，它们与碱金属相同都是银白色，在空气中迅速氧化变暗，甚至立即着火，因此保存在煤油中，或包藏在石蜡中。碱金属和碱土金属单质易失去电子，都是强还原剂，能直接或间接与电负性较大的非金属元素，如氟、氯、硫、氧、氮和氢等形成相应的化合物。除铍、镁外（因表面生成一层致密的气化物保护膜），与水相遇时立即发生反应，所以这些元素都不能以单质状态存在于自然界中。碱金属和碱土金属在空气中燃烧时，除生成正常氧化物外，还生成过氧化物，如 Na_2O_2、BaO_2；在过量的氧气中，有的还生成超氧化物，如 KO_2。

碱金属和碱土金属的氢氧化物都是白色固体，在空气中易吸水而潮解。碱金属氢氧化物（LiOH 除外）溶解时还放出大量的热量。碱土金属氢氧化物在水中溶解度较小，其中氢氧化铍和氢氧化镁是难溶的氢氧化物。从氢氧化铍到氢氧化钡溶解度逐渐增大。这是由于随着金属离子半径的增大，正、负离子之间的作用逐渐减弱，容易被水分子所离解。除氢氧化铍是两性，氢氧化镁是中强碱外，其它氢氧化物是强碱。碱金属的碳酸盐较稳定，不易分解，碱土金属的碳酸盐稳定性相对差一些。

p 区金属位于周期系 ⅢA～ⅥA 族中，具有 $ns^2np^{1\sim4}$ 的价电子层构型。其中包括 ⅢA 族的铝、镓、铟、铊；ⅣA 族的锗、锡、铅；ⅤA 族的锑、铋和 ⅥA 族的钋。钋是稀有放射性元素。锗、锡、铅、铋出现了过渡型晶体结构，这表明这些元素处于周期系中金属向非金属过渡的位置上，因而它们表现出某些较为特殊的性质。除铝属于轻金属外，其余的都是重金属。铝的导电性非常好，常用做电线；镓、铟、铊和锗的高纯金属及其合金都是半导体材料；锡、铅、铋都属于低熔点重金属，是低熔合金的重要成分。

（2）p 区金属　p 区金属原子的最外层电子较多，参加化学反应时，这些电子或全部或部分地失去，因此它们有可变的氧化数。p 区金属主要氧化数见表 2-24。

表 2-24　p 区金属的主要氧化数

项　　目	ⅢA				ⅣA			ⅤA	
元素	Al	Ga	In	Tl	Ge	Sn	Pb	Sb	Bi
主要氧化数	+3	+3	+3	+3	+4	+4	+4	+5	+5
	+1	+1	+1	+2	+2	+2	+3	+3

锡、铅、锑、铋和铝，均能直接与空气中的氧反应，但反应不明显，在常温下，它们只与氧作用生成各种不同程度的氧化膜而钝化。在高温下，它们均能燃烧，并放出大量的热。

p 区金属在常温下不与水作用，除锑、铋外，p 区金属的标准电极电势皆为负值，因此它们可与盐酸或稀硫酸反应置换出氢。

p 区金属的铝、锡、铅是"两性"元素，能与碱溶液作用，生成氢气和相应的含氧酸盐。例如：

$$2Al + 2NaOH + 2H_2O \longrightarrow 2NaAlO_2 + 3H_2 \uparrow$$
$$Sn + 2NaOH \longrightarrow Na_2SnO_2 + H_2 \uparrow$$

锡、锑、铋盐水解后生成碱式盐或酰基盐，这些化合物难溶于水。例如：

$$SnCl_2 + H_2O \longrightarrow Sn(OH)Cl \downarrow + HCl$$
$$SbCl_3 + H_2O \longrightarrow SbOCl \downarrow + 2HCl$$
$$BiCl_3 + H_2O \longrightarrow BiOCl \downarrow + 2HCl$$

在配制上述盐类溶液时，为了抑制其水解，应将盐溶于少量盐酸中，再加水稀释。

锡和铅虽然都有氧化数为 +2 和 +4 的化合物。但是氧化数为 +2 的铅比氧化数为 +4 的铅稳定；氧化数为 +4 的锡比氧化数为 +2 的锡稳定。因此，二氯化锡常用做还原剂，二氧化铅常用做氧化剂。

(3) 过渡金属　过渡金属位于四、五、六周期中部，包括 d 区的 ⅢB～ⅧB 族，ds 区的 ⅠB、ⅡB 族（不包括镧以外的镧系元素和锕以外的锕系元素）具有 $(n-1)$ $d^{1\sim10}ns^{1\sim2}$（钯为 $4d^{10}5s^0$）的价电子层构型。由于同周期元素的性质相近，过渡金属又分为三个系列。即：

第一过渡系：Sc、Ti、V、Cr、Mn、Fe、Co、Ni、Cu、Zn；

第二过渡系：Y、Zr、Nb、Mo、Tc、Ru、Rh、Pd、Ag、Cd；

第三过渡系：La、Hf、Ta、W、Re、Os、Ir、Pt、Au、Hg。

过渡金属具有金属的一般通性，但与主族金属又有所不同。除ⅢB族外，过渡金属都是高沸点、高熔点、高密度，导电和导热性良好的金属，在同周期中，它们的熔点从ⅢB到ⅣB先逐渐升高，然后从ⅣB到ⅡB又缓慢下降。熔点最高的是钨，其次是铼。通常把熔点等于或高于铬的熔点(2130K)的金属称为耐高温金属。耐高温金属分布在ⅤB、ⅥB和ⅣB、ⅦB、Ⅷ族的下方，共 13 种。只有ⅡB族金属的熔点较低，其中汞的熔点为 234.3K，是所有金属中熔点最低的。

过渡金属的沸点、硬度、密度的变化规律与熔点的变化规律基本相同。沸点最高的是钨，铼次之。硬度最大的铬，仅次于金刚石，可以刻划玻璃。密度最大的是锇，其次是铱和铂。过渡金属除钪、钇、钛外均是重金属。

过渡金属熔、沸点的变化规律可以这样理解：金属熔、沸点的高低取决于金属键的强弱和晶格能的大小，而影响金属键和晶格能的主要因素除原子半径和有效核电荷外，还有原子中能参与成键的价电子。过渡金属不仅最外层的 s 电子参加金属键的形成，而且次外层的 d 电子也可能参加成键。同周期过渡金属从左到右未成对的 d 电子数首先逐渐递增，到ⅥB族，ⅦB族为最多。这些 d 电子参与成键，增强了金属键和晶格能，再综合原子半径小，有效核电荷大等因素，从而使这些金属具有很高的熔、沸点。ⅦB族以后，从左到右未成对 d 电子数又逐渐减少，因而熔、沸点逐渐降低，到ⅡB族熔、沸点降至最低。

过渡金属均能导电，银的电导率最高，其次是铜和金。过渡金属具有良好的延展性，可拉丝或碾压成薄片。

过渡金属的价电子不仅包括最外层的 s 电子，还包次外层的全部或部分 d 电子。由于过渡金属原子的最外层的 s 电子大多是 2 个，因此它们都有 +2 氧化数的化合物；又由于次外层 d 电子可以部分或全部参与成键，因此过渡金属总是有可变氧化数的化合物。

一般来说，过渡金属金属性的递变规律是同一周期从左到右金属性缓慢减弱；同一族（ⅢB族除外）从上到下金属性递减。在化学性质方面，第一过渡系元素的单质比第二、第三过渡系活泼（这与主族元素的情况恰好相反）。例如，第一过渡系的金属（除铜外）都能与稀酸作用，置换出氢，而第二、第三过渡系的单质大多较难溶于酸，有些仅能溶于王水或氢氟酸中，如锆、铪等；有些甚至不溶于王水，如钌、铑、锇、铱等。这些化学性质的差别，主要是由于同族元素原子的核电荷增加较多，而第五、六周期原子半径却基本相近。许多过渡金属的水合离子有颜色，如水合 Cu^{2+} 为蓝色，水合 Fe^{2+} 为浅绿色，水合 Co^{2+} 为粉红色等，一般认为是 d 电子跃迁所致。过渡金属原子或离子有未充满的 d 电子轨道，所以容易形成配合物。

(4) 稀土金属　稀土金属包括 Sc、Y、La 和 La 系元素（也有不包括 Sc 的说法），通常镧系元素用 Ln 表示，稀土元素用 RE 表示。稀土金属都具有银白色的金属光泽，只有镨和钕略带黄色。除钪外，它们的密度都大于 $5g \cdot cm^{-3}$，都是重金属。硬度不大。铈的熔点最低，为 1068K，镥的熔点最高，为 1925K。

表 2-25　稀土金属的一些性质

原子序数	元素	外层电子构型			密度/g·cm⁻³	熔点/K	原子半径/pm	氧化数	φ（M³⁺/M）/V
21	Sc		$3d^1$	$4s^2$	2.5	1696	162	+3	-2.08
39	Y		$4d^1$	$5s^2$	5.51	1773	179.7	+3	-2.37
57	La		$5d^1$	$6s^2$	6.15	1193	187.1	+3	-2.37
58	Ce	$4f^1$	$5d^1$	$6s^2$	6.78	1068	181	+3、+4	-2.34
59	Pr	$4f^3$		$6s^2$	6.78	1208	182	+3、+4	-2.35
60	Nd	$4f^4$		$6s^2$	7.00	1297	182	+3	-2.32
61	Pm	$4f^5$		$6s^2$		1308	180	+3	-2.29
62	Sm	$4f^6$		$4s^2$	6.93	1345	180	+2、+3	-2.30
63	Eu	$4f^7$		$5s^2$	5.24	1099	204	+2、+3	-1.99
64	Gd	$4f^7$	$5d^1$	$6s^2$	7.95	1585	179	+3	-2.29
65	Tb	$4f^9$		$6s^2$	8.33	1629	177	+3	-2.30
66	Dy	$4f^{10}$		$6s^2$	8.56	1680	177	+3	-2.29
67	Ho	$4f^{11}$		$6s^2$	8.76	1734	176	+3	-2.33
68	Er	$4f^{12}$		$6s^2$	9.16	1770	175	+3	-2.31
69	Tm	$4f^{13}$		$6s^2$	9.35	1818	174	+3	-2.31
70	Yb	$4f^{14}$		$6s^2$	7.01	1097	192	+2、+3	-2.22
71	Lu	$4f^{14}$	$5d^1$	$6s^2$	9.74	1925	174	+3	-2.30

　　稀土金属原子的外层电子构型相似，原子半径相近，因而它们的化学性质相似（见表 2-25）。在自然界里，往往是多种稀土金属共生在同种矿石中，将它们分离很困难，因此通常应用的是混合稀土金属或混合稀土氧化物。在混合稀土中主要是铈（约 50%）、镧（约 25%）、钕（约 15%）、镨、钇等。稀土金属原子的最外层只有 2 个电子，原子半径又较大，在化学反应中容易失去电子，所以稀土金属的化学性质很活泼，它们的标准电极电势 φ（M³⁺/M）值在 -2.37～-1.99V 之间，还原性与镁相近。它们的特征氧化数为 +3。

　　稀土金属与空气中的氧在室温下就能作用，生成稳定的氧化物。稀土金属新切开的表面是银白色的，在空气中迅速氧化而变暗，由于氧化膜不够致密，氧化作用将继续进行下去，故一般将稀土金属放在煤油中，使之与空气隔绝。

　　稀土金属氧化物生成焓较大，三氧化二镧的生成焓 $\Delta H^{\ominus} = -1793.3 \text{kJ·mol}^{-1}$。稀土金属氧化物的热稳定性与氧化钙、氧化镁相当。高温时，稀土金属能将铁、钴、镍、铜、铬等金属氧化物还原为金属。

　　钪、钇和镧的氧化物均是难溶于水的白色粉末。它们与氧化钙相似，都能与水化合生成难溶的白色氢氧化物：$Sc(OH)_3$、$Y(OH)_3$ 和 $La(OH)_3$。氢氧化钪为相当弱的碱，而氢氧化镧则是强碱。

　　稀土金属的着火温度较低，一般为 423～453K，粉末状铈在空气中会自燃，放出的热量较大。因此，稀土金属和铁（7:3）的合金可用做打火石，被磨出的火石细屑在空气中剧烈氧化而着火。军事上可用来制造引火合金，用于子弹、炮弹的引信或者点火装置。

　　在加热时，稀土金属还能与卤素、硫、氮、硼等强烈反应，生成相应的化合物。详情见表 2-26。

　　稀土金属的氯化物和硝酸盐都易溶于水，其氟化物、碳酸盐和磷酸盐微溶于水，故稀土金属在氢氟酸和磷酸中不易溶解。钪、钇、镧的硫酸盐的溶解度依 Sc＞Y＞La 顺序迅速降低。稀土金属与碱不作用，但可与水作用放出氢气。如：

$$2La + 6H_2O \xrightarrow{\triangle} 2La(OH)_3 + 3H_2\uparrow$$

表 2-26　镧系金属的化学性质

反 应 物	产 物	反 应 条 件
X_2（为 F_2、Cl_2、Br_2、I_2）	LnX_3	室温反应慢，$T>470K$ 激烈
O_2	Ln_2O_3	室温反应慢，$T>420K$ 时快
S	Ln_2O_3 或 LnS	在硫的沸点
	LnS_2	
N_2	LnN	$T>1300K$
C	LnC_2、Ln_2C_3	高温
酸（稀 HCl、H_2SO_4、$HClO_4$、HAc）	$Ln^{3+} + H_2$	室温下反应快
H_2O	Ln_2O_3 或 $Ln_2O_3 \cdot xH_2O + H_2$	室温下反应慢，高温时快

2.4.2　非金属元素

人们已经发现的元素总数为 110 种，而非金属元素占 22 种。它们都位于 p 区（除氢外）。由于非金属元素在不同条件下均能与金属元素进行化学变化，形成各种化合物（包括配合物），所以它们所涉及的面很广，非金属矿物种类繁多。

据报道，已被利用的非金属矿有石墨、云母、金红石、浮石、硼化合物、水晶、黄铁矿、电气石、萤石、红宝石、沸石等十余种之多，它们的主要用途是在金属或有机物中作为添加剂，制成重要而具有新型特殊性质的复合材料和涂料。例如：采用以膨胀石墨为基体，掺入黏结剂制成的新型的柔性石墨制品。可以满足近代高技术对工程密封材料的高难要求，经处理过的云母与热塑性树脂做成的有机复合材料，其性能可与玻璃钢媲美，它可以用于一些重要的特种机器部件中，氧化硼可作为一种超高温、超硬度材料用以生产火箭的喷嘴和燃料室的内衬等。

非金属矿物在高技术材料中有特殊的地位和作用。例如刹车部件要求高温下稳定，摩擦系数大，热导率高，耐震性好等，所以一般单纯金属材料和有机材料均不能胜任。只有利用多种非金属矿石，如石英、锆石、辉钼矿等经过复杂工艺，制成复合材料。非金属矿物在信息产业、能源工业、医疗卫生事业、轻工业、航空航天工业中都得到广泛的应用。

2.4.2.1　非金属单质的性质

（1）非金属单质的结构与物理性质　非金属元素按其单质的结构和物理性质可以分为三类。

① 小分子物质。如零族元素稀有气体都以单原子分子存在于空气中。X_2（卤素）、O_2、N_2、H_2 等通常状况下都是气体，固体时为分子晶体，熔点、沸点都很低。

② 多原子分子物质。如 S_8，P_4，As_4，通常情况下它们都是固体，为分子晶体，熔点、沸点也不高，但比上一类高，易挥发。

③ 大分子物质。如金刚石、晶体硅和硼等，为原子晶体，熔点、沸点都很高，不易挥发。

大多数的非金属单质不是分子晶体就是原子晶体。

（2）非金属单质的化学性质　非金属元素容易形成单原子负离子或多原子负离子，它们在化学性质上也有较大的差别，在常见的非金属元素中，以 F、Cl、O、S、P、H 较活泼。活泼的非金属元素容易与金属元素形成卤化物、氧化物、硫化物、氢化物或含氧酸盐等，且非金属元素之间亦可形成卤化物、氧化物、无氧酸或含氧酸。非金属单质发生的化学反应涉及范围较广，下面主要介绍它们与水、碱和酸的反应。

① 大部分非金属单质不与水作用，只有 B、C 等在高温下与水蒸气反应：

$$2B+6H_2O(g) \longrightarrow 2H_3BO_3+3H_2$$
$$C+H_2O(g) \longrightarrow CO+H_2$$

② 卤素仅部分与水作用，且从 Cl_2 到 I_2 反应的趋势不同，卤素与水的反应可以有两种形式：

$$2X_2+2H_2O \longrightarrow 4H^++4X^-+O_2 \qquad ①$$
$$X_2+H_2O \longrightarrow H^++X^-+HXO \qquad ②$$

在反应①中，卤素单质显示氧化性，将 H_2O 氧化成氧气放出，反应②虽然也是氧化还原反应，不过氧化剂和还原剂都是同一种物质，所以该反应是卤素单质的歧化反应。卤素单质与 H_2O 反应以何种形式为主，可用电极反应的标准电势值予以说明。

③ 绝大部分非金属单质显酸性，能与强碱作用（或发生歧化反应）。例如：

$$3S+6OH^- \longrightarrow 2S^{2-}+SO_3^{2-}+3H_2O$$
$$4P+3OH^-+3H_2O \longrightarrow 3H_2PO^{2-}+PH_3$$
$$Si+2OH^-+H_2O \longrightarrow SiO_3^{2-}+2H_2$$
$$2B+2OH^-+2H_2O \longrightarrow 2BO_2^-+3H_2$$

而碳、氧、氟等单质无此类反应。氯与碱性溶液发生的反应为：

$$Cl_2+2NaOH(冷) \longrightarrow NaCl+NaClO+H_2O$$

④ 许多非金属单质不与盐酸或稀硫酸反应，但可以与浓硝酸反应。在这些反应中，非金属单质一般被氧化成所在族的最高氧化值，而浓硫酸或浓硝酸则分别被还原成 SO_2 或 NO（有时为 NO_2）。例如：

$$3C+4HNO_3(浓) \longrightarrow 3CO_2+4NO+2H_2O$$
$$C+2H_2SO_4(浓) \longrightarrow CO_2+2SO_2+2H_2O$$
$$3P+5HNO_3(浓)+2H_2O \longrightarrow 3H_3PO_4+5NO$$
$$S+2HNO_3(浓) \longrightarrow H_2SO_4+2NO$$
$$B+3HNO_3(浓) \longrightarrow H_3BO_3+3NO_2$$
$$2B+3H_2SO_4(浓) \longrightarrow 2H_3BO_3+3SO_2$$
$$I_2+5H_2SO_4(浓) \longrightarrow 2HIO_3+5SO_2+4H_2O$$

但硅不溶于任何单一酸中，而混酸（HF-HNO$_3$）能溶解它，因发生如下反应：

$$3Si+4HNO_3+18HF \longrightarrow 3H_2SiF_6+4NO+8H_2O$$

2.4.2.2 非金属元素的氢化物

非金属（除稀有气体）元素都能形成共价型氢化物。

（1）氢化物的还原性　非金属元素氢化物大多具有不同程度的还原性，而且随非金属元素电负性的减小而增强。在 SiH_4 和 PH_3 中，由于 Si 和 P 的电负性比 H 小，所以氢显示 -1 氧化值，它们与氧化剂反应时能表现出较强的还原性（见图 2-45）。如：

$$SiH_4+2KMnO_4 \longrightarrow K_2SiO_3+2MnO_2+2H_2O+H_2$$
$$2PH_3+4O_2 \longrightarrow P_2O_5+3H_2O$$

而 H_2S 和 HCl，显示还原性的是非金属元素本身

$$2H_2S+3O_2 \longrightarrow 2SO_2+2H_2O$$

HCl 的还原性更弱，要遇强氧化剂（如 $KMnO_4$，$K_2Cr_2O_7$ 等）才显示出还原性。在卤化氢中，HF 一般不显示还原性，而 HBr、HI 则具较强还原性。正因如此，NaCl、KBr、KI 分别与浓 H_2SO_4 的反应如下：

$$NaCl(s)+H_2SO_4(浓) \longrightarrow NaHSO_4+HCl \qquad ①$$
$$2KBr(s)+3H_2SO_4(浓) \longrightarrow 2KHSO_4+SO_2+Br_2+2H_2O \qquad ②$$
$$8KI(s)+9H_2SO_4(浓) \longrightarrow 8KHSO_4+H_2S+4I_2+4H_2O \qquad ③$$

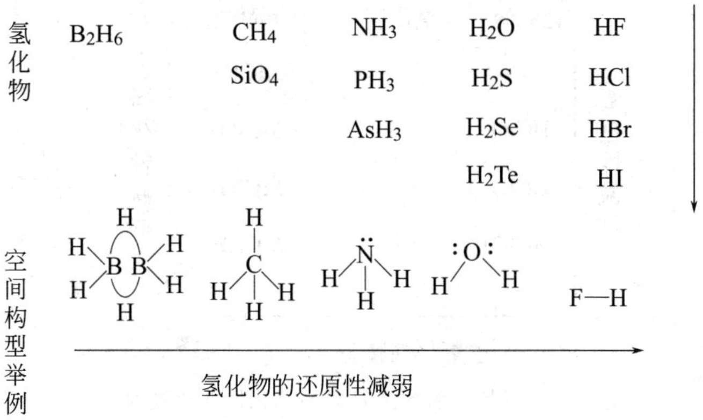

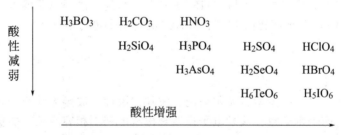

氢
化
物

B$_2$H$_6$ CH$_4$ NH$_3$ H$_2$O   HF   还
         SiO$_4$ PH$_3$ H$_2$S   HCl   原
                     AsH$_3$ H$_2$Se   HBr   性
                              H$_2$Te   HI   增
                                                                                强

空
间
构
型
举
例

氢化物的还原性减弱

图 2-45　氢化物的还原性变化规律

可见，反应①可得 HCl，反应②和③不能得到相应的 HBr 和 HI，这是因为 HCl 不能还原浓硫酸，而 HBr 能将浓硫酸还原成 SO$_2$，HI 甚至能将浓硫酸还原成 H$_2$S。

（2）氢化物的酸碱性　非金属元素氢化物水溶液的酸性变化规律为：同一族从上到下，同一周期从左到右，酸性逐渐增强（见图 2-46）。

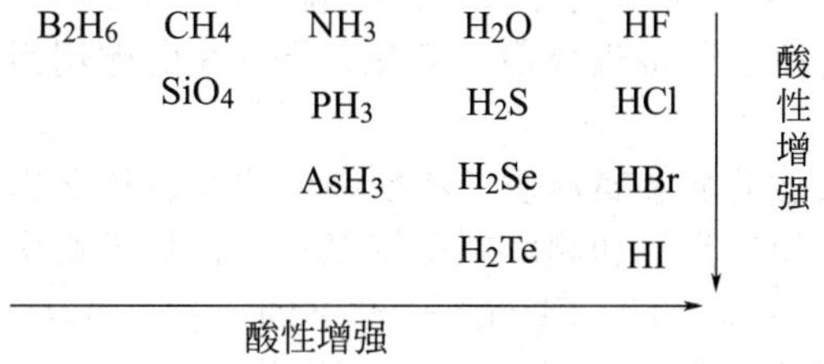

B$_2$H$_6$ CH$_4$ NH$_3$ H$_2$O   HF   酸
      SiO$_4$ PH$_3$ H$_2$S   HCl   性
                  AsH$_3$ H$_2$Se   HBr   增
                           H$_2$Te   HI   强

酸性增强

图 2-46　氢化物水溶液酸性变化规律

2.4.2.3　非金属的含氧酸

（1）非金属含氧酸的酸性　非金属含氧酸的酸性见图 2-47。

酸
性
减
弱

H$_3$BO$_3$ H$_2$CO$_3$ HNO$_3$
      H$_2$SiO$_4$ H$_3$PO$_4$ H$_2$SO$_4$ HClO$_4$
                  H$_3$AsO$_4$ H$_2$SeO$_4$ HBrO$_4$
                            H$_6$TeO$_6$ H$_5$IO$_6$

酸性增强

图 2-47　非金属含氧酸的酸性变化规律

（2）非金属含氧酸及其盐的氧化还原性　ⅢA、ⅣA 族的非金属元素含氧酸及其盐一般不显示氧化还原性，ⅤA 族的 HNO$_3$ 具有氧化性，ⅥA 族的浓 H$_2$SO$_4$ 显示强氧化性，而稀 H$_2$SO$_4$ 无氧化性，H$_2$SO$_3$ 及其盐（Na$_2$SO$_3$）常作为还原剂。ⅦA 族中氯的各种含氧酸及其盐的氧化性变化规律见图 2-48。

2.4.2.4　非金属单质的一般制备方法

（1）氧化法　例如从黄铁矿提取硫，原料 FeS$_2$ 中 S 的氧化值为 −1，用空气氧化生成单质硫：

$$3FeS_2(s) + 12C(s) + 8O_2(空气) \xrightarrow{\triangle} Fe_3O_4(s) + 12CO(g) + 6S(g)$$

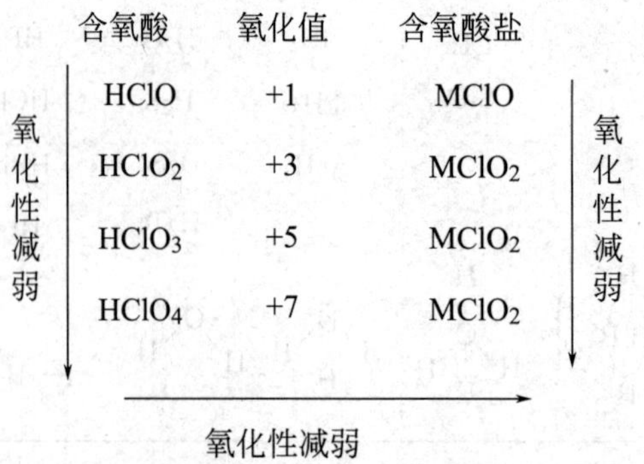

	含氧酸	氧化值	含氧酸盐	
氧化性减弱	HClO	+1	MClO	氧化性减弱
	HClO$_2$	+3	MClO$_2$	
	HClO$_3$	+5	MClO$_2$	
	HClO$_4$	+7	MClO$_2$	

氧化性减弱 →

图 2-48　氯的含氧酸及其盐的氧化性变化规律

反应后将气体导出冷却，S 即凝成固体。

（2）还原法　例如磷酸钙中磷的氧化值为 +5，高温时用碳还原制磷。提取时将炭粉、沙和磷酸钙混合加热至 1300℃ 以上，发生如下反应：

$$2Ca_3(PO_4)_2(s)+10C(s)+6SiO_2(s)\xrightarrow{\triangle}6CaSiO_3(s)+10CO(g)+P_4(g)$$

形成硅酸钙溶渣，将气体导入冷水，CO 逸出，磷凝成固体。这样制得的单质为白磷（将白磷在隔绝空气条件下加热可得到红磷，在高温、高压条件下可得到黑磷）。

硼的制备亦可采用还原法。将化合物中氧化值为 +3 的硼用活泼金属（Na、K、Mg 和 Al 等）还原。

（3）置换反应　用较强的非金属单质，将次强的非金属从其化合物中置换出来，这也是典型的氧化还原反应。例如生产溴和碘，就是用氯与溴化物或碘化物反应。

$$2KBr(aq)+Cl_2(g)\longrightarrow 2KCl(aq)+Br_2(l)$$
$$2KI(aq)+Cl_2(g)\longrightarrow 2KCl(aq)+I_2(s)$$

（4）电解法　用一般的化学氧化剂或还原剂难以实现的氧化还原反应则可用电解的方法强制进行。

氟的化学性质异常活泼，与水、电解槽、电极材料等都会产生剧烈的反应，氟与电子的结合能力最强，制氟时采用电解熔融 KHF$_2$-HF 混合物的方法。单质硼也可用熔盐电解法进行生产，将无水 B$_2$O$_3$ 溶于熔化的 KBF$_4$ 和 KCl 混合盐中进行电解。

◇ 本章小结

1. 基本概念

物质的聚集状态；原子模型、玻尔理论、波粒二象性、波函数和原子轨道、核外电子运动状态、电子云、四个量子数；核外电子排布规律（泡利不相容原理、能量最低原理、洪特规则）；电子层结构和元素周期系、电子层结构与分区、元素周期律（原子半径、氧化值、电离能、电子亲合能、电负性）；化学键与分子结构、离子键、共价键、价键理论、分子轨道理论、分子的极性、杂化轨道理论与分子的空间构型、金属键、分子间力和氢键；晶体结构；元素化学。

2. 基本规律

（1）原子结构

主量子数 n、角量子数 l、磁量子数 m 分别确定原子轨道的能量、基本形状和空间取向，自旋量子数 m_s 的两个值分别代表两种不同的自旋状态。各量子数的取值范围是：$n=1，2，3\cdots，\infty$；$l=0，1，2，\cdots，n-1$；$m=0，\pm 1，\pm 2，\cdots\pm l$；$m_s=\pm 1/2$。多电子原子核外电子分布一般遵循泡利不相容原理、能量最低原理、洪特规则。

了解测不准原理：①测不准原理的含义；②微观运动与宏观运动的区别。

　　理解电子运动的波粒二象性：①电子具有波动性和粒子性的各自相关物理量；②德布罗依表达式及实验验证；③电子运动具有统计性，用概率来描述；④电子能量量子化。

　　波函数和原子轨道：①波函数是描述原子核外电子运动状态的数学函数；②原子轨道是波函数的空间图形。

　　概率密度和电子云：①$|\Psi|^2$表示电子在某位置单位体积出现的概率；②电子云是电子概率密度的形象化表示；③s电子云、p电子云、d电子云的形状。

　　元素周期律的主要内容：同一周期元素从左到右原子半径逐渐减小，同一主族元素从上到下原子半径逐渐增大；同周期的主族元素从左至右最高氧化值逐渐升高，并等于所属族的族数，ⅢB族~ⅦB族元素也是如此，但ⅠB、ⅡB和Ⅷ族有例外；同周期的主族元素，从左到右，原子的电离能逐渐变大，元素的金属性逐渐减弱，而同一主族的元素从上到下原子的电离能逐渐变小，元素的金属性逐渐增强；主族元素的电负性值也具有明显的周期性变化规律，而副族元素的电负性值则彼此较接近。

　　（2）化学键与分子结构

　　离子键的本质是正、负离子的静电作用。共价键可用价键理论和分子轨道理论来说明。共价键具有饱和性和方向性。共价键的表征参数主要有键长、键角和键能。杂化轨道的形成对分子的空间构型具有十分重要的意义。常见的 sp、sp^2、sp^3 杂化所对应的分子空间构型分别为直线形、平面三角形、正四面体形；出现不等性 sp^3 杂化时，则为三角锥形。分子间普遍存在范德华力，它包括取向力、诱导力和色散力。氢键存在于氢原子和电负性较大的原子之间。

　　（3）晶体结构

　　根据组成晶体结构的微粒间作用力的不同，晶体可划分为离子晶体、原子晶体、分子晶体和金属晶体四种基本类型。在不同类型的晶体中，由于微粒之间的作用力不同，所以熔点、硬度、导电性等物理性质明显不同。

　　（4）元素化学

　　金属元素和非金属元素的单质和化合物的基本物理性质、结构特征、制备方法和化学性质。

◆ 思考题

1. 下列铜原子的外层电子构型中，正确的是_____。
　　A. $4s^1$；　　　　　　　　B. $4s^2$；　　　　　　　　C. $3d^{10}4s^1$；
　　D. $4s^13d^{10}$；　　　　　E. $3d^94s^2$；　　　　　　F. $4s^23d^9$

2. 乙醇和乙酸易溶于水，而碘和二硫化碳难溶于水的原因是_____。
　　A. 分子量不同；　B. 有无氢键；　　C. 分子的极性不同；　D. 分子间力不同

3. 量子力学的一个轨道是指_____。
　　A. 波尔理论中的一个原子轨道；　　　　B. n 值一定时的一个波函数；
　　C. n 和 l 值一定时的一个波函数；　　D. n、l 和 m 值一定时的一个波函数

4. 镧系收缩造成同周期后面的过渡元素的原子半径与同族的上一周期元素的原子半径相比_____。
　　A. 要更大一些；　B. 要更小一些；　　C. 更无规律；　　　D. 更相似

5. 在下列物质中，熔点最高的是_____。
　　A. SiC；　　　　　B. $SnCl_4$；　　　　C. $AlCl_3$；　　　　D. KCl

6. 下列物质中水解程度最大的是_____。

  A. $FeCl_3$；   B. $FeCl_2$；   C. $BeCl_2$；   D. BCl_3

7. 下列物质中酸性最弱的是_____。

  A. H_3PO_4；   B. $HClO_4$；   C. H_3AsO_4；   D. H_3AsO_3

8. 下列物质中热稳定性最好的是_____。

  A. $Mg(HCO_3)_2$； B. $MgCO_3$；   C. H_2CO_3；   D. $SrCO_3$

9. 能与碳酸钠溶液作用，生成沉淀，而此沉淀又能溶于氢氧化钠溶液的是_____。

  A. $AgNO_3$；   B. $FeCl_2$；   C. $AlCl_3$；   D. $Ba(NO_3)_2$

10. $+3$ 价铬在过量强碱溶液中的存在形式为_____。

  A. $Cr(OH)_3$；   B. CrO_2^-；   C. Cr^{3+}；   D. CrO_4^{2-}

11. 符号 3p 表示主量子数为_____，角量子数为_____，原子轨道形状为_____，在 3p 轨道上的电子处于第_____电子层，_____亚层。

12. $n=3$，$l=1$，其轨道名称为_____，电子云形状为_____，原子轨道数目为_____，最多能容纳_____个电子。

13. $n=3$，$l=1$，$m=0$，其轨道名称为_____，电子云形状为_____，原子轨道数目为_____，最多能容纳_____个电子。

14. 电子云是电子在核外空间出现的_____的形象化表示法。

15. 宏观物体运动状态可用_____和_____来描述。而微观粒子如电子运动状态用_____来描述。

16. 德布罗依关系式中，物理量_____和_____反映电子的粒子性，物理量_____反映电子的波动性。

17. 电子运动的根本特征是___，它决定了电子能量___，电子运动具有___性和___性。

18. 据所学晶体结构知识，填写下表。

物质	晶格结点上的粒子	晶格结点上离子间的作用力	晶体类型	预测熔点(高或低)
N_2				
SiC				
Cu				
冰				
$BaCl_2$				

19. 元素周期表中，按外层电子构型可将元素分为_____个区，分别是___，各区所对应的价电子通式为___。

20. 某一周期，其零族元素的原子的外层电子构型为 $4s^2 4p^6$，其中有 A、B、C、D 四种元素，已知它们的最外层电子数分别是 2、2、1、7，且 A、C 元素的原子的次外层电子数为 8，B、D 元素的原子的次外层电子数为 18，则 A、B、C、D 分别为___、___、___、___。

21. 分子在外电场影响下，正、负电荷中心发生相对位移，可使分子发生变形，产生一种偶极叫做_____。此过程称为_____。

22. 相应原子轨道相互重叠，只有___轨道部分才能成键。重叠越多，核间电子云密度_____，所形成的共价键就_____。

23. ___元素的原子间形成非极性共价键，___元素原子间形成极性共价键。在极性共价键中，共用电子对偏向___的原子一方。

24. 原子在成键过程中，同一原子中能量___的几个原子轨道可以"混合"起来，重新组合成____更强的新的原子轨道，此过程叫原子轨道的____。

25. 根据杂化轨道理论推测下列分子的空间构型。

分　子	PH_3	BBr_3	SiH_4	CO_2	HCN	OF_2
杂化轨道类型						
几何构型						

26. 填写下表

化　合　物	晶体中质点间作用力	晶体类型	熔点高低
KCl			
SiC			
HI			
H_2O			
MgO			

27. 电子运动有哪三个特性？简述为什么可以用四个量子数的一组取值来描述一个核外电子的运动状态。

28. 哪些实验事实可证明核外电子既有粒子性又有波动性，即具有波粒二象性？

29. 价层电子分布为 $3d^5 4s^2$ 的元素是哪一区和哪一族的？其最典型的化合价是哪两个？

30. 指出下列各组量子数中取值不合理者，并说明原因。

(1) $n=1$，$l=1$，$m=0$；(2) $n=2$，$l=2$，$m=1$；(3) $n=3$，$l=0$，$m=0$；(4) $n=3$，$l=1$，$m=1$；(5) $n=2$，$l=0$，$m=1$；(6) $n=2$，$l=3$，$m=2$

31. 写出 $n=3$ 的所有原子轨道的符号，并指出共有几个亚层？各亚层各有几个轨道？

32. 怎样用玻尔理论解释氢原子的线状光谱？

33. 某原子的下列轨道中哪些是简并轨道？2s、3s、$2p_x$、$2p_y$、$2p_z$、$3p_x$、$4p_x$。

34. 核外电子分布的三个原则是什么？什么是能级交错现象？3d 轨道的能级实际上真的高于 4s 轨道吗？

35. 请给出 8 号氧元素的所有价层电子在核外的具体分布状态。用"○"或"□"代表原子轨道，用其位置高低表示能量的相对高低，用"↑"或"↓"表示电子及其自旋量子数。

36. 写出 29 号基态铜原子的核外电子排布式，并根据 Slater 规则计算最外层轨道上一个电子所感受到的有效核电荷。

37. 请写出 26 号元素 Fe 的核外电子分布式和价层电子分布式，并简单说明铁为什么容易出现 +2 价和 +3 价？

38. 请你根据原子结构的周期性变化，分析一下元素的原子半径、电离能、电负性等性质的变化规律。

39. 请用杂化轨道理论说明 NH_3 和 H_2O 的立体结构。

40. 请用杂化轨道理论说明乙烯分子 C_2H_4 的立体结构。

◇ 习题

1. 选择题

(1) 下列描述电子运动状态的各套量子数中，可能存在的是____。

A. 3，2，2，1/2；　　　　　　　　　B. 3，0，−1，1/2；

C. 2，2，2，2；　　　　　　　　　　D. 1，1，0，1/2

(2) 角量子数没有独立性，它受____的制约。

    A. 主量子数 n；   B. 磁量子数 m；

    C. 自旋量子数 m_s；   D. n，m，m_s 共同制约

(3) 若将碳原子的电子排布式写成 $1s^2 2s^2 2p_x^2 2p_y^1$，它违背了____。

    A. 能量最低原理；   B. 泡利不相容原理；

    C. 能量守恒原理；   D. 洪德规则

(4) 原子的核外电子排布式为 $1s^2 2s^2 2p^6 3s^2 3p^6 3d^{10} 4s^2 4p^5$ 时，它的最可能价态是____。

    A. -1；   B. -3；   C. $+1$；   D. $+3$；   E. $+5$

2. 下列说法是否正确？为什么？

(1) 多原子分子中，键的极性越强，分子的极性也越强；

(2) 由极性共价键形成的分子，一定是极性分子；

(3) 分子中的键是非极性键，分子一定是非极性分子；

(4) 非极性分子中的化学键一定是非极性共价键

3. 试判断下列各组分子间存在哪些分子间力？

(1) Cl_2 与 CCl_4；(2) CO_2 和 H_2O；(3) H_2S 和 H_2O；(4) NH_3 和 H_2O

4. 满足下列条件之一的是哪一族或哪一个元素？

(1) 最外层具有 6 个 p 电子；

(2) 价电子数是 $n=4$、$l=0$ 的轨道上有 2 个电子和 $n=3$、$l=2$ 的轨道上有 5 个电子；

(3) 次外层 d 轨道全满，最外层有一个 s 电子；

(4) 某元素 $+3$ 价离子和氩原子的电子构型相同；

(5) 某元素 $+3$ 价离子的 3d 轨道半满。

5. 用电子构型解释：

(1) 金属原子半径大于同周期的非金属原子半径；

(2) H 表现出和 Li 与 F 相似的性质

6. 设第四周期有 A、B、C、D 四种元素，其原子序数依次增大，外层电子数依次为 1、2、2、7。次外层电子数 A 和 B 是 8，C 和 D 为 18，根据上述条件回答：

(1) A、B、C、D 的原子序数各为多少？

(2) 哪个是金属，哪个是非金属？

(3) A 与 D 的简单离子是什么？

(4) B 与 D 两种元素形成何种化合物？写出分子式。

7. 排列出下列六种元素的金属性（或非金属性）强弱的次序：Sc、Ca、Ti、Se、P、Zr。

8. 已知某元素在周期表中第四周期 V B 族，试写出该元素原子的电子分布式和价电子分布式。

9. 已知某元素的外层电子分布式为 $4s^2 4p^3$，试指出该元素在哪一周期？哪一族？最高化合价是多少？是金属元素还是非金属元素？

10. 某元素最高化合价为 $+6$ 价，无负价，原子半径是同族元素中最小的，试回答：(1) 原子的电子分布式；(2) $+3$ 价离子的外层电子分布式，未成对电子数；(3) 元素的电负性相对高低。

11. 化学键的极性是如何产生的？根据电负性推测，将下列物质中化学键的极性由小到大依次排列：HCl，NaCl，AgCl，Cl_2，CCl_4

12. 判断下列物质中的化学键，哪些是离子键？哪些是共价键？

    Na_2O，CaF_2，Cl_2，P_2O_5，CS_2，HBr，$BaCl_2$，MgO，SiO_2

13. 什么是 σ 键？什么是 π 键？两者有何区别？双原子分子中能否有两个以上 σ 键？为什么？

14. 试述杂化轨道理论要点，原子轨道为什么要进行杂化？

15. 指出 CH_3—CO—CH $=$ CH—CH_3 中各个碳原子所采用的杂化轨道。

16. 试用杂化轨道理论说明 BF_3 是平面三角形，NH_3 是三角锥形。

17. 如何理解和区分 Ψ 和 $|\Psi^2|$。

18. 在元素周期表中，元素按外层电子构型可分为几个区域？各区域的价电子构型有何特征？哪些元素称过渡元素？

19. 为什么室温下 CO_2 是气体，而 SiO_2 是固体？

20. 试述金属与非金属单质常用的制备方法。

21. 根据电负性数据，在下列各对化合物中，判断哪一个化合物键的极性相对较强些？

(1) ZnO 与 ZnS；(2) NH_3 与 NF_3；(3) AsH_3 与 NH_3；(4) H_2O 与 OF_2

22. 按键的极性由强到弱的次序，排列下列物质：O_2、H_2O、H_2S、H_2Se、Na_2S。

23. 试推测下列物质分别属于哪一类晶体。

物质	B	LiCl	BCl_3
熔点/℃	2300	605	−107.3

24. 解释下列现象：

(1) I_2 难溶于纯水却易溶于 KI 溶液中；

(2) KI 溶液中通入氯气时，开始溶液出现红棕色，继续通入氯气，颜色褪去；

(3) 浓盐酸在空气中为何冒烟？

(4) 工业溴中含有游离 Cl_2，在蒸馏 Br_2 时需加入少量 KBr，为什么？

25. 工业生产每年向大气排放约 1.46 亿吨 SO_2，请提出几种清除 SO_2 的化学方法。

26. 以铁为原料制备氯化亚铁时，如何防止高铁生成？制备氯化高铁时如何防止亚铁生成？

27. 下列每对分子中哪个分子的极性较强？简要说明原因。

(1) HCl 与 HI；(2) H_2O 与 H_2S；(3) NH_3 与 PH_3；

(4) CH_4 与 SiH_4；(5) CH_4 与 CH_3Cl；(6) BF_3 与 NF_3

28. 判断下列各组化合物的分子之间存在什么形式的分子间力（包括氢键）：

(1) HCl 和 HBr；(2) 苯和 CCl_4；(3) 甲醇和水；(4) I_2 和水

29. 已知两组化合物的熔点（K）为

(1) NaF 1265； $NaCl$ 1081； $NaBr$ 1028； NaI 934；

(2) SiF_4 182.8； $SiCl_4$ 203； $SiBr_4$ 278.4； SiI_4 393.5。

为什么钠的卤化物的熔点总是比硅的卤化物的熔点高？为什么两组化合物熔点的变化规律不一致？

◇ 部分思考题答案

1. C；2. C；3. D；4. D；5. A；6. D；7. D；8. D；9. C；10. B

11. 3，1，纺锤形，二，p

12. 3p，纺锤形，3，6

13. $3p_x$，纺锤形，1，2

14. 概率

15. 位置，速度，薛定谔方程

16. 运动速度，微粒质量，波长

17. 波粒二象性，量子化，波动，粒子

18. 据所学晶体结构知识，填写下表。

物质	晶格结点上的粒子	晶格结点上离子间的作用力	晶体类型	预测熔点(高或低)
N_2	N_2 分子	分子间力	分子晶体	很低
SiC	Si 原子、C 原子	共价键	原子晶体	很高
Cu	Cu 原子、铜离子	金属键	金属晶体	高
冰	H_2O 分子	氢键、分子间力	氢键型分子晶体	低
$BaCl_2$	Ba^{2+}、Cl^-	离子键	离子晶体	较高

19. 五、s 区、p 区、d 区、ds 区、f 区、ns^1 或 ns^2，$ns^2np^{1\sim6}$，$(n-1)d^{1\sim8}ns^2$ 或 $(n-1)d^{1\sim8}ns^1$、$(n-1)d^{10}ns^{1\sim2}$、$(n-2)f^{1\sim14}(n-1)d^1ns^2$ 或 $(n-2)f^{1\sim14}ns^2$

20. Ca；Zn；K；Br

21. 诱导偶极，分子的极化

22. 同号，越大，越牢固

23. 同种，不同种，电负性大

24. 相近，成键能力，杂化

25.

分子	PH_3	BBr_3	SiH_4	CO_2	HCN	OF_2
杂化轨道类型	不等性 sp^3	sp^2	sp^3	sp	sp	不等性 sp^3
几何构型	三角锥形	平面三角形	正四面体形	直线	直线	V 形

26.

化合物	晶体中质点间作用力	晶体类型	熔点高低
KCl	离子键	离子晶体	较高
SiC	共价键	原子晶体	高
HI	分子间作用力	分子晶体	低
H_2O	分子间作用力、氢键	分子晶体	低
MgO	离子键	离子晶体	较高

31. 3s、3p、3d 三个亚层，轨道数分别为 1，3，5

32. 量子化

33. $2p_x$、$2p_y$、$2p_z$

37. 失去最外层电子更容易

39. 都是不等性 sp^3 杂化，三角锥形和 V 形

40. C 以 sp^2 形式杂化；C—H 形成 σ 键，C—C 一个 σ 键，一个 π 键

◇ 部分习题答案

1. 选择题

(1) A；(2) A；(3) D；(4) A

2. (1) 不正确；(2) 不一定；(3) 正确；(4) 不正确

3. (1) 色散力；(2) 色散力和诱导力；(3) 色散力、诱导力和取向力；(4) 色散力、诱导力和取向力

4. (1) 稀有气体元素；(2) Mn；(3) ⅠB 族元素；(4) Sc；(5) Fe

5. (1) 同一能层电子相互间屏蔽效应较差，因而同一周期的元素的原子从左到右，有效核电荷持续增加，对外层电子的吸引力依次增加；故同周期的金属原子半径大于非金属原子半径。(2) 由于它的 $1s^1$ 电子构型，H 原子易于失去一个电子形成 +1 价离子，与 Li 相似；它又易获得一个电子，形成具有 $1s^2$ 稳定构型的 −1 价离子，所以它又像 F 原子

7. Sc＞Ca＞Ti＞Zr＞P＞Se

8. 电子分布式为 $1s^2 2s^2 2p^6 3s^2 3p^6 3d^4 4s^2$，价电子分布式为 $3d^4 4s^2$

9. 第四周期 ⅤA 族的非金属元素

10. (1) $1s^2 2s^2 2p^6 3s^2 3p^6 3d^5 4s^1$；(2) $3s^2 3p^6 3d^3$，有 3 个未成对电子；(3) 相对较低

11. Cl_2＜CCl_4＜HCl＜AgCl＜NaCl

12. 共价键：Cl_2，P_2O_5，CS_2，HBr，SiO_2

13. σ 键较 π 键牢固；双原子分子中，只能有一个 σ 键，其余只能是 π 键

14. 使成键能力增加，使生成的分子更加稳定

15. $sp^3 sp^2 sp^2 sp^2 sp^3$

16. $BF_3 sp^2$ 杂化，平面三角形，NH_3 是不等性 sp^3 杂化，三角锥形

17. Ψ 是波函数；$|\Psi^2|$ 表示在原子核外空间某处找到电子的概率，通常称为概率密度

18. 5 个区域。s 区：$ns^{1\sim2}$，ⅠA、ⅡA 族元素；p 区：$ns^2 np^{1\sim6}$，ⅢA~ⅦA、零族元素；d 区：$(n-1)$ $d^{1\sim9} ns^{1\sim2}$，Pd 例外（$4d^{10}$），ⅢB~ⅦB、Ⅷ族元素；ds 区：$(n-1)$ $d^{10} ns^{1\sim2}$，ⅠB 和 ⅡB 族元素；f 区：$(n-2)$ $f^{1\sim14} ns^2$，有例外，例如 $(n-2)$ $f^{1\sim14}$ $(n-1)$ $d^1 ns^2$ 价电子构型，包括周期表中镧系和锕系元素。d 区的 ⅢB~Ⅷ族，ds 区的 ⅠB、ⅡB 族的所有元素（不包括镧以外的镧系元素和锕以外的锕系元素）称为过渡元素

19. 二氧化碳是分子晶体，而二氧化硅是原子晶体

20. 金属矿物中金属均呈正氧化数，因此，制备金属的方法有热还原方法、熔融电解法、不活泼金属氧化物热分解法；制取非金属的方法有氧化法、还原法、置换反应、熔融电解法

21. （1）$ZnO>ZnS$；（2）$NH_3<NF_3$；（3）$AsH_3<NH_3$；（4）$H_2O>OF_2$

22. $Na_2S>H_2O>H_2S>H_2Se>O_2$

23. B 原子晶体、LiCl 离子晶体、BCl_3 分子晶体

24. （1）形成 I_3^-；（2）I^- 被 Cl_2 先后氧化成 I_2 和无色的 IO_3^-；（3）挥发出的 HCl 与水蒸气结合；（4）利用置换反应将 Cl_2 转化为 KCl

25. 可采用碱性物质作为吸收剂

26. 分别加入过量 Fe 和过量 Cl_2

27. 分别为 ＞　＞　＞　＝　＜　＜

28.

物　　　质	类　　　型	作　用　力
HCl 和 HBr	极性分子-极性分子	色散力、诱导力、取向力
苯和 CCl_4	非极性分子-非极性分子	色散力
甲醇和水	极性分子-极性分子	色散力、诱导力、取向力、氢键
I_2 和水	非极性分子-极性分子	色散力、诱导力

29. 钠的卤化物是离子晶体，熔点高；硅的卤化物是分子晶体，熔点低。离子晶体的熔点与离子半径相关，离子半径越小，离子间的吸引力越大，离子化合物的熔点、沸点越高。分子晶体的熔点与分子间作用力相关，分子体积越大，变形性越大，色散力越大，其熔点越高

第 3 章　化学热力学初步

【学习提要】　研究化学反应主要是研究反应过程中物质性质的改变、物质之间量的变化、能量的交换和传递等方面的问题，特别要重点解决如下问题：①化学反应能否发生（反应的可能性问题）；②反应发生时有无热量的放出或吸收以及放出或吸收多少热量（反应中的能量转化问题）；③反应进行的程度如何（反应的限度问题）；④反应所需要的时间（反应的速率问题）等。这些问题分别属于化学反应热力学、化学反应动力学和化学反应平衡的范畴。尤其是对化学工程的设计及应用，必须综合考虑上述问题。虽然化学反应变化纷繁复杂，但有其基本的变化规律。本章将主要讨论化学热力学和化学平衡问题，重点介绍与化学反应中质量和能量守恒、反应的方向和限度相关的基本规律。

3.1　热力学术语和基本概念

3.1.1　系统和环境

化学是研究物质变化的科学，而物质世界是无限的，物质之间又是相互联系的。为了研究的方便，通常把研究对象的那一部分物质从周围其它物质中划分出来，这部分被划分出来的物质就称为系统（system）。系统之外又与系统密切相关的那些其它物质就称为环境（surroundings）。例如，研究一个烧杯中的溶液的化学反应时，烧杯中的溶液就是系统，溶液之外的烧杯和空气等构成的部分就是环境。

系统和环境之间可能有物质或能量的交换，按交换的情况不同，可分为三类：

① 敞开系统（open system）：系统与环境之间既有物质的交换，又有能量的交换；

② 封闭系统（closed system）：系统与环境之间没有物质的交换，只有能量的交换；

③ 孤立系统（isolated system）：系统与环境之间既没有物质的交换，也没有能量的交换。

例如，若把装有一定量热水的锥形瓶看做一个系统，则此系统为敞开系统，因为此时在瓶内外除有热量交换外，还不断产生水的蒸发和气体的溶解。如果在锥形瓶上加一个塞子，此系统就成为封闭系统，此时系统与环境之间只有能量的交换。如果再把锥形瓶改为绝热保温瓶，则此系统就可以认为是一个孤立系统，它与环境之间既没有物质交换也没有能量交换。

系统与环境之间可以存在一个明显的物理分界面，也可以是一个虚拟的分界面。例如上述装有一定量热水且未加上塞子的锥形瓶系统，系统与环境之间，既存在锥形瓶体构成的实在的物理分界面，又存在由瓶口构建的虚拟分界面。实际上，不可能有绝对的孤立系统，但是，在适当条件下可以近似地看成孤立系统。有时，为了研究问题的方便，可把所研究的对象连同与它相关联的环境看作一个整体作为孤立系统来处理。孤立系统只能在有限的时间和有限的空间中近似使用。

3.1.2　相

任何物理和化学性质完全相同的部分叫做相（phase），相与相之间有明确的界面。对于相这个概念，要注意以下几种情况。

① 一个相不一定只是一种物质。例如，溶液和气体混合物都是单相系统。虽然气体混合物或溶液都是由几种物质混合而成的，但各成分都是以分子状态均匀分布的，没有界面存在。故称为均匀系统或单相系统（homogenous system）。

② 聚集状态相同的物质在一起，不一定就是单相系统。例如，一个油水分层的系统，虽然都是液态，但却含有两个相（油相和水相），有很清楚的油/水界面。又如，固体粉末混合物，即使很细小很均匀，还是有相界面的存在。含有两个或多于两个相的系统叫不均匀系统或多相系统（heterogeneous system）。

③ 同一种物质可因聚集状态不同而形成多相系统。最常见的例子是水和水面上的水蒸气所形成的两相系统。如果该系统中还有冰存在，就构成了三相系统。

3.1.3 状态和状态函数

系统的状态（state）是系统所有微观性质和宏观性质的综合表现。系统的状态是由它的性质确定的。例如，理想气体的状态，可用其压力 p、体积 V、温度 T 和物质的量 n 来描述。当这些性质都有确定值时，气体的状态就被确定了。反之，系统状态确定后，它的所有性质都有确定值。系统的状态与性质之间具有单值对应的关系，所有这些用于描述系统状态的物理量（热力学性质），如压力、体积、温度、表面张力、物质的量、物质的密度以及热力学能等都称为状态函数（state function）。系统中各状态函数之间是互相制约的。例如，对于理想气体来说，如果知道了它四个状态函数（压力、体积、温度、物质的量）中的任意三个，就能用理想气体状态方程式确定第四个状态函数。

状态函数有两个主要性质：

① 系统的状态一定，状态函数就具有确定值；

② 当系统的状态发生变化时，状态函数的改变量只决定于系统的始态和终态，而与变化的途径无关。

状态函数按其性质可分为两类：

① 广度性质（又称容量性质）。广度性质物理量的量值与系统中物质的量成正比，具有加和性。如体积、质量、热容、热力学能等都具有加和性，都是具有广度性质的状态函数。

② 强度性质。强度性质物理量的量值与系统中物质的量的多少无关，只取决于系统本身的特性，不具有加和性。例如温度、密度、压力等是强度性质的状态函数。需要说明的是，当系统中某种广度性质除以系统中物质的量或质量之后就成为强度性质。如热容除以质量就是比热容，质量除以体积就是密度。很明显，任何两种广度性质相除就成为强度性质。强度性质与物质的量无关。

3.1.4 热力学能

热力学能（thermodynamic energy）是系统内所有粒子除整体势能和整体动能之外，全部能量的总和。用符号 U 表示。系统的热力学能包括系统内部各种物质的分子平动能、分子转动能、分子振动能、电子运动能、核能等。在一定条件下，系统的热力学能与系统中物质的量成正比，即热力学能具有加和性，是具有广度性质的热力学状态函数。系统处于一定状态时，热力学能具有一定的值。当系统状态发生变化时，其热力学能也必然发生改变。热力学能的改变量只取决于系统的始态和终态，而与其变化的途径无关。

由于系统内部微观粒子的运动及其相互作用很复杂，无法知道一个系统热力学能的绝对数值。但系统状态变化时，热力学能的改变量（ΔU）可以从过程中系统和环境所交换的热和功的数值来确定。在化学变化中，只需知道热力学能的改变量，无需追究它的绝对值。

3.1.5 过程和途径

当外界条件发生变化时，系统的状态就会发生变化，系统的这种变化就称为过程（process）。完成这个变化的具体路线则称为途径（approach）。常使用等（恒）压（constant pressure)、等（恒）容（constant cubage）和等（恒）温（constant temperature）过程来描述系统状态变化所经历途径的特征。

恒压过程：系统在整个变化过程中压力保持恒定。

恒容过程：系统在整个变化过程中容积保持恒定。

恒温过程：在变化过程中，系统的温度可能发生变化，但系统的终态温度与系统的始态温度相同。

在热力学中，可逆过程（reversible process）是一个非常重要的概念。系统从一种始态变化到另一种状态后，能够通过原来过程的反方向变化使系统和环境同时复原，而不留下任何影响的过程称为可逆过程，反之则称为不可逆过程（nonreversible process）。可逆过程是以无限小的变化进行的，在过程中系统始终处于非常接近平衡的状态，整个过程由一系列连续的近似平衡的过程所构成。在反方向过程中，用同样的程序，循着原过程逆向进行，可以使系统和环境同时完全恢复到原来的状态。可逆过程是一种理想过程，是一种科学的抽象。在热力学中，一些重要的热力学函数的改变量，只有通过可逆过程才能求得。

3.1.6 热和功

系统处于一定状态时，具有一定的热力学能。在状态变化过程中，系统与环境之间可能发生能量的交换，这种能量交换往往是以热和功的形式进行的。

热（heat）是大量微观粒子的混乱运动，是一种由于温度不同而在系统与环境之间传递的能量。当两个温度不同的物体相互接触时，高温物体温度下降，低温物体温度上升。在两者之间发生了能量的交换，最后达到温度一致。在化学反应过程中常伴有热的吸收或释放。热，用符号 q 来表示。一般规定，系统吸收热，q 为正值；系统放出热，q 为负值。

功（work）是系统与环境交换能量的另一种形式。当一个物体受到某种力（F）的作用，沿着 F 的方向在空间上发生了移动，F 就对物体就了功。功的种类有很多，如电池中在电动势的作用下输送电荷所做的电功、气体发生膨胀或压缩所做的体积功等。

3.2 化学反应中的质量守恒和能量守恒

化学反应的进行总是伴随着新物质的生成和系统能量的变化。但是，所有化学反应都遵循两个基本定律，即质量守恒定律和能量守恒定律。

3.2.1 化学反应质量守恒定律

1748 年，罗蒙诺索夫（М. В. Лoмoнocoв）首先提出了质量守恒定律（law of conservation of matter）："参加反应的全部物质的质量等于全部反应生成物的质量"。在化学变化中，反应物不断消耗，新的物质不断产生，系统中物质的性质发生了变化，但系统内总的质量不会改变。化学反应质量守恒定律也可表述为物质不灭定律："在化学反应中，质量既不能创造，也不能毁灭，只能由一种形式转变为另一种形式"。

对于一般化学反应方程可以用以下通式表示：

$$0 = \sum_B \nu_B B \tag{3-1}$$

式中，B 表示反应中物质的化学式；ν_B 是 B 的化学计量数（stoichiometric number），其量纲为 1（又称为无量纲的纯数）。与化学反应进行中反应物减少和生成物增加相对应，反应物的化学计量数取负值，生成物的化学计量数取正值。式(3-1)是质量守恒定律在化学变化中的具体体现。

以合成氨的反应为例，按式(3-1)，合成氨的反应可写为：

$$0=(+2)NH_3+(-1)N_2+(-3)H_2$$
即
$$0=2NH_3-N_2-3H_2$$
通常的写法是
$$N_2+3H_2 \rightleftharpoons 2NH_3$$

3.2.2 热力学第一定律

在任何过程中，能量既不能创造，也不能消灭，只能从一种形式转化为另一种形式。在转化过程中，能量的总值不变。这个规律称为热力学第一定律（first law of thermodynamics），也就是能量守恒定律（law of energy conservation）。换言之，在孤立系统中，能量的形式可以转化，但是能量的总值不变。将能量守恒定律应用于以热和功进行交换的热力学过程，就称为热力学第一定律。

在热力学中，热力学第一定律的通常说法是：系统处于确定状态时，其热力学能就具有唯一的确定值。系统发生变化时，其热力学能的变化只取决于系统的始态和终态，而与变化的路径无关。化学反应中，常伴随着热的传递，往往也伴随着做功。在一般条件下进行的化学反应，只做体积功。体积功以外的功，叫做非体积功（如电功）或者有用功。体积功用符号 W 表示；非体积功用符号 W' 表示。在此，我们只考虑体积功。对于一个封闭系统（大多数的化学反应体系可以看成一个封闭系统），热力学第一定律的数学表达式可写为：

$$U_2-U_1=\Delta U=q+W \tag{3-2}$$

式中，q 和 W 是系统与环境间交换的热和功；ΔU 为热力学能的改变量。国标中规定，系统从环境中吸热（吸热反应），q 为正值；系统向环境中放热（放热反应），q 为负值。系统对环境做功（膨胀功），W 为负值；环境对系统做功（压缩功），W 为正值。

热力学中，体积功是一个重要的概念。体积功定义为：

$$W=-p(V_2-V_1)=-p\Delta V \tag{3-3}$$

式(3-3)是计算体积功的基本公式，p 是环境的压力，ΔV 是系统终态体积与始态体积之差。压力单位为 Pa，体积单位为 m^3，体积功的单位为 $Pa \cdot m^3 = J$。

系统只有在发生状态变化时才能与环境发生能量的交换，所以热和功不是系统的性质。当系统与环境发生能量交换时，经历的途径不同，热和功的值就不同，所以，热和功都不是系统的状态函数。热和功的单位均为能量单位，按法定计量单位，以 J（焦耳）或 kJ（千焦）表示。

【例 3-1】 系统在初始状态具有热力学能为 U_1，在一个系统状态变化过程中，系统吸收了 600J 的热能的同时，又对环境做了 450J 的功，求系统的能量变化和终态的热力学能 U_2。

解 由题意得知，$q=600J$，$W=-450J$

所以
$$\Delta U=q+W=600J-450J=150J$$
又因
$$U_2-U_1=\Delta U$$
所以
$$U_2=U_1+\Delta U=U_1+150J$$
即系统的能量变化为 150J；终态的热力学能为 U_1+150J。

【例 3-2】 与上题相同的系统，系统的初始能量状态为 U_1，系统放出了 100J 的热的同时，环境对系统做了 250J 的功，求系统的能量变化和终态的热力学能 U_2。

解 由题意得知，$q=-100J$，$W=+250J$，则
$$\Delta U=q+W=-100J+250J=150J$$
$$U_2=U_1+\Delta U=U_1+150J$$
故系统的能量变化是 150J，终态的热力学能是 U_1+150J。

从上述两例题可看到，系统的始态（U_1）和终态（U_1+150J）相同时，虽然变化途径不同（q 和 W 不同），热力学能的改变量（ΔU）却是相同的。

3.3.1 反应热的测量

化学反应过程中往往有热的释放或吸收。在热化学中，把等温条件下化学反应所放出或吸收的热量叫做化学反应的热效应（heat of reaction），简称反应热。对反应热进行精密的测定并研究与其它能量变化的定量关系的学科被称为热化学。热化学的实验数据，具有实用和理论上的价值。例如，反应热的多少就与实际生产中的机械设备、热量交换以及经济价值等问题有关；另一方面，反应热的数据，在计量平衡常数和其它热力学函数时很有用处。因此，对于工科大学生，初步了解热效应的测量是十分有益的。

当需要测定某个热化学过程所放出或吸收的热量（如燃烧热、溶解热或相变热等）时，一般可利用测定一定组成和质量的某种介质（如溶液或水）的温度改变，再利用以下的公式计算：

$$q = -c_s \cdot m_s \cdot (T_2 - T_1)$$

或
$$q = -c_s \cdot m_s \cdot \Delta T = -C_s \cdot \Delta T \tag{3-4}$$

式中，q 表示一定量反应物在给定条件下的反应热；c_s 表示吸热溶液的比热容；m_s 表示溶液的质量；C_s 表示溶液的热容，$C_s = c_s \cdot m_s$；ΔT 表示溶液终态温度 T_2 与始态温度 T_1 之差。在这里，物质的比热容 c 被定义为：热容 C 除以质量，即 $c = C/m$，其 SI 单位为 J·kg^{-1}·K^{-1}，常用单位为 J·g^{-1}·K^{-1}，而热容 C 的定义是系统吸收的微小热量 δq 除以温度升高 dT，即 $C = \delta q / \mathrm{d}T$，热容的 SI 单位为 J·K^{-1}。

热量计的种类很多，但基本上可分为如图 3-1 所示的 3 类。

（1）绝热热量计　常用于测量在溶液中进行的化学反应的热效应。只要把待测反应的溶液放入一个保温瓶内，记录反应终态温度 T_2 与始态温度 T_1 的温度差 ΔT，就可按下式计算反应释放的热量：

$$q = -[c_{溶液} m_{溶液} \Delta T + C \Delta T] = -(c_{溶液} m_{溶液} + C) \Delta T \tag{3-5}$$

式中，$c_{溶液}$ 和 $m_{溶液}$ 为溶液的比热容和质量；C 为热量计的热容。绝热热量计常在等压下操作，所以这类热量计测量的热效应是化学反应的等压热效应。

（2）冰热量计　把反应器装在一个贮有冰水混合物的保温良好的密闭容器内，反应器内进行的反应所释放的热使 0℃ 的冰融化为 0℃ 的水。因为，冰在 0℃ 融化时体积将缩小，吸收的热量 q 和体积的增量 ΔV 之间有严格的定量关系。即：

$$\frac{\Delta V}{q} = -0.278 \text{ cm}^3 \cdot \text{kJ}^{-1} \tag{3-6}$$

只要测量反应前后冰水混合物的体积差 ΔV，就可以求得反应的热效应。这类热量计是一种等温热量计，能直接测得等温条件下的反应热效应。

（3）弹式热量计　是现代常用的反应热的测量设备（也称氧弹），可以精确地测得恒容条件下的反应热。弹式热量计是把参与反应的一定量的物质密封在一个不锈钢钢弹内，将钢弹沉入热量计内的绝热水箱中。钢弹内的反应被引发后，记录反应前后水的温度差 ΔT，就可按式(3-7)计算反应释放的热量：

$$q = -[c_水 m_水 \Delta T + C \Delta T] = -(c_水 m_水 + C) \Delta T \tag{3-7}$$

式中，$c_水$ 和 $m_水$ 为热量计内水的比热容和质量；C 为钢弹组件等热量计的热容。常用燃料（如煤、天然气、汽油等）的燃烧反应热均可按此法测得。为了规范热化学数据，一般规定物质完全燃烧的产物（在 25℃ 和标准压力下）为：C 变为 CO_2(g)，H 变为 H_2O(l)，S 变为 SO_2(g)，N 变为 N_2(g)，Cl 变为 HCl(aq) 等。其中 l、g、aq 分别表示液态、气态和水溶液或水合。

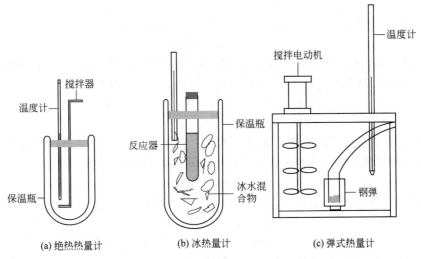

(a) 绝热热量计　　　(b) 冰热量计　　　(c) 弹式热量计

图 3-1　热量计示意图

【例 3-3】　将 $0.500g$ $N_2H_4(l)$ 在盛有 $1210g$ H_2O 的弹式热量计的钢弹内（通入氧气）完全燃烧尽。吸热介质的热力学温度由 $293.18K$ 上升至 $294.82K$。已知钢弹组件在实验温度时的总热容 C 为 $848J \cdot K^{-1}$，水的比热容为 $4.18J \cdot g^{-1} \cdot K^{-1}$。试计算在此条件下联氨完全燃烧所放出的热量。

解　联氨在氧气中完全燃烧的反应为

$$N_2H_4(l) + O_2(g) \Longrightarrow N_2(g) + 2H_2O(l)$$

根据式(3-7)，对于 $0.500g$ N_2H_4 的定容燃烧热：

$$q = -[c_水 \ m_水 \ \Delta T + C\Delta T] = -(c_水 \ m_水 + C)\Delta T$$
$$= -(4.18J \cdot g^{-1} \cdot K^{-1} \times 1210g + 848J \cdot K^{-1})(294.82K - 293.18K)$$
$$= -9690J = -9.69kJ$$

因为 N_2H_4 的摩尔质量为 $32.0g \cdot mol^{-1}$，故 $N_2H_4(l)$ 的摩尔定容反应热 q_m 为：

$$q_m = -9.69kJ \times (32.0/0.500)mol^{-1} = -620kJ \cdot mol^{-1}$$

即此条件下联氨安全燃烧所放出的热量为 $620kJ \cdot mol^{-1}$。

3.3.2　化学反应的反应热与焓

3.3.2.1　恒容过程反应热

在密闭容器中进行的反应，体积保持不变，其反应就是一个恒容变化过程（$\Delta V = 0$）。由于只考虑系统做体积功，而此过程体积功为零（$W = 0$），则根据热力学第一定律有：

$$\Delta U_V = q + W = q_V \tag{3-8}$$

式中，ΔU_V 表示恒容条件下热力学能变化的量；q_V 表示恒容反应热，右下标字母 V 表示恒容过程。式(3-8)的意义是：在恒容条件下进行的化学反应，其反应热等于该系统中热力学能的改变量。

反应热是途径函数，它与反应的变化条件（变化路径）相关。但若限制条件为恒容过程，反应热全部作用于系统的热力学能的变化，则恒容反应热与热力学能这一状态函数的改变量相等，故恒容反应热效应只取决于系统的始态和终态。

3.3.2.2　恒压过程反应热与焓

大多数化学反应是在恒压条件下进行的。例如，在敞口容器中进行的液体反应或保持恒定压力下的气体反应（外压不变，系统压力与外压相等），都属于恒压过程。在恒压条件下，许多化学反应会发生体积变化（从 V_1 变到 V_2）从而做体积功（$W=-p\Delta V$），则第一定律可写成：

$$\Delta U_p = q_p + W = q_p - p\Delta V$$

即
$$q_p = \Delta U_p + p\Delta V \tag{3-9}$$

式中，ΔU_p 表示恒压条件下热力学能变化的量；q_p 表示恒压反应热。右下角字母 p 表示恒压过程。在恒压过程中，$p_1=p_2=p$，因此，可将式(3-9) 改写为：

$$q_p = (U_2 - U_1) + p(V_2 - V_1) = \Delta U_p + p\Delta V$$

即
$$q_p = (U_2 + p_2 V_2) - (U_1 + p_1 V_1) \tag{3-10}$$

式中 U、p、V 都是系统的状态函数，作为一个复合函数 $U+pV$ 当然还是系统的状态函数。定义这一新的热力学状态函数为焓（enthalpy），以符号 H 表示，即：

$$H \equiv U + pV \tag{3-11}$$

当系统的状态改变时，根据焓的定义式(3-11)，在恒压条件下，式(3-9) 就可写为：

$$q_p = H_2 - H_1 = \Delta H \tag{3-12}$$

ΔH 是焓的改变量，叫做焓变（enthalpy change）。式(3-12) 表明，恒压过程的反应热 q_p 等于状态函数焓的改变量，即焓变 ΔH。如 ΔH 是负值，表示恒压下系统向环境放热，是放热反应；ΔH 是正值，系统从环境吸热，是吸热反应。

由焓的定义式(3-11) 可知，焓具有能量单位。又因热力学能（U）和体积（V）都具有加和性，所以焓也具有加和性。由于热力学能的绝对值无法测得，所以焓的绝对值也无法确定。实际上，一般情况下，可以不需要知道焓的绝对值，只需要知道状态变化时的焓变（ΔH）即可。

反应热虽然是途径函数，但若限制条件为恒压过程，则恒压反应热与焓这一状态函数的改变量相等，故恒压反应热效应也只取决于系统的始态和终态。

3.3.3　q_p 与 q_V 的关系和盖斯定律

从上述讨论可知，恒压条件和恒容条件下化学反应的热效应可能不同。在实际工作中，也有一些反应的热效应不能直接测量，例如 $C(s) + \dfrac{1}{2}O_2(g) \longrightarrow CO(g)$ 是煤气生产中的一个重要反应，工厂设计时需要该反应的反应热数据，而实验却难以直接测定，因为单质碳与氧反应不能直接生成纯的一氧化碳，总有二氧化碳的生成。因此，热化学的研究必须解决2个问题：①q_p 与 q_V 的关系如何？②如何获得难以直接测定的化学反应热效应？

3.3.3.1　q_p 与 q_V 的关系

对一个封闭系统，理想气体的热力学能和焓只是温度的函数。对于真实气体、液体和固体，其热力学能和焓在温度不变和压力变化不大时，也可近似地认为不变。换言之，可以认为恒温恒压过程和恒温恒容过程的热力学能近似相等。即 $\Delta U_p \approx \Delta U_V$。根据式(3-8)、式(3-10) 和式(3-12) 有：

$$q_p - q_V = \Delta H - \Delta U_V = (\Delta U_p + p\Delta V) - \Delta U_V = p\Delta V \tag{3-13}$$

对于只有凝聚相（液相和固相）的系统，$\Delta V \approx 0$，所以 $q_p = q_V$。对于有气态物质参与的系统，在恒压条件下，ΔV 是由于气体物质的量发生变化而引起的。若系统中任一气态物质（Bg）的量变化为 $\Delta n(Bg)$，则根据理想气体方程，由各种气态物质的量的变化引起的体积变化为：

$$\Delta V = \sum_B \Delta n(Bg) \cdot RT/p$$

故
$$q_p - q_V = \sum_B \Delta n(Bg) \cdot RT \tag{3-14a}$$

对于一个化学反应，系统中各气态物质的量的变化之和 $\sum_B \Delta n(\mathrm{Bg})$ 可表示为气态生成物和气态反应物的化学计量数之和 $\sum_B \nu(\mathrm{Bg})$。在这里，反应物的化学计量数取负值，生成物的化学计量数取正值。即可表达为：

$$q_{p,\mathrm{m}} - q_{V,\mathrm{m}} = \sum_B \nu(\mathrm{Bg}) \cdot RT \qquad (3\text{-}14\mathrm{b})$$

式中，下角 m 表示发生基本单元（1mol）的化学反应。

【例 3-4】 已精确测得下列反应的 $q_{V,\mathrm{m}} = -3268\mathrm{kJ \cdot mol}^{-1}$

$$C_6H_6(l) + \frac{15}{2}O_2(g) \Longrightarrow 6CO_2(g) + 3H_2O(l)$$

求 298.15K 时上述反应在恒压下进行基本单元反应时的反应热。

解 根据给定的反应计量方程式有

$$\sum_B \nu(\mathrm{Bg}) = \nu(CO_2) + \nu(O_2) = 6 - 7.5 = -1.5$$

根据式(3-14b) 有

$$\begin{aligned}
q_{p,\mathrm{m}} &= q_{V,\mathrm{m}} + \sum_B \nu(\mathrm{Bg}) \cdot RT \\
&= -3268\mathrm{kJ \cdot mol}^{-1} + (-1.5) \times 8.314 \times 10^{-3}\mathrm{kJ \cdot mol}^{-1} \cdot \mathrm{K}^{-1} \times 298.15\mathrm{K} \\
&= -3272\mathrm{kJ \cdot mol}^{-1}
\end{aligned}$$

故 298.15K 时该反应在恒压下的反应热 $q_{p,\mathrm{m}}$ 为 3264kJ·mol^{-1}。

3.3.3.2 盖斯定律

1840 年，盖斯（Г. И. Гесс）从分析大量反应热的实验结果中，总结出一个重要定律：化学反应的反应热（在恒压或恒容下）只与物质的始态和终态有关，而与变化的途径无关。这一定律后来称为盖斯定律。

从热力学角度看，盖斯定律是能量守恒定律的一种具体表现形式，也就是说该定律是状态函数性质的体现。因为，在恒压（或恒容）下，反应的热效应与焓变（或热力学能的变化量）相等，而焓（或热力学能）是状态函数，只要反应的始态和终态一定，则 ΔH（或 ΔU）便是定值，而与反应途径无关。

例如，碳完全燃烧生成 CO_2 有两种途径，如下图所示：

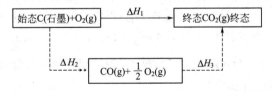

显然，根据盖斯定律有 $\Delta H_1 = \Delta H_2 + \Delta H_3$。

盖斯定律有着广泛的应用。应用这个定律可以计算反应的反应热，尤其是一些不能或难以用实验方法直接测定的反应热。如反应 $C(s) + \frac{1}{2}O_2(g) \longrightarrow CO(g)$ 的热效应实验难以测定，但下面两个反应的反应热是容易测定的。在 100.000kPa 和 298.15K 下，它们的反应热为：

$$C(s) + O_2(g) \longrightarrow CO_2(g) \qquad \Delta_r H_{\mathrm{m},1} = -393.5\mathrm{kJ \cdot mol}^{-1}$$

$$CO(g) + \frac{1}{2}O_2(g) \longrightarrow CO_2(g) \qquad \Delta_r H_{\mathrm{m},3} = -283.0\mathrm{kJ \cdot mol}^{-1}$$

式中，下标 r 表示化学反应过程；m 表示发生了基本单元（1mol）的化学反应。

那么按盖斯定律，反应 $C(s) + \frac{1}{2}O_2(g) \longrightarrow CO(g)$ 的反应热 $\Delta_r H_{m,2}$ 可由下面计算求得：

$$\Delta_r H_{m,2} = \Delta_r H_{m,1} - \Delta_r H_{m,3} = \{(-393.5) - (-283.0)\}kJ \cdot mol^{-1} = -110.5kJ \cdot mol^{-1}$$

应用盖斯定律，从已知的反应热计算另一反应的反应热十分方便。人们从多种反应中找出一些类型的反应作为基本反应，知道了一些基本反应的反应热数据，应用盖斯定律就可以计算其它反应的反应热。常用的基本反应热数据是标准摩尔生成焓。

3.3.4 热化学方程式

热化学方程式是表示化学反应及其热效应关系的化学反应方程式，如

$$2H_2(g) + O_2(g) == 2H_2O(g) \qquad \Delta_r H_m^{\ominus}(298.15K) = -483.6kJ \cdot mol^{-1}$$

$$H_2(g) + \frac{1}{2}O_2(g) == H_2O(l) \qquad \Delta_r H_m^{\ominus}(298.15K) = -285.8kJ \cdot mol^{-1}$$

$$C(石墨) + O_2(g) == CO_2(g) \qquad \Delta_r H_m^{\ominus}(298.15K) = -394kJ \cdot mol^{-1}$$

均为热化学反应方程式。式中，上标 $\ominus$ 表示标准状态。所谓标准状态指的是：在任一温度 T、标准压力 $p^{\ominus}$ 下表现出理想气体性质的纯气体状态为气态物质的标准状态，而液体、固体物质或溶液的标准状态为任一温度 T、标准压力 $p^{\ominus}$ 下的纯液体、纯固体或标准浓度 $c^{\ominus}$ 时的状态。物质的热力学标准态强调物质的压力或浓度，对温度并无限定。根据最新国家标准和 IUPAC 的规定，标准压力 $p^{\ominus} = 100kPa$，标准浓度 $c^{\ominus} = 1mol \cdot dm^{-3}$。一般以 298.15K 作为标准状态时的温度。

在书写热方程式时必须注意以下几点：

① 注明各物质前的计量系数以表明物质的量。

② 标明物质所处的状态（l、g、s）和晶形；对于溶液中的反应，还要注明物种的浓度，以 aq 代表水溶液。

③ 注明温度，如 $\Delta_r H_m(298.15K)$，温度为 298.15K 时也可以省略。若整个反应在标准态下进行，则应加注标准态符号"$\ominus$"，如 $\Delta_r H_m^{\ominus}(298.15K)$。

④ 标明反应热（焓变）。

⑤ 热方程式不能写成：$H_2(g) + I_2(g) == 2HI(g) + 25.9kJ \cdot mol^{-1}$，这是因为物质和能量的量纲不同，所以不能直接相加减。

⑥ 聚集状态不同，热效应不同；方程式写法不同，热效应也不同。例如

$$2H_2(g) + O_2(g) == 2H_2O(g) \qquad \Delta_r H_m^{\ominus}(298.15K) = -483.6kJ \cdot mol^{-1}$$

$$2H_2(g) + O_2(g) == 2H_2O(l) \qquad \Delta_r H_m^{\ominus}(298.15K) = -571.66kJ \cdot mol^{-1}$$

$$H_2(g) + \frac{1}{2}O_2(g) == H_2O(g) \qquad \Delta_r H_m^{\ominus}(298.15K) = -241.8kJ \cdot mol^{-1}$$

3.3.5 化学反应反应热的计算

3.3.5.1 标准摩尔生成焓

由单质生成某化合物的反应叫做该化合物的生成反应（formation reaction）。例如 CO_2 的生成反应为：

$$C(s) + O_2(g) \longrightarrow CO_2(g)$$

规定在标准状态下由指定单质生成单位物质的量的纯物质时反应的焓变称为该物质的标准摩尔生成焓（standard molar enthalpy of formation），用符号 $\Delta_f H_m^{\ominus}(T)$ 表示。T 表示反应时的温度，T 为 298.15K 时可以省略。也可简写为 $\Delta_f H^{\ominus}$，下标 f 表示生成反应。指定单质通常为在选定温度及标准条件下最稳定的单质。例如，氢 $H_2(g)$、氮 $N_2(g)$、氧 $O_2(g)$、氯 $Cl_2(g)$、溴 $Br_2(l)$、碳 C（石墨）、硫 S（正交）、钠 Na(s)、铁 Fe(s) 等。磷较

为特殊，其"指定单质"为白磷，而不是热力学上更加稳定的红磷。反应的标准摩尔焓变和物质的标准摩尔生成焓的单位都是 $kJ \cdot mol^{-1}$。例如，298.15K 时，下列反应的标准摩尔焓变为：

$$H_2(g) + \frac{1}{2}O_2(g) \longrightarrow H_2O(l) \qquad \Delta_r H_m^{\ominus} = -285.83 kJ \cdot mol^{-1}$$

则 $H_2O(l)$ 的标准摩尔生成焓为 $\Delta_f H_m^{\ominus}(H_2O, l) = -285.83 kJ \cdot mol^{-1}$。物质在 298.15K 时的标准摩尔生成焓值可从本书附录或化学手册中查到。

根据标准摩尔生成焓的定义，单质元素（指定单质）的标准摩尔生成焓为零。但对于水合离子的相对焓值，规定以水合 H^+ 的标准摩尔生成焓为零。通常选定温度为 298.15K，称之为水合 H^+ 在 298.15K 时的标准摩尔生成焓，以 $\Delta_f H_m^{\ominus}(H^+, aq, 298.15K)$ 或 $\Delta_f H_m^{\ominus}(H^+, aq)$ 表示，即 $\Delta_f H_m^{\ominus}(H^+, aq, 298.15K) = 0$。

3.3.5.2 反应的标准摩尔焓变及其计算

在标准状态下反应的摩尔焓变（changes in standard molar enthalpy）称为该反应的标准摩尔焓变，以符号 $\Delta_r H_m^{\ominus}(T)$ 表示。同上，T 表示反应时的温度，T 为 298.15K 时可以省略。下标 r 表示反应，m 表示发生 1mol 基本单元的化学反应，也可简写为 $\Delta_r H^{\ominus}$。

根据盖斯定律和标准摩尔生成焓的定义，可以导出反应的标准摩尔焓变的一般计算规则。

例如，求反应 $CH_4(g) + 2O_2(g) \longrightarrow CO_2(g) + 2H_2O(l)$ 的标准摩尔焓变，可以设想，此反应分三步进行：

$$C(s) + O_2(g) \longrightarrow CO_2(g) \qquad \Delta_r H_{m,1}^{\ominus} = \Delta_f H_m^{\ominus}(CO_2, g)$$
$$2H_2(g) + O_2(g) \longrightarrow 2H_2O(l) \qquad \Delta_r H_{m,2}^{\ominus} = 2\Delta_f H_m^{\ominus}(H_2O, l)$$
$$CH_4(s) \longrightarrow C(s) + 2H_2(g) \qquad \Delta_r H_{m,3}^{\ominus} = -\Delta_f H_m^{\ominus}(CH_4, g)$$

此三反应之和就是反应 $CH_4(g) + 2O_2(g) \longrightarrow CO_2(g) + 2H_2O(l)$，所以这三个反应的标准摩尔焓变的总和就是所求反应的标准摩尔焓变。即：

$$\Delta_r H_m^{\ominus} = \Delta_r H_{m,1}^{\ominus} + \Delta_r H_{m,2}^{\ominus} + \Delta_r H_{m,3}^{\ominus}$$
$$= \{\Delta_f H_m^{\ominus}(CO_2, g) + 2\Delta_f H_m^{\ominus}(H_2O, l)\} - \Delta_f H_m^{\ominus}(CH_4, g)$$

式中，前面大括号内是生成物标准摩尔生成焓的总和，后一大括号内可以认为是反应物标准摩尔生成焓的总和（因为反应物单质 O_2 的标准摩尔生成焓是零，后一项中可以加一个零）。

将各物质的标准摩尔生成焓的数值代入上式，得：

$$\Delta_r H_m^{\ominus} = \{(-393.51) + 2(-285.83)\} kJ \cdot mol^{-1} - (-74.81 + 0) kJ \cdot mol^{-1}$$
$$= -890.36 kJ \cdot mol^{-1}$$

将上例推广之，对于任一化学反应：

$$aA + bB \longrightarrow gG + dD$$

在 298.15K 时反应的标准摩尔焓变 $\Delta_r H_m^{\ominus}$ 可按下式求得

$$\Delta_r H_m^{\ominus} = \sum_B \nu(B) \Delta_f H_m^{\ominus}(B) \tag{3-15a}$$

即
$$\Delta_r H_m^{\ominus} = \{g\Delta_f H_m^{\ominus}(G) + d\Delta_f H_m^{\ominus}(D)\} - \{a\Delta_f H_m^{\ominus}(A) + b\Delta_f H_m^{\ominus}(B)\} \tag{3-15b}$$

式(3-15) 表示：反应的标准摩尔焓变等于生成物标准摩尔生成焓的总和减去反应物标准摩尔生成焓的总和。

【例 3-5】 计算 1mol 乙炔完全燃烧反应的标准摩尔焓变 $\Delta_r H_m^{\ominus}$。

解 先写出乙炔完全燃烧反应的方程式，并在各物质下面标出其 298.15K 时标准摩尔生成焓：

化学反应　　　　$C_2H_2(g)$　$+$　$\dfrac{5}{2}O_2(g) \longrightarrow 2CO_2(g)$　$+$　$H_2O(l)$

$\Delta_f H_m^{\ominus}/kJ \cdot mol^{-1}$　226.73　　　　　0　　　　　-393.51　　-285.83

则

$$\Delta_r H_m^{\ominus} = \sum_B \nu(B)\Delta_f H_m^{\ominus}(B) = \{2 \times \Delta_f H_m^{\ominus}(CO_2, g) + \Delta_f H_m^{\ominus}(H_2O, l)\}$$

$$- \{\Delta_f H_m^{\ominus}(C_2H_2, g) + \dfrac{5}{2} \times \Delta_f H_m^{\ominus}(O_2, g)\}$$

$$= \{2 \times (-393.51) + (-285.83)\}kJ \cdot mol^{-1} - (226.73 + 0)kJ \cdot mol^{-1}$$

$$= -1299.58 kJ \cdot mol^{-1}$$

故 1mol 乙炔 298.15K 下完全燃烧时的标准摩尔焓变（$\Delta_r H_m^{\ominus}$）为 -1299.58 kJ·mol^{-1}。

反应的焓变随温度的变化较小。因为反应物与生成物的焓都随温度升高而增大，结果基本上相互抵消。在温度变化不大时，反应的焓变可以看成是不随温度变化的值，即：

$$\Delta_r H_m^{\ominus}(T) \approx \Delta_r H_m^{\ominus}(298.15K)$$

3.4 化学反应进行的方向

化学反应中的能量转化都遵循热力学第一定律，但化学反应未必都能自发进行。在给定条件下，化学反应能否自发进行，热力学第一定律不能回答这个问题，需要用热力学第二定律来解决。

3.4.1　熵与热力学第二定律和热力学第三定律

热力学第二定律（second law of thermodynamics）是在蒸汽机发展的推动下建立起来的，本来目的是要解决热功转化的方向与限度的问题。热力学第二定律有多种表述。使用最广泛的表述有两种：①克劳修斯（R. Clausius, 1850 年）的表述：热不可能自动地从低温物体传给高温物体；②开尔文（L. Kelvin, 1851 年）的表述：从单一热源吸收热使之完全转化为功，而不产生其它变化的第二类永动机不可能实现。热力学第二定律的统计表述为：在孤立系统中发生的自发进行的反应（过程）必然伴随着熵的增加，或孤立系统的熵总是趋向于极大值。那么，什么是自发过程？熵是什么？

所谓自发过程（spontaneous process）就是在一定条件下不需任何外力作用就能自动进行的过程。例如，热的传导是从高温物体自发地传向低温物体，水是从高处自发地流向低处，气体也总是从高压处自发地向低压处扩散。它们在没有外力作用的条件下，都能自发地进行。反应自发进行的方向，就是指在一定条件下（定温、定压）不需要借助外力做功而能自动进行的反应方向。

熵（entropy）是系统内物质微观粒子的混乱度（或无序度）的度量，用符号 S 表示。熵值小的状态对应于混乱度小或较有序的状态，熵值大的状态对应于混乱度大或较无序的状态。什么是混乱度？混乱度是有序度的反义词，即组成物质的质点在一个指定空间区域内排列和运动的无序程度。系统的熵值越大，系统内微观粒子的混乱程度越大。显然，熵与热力学能、焓一样是系统的一种性质，是状态函数。状态一定，熵值一定；状态变化，熵值也发生变化。同样，熵也具有加和性，熵值与系统中物质的量成正比。

在现实生活中容易列举许多自发过程都是熵（混乱度）增加的过程，而无法找到熵减少的自发过程。例如，往一杯水中滴加几滴墨水，墨水就会自发地扩散到整杯水中，而这个过程永远不能自发地逆向进行；又如将密闭容器用隔板分割成 3 个独立空间，分别注入 N_2、H_2 和 He 气体，隔板打开后，三种气体将很快相互混合，达到一种全体均匀的平衡状态，无论再等多少时间，系统也不会自发地恢复到三种气体独立存在的状态。这是因为，混合过程是混乱度增大的过程，充分混合达到平衡时，系统的混乱程度最大，也就是熵值最大的状态。

这一自发过程的热力学准则，又称为熵增加原理。即：

$$\left.\begin{array}{ll} \Delta S_{孤立} > 0 & 自发过程 \\ \Delta S_{孤立} = 0 & 平衡状态 \\ \Delta S_{孤立} < 0 & 非自发过程 \end{array}\right\} \qquad (3\text{-}16)$$

这里，ΔS 表示系统的熵变，下标"孤立"表示孤立系统。

根据熵的定义和低温实验获得的规律，可以推得热力学第三定律（third law of thermo-dynamics）。热力学第三定律可以表述为：在 0K 时，任何纯净的完整晶态物质的熵为零。即：

$$\lim_{T \to 0K} S(T) = 0 \qquad (3\text{-}17)$$

如果知道某物质从 0K 到指定温度下的热力学数据，如热容、相变热等，便可求出此温度下的熵值，称为该物质的规定熵（或绝对熵）。单位物质的量的绝对熵叫摩尔熵（molar entropy）。标准状态下的摩尔熵叫做标准摩尔熵（standard molar entropy），以符号 $S_m^{\ominus}$ 表示，也可简写为 $S^{\ominus}$，其单位为 $J \cdot K^{-1} \cdot mol^{-1}$。

与热力学能和焓只能得到相对值不同，熵有绝对值，且所有单质和化合物的熵大于零。但对于水合离子，无法获得熵的绝对值，因为溶液中同时存在正、负离子。与标准生成焓相似，规定处于标准状态下水合 H^+ 的标准熵值为零。通常把温度选定为 298.15K，即 $S_m^{\ominus}$ $(H^+, aq, 298.15K) = 0$，从而得出其它水合离子在 298.15K 时的标准摩尔熵。因此，水合离子的标准摩尔熵是相对的，可以有正、负值。

熵是状态函数，反应或过程的熵变 $\Delta_r S$，只与始态和终态有关，而与变化的途径无关。应用标准摩尔熵 $S_m^{\ominus}$ 的数据可计算化学反应的标准摩尔熵变，以 $\Delta_r S_m^{\ominus}$ 表示，也可简写为 $\Delta S^{\ominus}$。与反应的标准摩尔焓变的计算类似，反应的标准摩尔熵变等于生成物标准摩尔熵的总和减去反应物标准摩尔熵的总和。对于反应 $aA + bB \longrightarrow gG + dD$，在 298.15K 时，反应的标准摩尔熵变 $\Delta_r S_m^{\ominus}$ 可按下式求得

$$\Delta_r S_m^{\ominus} = \sum_B \nu(B) S_m^{\ominus}(B)$$

即

$$\Delta_r S_m^{\ominus} = \{g S_m^{\ominus}(G) + d S_m^{\ominus}(D)\} - \{a S_m^{\ominus}(A) + b S_m^{\ominus}(B)\} \qquad (3\text{-}18)$$

【例 3-6】 计算 298.15K 时反应 $H_2O(l) \longrightarrow H_2(g) + \frac{1}{2}O_2(g)$ 的标准摩尔熵变 $\Delta_r S_m^{\ominus}$。

解 化学反应 $\qquad\qquad H_2O(l) \longrightarrow H_2(g) + \frac{1}{2}O_2(g)$

$\qquad S_m^{\ominus}/J \cdot K^{-1} \cdot mol^{-1} \qquad 69.91 \qquad\quad 130.68 \quad 205.14$

$$\Delta_r S_m^{\ominus} = \{S_m^{\ominus}(H_2, g) + \frac{1}{2}S_m^{\ominus}(O_2, g)\} - S_m^{\ominus}(H_2O, l)$$

$$= \left\{\left(130.68 + \frac{1}{2} \times 205.14\right) - 69.91\right\} J \cdot K^{-1} \cdot mol^{-1}$$

$$= 163.34 J \cdot K^{-1} \cdot mol^{-1}$$

答：在 298.15K 下反应的标准摩尔熵变 $\Delta_r S_m^{\ominus}$ 为 163.34 $J \cdot K^{-1} \cdot mol^{-1}$。

应当指出，虽然物质的标准熵随温度的升高而增大，但只要温度升高，没有引起物质聚集状态的改变时，通常由温度升高引起的每个生成物的标准熵乘上其化学计量数所得的总和与每个反应物的标准熵乘上其化学计量数所得的总和的数值相差不大。所以标准摩尔熵变 $\Delta_r S_m^{\ominus}(T)$ 随温度变化也较小。在近似计算中可以忽略，即：

$$\Delta_r S_m^{\ominus}(T) \approx \Delta_r S_m^{\ominus}(298.15K)$$

关于物质的标准熵值，可以得出如下的规律。

① 对同一物质而言，气态时的熵大于液态时的，而液态时的熵又大于固态时的。

② 同一物质在相同的聚集状态时，其熵值随温度的升高而增大。

③ 混合物或溶液的熵值往往比相应的纯物质的熵值大。

④ 一般而言，在温度和聚集状态相同时，分子或晶体结构较复杂（内部微观粒子较多）的物质的熵大于（由同样元素组成的）分子或晶体结构较简单（内部微观粒子较少）的物质的熵。即 $S_{复杂分子} > S_{简单分子}$。例如：

$$S_m^{\ominus}(C_2H_6,g,298.15K) = 229J \cdot mol^{-1} \cdot K^{-1}$$

$$S_m^{\ominus}(CH_4,g,298.15K) = 186J \cdot mol^{-1} \cdot K^{-1}$$

关于过程的熵变有一条定性判断规律，对于物理或化学变化而言（几乎没有例外），一个导致气体分子数增加的过程或反应总伴随着熵值增大，即 $\Delta S > 0$；如果气体分子数减少，则 $\Delta S < 0$。

根据熵的热力学定义，可从热力学推出，在恒温可逆过程中系统所吸收或放出的热量（以 q_r 表示）除以温度等于系统的熵变 ΔS，即：

$$\Delta S = \frac{q_r}{T} \tag{3-19}$$

也就是说，熵的变化可用可逆过程的热量与温度之商来计算。

【例 3-7】 计算在 100.000kPa 和 273.15K 下，冰融化过程的摩尔熵变。已知冰的熔化热 $q_{fus}(H_2O) = 6007J \cdot mol^{-1}$（下标 fus 表示熔化）。

解 在 100.000kPa 和 273.15K 下，冰融化为水是恒温、恒压可逆相变过程，根据式（3-19）得

$$\Delta_r S_m = \frac{q_{fus}(H_2O)}{T} = \frac{6007J \cdot mol^{-1}}{273.15K} = 21.99J \cdot mol^{-1} \cdot K^{-1}$$

式(3-19)表明，对于恒温、恒压的可逆过程，$T\Delta S = q_r = \Delta H$。所以 $T\Delta S$ 是对应于能量的一种转化形式，可以与 ΔH 相比较。

3.4.2 化学反应的自发性

化学反应在给定条件下能否自发进行？进行到什么程度？根据什么来判断化学反应的自发性？这是科学研究和生产实践中一个十分重要的问题。

人们研究了大量物理、化学过程，发现所有自发过程都遵循以下规律：

① 从过程的能量变化来看，物质系统倾向于取得最低能量状态；

② 从系统中微观粒子分布和运动状态来分析，系统倾向于取得最大混乱度；

③ 凡是自发过程通过一定的装置都可以做有用功。

系统倾向于取得最低能量状态，对于化学反应就意味着放热反应（$\Delta H < 0$）才能自发进行。这和水自动地从高处往低处流动的情况相似。因此用 $\Delta H < 0$ 作为化学反应自发性的判据似乎是有道理的。有人曾试图将反应的热效应或焓作为反应能否自发进行的判断依据，即 $\Delta H < 0$，并且认为放热越多反应越易自发进行。确实许多能自发进行的化学反应是放热反应。但是，也可以发现许多过程（反应），如冰的熔化、盐溶解于水，都是吸热过程；又如 N_2O_5 的分解是一个强烈的吸热反应，而这些过程（反应）都能自发进行。

在孤立系统中，热力学第二定律表明自发过程向着熵值增大的方向进行。但是，大多数化学反应并非孤立系统，而是封闭系统，系统与环境间存在能量的交换。所以，用系统的熵值增大作为化学反应自发性判据并不具有普遍意义。因此，对于研究化学反应（系统）的自发性，必须同时考虑反应的焓变和熵变。另外，化学反应的自发性还与反应的温度有关。例如：$CaCO_3$ 分解生成 CO_2 和 CaO 的反应，在 298.15K 和 100.000kPa 压力下是非自发的，

可是当温度升高到 1110.4K 以上时，反应就可以自发地进行。所以，要正确判断化学反应的自发性，必须综合考虑系统的焓变和熵变两个因素以及温度的影响，需要寻找包含有系统焓变、熵变和温度三个状态函数的新的状态函数。

3.4.3 吉布斯函数变与化学反应进行的方向

3.4.3.1 吉布斯函数变与反应方向

1875 年美国物理化学家吉布斯（J. W. Gibbs）提出一个把焓和熵结合在一起的热力学函数——自由能，现称之为吉布斯自由能或吉布斯函数（Gibbs function），用符号 G 表示，它定义为：

$$G = H - TS \tag{3-20}$$

从定义式可以看出，吉布斯函数是系统的一种性质。由于 H、T、S 都是状态函数，所以吉布斯函数也是系统的状态函数。

在恒温恒压下，当系统发生状态变化时，其吉布斯函数的变化 ΔG 为：

$$\Delta G = \Delta H - T\Delta S \tag{3-21}$$

化学反应系统的吉布斯函数变化与反应自发性之间的关系是：在恒温恒压、只做体积功的条件下

$$\left.\begin{array}{ll} \Delta G < 0 & \text{自发过程,过程能向正方向进行} \\ \Delta G = 0 & \text{平衡状态} \\ \Delta G > 0 & \text{非自发过程,过程能向逆方向进行} \end{array}\right\} \tag{3-22}$$

此关系式就可作为恒温恒压、只做体积功条件下，判断化学反应自发性的一个统一的标准。

表 3-1 中将式(3-16)熵判据和式(3-22)吉布斯函数判据进行了比较。由于通常的化学反应大多是在恒温恒压条件下进行，系统一般不做非体积功，所以就化学反应而言，式(3-22)比式(3-16)更有用。

表 3-1　熵判据和吉布斯函数判据的比较

项　　目	熵　判　据	吉布斯函数判据
系统	孤立系统	封闭系统
过程	任何过程	恒温、恒压、不做非体积功
自发反应	熵值增大，$\Delta S > 0$	吉布斯函数值减小，$\Delta G < 0$
平衡条件	熵值最大，$\Delta S = 0$	吉布斯函数值最小，$\Delta G = 0$
判据法名称	熵增加原理	最小自由能原理

从热力学可以导出，如果化学反应在恒温恒压条件下，除做体积功外，还做非体积功 W'，则吉布斯函数判据就变为：

$$\left.\begin{array}{ll} -\Delta G > -W' & \text{自发过程} \\ -\Delta G = -W' & \text{平衡状态} \\ -\Delta G < -W' & \text{非自发过程} \end{array}\right\} \tag{3-23}$$

此式的意义是在恒温恒压下，一个封闭系统对外所能做的最大非体积功（$-W'_{\max}$，即有用功）等于其吉布斯函数的减少（$-\Delta G$）。即：

$$-\Delta G = -W'_{\max} \tag{3-24}$$

一个自发过程的进行，因有内在的推动力，无需施加外功。如果给以适当的条件，可以对外做功。即自发过程具有对外做功的能力。吉布斯提出，判断反应自发性的正确标准是它做有用功的能力。在恒温恒压下，如果某一反应无论在理论或实际上都可用来做有用功，则

该反应是自发的；如果必须从外界吸收功才能使某一反应进行，则该反应就是非自发的。

根据 $\Delta G = \Delta H - T\Delta S$ 关系式，如果反应是放热的（$\Delta H < 0$），且熵值增大（$\Delta S > 0$），表现为吉布斯函数的减小（$\Delta G < 0$），此过程在任何温度下都会自发进行；如果反应是吸热的（$\Delta H > 0$），且熵值减小（$\Delta S < 0$），表现为吉布斯函数的增大（$\Delta G > 0$），此反应在任何温度下都不能自发进行（但逆向反应可自发进行）。但是对于放热（$\Delta H < 0$）而熵减小（$\Delta S < 0$）的反应或吸热（$\Delta H > 0$）而熵增大（$\Delta S > 0$）的反应情况又如何呢？现将 ΔH 和 ΔS 值的正、负值以及 T 对 ΔG 影响的情况归纳于表 3-2 中。

表 3-2　ΔH、ΔS 及 T 对 ΔG 的影响

反 应 实 例	ΔH	ΔS	$\Delta G = \Delta H - T\Delta S$	正向反应的自发性
① $H_2(g) + Cl_2(g) \longrightarrow 2HCl(g)$	−	+	−	自发（任何温度）
② $CO(g) \longrightarrow C(s) + \frac{1}{2}O_2(g)$	+	−	+	非自发（任何温度）
③ $CaCO_3(s) \longrightarrow CaO(s) + CO_2(g)$	+	+	低温为+ 高温为−	升高温度，有利于反应能自发进行
④ $HCl(g) + NH_3(g) \longrightarrow NH_4Cl(s)$	−	−	低温为− 高温为+	降低温度，有利于反应能自发进行

3.4.3.2　标准摩尔吉布斯函数变

在某一温度下，各物质处于标准态时化学反应的摩尔吉布斯函数的变化，叫做标准摩尔吉布斯函数变，以符号 $\Delta_r G_m^{\ominus}(T)$ 表示，对 298.15K 时的标准摩尔吉布斯函数变 T 可以省略。也可简写为 $\Delta_r G^{\ominus}$。这里介绍两种计算 $\Delta_r G_m^{\ominus}(T)$ 的方法。

(1) 由标准摩尔生成吉布斯函数计算　在指定温度 T 下，在标准状态时，由指定单质生成单位物质的量的纯物质时反应的吉布斯函数变，叫做该物质的标准摩尔生成吉布斯函数 (standard molar Gibbs function of formation)。而任何指定单质的标准摩尔生成吉布斯函数为零。对于水合离子规定水合 H^+ 的标准摩尔生成吉布斯函数为零。物质的标准摩尔生成吉布斯函数，以 $\Delta_f G_m^{\ominus}(T)$ 表示，对 298.15K 时的标准摩尔生成吉布斯函数 T 可以省略，也可简写为 $\Delta_f G^{\ominus}$，单位为 $kJ \cdot mol^{-1}$。物质在 298.15K 时的标准摩尔生成吉布斯函数值可从本书附录或化学手册中查到。

根据吉布斯函数是状态函数且具有加和性的特点，与前面介绍过的标准摩尔熵变的计算类似，反应的标准摩尔吉布斯函数变等于生成物标准摩尔生成吉布斯函数的总和减去反应物标准摩尔生成吉布斯函数的总和。反应 $aA + bB \longrightarrow gG + dD$ 的标准摩尔吉布斯函数变可按下式求得：

$$\Delta_r G_m^{\ominus} = \sum_B \nu(B)\Delta_f G_m^{\ominus}(B)$$

即
$$\Delta_r G_m^{\ominus} = \{g\Delta_f G_m^{\ominus}(G) + d\Delta_f G_m^{\ominus}(D)\} - \{a\Delta_f G_m^{\ominus}(A) + b\Delta_f G_m^{\ominus}(B)\} \tag{3-25}$$

【例 3-8】　计算 298.15K 时反应 $H_2(g) + Cl_2(g) \longrightarrow 2HCl(g)$ 的标准摩尔吉布斯函数变 $\Delta_r G_m^{\ominus}$。

解　化学反应　　　　　　　$H_2(g) + Cl_2(g) \longrightarrow 2HCl(g)$

$\Delta_f G_m^{\ominus}/kJ \cdot mol^{-1}$　　　　　0　　　　0　　　　　−95.30

按式(3-25)　　　$\Delta_r G_m^{\ominus} = \{2\Delta_f G_m^{\ominus}(HCl,g)\} - \{\Delta_f G_m^{\ominus}(H_2,g) + \Delta_f G_m^{\ominus}(Cl_2,g)\}$
　　　　　　　　　　　$= \{2 \times (-95.30) - 0\}kJ \cdot mol^{-1} = -190.60kJ \cdot mol^{-1}$

即反应的标准摩尔吉布斯函数变 $\Delta_r G_m^{\ominus} = -190.60kJ \cdot mol^{-1}$。

(2) 利用物质的 $\Delta_f H_m^{\ominus}(298.15K)$ 和 $S_m^{\ominus}(298.15K)$ 的数据求算　在 298.15K，$\Delta_r G_m^{\ominus}$ 也可以应用 $\Delta_r G_m^{\ominus} = \Delta_r H_m^{\ominus} - T\Delta_r S_m^{\ominus}$ 关系式，通过物质的 $\Delta_f H_m^{\ominus}(298.15K)$ 和 $S_m^{\ominus}$

（298.15K）的数据求得。

由于反应的焓变与熵变基本不随温度而变，所以，$\Delta_r H_m^{\ominus}(T)$、$\Delta_r S_m^{\ominus}(T)$ 可近似地以 $\Delta_r H_m^{\ominus}(298.15K)$、$\Delta_r S_m^{\ominus}(298.15K)$ 代替。因此，其他温度下的 $\Delta_r G_m^{\ominus}(T)$ 可由下式进行计算：

$$\Delta_r G_m^{\ominus}(T) \approx \Delta_r H_m^{\ominus}(298.15K) - T\Delta_r S_m^{\ominus}(298.15K) \qquad (3\text{-}26)$$

【例 3-9】 在 298.15K 的标准状态以及在 1273K 的标准状态下，下述反应

$$CaCO_3(s) \longrightarrow CaO(s) + CO_2(g)$$

能否自发进行？

解 化学反应 $\qquad CaCO_3(s) \longrightarrow CaO(s) \quad + \quad CO_2(g)$

$\Delta_f H_m^{\ominus}/kJ \cdot mol^{-1} \qquad -1206.92 \qquad -635.09 \qquad -393.51$

$S_m^{\ominus}/J \cdot K^{-1} \cdot mol^{-1} \qquad 92.9 \qquad 39.75 \qquad 213.74$

根据式(3-18) 和式(3-25)

$$\Delta_r H_m^{\ominus} = \sum_B \nu(B)\Delta_f H_m^{\ominus}(B) = \{(-635.09) + (-393.51) - (-1206.92)\}kJ \cdot mol^{-1}$$
$$= 178.32 kJ \cdot mol^{-1}$$

$$\Delta_r S_m^{\ominus} = \sum_B \nu(B)S_m^{\ominus}(B) = \{(39.75 + 213.74) - 92.9\}J \cdot K^{-1} \cdot mol^{-1}$$
$$= 160.59 J \cdot K^{-1} \cdot mol^{-1} = 0.16 kJ \cdot K^{-1} \cdot mol^{-1}$$

① 在 298.15K 的标准状态下：

$$\Delta_r G_m^{\ominus} = \Delta_r H_m^{\ominus} - T\Delta_r S_m^{\ominus}$$
$$= 178.32 kJ \cdot mol^{-1} - 298.15K \times 0.16 kJ \cdot K^{-1} \cdot mol^{-1} = 130.62 kJ \cdot mol^{-1}$$

由于此反应在 298.15K 的标准态下进行，因此也可直接查 $\Delta_f G_m^{\ominus}$ 数据进行计算，即

$$\Delta_r G_m^{\ominus}(298.15K) = \sum_B \nu(B)\Delta_f G_m^{\ominus}(B, 298.15K)$$
$$= \{(-394.36) - 604.03 - (-1128.79)\}kJ \cdot mol^{-1}$$
$$= 130.40 kJ \cdot mol^{-1}$$

其结果一致。

② 在 1273K 的标准状态下：

$$\Delta_r G_m^{\ominus}(1273K) \approx \Delta_r H_m^{\ominus}(298.15K) - 1273K \cdot \Delta_r S_m^{\ominus}(298.15K)$$
$$= \left(178.32 - 1273 \times \frac{160.59}{1000}\right)kJ \cdot mol^{-1}$$
$$= -26.11 kJ \cdot mol^{-1}$$

故 $CaCO_3$ 分解反应在室温（298.15K）的标准状态下不能自发进行，而在 1273K 的标准状态下能够自发进行。

（3）标准条件下反应自发进行的温度条件　例 3-9 表明标准态时 $CaCO_3$ 在室温（298.15K）下不能分解，在 1273K 下能够分解。那么，$CaCO_3$ 能发生分解反应的最低温度是多少？根据标准状态时反应可自发进行的条件是 $\Delta_r G_m^{\ominus} = \Delta_r H_m^{\ominus} - T\Delta_r S_m^{\ominus} < 0$，移项整理后，可得反应自发进行的温度为：

$$\left. \begin{array}{ll} T > \dfrac{\Delta_r H_m^{\ominus}}{\Delta_r S_m^{\ominus}} & \Delta_r S_m^{\ominus} > 0 \text{ 时} \\[3mm] T < \dfrac{\Delta_r H_m^{\ominus}}{\Delta_r S_m^{\ominus}} & \Delta_r S_m^{\ominus} < 0 \text{ 时} \end{array} \right\} \qquad (3\text{-}27)$$

对一个反应来说，自发进行与不能自发进行的转变点应由达到平衡状态点决定，即

$\Delta_r G_m^{\ominus} = 0$。所以，其转变温度 T_c 等于：

$$T_c = \frac{\Delta_r H_m^{\ominus}}{\Delta_r S_m^{\ominus}} \tag{3-28}$$

根据例 3-9 中的计算结果，容易估算出 $CaCO_3$ 能发生分解反应的最低温度（转变温度）应为：

$$T_c = \frac{\Delta_r H_m^{\ominus}}{\Delta_r S_m^{\ominus}} = \frac{178.32 kJ \cdot mol^{-1}}{0.16 kJ \cdot K^{-1} \cdot mol^{-1}} = 1114.5K(841.35℃)$$

即当温度 $T > 1114.5K$ 时，在标准状态下 $CaCO_3$ 发生自发分解反应。

3.4.3.3 ΔG 与 $\Delta G^{\ominus}$ 的关系

化学反应系统并非都处于标准态，因此，任意状态下反应的自发性判断标准是 ΔG，而不是 $\Delta G_m^{\ominus}$。任意态（或称指定态）时反应过程的吉布斯函数变 ΔG，会随着系统中反应物和生成物的分压（对于气体）或浓度（对于水合离子或分子）的改变而改变。ΔG 与 $\Delta G^{\ominus}$ 之间的关系可由化学热力学推导得出，称为热力学等温方程。对于一般反应式：

$$aA + bB \longrightarrow gG + dD$$

若该反应是气体反应，热力学等温方程可表示为：

$$\Delta_r G_m(T) = \Delta_r G_m^{\ominus}(T) + RT \ln \prod_B \{p(B)/p^{\ominus}\}^{\nu(B)} \tag{3-29a}$$

式中，R 为摩尔气体常数；$p(B)$ 为参与反应的物质 B 的分压力；$p^{\ominus}$ 为标准压力；$\prod$ 为连乘算符。如对于反应：

$$2CO(g) + O_2(g) \longrightarrow 2CO_2(g)$$

$$\prod_B \{p(B)/p^{\ominus}\}^{\nu(B)} = \frac{\{p(CO_2)/p^{\ominus}\}^2}{\{p(O_2)/p^{\ominus}\} \cdot \{p(CO)/p^{\ominus}\}^2}$$

按式(3-27)，则：

$$\Delta_r G_m(T) = \Delta_r G_m^{\ominus}(T) + RT \ln \frac{\{p(CO_2)/p^{\ominus}\}^2}{\{p(O_2)/p^{\ominus}\} \cdot \{p(CO)/p^{\ominus}\}^2}$$

对于水溶液中的离子反应，或有水合离子（或分子）参与的多相反应，由于此类物质变化的不是气体的分压 p，而是相应的水合离子（或分子）的浓度 c，根据化学热力学的推导，此时各物质的 $(p/p^{\ominus})$ 将换成各相应物质的相对浓度 $(c/c^{\ominus})$，$c^{\ominus}$ 为标准浓度，规定 $c^{\ominus} = 1 mol \cdot dm^{-3}$。即：

$$\Delta_r G_m(T) = \Delta_r G_m^{\ominus}(T) + RT \ln \prod_B \{c(B)/c^{\ominus}\}^{\nu(B)} \tag{3-29b}$$

若有纯的固态或液态物质参与反应，则不必列入式子中。所以，对于一般化学反应式：

$$aA(l) + bB(aq) = gG(s) + dD(g)$$

热力学等温方程式可表示为：

$$\Delta_r G_m(T) = \Delta_r G_m^{\ominus}(T) + RT \ln \frac{\{p(D)/p^{\ominus}\}^d}{\{c(B)/c^{\ominus}\}^b} \tag{3-29c}$$

习惯上将 $\prod_B \{p(B)/p^{\ominus}\}^{\nu(B)}$ ［或 $\prod_B \{c(B)/c^{\ominus}\}^{\nu(B)}$］称为反应商 Q，$p(B)/p^{\ominus}$［或 $c(B)/c^{\ominus}$］称为相对分压（或相对浓度），故可将式(3-29a)~式(3-29c)写成：

$$\Delta_r G_m(T) = \Delta_r G_m^{\ominus}(T) + RT \ln Q \tag{3-29d}$$

显然，若所有参与反应的物质的分压和浓度均处于标准状态时，则 $Q = 1$，$\ln Q = 0$。这时，任意态变成了标准态，$\Delta_r G_m(T) = \Delta_r G_m^{\ominus}(T)$。在一般情况下，只有根据热力学等温方程求出指定态下 $\Delta_r G_m(T)$ 是否小于零，才能判断此条件下反应的自发性。

对于有气体参与反应的系统，为了确定混合气体中某组分气体 i 的分压力，可用道尔顿 (J. Dalton) 分压定律。理想气体的分压定律有两个关系式。

① 混合气体的总压力 p 等于各组成气体分压力 p_i 之和。即：

$$p = \sum p_i \tag{3-30}$$

② 混合气体中某组分气体的分压 p_i 等于混合气体的总压力 p 与该组分气体的摩尔分数 x_i 之乘积，即：

$$p_i = p x_i \tag{3-31}$$

式中，$x_i = n_i/n$，即某组分气体 i 的摩尔分数等于该气体 i 的物质的量 n_i 与混合气体总的物质的量 n 之比。利用理想气体状态方程式 $V_i = n_i RT/p$ 和 $V = nRT/p$ 可知，在等温等压条件下，各组分气体的体积分数在数值上等于其摩尔分数，即：

$$x_i = \frac{n_i}{n} = \frac{V_i}{V} = \varphi_i \tag{3-32}$$

式中，φ_i 为某组分气体 i 的体积分数。

实际气体，尤其是 He、Ne、Ar、H_2、N_2、O_2、CO 和 CH_4 等沸点较低的不易液化的气体，在常温常压时，其行为与理想气体行为之间的偏差很小，可按理想气体处理。而 SO_2、CO_2、NH_3 等较易液化的气体，与理想气体的性质有较大的偏差，只有在高温低压时，才可近似按理想气体处理。

【例 3-10】 已知空气压力 $p = 101.325\text{kPa}$，其中所含 CO_2 的摩尔分数为 0.0003。试计算此条件下将潮湿 Ag_2CO_3 固体在 110℃ 的烘箱中烘干时热分解反应的摩尔吉布斯函数变。此条件下 $Ag_2(CO_3)(s) \rightleftharpoons Ag_2O(s) + CO_2(g)$ 的热分解反应能否自发进行？有何办法阻止 Ag_2CO_3 的热分解？

解

	$Ag_2(CO_3)(s) \rightleftharpoons$	$Ag_2O(s) +$	$CO_2(g)$
$\Delta_f H_m^\ominus(298.15\text{K})/\text{kJ·mol}^{-1}$	-505.8	-30.05	-393.509
$S_m^\ominus(298.15\text{K})/\text{J·mol}^{-1}\text{·K}^{-1}$	167.4	121.3	213.74

可求得

$$\Delta_r H_m^\ominus(298.15\text{K}) = 84.24\text{kJ·mol}^{-1}$$

$$\Delta_r S_m^\ominus(298.15\text{K}) = 167.6\text{J·mol}^{-1}\text{·K}^{-1}$$

根据分压定律式 (3-31) 可求空气中 CO_2 的分压：

$$p(CO_2) = p \cdot x(CO_2) = 101.325\text{kPa} \times 0.0003 \approx 30\text{Pa}$$

根据式 (3-29c)，在 110℃ 即 383K 时：

$$\Delta_r G_m(383\text{K}) = \Delta_r G_m^\ominus(383\text{K}) + RT\ln\{p(CO_2)/p^\ominus\}$$

$$\approx \left(88.24 - 383 \times \frac{167.6}{1000}\right)\text{kJ·mol}^{-1} + \frac{8.314}{1000}\text{kJ·mol}^{-1}\text{·K}^{-1} \times 383\text{K} \times \ln\{30\text{Pa}/10^5\text{Pa}\}$$

$$= (24.05 - 25.83)\text{kJ·mol}^{-1} = -1.78\text{kJ·mol}^{-1}$$

由于在此条件下，$\Delta_r G_m(383\text{K}) < 0$，所以在 110℃ 烘箱中烘干潮湿的固体 Ag_2CO_3 时会自发产生分解反应。为了避免 Ag_2CO_3 的热分解，可以通入含 CO_2 分压较大的气流进行干燥，使此时的 $\Delta_r G_m(383\text{K}) > 0$。

3.5 化学反应进行的程度——化学平衡

对于化学反应，我们不仅需要知道反应在给定条件下能否自发进行，而且还需要知道在该条件下反应可以进行到什么程度，采取哪些措施可以提高产率等。这些都是化学平衡理论要解决的问题。

3.5.1 化学平衡

自发反应具有明显的方向性，总是单向地趋向平衡状态。大多数的化学反应都是具有可逆性的。一个化学反应系统，在相同的条件下，反应物之间可以相互作用生成生成物（正反应），同时生成物之间也可以相互作用生成反应物（逆反应），这样的反应就叫可逆反应。可逆性是化学反应的普遍特征。在化学反应开始的瞬间，正方向的速率最大而逆方向的速率为零。随着时间的延长，反应物被消耗，正方向的速率不断减小；同时，生成物不断产生，逆方向的速率逐渐增大。当反应进行到一定程度时，系统中反应物与生成物的浓度（或压力）便不再随时间而改变，也就是达到了平衡状态。宏观上的平衡是由于微观上仍持续进行着正、逆反应的速率相互抵消所致。系统的这种表面上静止的状态叫做化学平衡状态（equilibrium state）。显然，化学平衡是一种动态平衡。

如前所述，对于恒温恒压下不做非体积功的化学反应，当 $\Delta_r G(T) < 0$ 时，系统在 $\Delta_r G(T)$ 的推动下，使反应沿着确定的方向自发进行。当 $\Delta_r G(T) = 0$ 时，反应因失去内在的推动力而达到了平衡状态。所以，$\Delta_r G(T) = 0$ 就是化学平衡的热力学标志或称为反应限度的判据。

3.5.1.1 化学平衡常数

化学反应达到平衡状态时，系统中反应物与生成物的浓度（或压力）便不再随时间而改变。此时，反应物的浓度（或压力）积与生成物浓度（压力）积之比为一常数。对于一般化学反应

$$aA + bB \longrightarrow gG + dD$$

平衡常数表达式具有下面的一般形式：

$$K_p = \frac{p^{eq}(G)^g p^{eq}(D)^d}{p^{eq}(A)^a p^{eq}(B)^b} \quad \text{或} \quad K_c = \frac{c^{eq}(G)^g c^{eq}(D)^d}{c^{eq}(A)^a c^{eq}(B)^b}$$

这里，式中上标 eq 表示平衡状态，K_p 和 K_c 分别称为压力平衡常数和浓度平衡常数。也就是说，平衡常数表达式中，分子为反应式右边各生成物达到平衡时的分压（或浓度）之积，分母为反应式左边各反应物达到平衡时的分压（或浓度）之积，且各物质的分压（或浓度）以其在化学反应方程式中的化学计量数为幂。K_p 和 K_c 具有量纲，但通常不给出其单位，而要求表达式中各物质的压力采用大气压（atm）为单位，浓度采用摩尔浓度（mol·dm^{-3}）。

平衡常数的表达式最初是由实验数据总结归纳出来的，但实际上它也可以从化学热力学的等温方程式推导得出。

按国家标准一律使用标准平衡常数 $K^{\ominus}$（standard equilibrium constant）。标准平衡常数 $K^{\ominus}$ 是量纲为 1 的量。对于理想气体反应系统，如反应

$$aA(g) + bB(g) \Longrightarrow gG(g) + dD(g)$$

平衡常数的表达式为：

$$K^{\ominus} = \frac{\{p(G)/p^{\ominus}\}^g \cdot \{p(D)/p^{\ominus}\}^d}{\{p(A)/p^{\ominus}\}^a \cdot \{p(B)/p^{\ominus}\}^b} \tag{3-33a}$$

对于溶液反应系统，如反应

$$aA(aq) + bB(aq) \Longrightarrow gG(aq) + dD(aq)$$

平衡常数的表达式为：

$$K^{\ominus} = \frac{\{c^{eq}(G)/c^{\ominus}\}^g \cdot \{c^{eq}(D)/c^{\ominus}\}^d}{\{c^{eq}(A)/c^{\ominus}\}^a \cdot \{c^{eq}(B)/c^{\ominus}\}^b} \tag{3-33b}$$

对于气液混相反应

$$aA(aq) + bB(g) \Longrightarrow gG(aq) + dD(g)$$

则有
$$K^{\ominus}=\frac{\{c^{eq}(G)/c^{\ominus}\}^{g}\cdot\{p(D)/p^{\ominus}\}^{d}}{\{c^{eq}(A)/c^{\ominus}\}^{a}\cdot\{p(B)/p^{\ominus}\}^{b}} \tag{3-33c}$$

关于平衡常数需要说明以下几点：

① 当反应方程式的写法不同时，平衡常数的表达式和数值都是不同的。

例如，对于
$$N_2(g)+3H_2(g)\Longrightarrow 2NH_3(g)$$

$$K^{\ominus}=\frac{\{p(NH_3)/p^{\ominus}\}^{2}}{\{p(N_2)/p^{\ominus}\}\cdot\{p(H_2)/p^{\ominus}\}^{3}}$$

若反应方程式写成 $\frac{1}{2}N_2+\frac{3}{2}H_2\Longrightarrow NH_3$ 时，其平衡常数便是：

$$K^{\ominus}=\frac{p(NH_3)/p^{\ominus}}{\{p(N_2)/p^{\ominus}\}^{\frac{1}{2}}\cdot\{p(H_2)/p^{\ominus}\}^{\frac{3}{2}}}$$

显然，前者是后者的平方。

② 固体或纯液体不表示在平衡常数表达式中。如对于下述反应：
$$Fe_3O_4(s)+4CO(g)\Longrightarrow 3Fe(s)+4CO_2(g)$$

其平衡常数是
$$K^{\ominus}=\frac{\{p(CO_2)/p^{\ominus}\}^{4}}{\{p(CO)/p^{\ominus}\}^{4}}$$

$$Br_2(l)+2I^-(aq)\Longrightarrow 2Br^-(aq)+I_2(s)$$

其平衡常数是
$$K^{\ominus}=\frac{\{c^{eq}(Br^-)/c^{\ominus}\}^{2}}{\{c^{eq}(I^-)/c^{\ominus}\}^{2}}$$

③ 平衡常数表达式不仅适用于化学可逆反应，还适用于其他可逆过程。例如水与其蒸汽的相平衡过程：
$$H_2O(l)\Longrightarrow H_2O(g)$$

其平衡常数可写为
$$K^{\ominus}=p(H_2O)/p^{\ominus}$$

④ 对于存在着两个以上平衡关系，或者某一反应可表示为两个或更多个反应的总和，如
$$反应\text{Ⅰ}=反应\text{Ⅱ}+反应\text{Ⅲ}$$
则总反应的平衡常数可以表示为在该温度下各反应的平衡常数的乘积，即：
$$K_{\text{Ⅰ}}^{\ominus}=K_{\text{Ⅱ}}^{\ominus}\cdot K_{\text{Ⅲ}}^{\ominus}\ \text{或}\ K_{\text{Ⅱ}}^{\ominus}=K_{\text{Ⅰ}}^{\ominus}/K_{\text{Ⅲ}}^{\ominus} \tag{3-34}$$

例如，在某温度下生成水煤气时同时存在下列四个平衡：

$$C(s)+H_2O(g)\Longrightarrow CO(g)+H_2(g);\Delta_r G_{m,1}^{\ominus}=-RT\ln K_1^{\ominus} \qquad ①$$
$$CO(g)+H_2O(g)\Longrightarrow CO_2(g)+H_2(g);\Delta_r G_{m,2}^{\ominus}=-RT\ln K_2^{\ominus} \qquad ②$$
$$C(s)+2H_2O(g)\Longrightarrow CO_2(g)+2H_2(g);\Delta_r G_{m,3}^{\ominus}=-RT\ln K_3^{\ominus} \qquad ③$$
$$C(s)+CO_2(g)\Longrightarrow 2CO(g);\Delta_r G_{m,4}^{\ominus}=-RT\ln K_4^{\ominus} \qquad ④$$

其中③和④的平衡可以看做是通过①及②平衡的建立而形成的。由于 $\Delta_r G_{m,3}^{\ominus}=\Delta_r G_{m,1}^{\ominus}+\Delta_r G_{m,2}^{\ominus}$ 和 $\Delta_r G_{m,4}^{\ominus}=\Delta_r G_{m,1}^{\ominus}+\Delta_r G_{m,2}^{\ominus}$，所以根据式(3-34)可得：
$$K_3^{\ominus}=K_1^{\ominus}\cdot K_2^{\ominus};K_4^{\ominus}=K_1^{\ominus}\cdot K_2^{\ominus}$$

式(3-34)称多重平衡规则（multiple equilibrium regulation），这是一个非常有用的计算规则。无论是对单相平衡系统还是多相平衡系统都适用。

3.5.1.2 标准吉布斯函数变与平衡常数

以气相反应为例，吉布斯函数变与标准吉布斯函数变的关系是：
$$\Delta_r G_m(T)=\Delta_r G_m^{\ominus}(T)+RT\ln\prod_B\{p(B)/p^{\ominus}\}^{\nu(B)} \tag{3-35}$$

当反应达到平衡时，$\Delta_r G_m(T)=0$，则：

$$0 = \Delta_r G_m^{\ominus}(T) + RT \ln \prod_B \{p^{eq}(B)/p^{\ominus}\}^{\nu(B)} \tag{3-36}$$

将式（3-33a）代入式（3-36）可得

$$\Delta_r G_m^{\ominus}(T) = -RT \ln K^{\ominus} \tag{3-37}$$

$$\ln K = \frac{-\Delta_r G_m^{\ominus}(T)}{RT} \quad \text{或} \quad \lg K^{\ominus} = \frac{-\Delta_r G_m^{\ominus}(T)}{2.303RT} \tag{3-38}$$

式（3-37）和式（3-38）给出了平衡常数 $K^{\ominus}$ 与 $\Delta_r G_m^{\ominus}(T)$ 的关系。$K^{\ominus}$ 与 $\Delta_r G_m^{\ominus}$ 一样都是温度 T 的函数，所以应用式（3-37）和式（3-38）时，$\Delta_r G_m^{\ominus}$ 必须与 $K^{\ominus}$ 的温度一致，且应注明温度。若未注明，一般是指 $T = 298.15K$。

通过上述讨论可知，$K^{\ominus}$ 数值决定于反应的本性和温度，而与压力或组成无关。对于一个给定的反应，$K^{\ominus}$ 只是温度的函数。$\Delta_r G_m^{\ominus}(T)$ 的代数值越大，$K^{\ominus}$ 值越小，反应向正方向进行的程度越小。显然，$\Delta_r G_m^{\ominus}(T)$ 的代数值越小，则 $K^{\ominus}$ 值越大，反应向正方向进行的程度越大，说明该反应进行越彻底，反应物的转化率越高。转化率是指某反应中已消耗部分占该反应物初始用量的百分数，即：

$$某指定反应物的转化率 = \frac{该反应物已消耗量}{该反应物初始用量} \times 100\% \tag{3-39}$$

【例 3-11】 CO 的转化反应为 $CO(g) + H_2O(g) \rightleftharpoons CO_2(g) + H_2(g)$。若在 797K 下使 2.0mol CO(g) 和 3.0mol $H_2O(g)$ 在密闭容器中反应。在此条件下反应能否自发进行？若能自发进行，试计算 CO 在此条件下的最大转化率（即平衡转化率）。

解 设达到平衡状态时 CO 转化了 x(mol)，则可建立如下关系：

化学反应	$CO(g)$	$+$	$H_2O(g)$	$\rightleftharpoons$	$CO_2(g)$	$+$	$H_2(g)$
$\Delta_f H_m^{\ominus}/\text{kJ}\cdot\text{mol}^{-1}$	-110.525		-241.818		-393.509		0
$S_m^{\ominus}/\text{J}\cdot\text{mol}^{-1}\cdot\text{K}^{-1}$	197.674		188.825		213.74		130.684
反应起始时各物质的量/mol	2.0		3.0		0		0
反应过程中物质的量的变化/mol	$-x$		$-x$		$+x$		$+x$
平衡时各物质的量/mol	$(2.0-x)$		$(3.0-x)$		x		x

平衡时物质的量的总和为 $n = \{(2.0-x)+(3.0-x)+x+x\}\text{mol} = 5.0\text{mol}$

设平衡时系统的总压力为 p，则：

$$p(CO_2) = p(H_2) = \frac{p \cdot x}{5.0}$$

$$p(CO) = \frac{p \cdot (2.0-x)}{5.0}$$

$$p(H_2O) = \frac{p \cdot (3.0-x)}{5.0}$$

$$\Delta_r H_m^{\ominus} = \sum_B \nu_B \Delta_f H_m^{\ominus}(B) = 0 + (-393.509) - (-241.818) - (-110.525)$$

$$= -41.166(\text{kJ}\cdot\text{mol}^{-1})$$

$$\Delta_r S_m^{\ominus} = \sum_B \nu_B S_m^{\ominus}(B) = 213.74 + 130.684 - 188.825 - 197.674$$

$$= -42.075(\text{J}\cdot\text{mol}^{-1}\cdot\text{K}^{-1})$$

$$\Delta_r G_m^{\ominus}(797K) = \Delta_r H_m^{\ominus} - 797K \times \Delta_r S_m^{\ominus} = -41.166 - 797 \times \left(\frac{-42.075}{1000}\right)$$

$$= -7.632(\text{kJ}\cdot\text{mol}^{-1})$$

故在 797K 下反应能自发进行。根据式(3-38)有：

$$\ln K^{\ominus} = \frac{-\Delta_r G_m^{\ominus}(T)}{RT} = \frac{7.632 \times 1000}{8.314 \times 797}$$

$$K^{\ominus} = 3.163$$

则

$$K^{\ominus} = \frac{\{p(CO_2)/p^{\ominus}\} \cdot \{p(H_2)/p^{\ominus}\}}{\{p(CO)/p^{\ominus}\} \cdot \{p(H_2O)/p^{\ominus}\}} = \frac{\dfrac{x}{5.0} \cdot \dfrac{x}{5.0}}{\left(\dfrac{2.0-x}{5.0}\right) \cdot \left(\dfrac{3.0-x}{5.0}\right)}$$

$$= \frac{x^2}{6.0 - 5.0x + x^2} = 3.163$$

解之，得 $x = 1.513$，即 CO 转化了 1.513mol，其转化率为：

$$\frac{x}{2.0} \times 100\% = \frac{1.513}{2.0} \times 100\% = 75.65\%$$

即 797K 时，反应能自发进行，CO 的转化率约为 76%。

3.5.2 化学平衡的移动

一切平衡都只是相对的和暂时的。化学平衡只有在一定的条件下才能保持。条件改变，系统的平衡就会破坏，气体混合物中物质的分压或液态溶液中各溶质的浓度就发生变化，直到与新的条件相适应，系统达到新的平衡。这种条件的改变使化学反应从原来的平衡状态转变到新的平衡状态的过程叫化学平衡的移动（shift in equilibrium）。

中学里已学过平衡移动原理——吕·查德里（A. L. Le Chatelier）原理：假如改变平衡系统的条件之一，如浓度、压力或温度，平衡就向能减弱这个改变的方向移动。为什么浓度、压力、温度都统一于一条普遍规律？这一规律的理论依据又是什么？

对此，可应用化学热力学进行分析。式(3-37)代入式(3-35)，可得：

$$\Delta_r G_m(T) = -RT\ln K^{\ominus} + RT\ln \prod_B [p(B)/p^{\ominus}]^{\nu(B)} \qquad (4\text{-}40a)$$

或

$$\Delta_r G_m(T) = -RT\ln K^{\ominus} + RT\ln Q \qquad (4\text{-}40b)$$

式(4-40b)称为化学反应等温方程式（isothermal equation）。通过化学反应等温方程式，将未达到平衡时的反应商 Q 与 $K^{\ominus}$ 值进行比较，可判断该状态下反应自发进行的方向：

$Q < K^{\ominus}$ 时，$\Delta_r G_m < 0$，正向反应自发进行；

$Q = K^{\ominus}$ 时，$\Delta_r G_m = 0$，反应处于平衡状态；

$Q > K^{\ominus}$ 时，$\Delta_r G_m > 0$，正向反应不自发，逆向反应自发。

在恒温下，$K^{\ominus}$ 是常数，而 Q 则可通过调节反应物或产物的量（即浓度或分压）加以改变。若希望反应正向进行，就通过移去产物或增加反应物使 $Q < K^{\ominus}$、$\Delta_r G < 0$，从而达到预期的目的。例如，合成氨生产中，将生成的 NH_3 用冷冻方法从系统中分离出去，降低反应的 Q 值，因而反应才能持续进行。

3.5.2.1 分压、总压力对化学平衡的影响

研究气体反应系统中分压或总压力使化学平衡怎样移动的问题的前提是温度保持不变（这样，平衡常数就是一个不变的定值）。

若是原平衡系统中增加了某种反应物，此时反应将向正方向进行，即平衡将向右移动；反之，若在原平衡系统中增加某种生成物，反应将向逆方向进行，即平衡将向左移动。这种情况可以通过定量的计算来证实。

【例 3-12】 在例题 3-11 的系统中，保持 797K 不变，再向已达平衡的容器中加入 3.0mol 水蒸气，问 CO 的转化率会发生怎样的变化？

解 设加入水蒸气后，反应达到平衡时，CO 总共转化 $y(\text{mol})$，则可建立如下关系：

化学反应	$CO(g)$	$+$	$H_2O(g)$	$\rightleftharpoons$	$CO_2(g)$	$+$	$H_2(g)$
假设全部未反应时各物质的量/mol	2.0		6.0		0		0
转化中物质的量的变化/mol	$-y$		$-y$		$+y$		$+y$
平衡时各物质的量/mol	$(2.0-y)$		$(6.0-y)$		y		y

平衡时物质的量的总和是 $n=\{(2.0-y)+(6.0-y)+y+y\}\text{mol}=8.0\text{mol}$

设平衡时系统的总压力为 p，则：

$$p(CO_2)=p(H_2)=p\cdot\frac{y}{8.0}$$

$$p(CO)=p\cdot\frac{2.0-y}{8.0}$$

$$p(H_2O)=p\cdot\frac{6.0-y}{8.0}$$

将数据代入 $K^\ominus$ 表达式：

$$K^\ominus=\frac{\{p(CO_2)/p^\ominus\}\cdot\{p(H_2)/p^\ominus\}}{\{p(CO)/p^\ominus\}\cdot\{p(H_2O)/p^\ominus\}}=\frac{y^2}{(2.0-y)\cdot(6.0-y)}=3.163$$

解之，得 $\qquad\qquad\qquad\qquad y=1.767\text{mol}$

CO 的总转化率为 $\qquad\dfrac{y}{2.0}\times100\%=\dfrac{1.767}{2.0}\times100\%=88.35\%$

故 CO 的转化率由约 76% 增加到 88%。

此例说明，若向旧平衡系统中增加反应物，在新平衡建立时，生成物便增多了。当然，若从旧平衡系统中减少某种生成物，也会使平衡向右移动。这也是一种提高产量的途径。

对于有气体参加的化学平衡，改变系统的总压力势必引起各组分气体分压力同等程度的改变。这时，平衡移动的方向就要由反应系统本身的特点来决定了。例如，对于合成氨的反应：

$$N_2(g)+3H_2(g)\rightleftharpoons 2NH_3(g)$$

在某温度下达到平衡以后，设各气体的平衡分压为 $p(N_2)$、$p(H_2)$、$p(NH_3)$，则平衡常数为：

$$K^\ominus=\frac{\{p^{eq}(NH_3)/p^\ominus\}^2}{\{p^{eq}(N_2)/p^\ominus\}\cdot\{p^{eq}(H_2)/p^\ominus\}^3}$$

若温度不变，将平衡系统总压力增大一倍，各气体的分压也将增大一倍，即 $p(NH_3)\rightarrow 2p^{eq}(NH_3)$、$p(N_2)\rightarrow 2p^{eq}(N_2)$、$p(H_2)\rightarrow 2p^{eq}(H_2)$。则系统总压力增大后的反应商为：

$$Q=\frac{\{2p^{eq}(NH_3)/p^\ominus\}^2}{\{2p^{eq}(N_2)/p^\ominus\}\cdot\{2p^{eq}(H_2)/p^\ominus\}^3}=\frac{K^\ominus}{4}<K^\ominus$$

所以，上述平衡系统加压以后，反应将向正方向进行，才能建立起新的平衡（$Q=K^\ominus$），即平衡向右移动了。

对于下述反应 $C(s)+CO_2(g)\rightleftharpoons 2CO(g)$，可以用同样的方法进行讨论，结果与合成氨反应的情况恰恰相反，增加总压力将导致反应向左进行，即平衡向左移动。

这两个气相反应的例子的区别在于：前一个反应是气体分子总数减少的反应（即 $\sum\limits_{B}\nu_B<0$），而后一个反应是气体分子总数增加的反应。若反应前后气体分子总数相等，如 CO 的转换反应 $CO(g)+H_2O(g)\rightleftharpoons CO_2(g)+H_2(g)$，总压力的改变将不会使此系统的平衡状态发生变化。

3.5.2.2 温度对化学平衡的影响

前面曾指出，平衡常数不受反应系统物质分压的影响，但温度的变化将使平衡常数的数值发生变化。例如合成氨的反应：

$$N_2(g)+3H_2(g) \Longrightarrow 2NH_3(g) \quad \Delta_r H_m^{\ominus} = -92.22kJ \cdot mol^{-1}$$

显然，这是一个放热反应，在不同温度下的 $K^{\ominus}$ 如表 3-3 所示。

表 3-3 温度对合成氨反应标准平衡常数的影响

T/K	473	573	673	773	873	973
$K^{\ominus}$	4.4×10^{-2}	4.9×10^{-3}	1.9×10^{-4}	1.6×10^{-5}	2.3×10^{-6}	4.8×10^{-7}

由 $\ln K^{\ominus} = -\Delta_r G_m^{\ominus}/(RT)$ 和 $\Delta_r G_m^{\ominus} = \Delta_r H_m^{\ominus} - T\Delta_r S_m^{\ominus}$ 可得：

$$\ln K^{\ominus} = \frac{-\Delta_r H_m^{\ominus}}{RT} + \frac{\Delta_r S_m^{\ominus}}{R} \tag{3-41a}$$

设某一反应在不同温度 T_1 和 T_2 时的平衡常数分别为 $K_1^{\ominus}$ 和 $K_2^{\ominus}$，则：

$$\ln \frac{K_2^{\ominus}}{K_1^{\ominus}} = -\frac{\Delta_r H_m^{\ominus}}{R}\left(\frac{1}{T_2}-\frac{1}{T_1}\right) = \frac{\Delta_r H_m^{\ominus}}{R}\left(\frac{T_2-T_1}{T_1 T_2}\right) \tag{3-41b}$$

式(3-41b) 称为范特霍夫（J. H. van't Hoff）等压方程式。它表明了 $\Delta_r H_m^{\ominus}$、T 与平衡常数的相互关系，是说明温度对平衡常数影响的十分有用的公式。若已知反应熵变以及某温度 T_1 时的 $K_1^{\ominus}$，就可推出任何温度 T_2 下的 $K_2^{\ominus}$；若已知两个不同温度下反应的 $K^{\ominus}$，则不但可以定性地判断是吸热还是放热，而且还可以定量地求出 $\Delta_r H_m^{\ominus}$ 的数值。

【例 3-13】 计算反应 $CO(g)+H_2O(g) \Longrightarrow CO_2(g)+H_2(g)$ 在 1073K 时的平衡常数 $K^{\ominus}$ [已知 $K^{\ominus}(298.15K)=1.02\times10^5$]。

解：化学反应 $\qquad CO(g)+H_2O(g) \Longrightarrow CO_2(g)+H_2(g)$

$\Delta_f H_{m,B}^{\ominus}/kJ \cdot mol^{-1} \qquad -110.53 \quad -241.82 \quad -393.51 \qquad 0$

$$\Delta_r H_m^{\ominus} = \{(-393.51)-(-110.53)-(-241.82)\}kJ \cdot mol^{-1} = -41.16kJ \cdot mol^{-1}$$

根据式(3-41b) 有

$$\ln K^{\ominus}(1073K) = \frac{\Delta_r H_m^{\ominus}}{R}\left(\frac{T_2-T_1}{T_1 T_2}\right) + \ln K^{\ominus}(298.15K)$$

$$\ln K^{\ominus}(1073K) = \frac{-41.16\times10^3 J \cdot mol^{-1}}{8.314 J \cdot K^{-1} \cdot mol^{-1}}\left\{\frac{(1073-298.15)K}{298.15K\times1073K}\right\} + \ln(1.02\times10^5)$$

$$= -0.47$$

所以 $\qquad\qquad\qquad\qquad\qquad K^{\ominus}(1073K)\approx0.63$

即在 1073K 时，反应的平衡常数 $K^{\ominus}(1073K)$ 为 0.63。

由计算结果可知，对于放热反应 $\Delta_r H_m^{\ominus}<0$，温度升高，平衡常数变小。显然，对于吸热反应 $\Delta_r H_m^{\ominus}>0$，温度升高，平衡常数变大。

综上所述，可知吕·查德里原理中的温度与浓度或分压三个因素是从 $K^{\ominus}$ 和 Q 两个不同的方面来影响平衡的，其结果都归结到系统的 $\Delta_r G_m$ 是否小于零这一判断反应自发性的最小自由能原理。这就是说，化学平衡的移动或化学反应是考虑反应的自发性，决定于 $\Delta_r G_m$ 是否小于零；而化学平衡则是考虑程度，即平衡常数，它取决于 $\Delta_r G_m^{\ominus}$（注意不是 $\Delta_r G_m$）数值的大小。

3.6 非平衡系统的热力学简介(选读内容)

经典热力学研究的主要对象是平衡系统以及从一个平衡状态变到另一个平衡状态的过

程。它不考虑时间因素，并且把研究对象限制在与环境不发生物质交换的封闭系统以及与环境没有物质交换和能量交换的孤立系统。在这样的系统中，热力学第二定律指出，自然界的一切实际过程都是不可逆的。一个不可逆过程将使一部分能量变得不能再做有用功，即导致能量的退化或能量的耗散。从微观上说，孤立体系中的各种自发过程总是要使系统微观粒子的运动从某种有序状态向无序状态转化，最后达到最无序的平衡态。而在实际生活中出现更多的是非平衡态以及与周围环境有物质交换的开放系统。我们观察到的不只是一个由有序向无序变化的客观世界，也是一个由无序向有序发展变化的客观世界。认识客观世界，我们也需要了解非平衡系统的特征和规律。

3.6.1　开放系统的熵变

一个系统内微观粒子运动的无序程度可用熵定量描述。对于非孤立体系，熵的变化由两部分组成。一部分是由于系统内部的不可逆过程引起的，称之为熵产生，用符号 d_iS 表示；另一部分是由于系统与环境交换物质和能量而引起的，称之为熵流，用符号 d_eS 表示，则整个系统的熵变化就是：

$$dS = d_iS + d_eS \tag{3-42}$$

由上述的讨论可知，一个系统的熵产生总是大于零的，即总有 $d_iS \geqslant 0$。对于孤立系统，由于 $d_eS = 0$，所以总是 $dS \geqslant 0$，这就是熵增加原理的表达式。也就是说，一个孤立系统内的自发过程总是沿着有序向无序的方向进行，即沿着使系统的熵增加的方向进行。因此，不管初始状态如何，最终系统总是要达到一个熵为最大值的宏观上的平衡状态。但对于非孤立体系，根据系统和外界交换能量或物质的作用形式不同，熵流 d_eS 可正、可负，也可以为零。如果 $d_eS < 0$ 且 $|d_eS| > d_iS$，那么，就会有 $dS = d_iS + d_eS < 0$，系统会进入一个比原来状态更加有序的状态。也就是说，对于一个封闭系统或开放系统存在着熵减少——由无序到有序转化的可能性。

3.6.2　自组织现象

一个系统的内部由无序变为有序使其中大量微观粒子按一定规律运动的现象叫自组织（self-organization）现象。生物都是由各种细胞按精确规律组成的高度有序机构，每个细胞中也有非常奇特的有序结构。生命过程从分子、细胞至有机个体和群体的不同水平上还呈现出时间有序的特征，这表现为随时间作周期性变化的振荡行为。例如，在分子水平上，糖酵解反应有振荡现象，在这种反应中，葡萄糖转化为乳酸，它是一种为生命提供能量的过程。生命过程实际上就是生物体持续进行的自组织过程，生命体的高度有序化意味着它在不断减少它的熵。但是，生物体是一个高度开放的系统，它是靠与外界进行物质与能量的交换，通过吸收有效物质和能量（从环境中输入负熵），发散系统内的无效物质和能量（输出正熵），即不断进行新陈代谢而维持着的一种非平衡系统。当输入的负熵多于输出的正熵时，生物体就可以生长、发育、进化，即生物体是依靠负熵输入提高系统的有序性，若输入的负熵小于有序化所产生的正熵，生命体就会从有序态变为无序态即由非平衡态转变为平衡态，一旦有序的状态消失达到平衡时，生命也就终止了。

在无机世界，不论是在热传导还是在化学反应中，通常条件下，分子的运动是随机无序的，分布是均匀的。但在特定的外界条件下，也可以形成宏观上时空有序的结构，而且这些有序结构是分子自组织而形成的。

化学振荡就是一类重要的自组织现象。反应组分的浓度是随时间或空间有规则周期性变化或分布而形成的，这就叫化学振荡。例如，1921 年勃雷（W. C. Bray）发现 H_2O_2 与 KIO_3 在稀硫酸溶液中催化反应时，产生的 O_2 的速度以及碘的浓度随时间呈现周期性变化，当系统中添加淀粉指示剂时，溶液就显示出蓝色和无色的周期性变化。1958 年苏联化学家 Belorsov（贝洛索夫）用铈离子催化柠檬酸的溴酸氧化反应时发现，当反应物浓度远离平衡态比例时，容器内混合物的颜色会出现周期性变化。Zhabotinsky（札博延斯基）用丙二酸替代柠檬酸，不仅观察到颜色的周期性变化，还看到反应系统中能形成许多漂亮的花纹图案。这就是著名的 B-Z 反应。

在 B-Z 反应中，外界控制的只是反应物的浓度和系统温度。人们并没有强迫分子作统一的"蛋卷"式的对流，也没有在不同时刻、不同区域加入或取走某物质。可见宏观有序的产生根源不在于外部环境而在于系统内部。外部的特定环境只是提供了触发系统宏观有序的条件，有序和组织都是系统内部自发形成的。

3.6.3　耗散结构简介

一个远离平衡态的系统（物理、化学、生物的），如果是不断与外界交换物质和能量的"开放系统"，当外界条件变化达到一定的阈值时，可能从原来的无序状态转变为一种在时间、空间或功能上的有序状态。这种远离平衡态时形成的新的有序结构，由于它是依靠不断耗散物质和能量来维持的，所以称为"耗散结构"。显然，上述的自组织系统都是一种"耗散结构"。耗散结构形成需要以下 4 个条件。

（1）开放系统　热力学告诉我们，一个孤立系统，不管它原状态是否有序，随着时间的进展，最终它都是趋于无序度最高、熵值最大的平衡状态的，亦即 $dS_{孤} \geqslant 0$。这样的系统是不可能产生时空有序的耗散结构的。

（2）远离平衡态　非平衡态热力学最小熵产生原理可以证明：开放系统若处于线性非平衡态，其自发倾向仍然是返回原定态或趋于平衡态，绝不会产生耗散结构。只有跃出了线性非平衡区，远离平衡态的开放系统才有可能形成耗散结构。例如，在上述两种现象中，只有当两板温差 ΔT_c 或反应物浓度比例超过某临界值，系统远离平衡态时，系统内部才可能产生宏观有序结构。由此可见，开放系统，并远离平衡态是形成耗散结构的必要条件。但是，开放系统远离平衡态只是形成耗散结构所需的外部条件，能形成耗散结构的系统内部还必须具有下面所说的非线性的正反馈机制。

（3）非线性项　当系统远离平衡时，当外界对系统的影响过于强烈以致它在系统内部引起的响应和外界的影响（控制因素）不成线性关系，系统原状态失稳，形成耗散结构的过程在数学上可用一组微分方程来描述。已经证明，对于能形成耗散结构的系统，描写其动力学过程的微分方程中必须包括适当的非线性项，否则不可能出现耗散结构。

（4）正反馈机制　正反馈机制是一种自我复制、自我放大的机制。激光中的受激辐射、化学中的自催化反应、生物系统中的繁殖都是正反馈机制。任何系统内都始终存在着一些随机涨落。系统处于平衡态时，这种涨落不大，随时间而衰减，系统最终回到原稳定的平衡态；若系统远离平衡态，控制参量大于临界值时，系统内的正反馈机制能使偏离平均值的微小涨落不断放大，成为"巨涨落"而使系统原状态失稳。只有当描述形成系统过程的微分方程中有非线性项时，原状态失稳后，系统才能重新稳定到新的耗散结构上去。

耗散结构理论是比利时科学家普利高京（Prigogine）提出的。耗散结构理论认为，自然界是一个大系统，其演化是一种自发的自组织过程，它强调的是外因与内因相结合的整体论。在系统的自组织中，系统内涨落、非线性作用机制等是系统演化的内在动力；同时，也只有开放的系统（能与外界环境保持物质、能量、信息的交流）才能演化。耗散结构理论讨论了自然界的可逆性与不可逆性、决定性与随机性、简单与复杂、存在与演化等一系列重要问题。它对热力学第二定律做出了新的解释。耗散结构理论是一门迅速发展、涉及面广，但还不成熟的新兴学科。它所提供的一些新的科学概念和新的科学方法，可广泛应用于自然科学和社会科学的各个领域。

◇ 本章小结

1. 基本概念

要注意掌握和理解热力学中常用的基本概念和术语，如系统与环境；状态与状态函数；广度性质与强度性质；过程与可逆过程；定压热效应与定容热效应；热力学能与热力学能变；热与功；焓与焓变；热力学标准态；物质的标准摩尔生成焓与反应的标准摩尔焓变；熵与熵变；吉布斯函数与吉布斯函数变；物质的标准摩尔生成吉布斯函数与反应的标准摩尔吉布斯函数变；反应商与标准平衡常数。

2. 基本规则与基本计算

化学反应热效应的实验测量方法、恒容热效应与恒压热效应之间的关系、盖斯定律；

封闭系统热力学第一定律的数学表达式：$\Delta U = q + W$。

对于恒容或恒压、不做非体积功的封闭系统有 $\Delta U = q_V$ 或 $\Delta H = q_p$。

若气体为（或可看做）理想气体时

$$q_p - q_V = p\Delta V$$

$$q_{p,\mathrm{m}} - q_{V,\mathrm{m}} = \sum_B \Delta\nu(\mathrm{Bg}) \cdot RT$$

$$\Delta_\mathrm{r} H_\mathrm{m} - \Delta_\mathrm{r} U_\mathrm{m} = \sum_B \nu(\mathrm{Bg}) \cdot RT$$

利用参与反应的物质在 298.15K 时的标准摩尔生成焓计算反应标准摩尔焓变的算式：

$$\Delta_\mathrm{r} H_\mathrm{m}^\ominus(298.15K) = \sum_B \nu(\mathrm{B})\Delta_\mathrm{f} H_{\mathrm{m,B}}^\ominus(298.15K)$$

利用反应在 298.15K 时的反应标准摩尔焓变估算反应在其它温度下的标准摩尔焓变的算式：

$$\Delta_\mathrm{r} H^\ominus(T) \approx \Delta_\mathrm{r} H^\ominus(298.15K)（理由是反应的焓变基本不随温度而变）$$

体系熵变的定义式（$\Delta S_{体系} = q_\mathrm{r}/T$）、热力学第二定律、过程自发性和可逆性的基本原则（$\Delta S_{孤立} \geqslant 0$）、热力学第三定律（熵的绝对标准）；

反应熵的计算：

$$\Delta_\mathrm{r} S_\mathrm{m}^\ominus = \sum_B \nu(\mathrm{B}) S_{\mathrm{m,B}}^\ominus$$

吉布斯函数（$G = H - TS$）：在恒温条件下有 $\Delta_\mathrm{r} G_\mathrm{m} = \Delta_\mathrm{r} H_\mathrm{m} - T\Delta_\mathrm{r} S_\mathrm{m}$；

利用吉布斯函数变判断反应的自发性：适用于恒温恒压不做非体积的封闭系统。

$$\Delta_\mathrm{r} G_\mathrm{m} < 0 \quad 自发过程,反应能向正方向进行$$

$$\Delta_\mathrm{r} G_\mathrm{m} = 0 \quad 平衡状态$$

$$\Delta_\mathrm{r} G_\mathrm{m} > 0 \quad 非自发过程,反应能向正方向进行$$

$\Delta_\mathrm{r} G_\mathrm{m}$ 的求算方法：

$$\Delta_\mathrm{r} G_\mathrm{m}(T) = \Delta_\mathrm{r} G_\mathrm{m}^\ominus(T) + RT\ln\prod_B \{p(\mathrm{B})/p^\ominus\}^{\nu(\mathrm{B})}$$

$$\Delta_\mathrm{r} G_\mathrm{m}(T) = \Delta_\mathrm{r} G_\mathrm{m}^\ominus(T) + RT\ln\prod_B \{c(\mathrm{B})/c^\ominus\}^{\nu(\mathrm{B})}$$

$$\Delta_\mathrm{r} G_\mathrm{m}^\ominus(298.15K) = \sum_B \nu(\mathrm{B})\Delta_\mathrm{f} G_{\mathrm{m,B}}^\ominus(298.15K)$$

$$\Delta_\mathrm{r} G_\mathrm{m}^\ominus(298.15K) = \Delta_\mathrm{r} H_\mathrm{m}^\ominus(298.15K) - 298.15K \times \Delta_\mathrm{r} S_\mathrm{m}^\ominus(298.15K)$$

$$\Delta_\mathrm{r} G_\mathrm{m}^\ominus(T) \approx \Delta_\mathrm{r} H_\mathrm{m}^\ominus(298.15K) - T\Delta_\mathrm{r} S_\mathrm{m}^\ominus(298.15K)$$

转变温度的估算：$T_c \approx \Delta_\mathrm{r} H_\mathrm{m}^\ominus(298.15K)/\Delta_\mathrm{r} S_\mathrm{m}^\ominus(298.15K)$

化学平衡的热力学标志：$\quad\quad\quad \Delta_\mathrm{r} G = 0$

标准平衡常数：
$$K^{\ominus} = \prod_{B} \{p(B)^{aq}/p^{\ominus}\}^{\nu(B)} \quad \text{或} \quad K^{\ominus} = \prod_{B} \{c(B)^{aq}/c^{\ominus}\}^{\nu(B)}$$

$$\ln K^{\ominus} = -\Delta_r G_m^{\ominus}(T)/(RT)$$

化学平衡移动的判断式：

当 $Q < K^{\ominus}$，则 $\Delta_r G_m < 0$，反应正向自发或平衡向正向移动

当 $Q = K^{\ominus}$，则 $\Delta_r G_m = 0$，平衡状态或平衡不移动

当 $Q > K^{\ominus}$，则 $\Delta_r G_m > 0$，反应逆向自发或平衡向逆向移动

定量描述温度对平衡常数影响的范特霍夫等压方程式：

$$\ln K^{\ominus} = \frac{-\Delta_r H_m^{\ominus}}{RT} + \frac{\Delta_r S_m^{\ominus}}{R} \quad \text{以及} \quad \ln \frac{K_2^{\ominus}}{K_1^{\ominus}} = \frac{\Delta_r H_m^{\ominus}}{R} \left(\frac{T_2 - T_1}{T_1 T_2} \right)$$

◇ 思考题

1. 区别下列概念：

   系统与环境；反应热效应与焓变；恒容反应热与恒压反应热；标准摩尔生成焓与反应的标准摩尔焓变；标准摩尔熵与标准摩尔生成吉布斯函数；反应的摩尔吉布斯函数变与反应的标准摩尔吉布斯函数变；反应商与标准平衡常数。

2. 功和热是什么？二者有何区别？能否说一个系统有多少功和多少热？

3. 什么是状态函数，状态函数有哪些特性？为什么说热力学能和焓是状态函数，而 Q 和 W 不是状态函数？

4. 焓的物理意义是什么？是否只有等压过程才有 ΔH？应用 $\Delta H = Q_p$ 时要满足哪些条件？

5. 热化学方程式与一般的化学反应方程式有何异同？书写热化学方程式时有哪些应注意之处？

6. q、H、U 之间以及 p、V、U 之间存在哪些重要关系？试用公式表示之。

7. 如何利用精确测定的 q_V 来求得 q_p 和 ΔH？试用公式表示之。

8. 化学热力学中所说的"标准状态"意指什么？对于单质、化合物和水合离子所规定的标准摩尔生成焓有何区别？

9. 试根据标准摩尔生成焓的定义，说明在该条件下指定单质的标准摩尔生成焓必须为零。

10. H、S 与 G 之间，$\Delta_r H$、$\Delta_r S$ 与 $\Delta_r G$ 之间，$\Delta_r G$ 与 $\Delta_r G^{\ominus}$ 之间存在哪些重要关系？试用公式表示之。

11. 判断反应能否自发进行的标准是什么？能否用反应的焓变或熵变作为衡量的标准？为什么？

12. 能否用 $K^{\ominus}$ 来判断反应的自发性？为什么？

◇ 习题

1. 是非题（对的在括号内填"√"号，错的填"×"号）

(1) 已知某过程的热化学方程式为 $TiCl_4(l) \Longrightarrow TiCl_4(g)$；$\Delta_r H_m^{\ominus} = 41.0 \text{kJ} \cdot \text{mol}^{-1}$。则在此温度时蒸发 $1 \text{mol } TiCl_4(l)$，会放热 41.0kJ。 （　　）

(2) 在恒温恒压条件下，下列两个生成液态水的化学方程式所表达的反应放出的热量值是相同的。 （　　）

$$H_2(g) + \frac{1}{2}O_2(g) \Longrightarrow H_2O(l)$$

$$2H_2(g) + O_2(g) \Longrightarrow 2H_2O(l)$$

(3) 热是在系统和环境之间的一种能量传递方式，因为有 $q_V = \Delta U$ 和 $q_p = \Delta H$，所以，热也是系统的一个状态函数。 （　　）

(4) 反应的 ΔH 就是反应的热效应。 （　　）

(5) $\Delta_r S$ 为正值的反应均是自发反应。 ( )

(6) 对反应系统 $C(s) + H_2O(g) \rightleftharpoons CO(g) + H_2(g)$，$\Delta_r H_m^\ominus (298.15K) = 131.3 kJ \cdot mol^{-1}$。由于化学方程式两边物质的化学计量数（绝对值）的总和相等，所以增加总压力对平衡无影响。 ( )

2. 选择题（将所有正确答案的标号填入括号内）

(1) 在下列反应中，进行 1mol 反应时放出热量最大的是 ( )

    A. $C_2H_5OH(l) + 3O_2(g) \rightleftharpoons 2CO_2(g) + 3H_2O(g)$

    B. $C_2H_5OH(g) + 3O_2(g) \rightleftharpoons 2CO_2(g) + 3H_2O(g)$

    C. $C_2H_5OH(g) + 3O_2(g) \rightleftharpoons 2CO_2(g) + 3H_2O(l)$

    D. $C_2H_5OH(l) + 2O_2(g) \rightleftharpoons 2CO(g) + 3H_2O(l)$

(2) 通常，反应热精确的实验数据是通过测定反应或过程的哪个物理量而获得的 ( )

    A. ΔH；   B. $p\Delta V$；   C. q_p；   D. q_V；   E. ΔU

(3) 下列对于功和热的描述中，正确的是 ( )

    A. 都是途径函数，无确定的变化途径就无确定的数值；

    B. 都是途径函数，对应于某一状态有一确定值；

    C. 都是状态函数，变化量与途径无关；

    D. 都是状态函数，始终态确定，其值也确定

(4) 在一定条件下，由乙二醇水溶液、冰、水蒸气、空气组成的系统中含有 ( )

    A. 三个相；   B. 四个相；   C. 三种组分；   D. 四种组分；   E. 五种组分

(5) 下述说法中，不正确的是 ( )

    A. 焓只有在某种特定条件下，才与系统和环境之间交换的热量相等；

    B. 焓是人为定义的一种具有能量量纲的热力学量；

    C. 焓是状态函数；

    D. 焓是系统与环境进行热交换的能量

3. 判断下列各组内的反应在标准态下的恒压反应热是否相同，并说明理由。

(1) $N_2(g) + 3H_2(g) \rightleftharpoons 2NH_3(g)$ $\frac{1}{2}N_2(g) + \frac{3}{2}H_2(g) \rightleftharpoons NH_3(g)$

(2) $H_2(g) + Br_2(g) \rightleftharpoons 2HBr(g)$ $H_2(g) + Br_2(l) \rightleftharpoons 2HBr(g)$

4. 比较下列各对物质的熵值，哪个大些？

    (1) 1mol O_2 (298K, 1×10^5 Pa)   1mol O_2 (373K, 1×10^5 Pa)

    (2) 0.1mol H_2O (s, 273K, 10×10^5 Pa)   0.1mol H_2O (l, 273K, 10×10^5 Pa)

    (3) 1g He (298K, 1×10^5 Pa)   1mol He (298K, 1×10^5 Pa)

    (4) 2mol C_2H_4 (293K, 1×10^5 Pa)   2mol C_2H_5OH (293K, 1×10^5 Pa)

5. 不用查表，将下列物质按其标准熵 $\Delta S_m^\ominus (298.15K)$ 值由大到小的顺序排列，并简单说明理由。

    (a) K(s)；   (b) Na(s)；   (c) Br_2(l)；

    (d) Br_2(g)；   (e) KCl(s)；   (f) $CaCO_3$(s)

6. 定性判断下列反应或过程中熵变的数值是正值还是负值。

    (1) 溶解少量砂糖于水中；

    (2) 活性炭表面吸附氧气；

    (3) 盐从过饱和水溶液中结晶出来；

    (4) 碳与氧气反应生成一氧化碳；

    (5) 气体等温膨胀

7. 一定量冰和一定量热水在一密闭的绝热容器内混合，容器内的物质很快达到平衡。在这个过程中容器内物质的总能量是增加、减小，还是保持不变？它们的总熵是增加、减小，还是保持不变？

8. 反应 $2Cl_2(g) + 2H_2O(g) \rightleftharpoons 4HCl(g) + O_2(g)$ 的 q 为正值。将 Cl_2、H_2O、HCl、O_2 四种气体混合后，反应达到平衡。下列左面的操作条件改变对右面的平衡时的数值有何影响（操作条件中没加注明的，是指温度不变、容积不变）。

    (1) 增大容器体积——H_2O 的物质的量；

    (2) 加 O_2——H_2O 的物质的量；

(3) 加 O_2——O_2 的物质的量；

(4) 加 O_2——HCl 的物质的量；

(5) 减小容器体积——Cl_2 的物质的量；

(6) 减小容器体积——Cl_2 的分压；

(7) 减小容器体积——$K^{\ominus}$；

(8) 提高温度——$K^{\ominus}$；

(9) 提高温度——HCl 的分压

9. 写出下列反应的标准平衡常数表达式

(1) $2N_2O_5(g) \Longleftrightarrow 4NO_2(g) + O_2(g)$；

(2) $SiCl_4(l) + 2H_2O(g) \Longleftrightarrow SiO_2(s) + 4HCl(g)$；

(3) $CaCO_3(s) \Longleftrightarrow CaO(s) + CO_2(g)$；

(4) $ZnS(s) + 2H^+(aq) \Longleftrightarrow Zn^{2+}(aq) + H_2S(g)$

10. 将重 10.0g、温度为 $-10^\circ C$ 的冰块放入 100g 温度为 $20^\circ C$ 的水中。若没有热量失散到环境中去，计算体系达平衡时的温度。已知冰和水的定压比热容 C_p 分别为 $38J \cdot mol^{-1} \cdot K^{-1}$ 和 $75J \cdot mol^{-1} \cdot K^{-1}$；冰的摩尔熔化焓 $\Delta_{fus}H = 6.007kJ \cdot mol^{-1}$。

11. 在环境压力为 100kPa 下，一个带有移动活塞的汽缸内的 5.00mol 氩气从温度为 398K 冷却到 298K。设氩气是理想气体，其恒压摩尔热容 $C_p = (5/2)R$。计算：

（1）环境对体系所做的功 W；

（2）体系吸收的热 q；

（3）体系的内能变化 ΔU；

（4）体系的焓变 ΔH

12. $25^\circ C$ 时，由单质 Hg(l) 和 $Br_2(l)$ 形成 1mol $Hg_2Br_2(s)$ 的焓变是 $-206.77kJ \cdot mol^{-1}$；而形成 1mol HgBr(g) 的焓变是 $96.23kJ \cdot mol^{-1}$。计算反应 $Hg_2Br_2(s) \Longleftrightarrow 2HgBr(g)$ 的焓变。

13. 化学反应除了实现化学能和热能的转变外，有时同时对环境做功。计算 10g $CaCO_3(s)$ 溶于 100kPa 和 $25.0^\circ C$ 下过量的盐酸的过程中所做的功。

14. 乙炔 $C_2H_2(g)$ 是经常用于焊接的气体，它在氧中的燃烧反应是：

$$C_2H_2(g) + \frac{5}{2}O_2(g) \Longleftrightarrow 2CO_2(g) + H_2O(g)$$

(1) 用附录的数据计算反应的 $\Delta H^{\ominus}$；

(2) $CO_2(g)$ 和 $H_2O(g)$ 的 C_p 依次为 $37J \cdot mol^{-1} \cdot K^{-1}$、$36J \cdot mol^{-1} \cdot K^{-1}$，计算 2.00mol $CO_2(g)$ 和 1.00mol $H_2O(g)$ 的总热容。

(3) 当这一反应在一个敞开的火焰中进行时，假设几乎全部热量用于使产物的温度升高，而没有热向周围环境的失散，计算乙炔在氧中燃烧时火焰可能达到的最高温度。

15. 已知下列热化学方程式：

$$Fe_2O_3(s) + 3CO(g) \Longleftrightarrow 2Fe(s) + 3CO_2(g); \quad q_p = -27.6kJ \cdot mol^{-1}$$
$$3Fe_2O_3(s) + CO(g) \Longleftrightarrow 2Fe_3O_4(s) + CO_2(g); \quad q_p = -58.6kJ \cdot mol^{-1}$$
$$Fe_3O_4(s) + CO(g) \Longleftrightarrow 3FeO(s) + CO_2(g); \quad q_p = 38.1kJ \cdot mol^{-1}$$

不用查表，试计算反应 $FeO(s) + CO(g) \Longleftrightarrow Fe(s) + CO_2(g)$ 的 q_p。[提示：根据盖斯定律利用已知反应方程式，设计一循环，使消去 Fe_2O_3 和 Fe_3O_4，而得到所需反应方程式]

16. 已知：

(1) $C(s) + O_2(g) \Longleftrightarrow CO_2(g)$ $\qquad\qquad\qquad$ $\Delta_r H_1^{\ominus} = -393.5kJ \cdot mol^{-1}$

(2) $H_2(g) + \frac{1}{2}O_2(g) \Longleftrightarrow H_2O(l)$ $\qquad\qquad$ $\Delta_r H_2^{\ominus} = -285.9kJ \cdot mol^{-1}$

(3) $CH_4(g) + 2O_2(g) \Longleftrightarrow CO_2(g) + 2H_2O(l)$ $\quad$ $\Delta_r H_3^{\ominus} = -890.0kJ \cdot mol^{-1}$

试求反应 $C(s) + 2H_2(g) \Longleftrightarrow CH_4(g)$ 的 $\Delta_r H_m^{\ominus}$。

17. 已知下列反应 $2Fe(s) + \frac{3}{2}O_2(g) \Longleftrightarrow Fe_2O_3(s)$ 和反应 $4Fe_2O_3(s) + Fe(s) \Longleftrightarrow 3Fe_3O_4(s)$ 在 298K、100kPa 下的 $\Delta_r G_m^{\ominus}$ 分别为 $-741kJ \cdot mol^{-1}$ 与 $-79kJ \cdot mol^{-1}$。计算 Fe_3O_4 的 $\Delta_f G_m^{\ominus}$。

18. 假设一个人行走 1km，要消耗 100kJ 能量。这些能量来源于食物的氧化，其中有效能量为 30%。汽车每行走 8.0km 消耗 1L 汽油。若一个人不开车，改为步行往返 1km，可以节省多少能量？已知汽油的密度为 $0.68g \cdot cm^{-3}$，其燃烧值为 $-48kJ \cdot g^{-1}$（燃料和食物的含热量常以等压条件下燃烧 1g 物质所释放的热量表示，称为燃烧值或热值，符号也是 ΔH，单位为 $kJ \cdot g^{-1}$）。

19. 用附录所给的热力学数据计算下列过程能自发进行的温度范围：
(1) 铁生锈：$4Fe(s) + 3O_2(g) == 2Fe_2O_3(s)$；
(2) 由氯酸钾分解制氧气：$2KClO_3(s) == 2KCl(s) + 3O_2(g)$；
(3) 由碳还原铁（II）氧化物生产金属铁：$FeO(s) + C(石墨) == Fe(s) + CO(g)$；

20. 合成乙醇的一条途径是利用反应 $C_2H_4(g) + H_2O(g) == C_2H_5OH(g)$。已知 $C_2H_4(g)$、$H_2O(g)$、$C_2H_5OH(g)$ 的 $\Delta H^{\ominus}$ 依次为 52.3、−214.8、−235.3（$kJ \cdot mol^{-1}$）。不作详细计算指出提高平衡时乙醇产率的温度和压力条件。

21. 在高温下氮化钡将按下式分解：
$$Ba_3N_2(s) == 3Ba(g) + N_2(g)$$
上述反应在 1000K 的平衡常数为 4.5×10^{-19}；在 1200K 的平衡常数为 6.2×10^{-12}。
(1) 估计此反应的 $\Delta H^{\ominus}$；
(2) 把方程式改写为：$2Ba_3N_2(s) == 6Ba(g) + 2N_2(g)$
此时反应在 1000K 的平衡常数为 2.0×10^{-37}；在 1200K 的平衡常数为 3.8×10^{-23}。估计这一反应的 $\Delta H^{\ominus}$。

22. 尽管碘在纯水中不容易溶解，但它容易在含有 I^- 的水中溶解，反应为：
$$I_2(aq) + I^-(aq) == I_3^-(aq)$$
在不同温度下，此反应的平衡常数的测量值如下：

$T/℃$	3.8	15.3	25.0	35.0	50.2
K	1160	841	698	533	409

估算这一反应的 $\Delta H^{\ominus}$。

23. NO 和 CO 是在轿车尾气中排放的两种对大气有污染作用的气体，有人提议在合适的条件下使这两种气体反应
$$2NO(g) + 2CO(g) == N_2(g) + 2CO_2(g)$$
将其转变为对大气无污染作用的 $N_2(g)$ 和 $CO_2(g)$。
(1) 写出该反应的平衡常数 $K^{\ominus}$ 的表示式。
(2) 计算反应在 25℃ 时的 $\Delta H^{\ominus}$、$\Delta G^{\ominus}$ 和 $K^{\ominus}$。
(3) 若某市大气中这些气体成分的分压分别为：$p_{N_2} = 78.1kPa$，$p_{CO_2} = 0.31kPa$，$p_{NO} = 5.0 \times 10^{-5} kPa$，$p_{CO} = 5.0 \times 10^{-3} kPa$。在这样的实际条件下上述反应朝哪个方向进行。

24. 已知下列反应：
$$Ag_2S(s) + H_2(g) == 2Ag(s) + H_2S(g)$$
在 740K 时的 $K^{\ominus} = 0.36$。若在该温度下，在密闭容器中将 $1.0mol\ Ag_2S$ 还原为银，试计算最少需用 H_2 的物质的量。

25. 利用标准热力学函数估算反应
$$CO_2(g) + H_2(g) == CO(g) + H_2O(g)$$
在 1273K 时的标准摩尔吉布斯函数变和标准平衡常数。若此时系统中各组分气体的分压为 $p(CO_2) = p(H_2) = 127kPa$，$p(CO) = p(H_2O) = 76kPa$，计算此条件下反应的摩尔吉布斯函数变，并判断反应进行的方向。

26. 已知
$$Cu_2O(s) + \frac{1}{2}O_2(g) == 2CuO(s), \Delta G_{400K}^{\ominus} = -95.4kJ \cdot mol^{-1}, \Delta G_{300K}^{\ominus} = -107.9kJ \cdot mol^{-1},$$
求该反应的 $\Delta_r H_m^{\ominus}$ 和 $\Delta_r S_m^{\ominus}$。

27. 已知 298K 时反应

(1) $CuO(s) + H_2(g) \Longrightarrow Cu(s) + H_2O(g)$ $K_1^{\ominus} = 2 \times 10^{15}$

(2) $H_2(g) + \dfrac{1}{2}O_2(g) \Longrightarrow H_2O(g)$ $K_2^{\ominus} = 5 \times 10^{22}$

求该温度下反应 $CuO(s) \Longrightarrow Cu(s) + \dfrac{1}{2}O_2(g)$ 的标准平衡常数 $K_3^{\ominus}$。

28. 将 1.20mol SO_2 和 2.00mol O_2 的混合气体，在 800K 和 101.325kPa 总压力下，缓慢通过 V_2O_5 催化剂使生成 SO_3，在恒压下达到平衡后，测得混合物中生成的 SO_3 为 1.10mol。试利用上述实验数据求该温度下，反应

$$2SO_2(g) + O_2(g) \Longrightarrow 2SO_3(g)$$

的 $K^{\ominus}$，$\Delta_r G_m^{\ominus}$ 及 SO_2 的转化率。若初始的混合气体中的 O_2 为 3.00mol 时，SO_2 的转化率是多少？并讨论温度、总压力的高低对 SO_2 转化率的影响。

29. 在 101.325kPa 及 338K（甲醇的沸点）时，将 1mol 甲醇蒸发变成气体，吸收热量 3.52×10^4J，求此变化过程中的热效应、体积功、内能变化和吉布斯函数变。

30. 有下列两个反应：①$SO_2(g) + Cl_2(g) \Longrightarrow SO_2Cl_2(l)$；②$SO_2(g) + 2HCl(g) \Longrightarrow SO_2Cl_2(l) + H_2(g)$。通过查表，根据每个物质的 $\Delta_f G_m^{\ominus}$、$\Delta_f H_m^{\ominus}$，求：(1) 根据热力学的观点，SO_2Cl_2 的合成应采用哪个反应？(2) 求 298K 时，反应 (1) 的 $K_{298}^{\ominus}$；(3) 说明温度对 SO_2Cl_2 与 H_2 的反应的影响。

31. 749K 时，密闭容器中进行下列反应：$CO(g) + H_2O(g) \Longrightarrow CO_2(g) + H_2(g)$，$K^{\ominus} = 2.6$。试问：(1) 当 $p_{H_2O} : p_{CO} = 1 : 1$ 时，CO 的转化率为多少？(2) 当 $p_{H_2O} : p_{CO} = 3 : 1$ 时，CO 的转化率为多少？(3) 根据计算结果，你能得到什么结论？

32. 试通过计算说明下列甲烷燃烧反应在 298.15K 进行 1mol 反应进度时，在定压和定容条件燃烧热之差别。并说明差别之原因

$$CH_4(g) + 2O_2(g) \Longrightarrow CO_2(g) + 2H_2O(l)$$

33. 制备半导体材料时发生如下反应：$SiO_2(s) + 2C(s) \Longrightarrow 2CO(g) + Si(s)$。通过查表计算回答下列问题：(1) 标准状态下，298.15K 时，反应能否自发进行？(2) 标准状态下，反应自发进行时的温度条件如何？(3) 标准状态下，反应热为多少？是放热反应还是吸热反应？

34. 碘钨灯比一般白炽灯发光效率高且使用寿命长，其原理是由于灯管内所含少量碘发生了可逆反应 $W(s) + I_2(g) \Longrightarrow WI_2(g)$。当生成的 $WI_2(g)$ 扩散到灯丝附近的高温区时，又会立即分解出 W 而重新沉积到灯管上。查表，通过三个物质的 $\Delta_f H_m^{\ominus}$，$S_m^{\ominus}$ 求：

(1) 若灯管壁温度为 623K，计算上式反应的 $\Delta_r G_m^{\ominus}(623K)$；

(2) $WI_2(g)$ 在灯丝上发生分解所需的最低温度。

35. 一定数量的 PCl_5 于 250℃下在一个 12L 容器内加热。发生如下反应：$PCl_5(g) \Longrightarrow PCl_3(g) + Cl_2(g)$。平衡时，此容器内含有 0.21mol PCl_5 和 0.32mol PCl_3 以及 0.32mol 的 Cl_2。(1) 计算 PCl_5 在 250℃时的分解反应的平衡常数 $K^{\ominus}$。(2) 这一反应的 $\Delta_r G_m^{\ominus}$ 是多少？

36. 对于反应 $2SO_2(g) + O_2(g) \Longrightarrow 2SO_3(g)$，已知 $\Delta_r H_m^{\ominus} = 198.2$kJ·mol^{-1}，$\Delta_r S_m^{\ominus} = -190.1$J·K^{-1}·mol^{-1}。

(1) 计算在常压 25℃时的 $\Delta_r G_m^{\ominus}$ 为多少？(2) 在同样的温度时，若将 101325Pa 的 SO_3，0.25×101325Pa 的 SO_2 和 0.25×101325Pa 的 O_2 混合在一起，此反应的吉布斯函数变化值为多少？(3) 求该反应在 50℃时的 $K^{\ominus}$ 为多少？

◇ 习题答案

1. (1) ×；(2) ×；(3) ×；(4) ×；(5) ×；(6) ×

2. (1) C；(2) D；(3) A；(4) A；(5) D

3. (1) 不相同，方程式写法不同，热效应不同；(2) 不相同，聚集状态不同，热效应不同

4. (1) <；(2) <；(3) <；(4) <

5. d＞c＞f＞e＞a＞b

6. (1) 正值；(2) 负值；(3) 负值；(4) 正值；(5) 正值

7. 总能量保持不变，总熵增加

8. (1) 减小；(2) 增大；(3) 增大；(4) 减小；(5) 增大；(6) 增大；(7) 不变；(8) 增大；(9) 增大

9. (1) $K^{\ominus} = \dfrac{\{p^{eq}(NO_2)/p^{\ominus}\}^4\{p^{eq}(O_2)/p^{\ominus}\}}{\{p^{eq}(N_2O_5)/p^{\ominus}\}^2}$;　(2) $K^{\ominus} = \dfrac{\{p^{eq}(HCl)/p^{\ominus}\}^4}{\{p^{eq}(H_2O)/p^{\ominus}\}^2}$;

(3) $K^{\ominus} = p^{eq}(CO_2)/p^{\ominus}$;　　　　　(4) $K^{\ominus} = \dfrac{\{c^{eq}(Zn^{2+})/c^{\ominus}\}\{p^{eq}(H_2S)/p^{\ominus}\}}{\{c^{eq}(H^+)/c^{\ominus}\}^2}$

10. 10.38℃

11. (1) 4.157kJ；(2) −10.393kJ；(3) −6.236kJ；(4) −10.393kJ·mol^{-1}

12. 400.23kJ·mol^{-1}

13. 247.76J

14. (1) −1255.58kJ·mol^{-1}；(2) 0.11kJ·K^{-1}；(3) 1.14×10^{4}K

15. −16.7kJ·mol^{-1}

16. −75.3kJ·mol^{-1}

17. 1014.3kJ·mol^{-1}

18. 7493.3kJ

19. (1) ＜3024.5K；(2) 任意温度；(3) ＞842.07K

20. 反应为放热、体积缩小的反应，所以可以通过降低温度、增大压力来提高平衡时乙醇的产率

21. (1) 820kJ；(2) 1640kJ

22. −167.78kJ·mol^{-1}

23. (1) $\dfrac{\{p^{eq}(N_2)/p^{\ominus}\}\{p^{eq}(CO_2)/p^{\ominus}\}^2}{\{p^{eq}(NO)/p^{\ominus}\}^2\{p^{eq}(CO)/p^{\ominus}\}^2}$；(2) −373.36kJ·mol^{-1}，−343.8kJ·mol^{-1}，1.72×10^{60}；(3) 反应正向进行，因为反应商 $Q=9.68×10^7＜K^{\ominus}$

24. 3.78mol

25. −12.82kJ；因为 $Q＜K^{\ominus}$，所以反应正向进行

26. −145.4kJ·mol^{-1}，−125kJ·mol^{-1}·K^{-1}

27. 4×10^{-8}

28. 221.14，−13.4kJ·mol^{-1}，91.7％，95.3％；反应为放热、体积缩小的反应，因此降低温度、增大总压力有利于提高 SO_2 的转化率

29. 35.2kJ，−2.810kJ，32.4kJ，0kJ

30. (1) 采用反应①，因为 $\Delta_r G_m^{\ominus}(1)=-13.7$kJ·mol^{-1}，而 $\Delta_r G_m^{\ominus}(2)=816.$kJ·mol^{-1}；(2) 252.04；(3) 升高温度对 SO_2Cl_2 与 H_2 的反应不利，因为 $\Delta_r H_m^{\ominus}(1)=191.23$kJ·mol$^{-1}＞0$。

31. (1) 61.8％；(2) 86.5％；(3) 增加反应物中某一物质的浓度，可提高另一物质的转化率

32. 系统体积减小，恒压条件下环境对系统做功，使定压等温燃烧放热更多 (−4.958kJ·mol^{-1})

33. (1) 不能自发进行；(2) 1917K；(3) ＋682.5kJ·mol^{-1}

34. (1) −43.9kJ·mol^{-1}；(2) 1639K

35. (1) 1.75；(2) −2.43kJ·mol^{-1}

36. (1) 141.55kJ·mol^{-1}；(2) −131.24kJ·mol^{-1}；(3) 1.316×10^{22}

第 4 章　溶液化学与离子平衡

【学习提要】　溶液是我们接触最多的体系，这种体系是由不同化学物质混合后构成的混合物体系。本章将首先讨论作为均相混合物的溶液体系，然后讨论作为典型多相混合物的胶体体系。无论是前一体系还是后一体系，它们的基本通性都与体系内分子间作用力有关。另外，本章还将系统讨论水溶液中的离子平衡以及多相体系中的相平衡。

4.1 液体以及由液体构成的多组分体系

4.1.1　分子间力与液体的某些性质

物质通常有三个基本状态，即固态、液态和气态。广义地说，物质还存在其它若干种基本状态，例如，等离子态、液晶状态，本章的讨论主要只涉及固态、液态和气态这三个基本状态。对于同一种物质来说，这三种状态的差别来源于它们的分子间力与分子运动程度的不同。在固体中，分子间力较大，分子只能在其平衡位置附近进行小幅度的运动。随着温度的升高，分子运动的幅度有所增大，但其中心仍在平衡位置上。此时，升温会增大固体的体积，但不会明显改变其形状。这是固体材料热胀冷缩性质的直接原因。当温度升高到某一温度时，分子运动的幅度明显增大以至于能够摆脱平衡位置的束缚，发生相对自由的运动。这时，物质由固体向液体转化，这一过程称为固体的熔化（melting），相对应的温度称为熔点（melting point）。在讨论物质状态的时候，还常常使用"相"（phase）的概念。所谓"相"指的是在指定条件下某个"宏"体积物质范围内物质的物理和化学性质是均一的，当物质在全部体积范围内都具有均一的物理和化学性质，我们说这个物质是单相的（monogeneous）；如果这个物质在一个局部具有均一的物理和化学性质，而在另一个局部具有均一的但与前一局部不相同的物理和化学性质，我们就说这个物质是多相的（heterogeneous），其中每一个"均一"的局部是一个相，相与相之间的交界面称为相界面。物质从一种（聚集）状态向另一种（聚集）状态的变化，称为相变（phase transition）。固体的熔化就是一种相变。

液体的分子运动相对较为自由，其宏观表现为液体的形状由其容器决定。从微观上来说，液体分子运动的每一步都很小，仅为分子直径的数分之一（约 10^{-12} m），且在 10^{-13} s 左右的时间内完成，运动方向是任意的。液体分子的相对运动导致布朗运动（Brownian motion）。当花粉等微小的固体颗粒悬浮在水中时，固体颗粒受到周围大量运动着的水分子的撞击。一般来说，在某一瞬间，这种撞击不是均衡的，因而使得固体颗粒好像是受到了东一下西一下的撞击，表现出在水中的杂乱无章的运动。

在一定的外界压力下，升温将进一步增大液体中分子运动的幅度；至一定温度时，液体将发生沸腾，这一温度称为该液体的沸点（boiling point）。液体中分子间的间隙很小，从而液体的可压缩性很小；液体中存在明显的分子间作用力，因而液体不能像气体那样自由充满容器的整个空间。分子间作用力还决定着液体的表面张力和黏度两种性质。将一根细小的钢针小心放置于水的表面，钢针可以浮在水面而不下沉，其原因就是液体表面存在的特殊性质——表面张力（surface tension）。在液体内部，一个液体分子将通过分子间作用力全方位地与最近邻分子相吸引，而在液体表面，液体分子上方不再存在其它液体分子。来自更多的相邻分子的吸引力使得液体内部的分子的能量要比在表面的低。液体分子都趋向于进入液体内部而尽可能不留在液体表面，从而液体趋于保持最小表面积。空中的雨滴以及荷叶上的水滴都呈球形，就是因为同样体积的球的表面积是所有不同几何结构中最小的。钢针要沉入液体，就必须撕裂液体表面，即增大液体表面积，这要求钢针对液体表面做功。当钢针的重力不足以提供所需的能量时，钢针就会浮在水面而不下沉。

表面张力就是增加液体表面积时所需要的能量或者功，具有单位面积上能量的量纲，例如，$J \cdot m^{-2}$。升高温度会增大分子运动的强度，减弱分子间作用力的有效性，减小在扩展液体表面积时所需要的能量。所以，表面张力随温度升高而降低。当液体存在于某固体表面时，液体分子会受到两种分子间力的作用：一种是同种分子间的作用力，称为黏结力（cohesive forces）；另一种是异种分子间的作用力，称为附着力（adhesive forces）。当前者大于后者时，液滴保持其自身的形状；当后者大于前者时，液滴会在表面上铺开而形成液膜，这就是常说的润湿（wetting）。水能够润湿许多种表面，是一种应用最广的清洗剂。很多情况下，还需要添加一些物质降低水的表面张力，这种能够降低水的表面张力、促进水展开成膜的物质称为润湿剂（wetting agent）。在用管状容器盛装液体时，由于表面张力的作用，液面通常呈弯月形。如果液体能润湿表面（例如水与玻璃管），弯月面呈上凸形；如果液体不能润湿表面（例如水银与玻璃管），弯月面呈下凹形。在直径很小的毛细管内，这种弯月面形成的效果会急剧增强，称为毛细作用（capillary action）。将洁净毛细玻璃管插入水中时，毛细管内的水面会明显高出管外的水面；如果插入水银中，所观察的现象正好相反。

液体的黏度（viscosity）反映液体对流动的阻力大小，这一性质也与分子间作用力相关。液体流动时，液体的一部分将发生相对于相邻的另一部分的运动，液体内存在的黏结力将产生内部摩擦，阻碍这种相对运动。相互吸引的分子间作用力越大，这种内部摩擦力就越大，液体的黏度越大，液体越难流动。水、乙醇等低黏度液体中，这种内摩擦作用较弱，液体容易流动。蜂蜜很难流动，是黏性液体。升高温度，会增加分子的动能，减弱分子间作用力产生的吸引。因此，黏度通常随温度升高而降低。

4.1.2 溶液的形成和性质

两个或者多个组分混合后构成多组分体系。多组分体系可以是单相的（例如，即将要讨论的溶液），也可以是多相的（例如，在后面将要讨论的乳状液和溶胶）。单相和多相多组分体系的出现与分子间作用力密切相关。

溶液实际上就是均相混合物，其状态可以是气态（例如空气、天然气）、液态（例如海水、食醋）或者固态（例如黄铜、储氢的储氢金属）。在均相混合物中，通常存在一种可以决定混合物存在状态的组分，称为溶剂。溶剂通常是溶液中含量最多的物质。均匀分散于溶剂中的组分称为溶质。溶液中可以含有多种溶质。当两种物质能够以任意比例均匀混合时，称这两种物质能够互溶。

虽然溶液有不同的状态，但在人们日常生活与工作中需要处理的对象主要是液态的溶液，特别是水溶液。有关水溶液化学的理论可以直接或者经过适当修正后用于气态或者固态溶液。为了便于说明，本书讨论溶液化学时主要针对液态溶液。

溶液的形成过程就是溶质以分子或离子状态进入溶剂并依靠扩散与对流等传质方式在溶剂本体内均匀分散的过程，这是一个复杂的物理与化学过程。当将一种物质分散于另一种物质时，有时能够形成溶液，有时则不能；有时会吸热，有时则会放热。这主要取决于溶液中分子（离子）的行为，特别是分子间作用力及其对溶解过程所需能量的贡献大小。

设想溶剂与溶质混合而形成溶液的过程（焓变 ΔH_{soln}）由三步组成：第一步，将纯溶剂变成分隔开的分离溶剂分子，显然需要消耗能量用于克服溶剂分子间的吸引力，因此其焓变 $\Delta H_a > 0$；第二步，将纯溶质变成分隔开的分离溶质分子，同理，其焓变 $\Delta H_b > 0$；第三步，分离溶剂分子与分离溶质分子相互吸引而形成溶液，此时将释放出部分能量，其焓变 $\Delta H_c < 0$。整个溶液形成过程的焓变为 $\Delta H_{soln} = \Delta H_a + \Delta H_b + \Delta H_c$，其值的符号与大小取决于 ΔH_a、ΔH_b 和 ΔH_c，进而取决于溶剂分子间、溶质分子间、溶剂分子与溶质分子间的作用力。这些分子间作用力的相对强度可以归为四种可能：

① 所有分子间作用力为同类型且等强度时，溶剂与溶质分子可以任意地混合，形成溶液。这种溶液称为理想溶液（ideal solution），因为从纯溶剂和纯溶质的性质可以预测溶液的性质。显然，理想溶液形成过程的焓变为零，$\Delta H_{soln} = 0$。许多液态烃的混合物接近理想溶液。

② 当异种分子间的吸引力大于同种分子间的作用力时，会形成溶液。此时一般不能从纯溶剂和纯溶质的性质预测溶液的性质，因此这种溶液称为非理想溶液（nonideal solution）。显然，这种情况下的 $\Delta H_{soln} < 0$，即溶液的形成过程是放热的（exothermic）。丙酮与氯仿形成的溶液属于这一类型。丙酮与氯仿分子间会形成弱的氢键，而这两种纯液体中不会形成氢键。

③ 当异种分子间的吸引力略小于同种分子间的作用力时，也可能形成非理想溶液。显然，这种情况下的 $\Delta H_{soln} > 0$，即溶液的形成过程是吸热的（endothermic）。非极性的 CS_2 与极性的丙酮形成的溶液属于这一类型。极性的丙酮分子之间存在偶极-偶极作用力。

④ 当异种分子间的吸引力比同种分子间的作用力小得多时，无法形成溶液，只能形成多相混合物。例如，非极性的辛烷分子无法与水分子形成强的结合，无法克服水分子间的强氢键结合力，因而无法形成溶液。辛烷是汽油的代表性成分，因此这也说明了水与汽油的互不相溶性。

以上说明可概括为"相似者相溶（like dissolves like）"，也就是说，具有相似结构的物质可能具有相似的分子间力，从而可以相互溶解。这也说明了物质的化学结构决定其基本的物理和化学性质。

在上面的讨论中，溶质可以是液体，也可以是固体或者气体。当溶质为固态时，还必须考虑由离子化合物组成的晶态固体溶质。在离子晶体中不存在独立的分子，因此，不能讨论离子晶体中的分子间作用力，取而代之的是离子晶体中的晶格能（lattice energy）。离子晶体在水中的溶解过程可以简化为离子晶体中的正、负离子在水分子偶极的作用下，克服晶格能而进入溶剂，并与水分子进一步作用生成水合离子。自由的气态离子与水作用形成水合离子时放出的能量称为该种离子的水合能。离子晶体在水中的溶解过程也可采用三个假设步骤来描述：第一步，1mol 的离子晶体解离为气态自由离子，此过程为吸热过程，所吸收的热量（$\Delta H_1 > 0$）等于离子晶体晶格能的负值；第二步，气态阳离子的水合，其水合能 $\Delta H_2 < 0$；第三步，气态阴离子的水合，其水合能 $\Delta H_3 < 0$。显然，对于离子晶体溶于水的过程，有 $\Delta H_{soln} = \Delta H_1 + \Delta H_2 + \Delta H_3$。对于大多数（约 95%）离子晶体来说，$\Delta H_{soln}$ 略微大于零，即为吸热过程。

将固体溶质不断地、缓慢地加入溶剂中时，一方面，固体溶质不断溶解（dissolution）；另一方面，溶解在溶剂中的溶质粒子可能会相互结合并进行结晶（crystallization）。刚开始，只发生溶解，而结晶可以忽略；随时间的增加，溶解在溶剂中的溶质的量不断增加，从而结晶的速率也逐步增加；在一定条件下，溶解与结晶会等速率进行，整个溶液化过程达到动态平衡。此时溶液中溶解的溶质量不再随时间变化，这种溶液称为饱和溶液（saturated solution）。饱和溶液的浓度称为该溶质在给定溶剂中的溶解度（solubility）。当溶解在溶剂中溶质的量少于饱和溶液所要求的量的时候，所得溶液称为未饱和溶液（unsaturated solution）。对于饱和溶液或者接近饱和的未饱和溶液，朝着使溶质的溶解度变小的方向适当地改变环境条件，过量的溶质有可能不会结晶出来而仍然溶解在溶剂之中，此时的溶液称为过饱和溶液

(supersaturated solution)。过饱和溶液是不稳定的，当向溶液中添加少量的固体颗粒作为晶种时，过量的溶质就会结晶出来直至形成饱和溶液。

物质在液体溶剂中的溶解度主要与温度相关。以溶解度对温度作图，所得曲线称为溶解度曲线（solubility curve）。对于大多数（约95%）的离子物质，其溶解度随温度升高而增大。这个一般规律存在例外，这些例外主要发生在含有 SO_3^{2-}、SO_4^{2-}、AsO_3^{3-}、PO_4^{3-} 等阴离子的化合物中。气体物质的溶解度曲线非常复杂。在水中，随温度升高，大多数气体的溶解度降低，但惰性气体的溶解度首先变小，达到一个最小值后反而增大（例如，对于 1atm 气压的 He，在水中的最小溶解度出现在 35℃）；在有机溶剂中，大多数气体的溶解度随温度升高而增大。

物质在液体溶剂中的溶解度还与压力有关。不过，对于大多数固体物质来说，在通常的压力范围内改变压力时，溶解度的变化不大。气体在液体中的溶解度受到压力的明显影响，其程度要比温度的影响大得多。通常，气体的溶解度随压力增高而增大，并满足亨利定律（Henry's law）：

$$c = k \cdot p_{gas} \tag{4-1}$$

其中，c 表示在给定温度下在给定溶剂中某气体的溶解度（$mol \cdot dm^{-3}$），p_{gas} 为该气体的分压，k 为比例常数。如果考虑到在气体分子的溶解与溶液中同种气体分子的蒸发之间存在着平衡，就很容易理解亨利定律的正确性。气体分压增大，其溶解度必然增大。如果采用溶解气体的体积来表示气体的溶解度，通常将其换算到标准压力下的体积数，即表示单位采用 $Ncm^3 \cdot dm^{-3}$。碳酸饮料的制造就是亨利定律应用的一个实例。必须指出，在高压条件下，亨利定律不再成立；如果气体溶解于水后会发生解离或者与水发生化学反应，亨利定律也不成立。

溶液中所含溶质的量，即溶液的浓度，是人们最关心的溶液性质。溶液浓度的表示方法可分成以下几类：

① 质量浓度　质量浓度表示的是单位体积溶液中所含溶质的质量。在某些行业中还曾使用过质量体积分数，用百分数形式表示 100mL 溶液中所含溶质的质量（g），现已不再使用。

② 摩尔浓度、质量摩尔浓度　摩尔浓度（物质的量浓度，molarity）反映出单位体积的溶液中所含溶质的物质的量，其 SI 制单位为 $mol \cdot dm^{-3}$。摩尔浓度用得最为广泛，但是当温度发生变化时，溶液的密度会发生变化，其摩尔浓度自然也会发生变化。因此，在温度发生明显变化的条件下，不能使用摩尔浓度，而应该使用质量摩尔浓度（molality），它反映出单位质量的溶剂中所含溶质的物质的量。其 SI 制单位为 $mol \cdot kg^{-1}$。

4.2 稀溶液的通性

浓度很稀的溶液在许多物理性质方面接近理想溶液的行为，具有一般性。这些物理性能就称为稀溶液的通性，主要包括溶液的蒸气压降低、沸点升高、凝固点降低和渗透压。溶液的这些性质也称为溶液的依数性（colligative properties），因为它们满足稀溶液定律（或依数定律）：这些依数性质与溶液中溶质的量成正比。

4.2.1 非电解质稀溶液的通性

4.2.1.1 溶液的蒸气压下降

当放置于敞开空间内时，固体的樟脑（萘）丸会逐渐消失；涂敷在人体皮肤表面的液体酒精（乙醇）会很快气化，并给人带来清凉的感觉。这表明无论是固体还是液体，其表面上的粒子都有向相邻气相中逃逸并形成蒸气的倾向。这种逃逸过程叫做蒸发（vaporization），它是吸热、熵增加的过程。与此同时，气相中存在的蒸气分子在不断运动中可能受到液体（或固体）

表面吸引力的作用而撞回表面，这个过程叫做凝聚（condensation），它是放热、熵减少的过程。以液体物质为例，如果在一个密闭空间内，在给定温度下，液体开始以一定的蒸发速率蒸发；另一方面，气相中的蒸气分子不断增多，其凝聚速率也不断增大。当二者的速率达到相等时，液体就和它的蒸气处于动态平衡状态。这一描述同样适用于固体及其蒸气，不过由固体直接变为蒸气的过程叫做升华（sublimation），相应的蒸气压称为升华压。

在某一温度的平衡状态下，蒸气所具有的压力叫做该物质在该温度下的饱和蒸气压，简称蒸气压（vapor pressure）。显然，每一种纯的固体或液体物质，都具有各自的蒸气压。当然，在某些条件下，一些固体物质的蒸气压可能很低而不能被现有仪器测量出来。但许多情况下，是可以测量出来的。例如，在 0℃ 时液态的水和固态的冰具有相等的蒸气压，611Pa。溶液同样具有蒸气压。早在 19 世纪 80 年代，法国化学家拉乌尔就发现溶液中溶解的溶质降低了溶剂的蒸气压，并提出了拉乌尔定律（Raoult's law）。拉乌尔定律指出理想溶液上方溶剂的分压 p_A 等于溶液中溶剂的摩尔分数 x_A 与纯溶剂在给定温度下蒸气压 p_A^* 之乘积：

$$p_A = x_A p_A^* \tag{4-2}$$

严格地说，拉乌尔定律只适用于理想溶液以及溶液中的挥发性组分。不过，当溶液浓度很稀（$x_A > 0.98$）时，即使是非理想溶液，拉乌尔定律也能应用。对于溶质为难挥发性的非电解质 B 与挥发性溶剂 A 构成的溶液来说，溶质产生的蒸气压可以忽略不计，同时由于 $x_A < 1$，溶剂的蒸气压必然小于纯溶剂的蒸气压，因此，非电解质稀溶液的蒸气压随溶液中溶质的摩尔分数的增大而下降（Δp_A）。同一温度下，纯溶剂蒸气压力与溶液蒸气压力之差称为溶液蒸气压下降（vapor pressure lowering），其数学表达式如下：

$$\Delta p_A = p_A^* - p_A = (1 - x_A) p_A^* = x_B p_A^* \tag{4-3}$$

4.2.1.2 溶液的沸点上升与凝固点下降

在给定体条件下，一切可形成晶体的纯物质都有一定的沸点和凝固点。当蒸气压与外界压力相等时，液体发生沸腾，此时的温度称为沸点。在正常条件下，液体与大气相连通。外界压力为 1atm 时的沸点叫做正常沸点（normal boiling point）。由于非挥发性溶质的加入导致溶液蒸气压的下降，在纯溶剂的沸点温度下，溶液的蒸气压要小于纯溶剂的蒸气压，也就低于给定条件下外部环境的气压，从而无法沸腾。要使溶液实现沸腾，就必须进一步升高温度以便溶液的蒸气压达到外界压力。显然，溶液的沸点温度必然高于纯溶剂的沸点温度。二者的差值称为溶液的沸点上升（boiling-point elevation）。非电解质稀溶液的沸点上升值（ΔT_{bp}）随溶液质量摩尔浓度 b 的增大而增大：

$$\Delta T_{bp} = k_{bp} b \tag{4-4}$$

式中的常数 k_{bp} 为摩尔沸点常数（ebullioscopic constant 或 boiling point constant），单位为 $K \cdot kg \cdot mol^{-1}$。

利用图 4-1 可以更明了地说明溶液沸点上升的概念。图 4-1 实际上就是纯溶剂和含难挥发溶质的溶液的简化相图。曲线 OB 为纯溶剂的蒸气压曲线，曲线 AO 为纯溶剂固体的升华曲线，曲线 OF 为溶剂的熔点曲线。这三条曲线的交点就是溶剂物质的三相点 O。这三条曲线将系统划分为三个相区域：固相区、液相区和气相区。当溶剂中溶入难挥发溶质而形成溶液时，溶液的蒸气压下降，蒸气压曲线由原来的

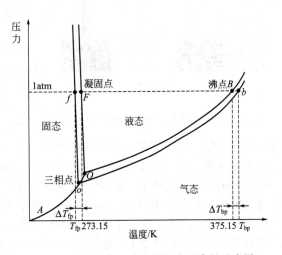

图 4-1　溶液沸点上升和凝固点下降的示意图

曲线 OB 下移到曲线 ob。显然，要使溶液的蒸气压达到外界压力 1atm，就必须在纯溶剂的沸点的基础上继续升高温度。这就导致了溶液的沸点上升。

在考虑溶液的凝固点（freezing point）变化时，情形有所变化。溶液的蒸气压曲线由原来的曲线 OB 下移到曲线 ob，但溶剂物质固体的升华曲线不会改变上下位置，只是可存在的温度区间缩小了，三相点由原来的点 O 左移到点 o。相应的，熔点曲线由原来的曲线 OF 平行地左移到曲线 of。显然，对应于外界压力 1atm 的正常熔点将下降，其变化值与三相点的变化值相等。对于同种物质来说，固体的熔点也就是其液体的凝固点。因此，溶质的加入导致溶液的凝固点下降（freezing point depression）。溶液凝固点下降值（ΔT_{fp}）与溶液质量摩尔浓度 b 成正比：

$$\Delta T_{\mathrm{fp}} = -k_{\mathrm{fp}} b \tag{4-5}$$

其中 k_{fp} 为摩尔凝固点常数（cryoscopic constant 或 freezing point constant），单位为 $K \cdot kg \cdot mol^{-1}$。

表 4-1 列出了几种典型溶剂的沸点、凝固点、k_{bp} 和 k_{fp} 的数值。

表 4-1　几种典型溶剂的沸点、凝固点、k_{bp} 和 k_{fp}

溶　　剂	沸点/℃	k_{bp}/K·kg·mol^{-1}	凝固点/℃	k_{fp}/K·kg·mol^{-1}
萘	217.955	5.80	80.29	6.94
樟脑	208.3	6.0	179.5	40.0
乙酸	118.1	3.07	16.66	3.90
水	100.0	0.51	0.0	1.86
苯	80.100	2.53	5.533	5.12
氯仿	61.150	3.62	—	—

4.2.1.3　溶液的渗透压

将分别盛有不同浓度的难挥发溶质水溶液的两个烧杯放置于一个密闭的钟罩内，随着放置时间的延长，烧杯内的溶液会发生什么样的变化？在钟罩内只存在一个气相，也就是说两个溶液的上方的水蒸气的分压是相等的。根据溶液蒸气压下降的原理，不同浓度的溶液具有不同的饱和蒸气压。因此，在钟罩内的两个溶液无法处于平衡。较高浓度的溶液产生较高的水蒸气分压，此蒸气压高于较低浓度的溶液的平衡蒸气压，从而气相中的水蒸气将发生凝聚，进入浓度较低的溶液中。从现象来看，较稀溶液中的溶剂（水）自发地转移到浓度较浓的溶液中。这种溶剂的流动也可发生在渗透过程中。渗透的发生需要半透膜（semipermeable membrane）。半透膜是一种多孔膜，其孔只允许溶剂分子通过，而不允许溶质分子通过。半透膜包括细胞膜、动物的膀胱、肠衣等天然半透膜，以

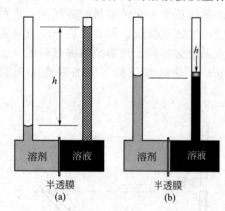

图 4-2　渗透现象及渗透压的测量示意图

及硝化纤维膜、醋酸纤维膜和聚砜纤维膜等人工半透膜。如图 4-2 所示，纯溶剂通过一张半透膜与溶液相分离。由于纯溶剂中溶剂分子的浓度高于溶液中溶剂分子的浓度，溶剂分子将由纯溶剂透过半透膜流入溶液中，从而使溶液的液面高于纯溶剂的液面［图 4-2(a)］。这种溶剂的净流动现象叫做渗透（osmosis）。溶液液面与纯溶剂液面的高度差（h）是由于渗透压造成的，这一高度的溶液柱所代表的压力等于渗透压（osmotic pressure），用 Π 表示。其测量的方式可参照图 4-2(b) 进行。在溶液上方向溶液施加一个压力，迫使溶液中的溶剂向纯溶剂中扩散，当两边的液面等高时，溶剂的扩散达到平衡。如果在溶液一侧的适当位置安

装一个压力表，就可以直接测出该压力值。这一压力值就是渗透压值。因此，渗透压是为了维持半透膜所隔开的溶液与纯溶剂之间的渗透平衡所需要的额外压力。

难挥发非电解质稀溶液的渗透压 $\Pi(Pa)$ 与溶液的浓度 $c(mol \cdot dm^{-3})$ 及热力学温度 T（K）成正比：

$$\Pi = cRT = (n/V)RT \tag{4-6}$$

或

$$\Pi V = nRT \tag{4-7}$$

这一方程也称为范特霍夫方程式（van't Hoff equation），其中 n 为溶质的物质的量，V 为溶液的体积，气体常数 $R = 8.314 \times 10^3 Pa \cdot dm^3 \cdot mol^{-1} \cdot K^{-1}$。在形式上，方程式（4-7）与理想气体方程式完全相同。不过，气体的压力是气体分子运动碰撞容器壁而产生的，而渗透压是溶剂分子渗透的结果。

4.2.2 电解质溶液的通性

稀溶液定律仅适合于非电解质稀溶液。当非电解质溶液的浓度不断增高时，稀溶液定律所描述的相关物理性质的变化趋势仍保持不变，但会偏离严格的正比例关系。其原因主要是因为在浓溶液中，溶质微粒较多，溶质微粒之间以及溶质微粒与溶剂分子之间的相互作用大大增强，破坏了依数性的定量关系。电解质溶液中这种相互作用更为强烈，以至于电解质稀溶液表现出异常的依数性，即，电解质溶液所表现出的沸点上升、凝固点下降、渗透压等的变化幅度要明显大于相同浓度的非电解质溶液的变化幅度。这种异常性与电解质的解离有关。与相同浓度的非电解质溶液相比，由于电解质的解离，电解质溶液中存在的溶质微粒数更多。为了得到电解质稀溶液的依数性表达式，范特霍夫提出了一个修正系数 i（范特霍夫系数）。它的定义是电解质溶液依数性的测量值与同浓度非电解质依数性的预测值之比。因此，电解质稀溶液的依数性计算公式为：

$$\Pi = icRT \tag{4-8}$$

$$\Delta T_{fp} = -ik_{fp}b \tag{4-9}$$

$$\Delta T_{bp} = ik_{bp}b \tag{4-10}$$

根据电解质 A_nB_m 的解离平衡

$$A_nB_m(s) \Longleftrightarrow nA^{m+}(aq) + mB^{n-}(aq) \tag{4-11}$$

可以知道，范特霍夫系数与电解质的强度（解离度）有关，与电解质荷电数类型 $(n+m)$ 有关。电解质正负离子荷电总数 $(n+m)$ 越大，i 值越大，且最大值为 $(n+m)$；解离度越高，i 值越接近其最大值 $(n+m)$。同一电解质与同种溶剂形成的溶液中，溶液浓度越高，电解质的解离度越大。因此，在给出 i 值时，必须指明溶液的浓度。表 4-2 列出了几种典型电解质的范特霍夫系数值。

表 4-2　几种典型电解质的范特霍夫系数值（质量摩尔浓度为 $0.100 mol \cdot kg^{-1}$ 的水溶液）

电解质	i	电解质	i
NaCl	1.87	K_2SO_4	2.46
HCl	1.91	CH_3COOH	1.01

4.2.3 有关溶液通性的计算

通过计算可以预计非电解质稀溶液的依数性或者溶液的浓度，近似估计电解质稀溶液的依数性。在估计电解质稀溶液的依数性时，如果电解质为强电解质 A_nB_m，范特霍夫系数取值 $(n+m)$。与溶液的沸点上升或者凝固点下降相比，溶液的渗透压对溶液浓度的依赖性要敏感得多，因此，可利用渗透压的测量来测定非电解质的相对分子质量。

【例 4-1】 将 0.334g 樟脑溶解于 10g 苯中，溶剂的沸点升高了 0.612K。已知苯的正常沸点是 80.1℃，摩尔沸点常数为 2.53K·kg·mol^{-1}，计算樟脑的摩尔质量。

解 根据稀溶液沸点升高的表达式，$\Delta T_{bp} = k_{bp} b$，可计算出樟脑溶液的质量摩尔浓度为：

$$b = \Delta T_{bp}/k_{bp} = 0.612/2.53 = 0.242 \ (\text{mol} \cdot \text{kg}^{-1})$$

该樟脑溶液中所含樟脑的物质的量 $= 0.242 \times 10 \times 10^{-3} = 2.42 \times 10^{-3} \ (\text{mol})$

所以，樟脑的摩尔质量 M 为：

$$M = 0.334/(2.42 \times 10^{-3}) = 138 \ (\text{g} \cdot \text{mol}^{-1})$$

此值明显小于樟脑 $C_{10}H_{16}O$ 的实际摩尔质量 $152.24 \text{g} \cdot \text{mol}^{-1}$，说明该实验方法无法得到准确结果。

【例 4-2】 将 1.1g 蛋白质溶解于 0.1dm^3 的 20℃ 水中，所得溶液的渗透压为 395Pa。计算该蛋白质的相对分子质量。

解 根据渗透压的计算公式 $\Pi = (n/V) RT$，得

$$n = \Pi V/(RT)$$

已知 $T = 293 \text{K}$，$V = 0.1 \text{dm}^3$，$\Pi = 395 \text{Pa}$，气体常数 $R = 8.314 \times 10^3 \text{Pa} \cdot \text{dm}^3 \cdot \text{mol}^{-1} \cdot \text{K}^{-1}$。代入上式：

$$n = (395 \times 0.1)/(8.314 \times 10^3 \times 293) = 1.62 \times 10^{-5} \ (\text{mol})$$

因此该蛋白质的摩尔质量为：

$$M = 1.10/(1.62 \times 10^{-5}) = 6.8 \times 10^4 \ (\text{g} \cdot \text{mol}^{-1})$$

所以该蛋白质的相对分子质量为 6.8×10^4。

【例 4-3】 预测已知质量摩尔浓度为 $0.00145 \text{mol} \cdot \text{kg}^{-1}$ 的 $MgCl_2$ 水溶液的凝固点。

解 $MgCl_2$ 为 AB_2 型强电解质，每摩尔 $MgCl_2$ 溶于水后会解离成 3mol 的离子，即范特霍夫系数 $i = 3$。查表可知溶剂水的 $k_{fp} = 1.86 \text{K} \cdot \text{kg} \cdot \text{mol}^{-1}$。根据电解质稀溶液凝固点下降的表达式可计算：

$$\Delta T_{fp} = -i k_{fp} b$$
$$= -3 \times 1.86 \times 0.00145$$
$$= -0.0081 \ (\text{K})$$
$$T_{fp} = 273.15 - 0.0081 \approx 273.14 \ (\text{K})$$

4.2.4 溶液依数性的实际应用

溶液的依数性质具有许多平凡而又十分重要的实际应用。

乙二醇 $C_2H_4(OH)_2$ 是典型的汽车用防冻剂（automobile antifreezer）。将它加入汽车的散热器中，得到的乙二醇水溶液可为汽车冷却系统提供全气候条件下的保护。在寒冬，加入的乙二醇使溶液的凝固点下降而防止结冰；在盛夏，加入的乙二醇使溶液的沸点上升而防止冷却系统的过沸腾。

在严寒的冬天，在容易结冰的路面上撒布食盐 NaCl，同样是利用 NaCl 的溶解导致水的凝固点下降而防止路面结冰。NaCl 水溶液最低的凝固点低达 -21℃。除了预防结冰以外，它还能用于除冰（deicing），即便是在 -21℃ 的低温下，撒布的食盐也能将冰有效地熔化。

有机体的细胞膜大多具有半透膜的性质，因此渗透压在生物学中具有重要意义。渗透压调节着细胞膜内外水的扩散平衡，是维持水在生物体中运动的主要推动力。例如，在室温 25℃ 时 $0.100 \text{mol} \cdot \text{dm}^{-3}$ 溶液的渗透压为 248kPa。一般植物细胞汁的渗透压可达 2000kPa，因而大树根部的水分可以运送到数十米高的顶端。又例如，人体血液的渗透压平均约为 780kPa。血红细胞（red blood cells）汁的渗透压与含量为 0.92% 的 NaCl 溶液的渗透压相等。如果将血红细胞置于纯水中，细胞将不断膨胀，甚至破裂；将细胞置于含量为 0.92% 的 NaCl 溶液中，细胞保持稳定；当细胞置于含量高于 0.92% 的 NaCl 溶液中，细胞中的水就会通过细胞膜渗透出来，造成细胞收缩并从悬浮状态中沉降出来。因此，含量为 0.92% 的 NaCl 溶液是等渗（isotonic）溶液，浓度高于或低于 0.92% 的 NaCl 溶液分别是高渗

（hypertonic）溶液或低渗（hypotonic）溶液。为了救治脱水病人或者给病人进行输液提供营养物时，被注射的液体必须与血液是等渗的。例如，临床常用的质量分数为 5.0%（0.28mol·dm⁻³）的葡萄糖溶液就是一种等渗溶液。再例如，渗透压在一般的救生方面也具有重要意义。当淡水被吸入肺内时，将向具有一定盐度的血液发生渗透，并在大约 3min 内危及心脏；当海水被吸入肺内时，血液中的水将向盐度更高的海水发生渗透，但因为二者的盐度相差较小，渗透压要稍微小一些，致死时间大约为 12min。因此，当发现溺水者时，淡水游泳池的救生员必须比海水游泳池的救生员实施更为迅速的救生行动。

历史上，化学家们曾利用溶液的依数性测定物质的摩尔质量。但是，采用沸点上升和冰点下降的测定方法精度十分有限。以 1mol·dm⁻³ 的水溶液为例，其沸点上升值约为 0.5℃，凝固点下降值约为 1.9℃，这些变化都只是达到了可测量的水平而已。要保证依数性表达式的正确性，就要求溶液的浓度远远低于 1mol·dm⁻³，相应的温度变化值就更小了。因此，需要使用非常精密的温度计。沸点与大气直接相关，温度测量的要求越精确，测量过程中对大气压恒定的要求就越严格。所以，沸点上升现在很少用于这一目的了。采用凝固点下降的方法略微好些。为了提高精度，可以采用摩尔凝固点常数较大的溶剂，例如樟脑（$k_{fp}=40.0K·kg·mol^{-1}$）。

相比之下，溶液的渗透压变化要急剧得多。同样以 1mol·dm⁻³ 的水溶液为例，其渗透压则高达 $250mH_2O$。因此，渗透压方法是一种很灵敏的摩尔质量测定方法，现在广泛用于测定蛋白质、聚合物以及其它大分子摩尔质量。渗透压实验可在室温下进行，这对易破碎并对温度十分敏感的生物分子来说十分重要。

渗透压最重要的应用莫过于反渗透技术。如图 4-2(b) 所示，如果在溶液一侧向溶液施加一个大于溶液渗透压的外加压力，那么溶液中的溶剂就会向纯溶剂一侧渗透，从而溶液不断被浓缩而体积缩小，纯溶剂的量不断增加。这一现象称为反渗透（reverse osmosis），其在工业上的应用叫做反渗透技术，所用到的半透膜称为反渗透膜。目前，反渗透广泛应用于贫淡水地区的海水脱盐（desalination of seawater）、工业污水和城市污水的深度处理、实验室高纯水的制备。

4.3 相平衡

4.3.1 纯物质的相图

物质同时存在 A 相和 B 相时，总是存在 A 相──→B 相以及 A 相←──B 相两个相反的变化。在给定温度下，这两个相反过程的速率可能达到相等，实现动态平衡。这种平衡叫做相平衡。在不同温度下，测得物质的蒸气压，再将其蒸气压值对温度作图，得到的曲线叫做蒸气压曲线（vapor pressure curve）。图 4-3 为水和冰的蒸气压曲线。在图中，水的蒸气压曲线不能无限地向上延伸。当液体在一密闭容器内加热时，随着温度升高，蒸气压增大，蒸气的密度增大，最终蒸气的密度将与液体的密度相等。在这种状态下，液体与其蒸气之间没有任何分界线，整体上是均匀的。这一状态叫做物质的临界状态。对应的温度和压力分别称为临界温度（critical tem-

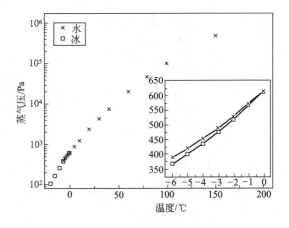

图 4-3　水和冰的蒸气压曲线（其中的插图为低温部分的放大图，坐标轴的单位不变）

perature）和临界压力（critical pressure），二者决定该物质的临界点（critical point）（参见图 4-4）。水的临界点是（647.2K，218.2atm），它是水的蒸气压曲线的终结点。基于蒸气压曲线，可以构筑纯物质的相图（phase diagram）。

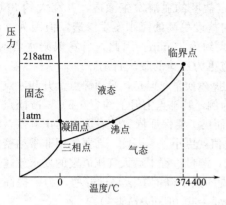

图 4-4　水的相图

图 4-4 为水的相图，主要由三条曲线组成。蒸气压曲线将液体区与蒸气区分开，终结于临界点；升华压曲线（sublimation pressure curve）将固体区与蒸气区分开；冰的熔点曲线（melting point curve，也称 fusion curve）将固体区与液体区分开，它反映了在此条件下冰与水处于平衡。冰的熔点曲线几乎垂直，但具有一个绝对值很小的负值斜率，表明熔点随压力增大而降低。例如，在 7×10^6 Pa 的压力下，冰的熔点约为 $-1℃$。之所以如此，是因为水分子之间的氢键使冰的结构更为开放，压力的增大有利于密度更大的液相水的生成。在相图中还存在一点，在这一点上，固体、液体及其蒸气同时处于平衡。这一点称为三相点（triple point）。三相点的位置是物质固有的性质，是无法改变的。水的三相点出现在 611Pa 和 273.16K。正因为这一点是唯一的，在确定开尔文热力学温标时，它被用作一个标准点。如前文所述，水的临界点是 647.2K、218.2atm，这是水的蒸气压曲线的终结点。

水比较例外，更多的物质具有与 CO_2 相图（图 4-5）相似的相图。这种相图与水的相图之间的最大差别在于熔点曲线的斜率。CO_2 分子为棒状，在固态时它们排列得更为紧密，因而固体的密度大于液体的密度。对多数物质来说，固体的密度大于液体的密度。因此，在相图上的熔点曲线具有正的斜率值，即随着压力的增大，熔点升高。CO_2 的三相点对应的压力是 518kPa，因此在低于这一压力的条件下不可能存在液态的 CO_2；同时，在 195K 时，其蒸气压就达到了 101kPa，因此在常温下，暴露在大气中的固体 CO_2 就会"沸腾"（即升华）。所以，固体 CO_2 俗称为干冰（dry ice）。

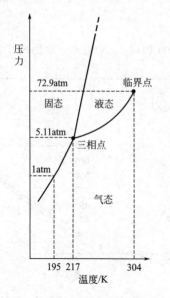

图 4-5　二氧化碳的相图

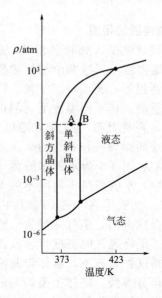

图 4-6　硫的相图

· 108 ·

有一些单质即使在同一聚集状态下也具有多种存在形式。这种性质叫做同素异形性（allotropy）。这种不同存在形式可以来源于化学键的成键（例如 O_2 和 O_3）或者不同的结晶形态（例如斜方硫和单斜硫）。单质锡、磷、碳也有同素异形体（allotrope）[注意：同素异形现象仅针对单质而言，同质多晶现象（polymorphism）则既可以针对单质，也可以针对化合物]。图 4-6 给出了硫的相图。和其它相图一样，硫的相图给出了确保某相稳定的条件以及某一对相处于平衡时的条件。由于存在两种固体相，硫的相图上存在三个三相点。水也存在同质多晶现象。在通常压力下存在的冰称为Ⅰ型冰（ice Ⅰ），在高压条件下还存在另外六种不同晶型的冰，分别称为Ⅱ型～Ⅶ型冰。除普通的Ⅰ型冰之外，其它几种冰的熔解都具有正的斜率值。

以上我们仅讨论了固体、液体和气体这三种聚集状态。但实际上，除了这三种聚集状态之外，还有等离子态、玻璃态和液晶状态。如果考虑到这些状态，物质的相图就会变得十分复杂。有关内容超出了本书的要求，在此不作讨论。

4.3.2 混合物的相图

混合物可由两种或两种以上的单质或化合物构成。随着混合物组分数的增加，其相图的复杂程度急剧增高。因此，我们只考虑由 A、B 两种物质构成的双组分混合物。与纯物质的相图表示法不同，混合物的相图一般以温度为纵轴、以某一组分的摩尔分数为横轴。这种相图是由实验得到的。在常压下，测定不同组成液体混合物的沸点得到其相图上的液体-蒸气平衡曲线，测定不同组成液体混合物中某一固体的沉淀温度得到液-固平衡曲线，合二为一即可得到比较完整的二元混合物相图。这种相图通常比较复杂。由于实际过程中需要考虑的温度变化范围不会太大，往往只需要取这种复杂相图的一部分构成比较简单而又实用的二元混合物相图，这主要包括液体-固体相图、液体-液体相图和液体-蒸气相图。

（1）液体-固体相图　图 4-7 为双组分混合物的典型相图，氯化钾-氯化银以及锡-铅体系均具有这种类型的相图。从相图上可以判断哪些相在什么条件下是稳定的、哪种组分在什么条件下会单独结晶。图 4-7（b）中曲线 aeb 其实就是在给定温度下液体 A 在液体 B 中的溶解度。为了说明这种相图能给出的有关信息，我们考察状态为 c_1 的混合物降温时所发生的变化。在 c_1 状态下，混合物为液体。当温度下降时，混合物的状态将从 c_1 点开始垂直下移变化。温度刚开始下降时，混合物保持液体状态不变，直到温度降低到 c_2 点对应的温度；继续降温，

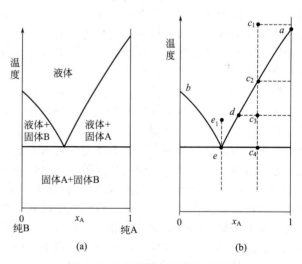

图 4-7　双组分混合物的典型相图

将有固体 A 结晶析出；当温度向 c_3 下降时，固体 A 析出量增加，共存的液相组成则由原始组成沿着 c_2de 曲线向 d 点的组成变化；当温度继续向 c_4 下降时，固体 A 析出量进一步增加，共存的液体量不断减少，其组成沿着 c_2de 曲线向 e 点的组成变化；温度位于 c_4 点以下时，液体完全消失，全部变为固体 A 和固体 B 的混合物。应注意到 e 点的特殊性。当液态混合物具有 e 点所对应的组成时，降低温度，液体会在同一温度下全部凝固，不会出现某一组分的先行凝固。从而，混合物表现得与纯物质一样，具有明确的熔点。具有这种性质的混合物叫做低共晶体（eutectic）。低共晶体不是化合物，因为其组成与压力有关。低共晶体有

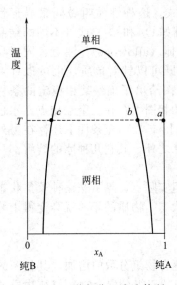

图 4-8 两种部分互溶液体所
构成混合体系的相图

许多实际应用。例如，锡与铅形成的低共晶体，熔点仅为183℃，可用于电焊条；食盐与水形成的低共晶性混合物，冰点低达−21℃，因此路面撒盐用于冬天防止路面结冰。

（2）液体-液体相图 多数情况下，两种液体是部分互溶的。例如苯酚与水。部分互溶的两种液体混合所构成的体系通常具有图 4-8 所示的相图。图中的曲线将单相区与双相区分隔开。考虑温度为 T 时的情况：当组分 A 的摩尔分数 x_A 较小或者较大时，两组分形成单相的溶液；当 x_A 增大到与 c 点对应的值时，组分 A 在组分 B 中的浓度正好达到其溶解度；x_A 继续增大，单相溶液分裂为两相混合物，其中一相为 B 在 A 中的饱和溶液，另一相为 A 在 B 中的饱和溶液；当 x_A 增大到与 b 点对应的值时，两相混合物又变为单相溶液。对于双相共存的混合物来说，原则上，在放置足够长的时间后，会发生分层现象。密度较大的一相沉于密度较小的另一相之下。但实际上，试样往往只是发生浊化。

（3）液体-蒸气相图 对于由两种挥发性液体构成的溶液，可以实验测定不同组成之溶液的沸点，以沸点温度对溶液组成作图（图 4-9 曲线 ABC），即可初步得到液体-蒸气相图。当两种挥发性液体混合形成理想溶液时，根据拉乌尔定律，各组分的蒸气压等于该组分的摩尔分数与其纯物质蒸气压之积，而溶液的蒸气压等于各组分蒸气压之和。由于不同组分纯物质蒸气压的不同，蒸气相的组成必定与液相的组成不同。因此，在相图上必须标出同一温度下蒸气相的组成。通过将对应的蒸气相冷凝得到液体后分析液体组成，即可得知原蒸气相的组成。由此，与某一组成沸腾液体（点 a）相对应蒸气相组成的点将出现在同一温度下另一特定组成处（例如，点 a'）。在图 4-9 中组分 A 是较难挥发的组分，由于易挥发组分在蒸气相的摩尔分数更大，所以点 a' 与点 a 在同一温度水平，但点 a' 位于点 a 的左边。沿着曲线 ABC 滑动点 a，重复这一过程，则在其左方可得到一系列的点 a'，由此构成了完整的蒸气组成曲线（曲线 ADC）。如果溶液中溶质是不挥发性的，那么蒸气相全部由溶剂组分 A 构成，只有溶剂被蒸馏。如果两个组分都是挥发性的，蒸馏时气相组成仍然是混合物，不过与在液态混合物中相比，气相混合物中相对更容易挥发之组分的含量将有所增大。如果将这种气相混合物冷凝得到液体，然后再蒸馏之（新液体混合物的沸点将有所降低），便又可以得到相对更容易挥发的组分含量更高的气相混合物。如此经过几次重复操作之后，就可以得到纯度较高的单一组分或者实现双组分的基本分离。这一过程称为分馏（fractional distillation）。这一过程也适用于多组分复杂混合物的粗分离。例如，通过分段升温可以从原油中分离出汽油、煤油、柴油等石油产品。

在实际的双组分体系中，有些液体混合物的蒸气压会明显偏离拉乌尔定律。例如，将乙醛倒入装有戊烷的粗糙砂锅中，混合物会自动沸腾。这表明混合物之间的分子间作用力极端地不利于二者的均匀混合，使得混合物的蒸气压增大，更容易沸腾。这种非理想溶液的蒸气压高于拉乌尔定律预测值，即对拉乌尔定律产生正偏离。当这种正偏离足够大时，混合物的沸点曲线上将出现一个最低点，此时的混合物将在比任一纯组分之沸点更低的温度下沸腾。例如，乙醇与水的混合物相图上就出现了这种情况。如图 4-10 所示，乙醇与水的混合物之最低沸点为 78.2℃，其对应的混合物组成为质量分数 95.6% 的乙醇。这种具有最低沸点的混合物叫做最低沸点恒沸物（minimum boiling azeotrope）。蒸馏恒沸物时，气相的组成与液相的组成完全一样。对于理想溶液，可以利用分馏的方法浓缩易挥发组分直至得到高纯度的易挥发组分。对于具有正偏离的非理想溶液，情况有所不同。利用分馏的方法可以将浓度较稀的乙醇水溶液逐步浓缩直至得到95.6％的乙醇溶液。由于这是恒沸物，无法利用分馏的方法进行进一步的浓缩。要想得到无水乙醇，必须采用化学干燥法，例如，采用氧化钙进行干燥。

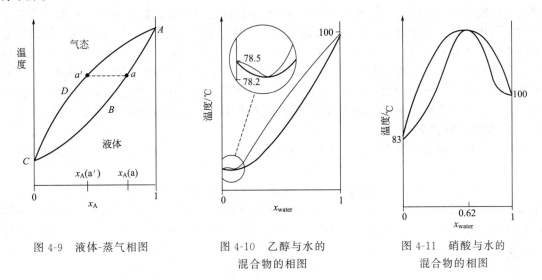

图 4-9　液体-蒸气相图　　　图 4-10　乙醇与水的　　　图 4-11　硝酸与水的
　　　　　　　　　　　　　　　　　混合物的相图　　　　　　　混合物的相图

　　如果非理想溶液中分子间作用力有利于组分间的结合，其蒸气压将低于拉乌尔定律预测值，即对拉乌尔定律产生负偏离。硝酸与水可以形成这种非理想溶液。混合物的沸点曲线上将出现一个最高点，此时混合物的沸点高于任一纯组分的沸点。如图 4-11 所示，硝酸与水的混合物之最高沸点为 121℃，其对应的混合物组成为质量分数 68％的硝酸。这种具有最高沸点的混合物叫做最高沸点恒沸物（maximum boiling azeotrope）。与最低沸点恒沸物相似，这种最高沸点恒沸物的存在对混合物的分馏也会产生影响。

4.4　溶液中的酸碱平衡

4.4.1　酸碱理论简介

　　酸与碱是两类重要的化学物质，它们的定义经历了相当长的发展过程。最初化学家们以酸的刺激味道和碱的滑溜感觉来定义酸与碱。随着化学学科的不断发展，依次提出了酸碱电离理论（1884 年）、酸碱质子理论（1923 年）和酸碱电子理论（1923 年）。

　　酸碱性是水溶液的重要性质之一，常用 pH 值表示，pH＝－lg$c$(H$^+$，aq)。酸性溶液的 pH＜7，中性溶液的 pH＝7，碱性溶液的 pH＞7。酸碱电离理论认为，解离时所生成的正离子都是 H$^+$ 的化合物叫做酸，而所生成负离子都是 OH$^-$ 的化合物叫做碱。当初误认为氨溶于水后生成"氢氧化铵"，认为氨 NH$_3$ 是碱（后来发现，氨水中不存在 NH$_4$OH，只存在 NH$_3$·H$_2$O）；尽管纯碱 Na$_2$CO$_3$ 的水溶液呈碱性，电离理论将它认为是盐而不是碱。

　　鉴于电离理论的局限性，Johannes Brønsted 和 Thomas Lowry 提出了酸碱质子理论（也称为布朗斯特酸碱理论）。该理论认为，质子的给体（proton donor）是酸，而质子的受体（proton acceptor）是碱，质子给体与受体之间的反应叫做中和反应（neutralization reaction）。酸碱质子理论不区分物质的存在形态（分子或离子），而只以 H$^+$ 的得失为判据。根据这一判据，NH$_3$·H$_2$O 和 Na$_2$CO$_3$ 都自然而然地被归类于碱，它们水溶液 pH 值的计算原理也完全相同，并且近似计算公式也完全相同。

　　在酸碱质子理论提出的同年，G. N. Lewis 提出了可以包容更多的化学物质而更具一般性的路易斯酸碱理论，也称为电子酸碱理论。路易斯酸为电子对的受体，而路易斯碱则指的是电子对给体。路易斯酸（碱）包含了布朗斯特酸（碱），但强调的侧重点有所不同。质子能与电子对作用，因而电子对给体也就是质子的受体；对于碱，两种理论的定义在本质上是相同的。由于路易斯酸碱理论强调的是电子对的得失，路易斯酸包括了许多质子酸碱理论无法定义的酸。例如，BF_3 可与 NH_3 反应，前者是电子对的受体，是路易斯酸，而后者是电子对的给体，是路易斯碱。路易斯酸碱理论在配合物化学中具有非常重要的意义。路易斯酸碱理论虽然在酸碱的定义上更具广泛性，但它不能取代质子酸碱理论。其最主要的原因就是，路易斯酸碱理论只能是定性的，无法给出定量的讨论。酸碱质子理论可以通过 pH 以及解离平衡常数等进行定量化，因而应用最为广泛，即使它存在一些理论上的局限性，也能解决工业生产和日常生活中可能遇到的绝大部分酸碱问题。本书只讨论质子酸碱理论。

4.4.2 酸碱的解离平衡

酸与碱在水溶液中都会与水分子发生化学作用而解离，因此都存在着如下的解离平衡：

$$酸 + 水 \rightleftharpoons 水合质子 + 碱$$

在这里，我们强调水溶液中的质子并不是以 H^+ 形式存在的，而是以水合形态存在的。水合质子的形式有多种，例如 $H_9O_4^+$，其最简单的形式为 H_3O^+。在通常的情况下，采用超简化 H^+ 表示水溶液中的质子，但必须记住它实际上应该是水合质子。如果采用 H^+ 简化表示水溶液中的质子，则上面的解离平衡方程式简化为：

$$酸 \rightleftharpoons 质子 + 碱$$

例如：

$$HNO_3(aq) \rightleftharpoons H^+(aq) + NO_3^-(aq)$$
$$CH_3COOH(aq) \rightleftharpoons H^+(aq) + CH_3COO^-(aq)$$
$$NH_4^+(aq) \rightleftharpoons H^+(aq) + NH_3(aq)$$
$$HCO_3^-(aq) \rightleftharpoons H^+(aq) + CO_3^{2-}(aq)$$

显然，HNO_3、CH_3COOH、NH_4^+ 和 HCO_3^- 都是质子的给体，都是酸，而 NO_3^-、CH_3COO^-、NH_3 和 CO_3^{2-} 都是质子的受体，都是碱。无论是酸还是碱，与它们的粒子存在形态（分子或离子以及离子的电荷符号）无关，而且酸与碱总是成对地出现。由于相互依赖、相互转化的共轭关系，因而被互称为共轭酸或共轭碱，即酸是其共轭碱的共轭酸，碱是其共轭酸的共轭碱；二者组合起来称为共轭酸碱对。例如，CH_3COOH 是 CH_3COO^- 的共轭酸，而 CH_3COO^- 是 CH_3COOH 的共轭碱。再者，H_3O^+ 是 H_2O 的共轭酸。类似的，对于通常所说的碱，在水溶液中存在下面的平衡：

$$碱 + 水 \rightleftharpoons 氢氧根 + 酸$$

或者，简化为

$$碱 \rightleftharpoons 氢氧根 + 酸$$

例如

$$NH_3(aq) + H_2O(l) \rightleftharpoons OH^-(aq) + NH_4^+(aq)$$

这清楚地表明了 OH^- 是 H_2O 的共轭碱。无论是从酸的角度还是从碱的角度来考虑，人们都希望能够区分酸（或者碱）的强弱。根据质子酸碱理论，提供质子的能力越强，酸的酸性越强，反之则越弱；接受质子的能力越强，则碱的碱性越强，反之则越弱。一种物质既可以是酸也可以是碱，它究竟是酸还是碱以及它的酸碱强度取决于与它共存的其它物质。与 CH_3COOH 共存时，H_2O 是碱；与 NH_3 共存时，H_2O 是酸；而在纯液体中，H_2O 既是碱又是酸。

$$H_2O(l) + H_2O(l) \rightleftharpoons OH^-(aq) + H_3O^+(aq)$$

应该指出，酸碱质子理论不仅适用于水溶液，也适用于非水溶液。在非水溶液中，酸碱强弱的相对性能带来一些在水溶液中看似不可思议的结果。例如，采用无水乙酸作溶剂，一些在水溶液中难以区分强弱的强酸就可能分出高低。

如果以 HA 表示酸，则酸的解离平衡可用如下的通式表示：

$$HA(aq) + H_2O(l) \rightleftharpoons A^-(aq) + H_3O^+(aq) \tag{4-12}$$

其化学平衡常数为

$$K^\ominus = \frac{(c_{A^-}/c^\ominus)(c_{H_3O^+}/c^\ominus)}{c_{HA}/c^\ominus} \tag{4-13}$$

这一常数也称为酸的解离平衡常数，并通常用 $K_a^\ominus$ 取代 $K^\ominus$。通常，各物质的平衡浓度都以 $mol \cdot dm^{-3}$ 为单位，并且以 H^+ 简化 H_3O^+ 的表示，则上式转化为：

$$K_a^\ominus = \frac{c_{A^-} c_{H^+}}{c_{HA}} \tag{4-14}$$

根据化学平衡常数与反应自由能变之间的关系，可以用热力学数据计算出 $K_a^\ominus$，但在许多情况下是利用实验测定出来的，此时采用 K_a 表示，以示区别。对于常规的碱，也可以做类似的处理，其解离平衡常数用 $K_b^\ominus$ 或者 K_b 表示。

解离平衡常数越大，酸的酸性（或者碱的碱性）越强。强酸、强碱的解离平衡常数都非常大，通常认为它们在水溶液中都会发生完全解离。因此，一般只处理中强酸（碱）和弱酸（碱）的解离平衡，在特殊情况下还可能处理极弱酸（碱）的解离平衡。这些酸碱的解离平衡常数的数值很小，因此为了方便，有关手册或者数据表中都以 pK_a 的形式给出：$pK_a = -\lg K_a$。

一元酸（碱）只有一级解离，二元酸和三元酸（triprotic acid）等多元酸（polyprotic acid）能够提供两个或两个以上的质子，因而可以发生多级解离。对于一级、二级、三级解离平衡常数分别表示为 K_{a_1}、K_{a_2} 和 K_{a_3}。随着解离级数的增加，解离出的对应离子的负电荷数逐步增大，进一步解离出带正电荷质子的困难增大，因而平衡常数的数值明显减小，相应的酸越来越弱。例如，H_2SO_4 是强酸，而 HSO_4^- 是中强酸（$K_{a_2} = 1.20 \times 10^{-2}$）；$H_3PO_4$ 是中强酸（$K_{a_1} = 7.52 \times 10^{-3}$），而 $H_2PO_4^-$（$K_{a_2} = 6.17 \times 10^{-8}$）和 HPO_4^{2-}（$K_{a_3} = 4.37 \times 10^{-13}$）都是弱酸。

对于一元弱酸 HA 的水溶液，解离反应将产生等量的 A^- 和 H^+，如果不存在其它的酸碱，那么可以认为在平衡状态下 $c_{A^-} = c_{H^+}$。如果 HA 的初始浓度为 c_0，弱酸的解离度 a 很小，则可以认为在平衡状态下 $1 - a \approx 1$，$c_{A^-} \approx c_0$。根据一元弱酸 HA 的解离平衡常数表达式，有：

$$a \approx (K_a/c)^{1/2} \tag{4-15}$$

此式称为稀释定律，以及

$$K_a \approx (c_{H^+})^2/c_0 \text{ 或 } c_{H^+} \approx (K_a c_0)^{1/2} \tag{4-16}$$

这一公式称为最简公式。由此可以进一步计算溶液的 pH 值：

$$pH = -\lg c_{H^+} \approx -0.5\lg(K_a c_0) \tag{4-17}$$

应该注意，这里各物质的浓度均以 $mol \cdot dm^{-3}$ 为单位。需要精确计算 pH 值时，不能采用最简公式，而必须通过解离平衡常数建立一元二次方程并进行精确求解。一元弱酸溶液浓度的精确计算式为：

$$c_{H^+} = -K_a/2 + (K_a^2/4 + K_a c)^{1/2} \tag{4-18}$$

对于中强酸水溶液的 pH 值计算，不能采用最简公式，必须采用精确计算式。

对于一元弱碱 MOH，也可以进行类似的推导，但有关公式相应地变为：

$$K_b \approx (c_{OH^-})^2/c_0 \text{ 或 } c_{OH^-} \approx (K_b c_0)^{1/2} \tag{4-19}$$

或者
$$c_{H^+} = K_w/(K_b c)^{1/2} \tag{4-20}$$

从而
$$pOH = -\lg c_{OH^-} \approx -0.5\lg(K_b c_0) \tag{4-21}$$

$$pH = pK_w - pOH = 14 + 0.5\lg(K_b c_0) \tag{4-22}$$

这里已经利用了水的解离常数 K_w。根据水的解离平衡

$$H_2O(l) + H_2O(l) \Longrightarrow OH^-(aq) + H_3O^+(aq) \tag{4-23}$$

可以得到：

$$K_w = c_{OH^-} c_{H_3O^+} = c_{OH^-} c_{H^+} \tag{4-24}$$

水的解离平衡常数也叫做水的离子积（the ionic product for water）。已经证明，在 25℃ 时，$K_w = 1.0 \times 10^{-14}$，$pK_w = 14$。对于一对共轭酸碱来说，分析它们的解离平衡常数表达式就不难发现，它们的解离平衡常数之积等于水的离子积：

$$K_a K_b = K_w \tag{4-25}$$

多元酸水溶液 pH 值的估算需要更为精确的计算公式。考虑到二级解离的平衡常数通常要比一级解离的平衡常数小得多，因此可以只考虑多元弱酸的一级解离平衡而利用简化的公式来进行估算。对于磷酸，其一级解离属于中强酸，不能采用前文的最简公式，而必须通过解离平衡常数建立一元二次方程并进行精确求解，但其二级和三级解离为弱酸，因而需要考虑多级平衡才能正确求解。

利用酸碱解离平衡的概念，能够很清楚地了解盐的水解（salt hydrolysis）。所谓盐的水解，其本质起因于酸与碱在水溶液中的解离平衡。强酸与强碱的解离平衡常数都非常大以至于都被看做是完全解离的，因此强酸强碱盐不发生水解，其水溶液基本上为中性。在弱酸强碱盐（例如乙酸钠）的水溶液中，情况就有所不同。在这种水溶液中存在两个平衡：

$$H_2O(l) + H_2O(l) \Longrightarrow OH^-(aq) + H_3O^+(aq)$$

$$CH_3COOH(aq) + H_2O(l) \Longrightarrow H_3O^+(aq) + CH_3COO^-(aq)$$

由于乙酸的解离平衡常数较小，乙酸与乙酸根之间的化学平衡将明显向生成乙酸的方向移动，这必将消耗较多的 H_3O^+，从而使溶液的 pH 值高于 7，呈碱性。类似的，强酸弱碱盐也会发生水解使溶液呈酸性，而弱酸弱碱盐发生的水解程度将会更高，但溶液的 pH 值将不会改变太大，通常接近中性。理论上，通过酸碱解离平衡的严格计算可以预测不同盐类水溶液的 pH 值。

4.4.3 缓冲溶液及其应用

对于氨在水溶液中的解离平衡体系：

$$NH_3(aq) + H_2O(l) \Longrightarrow OH^-(aq) + NH_4^+(aq) \tag{4-26}$$

如果用水进一步稀释氨水，或者向氨水中加入强电解质 NH_4Cl，上面的平衡将如何移动？根据化学平衡移动的原理，可以容易地判断出：用水进一步稀释氨水时，平衡向有利于氨解离的方向移动；向氨水中加入强电解质 NH_4Cl 时，平衡向不利于氨解离的方向移动。类似的这种情形同样也适用于其它全部弱酸弱碱的解离平衡体系。

酸（碱）的强度决定于其解离平衡常数的大小，而酸（碱）水溶液的酸碱度则以 pH 值来衡量，溶液的 pH 值与酸（碱）的解离平衡常数及其加入浓度有关。弱酸（弱碱）在水溶液中发生解离，但其解离度（已经发生解离的分子数占总分子数的百分比）一般不大。它们的解离必然产生其共轭碱（或共轭酸）。如果此时向溶液中加入少量的共轭碱（或共轭酸），那么根据化学平衡移动的原理可知，解离平衡将向生成弱酸（或弱碱）的方向移动，也就是说，弱酸（或弱碱）的解离会受到一定的抑制，解离度变小。这种通过某种形式添加共轭碱（或共轭酸）而使弱酸（或弱碱）的解离平衡发生移动的现象叫做同离子效应。由于同离子效应，同时含有共轭酸碱的溶液对外加酸和碱具有一定的缓冲能力，也就是说，这种溶液的

pH 值在一定范围内不会因稀释或者外加的少量酸碱而发生明显变化。对于某一共轭酸碱对的水溶液，共轭酸碱之间的平衡如下：

$$共轭酸 \Longrightarrow H^+(aq) + 共轭碱$$

其平衡常数表达式为：

$$K_a = \frac{c_{共轭碱} \, c_{H^+}}{c_{共轭酸}}$$

由此可得平衡条件下的氢离子浓度：

$$c_{H^+} = K_a \times \frac{c_{共轭酸}}{c_{共轭碱}}$$

如果共轭酸碱的初始浓度都比较大，那么可以认为在平衡状态下共轭酸和共轭碱的浓度都近似等于其加入的初始浓度。当加入少量外来酸时，一部分共轭碱将转化为共轭酸，显然当 $c_{共轭酸}/c_{共轭碱} \leqslant 10$ 时，溶液的 pH 降低值不超过 1。类似的，当加入少量外来碱时，一部分共轭碱将转化为共轭酸，显然当 $c_{共轭碱}/c_{共轭酸} \leqslant 10$ 时，溶液的 pH 升高值不超过 1。因此，通常认为共轭酸碱缓冲溶液的缓冲范围为：

$$pH = pK_a \pm 1$$

任何缓冲体系的缓冲能力都是有限的。缓冲溶液的缓冲能力可以用它的缓冲容量来衡量。缓冲溶液的缓冲容量通常被定义为使溶液 pH 值改变一个很小的单位时所需添加的（一元）强碱或强酸的摩尔浓度，用 β 表示：

$$\beta = dc_{碱}/dpH = -dc_{酸}/dpH \tag{4-27}$$

缓冲溶液中共轭酸碱的浓度越高，缓冲容量越大。共轭酸碱浓度的比值也对缓冲容量产生影响，缓冲对中任何一种物质的浓度过小都会使溶液丧失缓冲能力。理论计算表明，共轭酸与共轭碱的浓度相等时，缓冲溶液的缓冲容量可以达到最大值，$\beta = 0.575c$。应该指出，高浓度的强酸或强碱溶液也是一种特殊的缓冲溶液。

缓冲溶液广泛存在于自然环境中和生命体系中。在海水中，H_2CO_3-$NaHCO_3$ 以及其它多种盐类构成复杂的缓冲体系，其 pH 值通常在 8.3 左右。在土壤中，H_2CO_3-$NaHCO_3$、NaH_2PO_4-Na_2HPO_4 以及其它有机弱酸及其共轭碱构成复杂的缓冲系统，维持植物正常生长所需的具有一定 pH 值的土壤环境。近年来，酸雨的增加造成了这种土壤环境的局部破坏，严重地损害了森林的生长。人体血液的 pH 值在 $7.3 \sim 7.5$，同样也是依靠 H_2CO_3-$NaHCO_3$ 以及其它物质构成的缓冲系统。外来酸碱使血液的 pH 值发生明显改变时，将会引起"酸中毒"或"碱中毒"。当 pH 值的变化超过 0.5 时，可能会导致生命危险。

缓冲溶液也广泛应用于各种生产活动和日常生活之中。在电镀过程中，电镀液需要保持一定的 pH 值以维持电镀液的稳定，同时还需要抑制阴极表面因析出氢气造成的 pH 值升高（升高的 pH 值可导致氢氧化物夹杂进入金属镀层，严重影响镀层的质量），往往需要利用由硼酸或有机弱酸构成的缓冲体系。在生产硅半导体器件时，需要利用氢氟酸腐蚀以便去除硅片表面没有用胶膜保护的那部分氧化膜，反应为：

$$SiO_2 + 6HF \Longrightarrow H_2SiF_6 + 2H_2O$$

此反应的反应速率与氢氟酸溶液的浓度有关，反应的进行将消耗 H^+，造成 pH 的不稳定，引起腐蚀的不均匀。因此，在正常的生产工艺中都是采用 HF-NH_4F 的混合溶液。

在科学研究中，特别是在化学分析中，缓冲溶液的应用更是比比皆是。

实际工作中需要控制的 pH 值范围多种多样，可能遇到外加酸碱冲击的强度也大小不一，因此常常必须恰当地选择缓冲体系。选择缓冲体系时应遵循以下的原则：

① 所需控制的 pH 值应在缓冲溶液的缓冲范围之内。由于弱酸及其共轭碱组成的缓冲溶液的缓冲范围一般为 pH = $pK_a \pm 1$，应当选用接近或等于实际需要控制 pH 值的弱酸与其

共轭碱构成的缓冲体系。表 4-3 列出了常用缓冲溶液及其 pH 范围。

表 4-3　常用缓冲溶液及其 pH 范围

酸/碱缓冲对	酸的 pK_a	pH 值缓冲范围	酸/碱缓冲对	酸的 pK_a	pH 值缓冲范围
甲酸/氢氧化钠	3.75	2.8～4.6	磷酸二氢钠/磷酸氢二钠	7.21	5.9～8.0
苯乙酸/苯乙酸钠	4.31	3.4～5.1	硼酸/氢氧化钠	9.14	7.8～10.0
乙酸/乙酸钠	4.75	3.7～5.6	氯化铵/氨	9.25	8.3～10.2
邻苯二甲酸氢钾/氢氧化钠	5.41	4.1～5.9	碳酸氢钠/碳酸钠	10.25	9.6～11.0

② 缓冲溶液应有足够的缓冲容量。共轭酸碱浓度越高，缓冲能力越强。过低的浓度不能保证所需的缓冲能力，过高的浓度则显得浪费。通常缓冲组分的浓度控制在 $0.01 \sim 1 \, mol \cdot dm^{-3}$。

③ 选择的共轭酸碱中不能对分析过程或其它实际过程产生干扰。例如，如果共轭酸碱中某种离子会与原溶液体系中的某种成分形成沉淀，那么就不能选用。

④ 在希望准确测定溶液的 pH 值时，必须对 pH 电极等测试仪器进行事先标定，此时必须选用标准缓冲溶液。标准缓冲溶液的 pH 值由准确的实验测得。已被国际上规定为测定溶液 pH 值时的标准参照溶液见表 4-4。

表 4-4　几种 pH 标准溶液

pH 标准溶液	pH 标准值（25℃）
（$0.034 \, mol \cdot dm^{-3}$）饱和酒石酸氢钾	3.56
$0.05 \, mol \cdot dm^{-3}$ 邻苯二甲酸氢钾	4.01
$0.025 \, mol \cdot dm^{-3} \, KH_2PO_4$-$0.025 \, mol \cdot dm^{-3} \, Na_2HPO_4$	6.86
$0.01 \, mol \cdot dm^{-3}$ 硼砂	9.18

4.5 配离子的解离平衡

许多配位化合物（简称配合物）都是由配离子和其它对离子构成的配盐。配盐是强电解质，溶于水后会解离成相应的配离子和对离子。与对离子不同，配离子几乎已经失去了简单离子原有的性质，在溶液中表现出弱电解质的性质，是一种难解离的物质，在溶液中存在着解离平衡。例如

$$[Ag(NH_3)_2]^+ \Longrightarrow Ag^+ + 2NH_3 \tag{4-28}$$

其平衡常数表达式为：

$$K = \frac{(c_{Ag^+}/c^{\ominus})(c_{NH_3}/c^{\ominus})^2}{c_{[Ag(NH_3)_2]^+}/c^{\ominus}} \tag{4-29}$$

如果各物质的浓度都采用 $mol \cdot dm^{-3}$ 为单位，那么上式可以简化成：

$$K = \frac{c_{Ag^+} c_{NH_3}^2}{c_{[Ag(NH_3)_2]^+}} \tag{4-30}$$

在水溶液中，$[Ag(NH_3)_2]^+$ 解离是分级进行的，$K = K_1 K_2$。第一级和第二级解离平衡常数 K_1 和 K_2 称为单级不稳定常数，而 K 则称为累积不稳定常数。对同一种类型（中心原子和配位体个数均相同）的配离子来说，解离平衡常数越大，表明配离子越不稳定。因此，配离子的解离平衡常数习惯上也叫做不稳定常数，常用 $K_{不稳}$ 或者 K_i 表示。

如果将 $[Ag(NH_3)_2]^+$ 解离反应式交换反应物和生成物的位置，那么就得到 $[Ag(NH_3)_2]^+$ 的形成反应，其相应的平衡常数则代表了配离子的稳定性，称为稳定常数，用

$K_稳$ 或者 K_f 表示。$[Ag(NH_3)_2]^+$ 的稳定常数表达式为：

$$K_f = \frac{c_{[Ag(NH_3)_2]^+}}{c_{Ag^+} \cdot c_{NH_3}^2} \tag{4-31}$$

显然，对同一配离子来说，其稳定常数和不稳常数互成倒数关系：

$$K_稳 \ K_{不稳} = 1 \tag{4-32}$$

当平衡条件改变时，配离子的解离平衡将发生移动。配离子解离平衡的移动遵循化学平衡移动的普遍规律。配离子的解离平衡涉及到多种物质，往往不能只简单地考虑配离子的解离平衡自身，还必须考虑到与其它物质构成的多重平衡。一般来说，在考虑配离子解离平衡的移动时必须注意以下几点：

① 当改变的条件简单明了时，可直接利用化学平衡移动的基本原理进行分析。

② 当一种或者多种配体具有弱酸或弱碱的性质时，改变溶液的酸度，将引起配离子解离平衡的移动。例如，$[Ag(NH_3)_2]^+$ 的配体 NH_3 为弱碱，提高溶液的酸度将减小 NH_3 的平衡浓度，促使 $[Ag(NH_3)_2]^+$ 的解离。浓度较高的 $[Ag(NH_3)_2]^+$ 溶液呈深蓝色，若加入少量的稀 HNO_3，则因 $[Ag(NH_3)_2]^+$ 的明显解离，溶液的颜色转变为浅蓝色。

③ 当溶液中存在其它配体可与中心离子形成其它配离子时，或者当溶液中存在其它中心离子可与原配离子的配体形成新的配离子时，则需要考虑几者之间的竞争平衡。

配离子解离平衡的移动有广泛的应用。例如，在合金电镀中，利用不同配离子的解离平衡来调节镀液中指定金属的自由离子浓度，调节不同金属离子的析出电位，保证电镀的顺利进行；在溶解难溶电解质时，可添加适当的配体，利用配离子的形成平衡来降低溶液中金属的自由离子浓度，从而将难溶电解质转化为可溶物质。

4.6 溶液中的沉淀溶解平衡

在科学研究和工农业生产中，原材料的制备、组分的分离与鉴定、杂质的去除等过程常常涉及到沉淀的生成与溶解。这些过程中遇到的沉淀大多是难溶电解质。要保证这些过程的正常进行，必须能够正确地判断沉淀能否生成，必须寻求使沉淀更趋完全的方法以及使沉淀再溶解的方法，这些工作的中心内容就是研究在含有难溶电解质的水溶液系统中固体（沉淀）与液体中离子之间的平衡，简称为溶液中的沉淀溶解平衡。由于这种系统涉及到固相和液相，也可称为多相系统中的离子平衡。

4.6.1 溶度积规则

难溶电解质在水中的溶解度很小，在其固体表面将有少量的物质以其正负离子形式溶入水中，这些溶解了的正负离子也能够不断地从溶液中回到晶体的表面而结晶析出。在一定条件下，溶解速率与结晶速率达到相等，建立了动态平衡，这就是溶解平衡，也称为多相离子平衡。以氯化银的溶解平衡方程式可以清楚地说明这种动态平衡。

$$AgCl(s) \underset{结晶}{\overset{溶解}{\rightleftharpoons}} Ag^+(aq) + Cl^-(aq) \tag{4-33}$$

为了讨论一般情况，假定难溶电解质的化学式为 A_nB_m，其溶解平衡的通式为：

$$A_nB_m(s) \underset{结晶}{\overset{溶解}{\rightleftharpoons}} nA^{m+}(aq) + mB^{n-}(aq) \tag{4-34}$$

其平衡常数的表达式则为：

$$K^\ominus = (c_A/c^\ominus)^n (c_B/c^\ominus)^m \tag{4-35}$$

如果浓度均以 $mol \cdot dm^{-3}$ 为单位，上式可简写为：

$$K^\ominus = c_A^n c_B^m \tag{4-36}$$

由于该表达式右边在形式上就是溶解了的离子浓度之积，它表明当温度一定时，难溶电解质饱和溶液中的离子浓度的乘积为一常数。因此，溶解平衡常数通常叫做溶度积常数，简称溶度积（solubility product），用 K_{sp} 表示。

$$K_{sp} = c_A^n c_B^m \qquad (4\text{-}37)$$

与其它平衡常数一样，K_{sp} 的数值既可以由实验测得，也可以由热力学数据计算得到。如果由热力学数据得到，则需用 $K_{sp}^{\ominus}$ 表示。

由于溶度积反映了难溶电解质饱和溶液中的离子浓度的大小，它就能够在一定程度上反映难溶电解质的溶解度大小。必须注意，在进行这种比较时，作为比较对象的难溶电解质必须是同类型的，即化学式 A_nB_m 中的 n 和 m 都相同。对于同种类型的难溶电解质，溶度积越大，溶解度越大。

4.6.2　沉淀的生成与溶解

我们已经知道，针对一般化学平衡体系，可以根据反应商 Q 与平衡常数 K 的相对大小来判断反应进行的方向。K_{sp} 是一种平衡常数，因此在有关的两种离子构成的简单溶液体系中，可以通过比较相关离子浓度的乘积（也就是反应商）与对应的 K_{sp}（平衡常数）相对大小来判断该体系中是否生成沉淀，沉淀是否溶解，或者溶液正好饱和。由此得到的规则叫做溶度积规则，其具体内容如下：

$Q = c_A^n c_B^m > K_{sp}$　　　有沉淀析出

$Q = c_A^n c_B^m = K_{sp}$　　　饱和溶液

$Q = c_A^n c_B^m < K_{sp}$　　　不饱和溶液，无沉淀析出或沉淀可以溶解

溶度积规则告诉我们能够根据溶度积判断沉淀的生成和溶解。在饱和溶液中，加入含有共同离子的强电解质，将使得 $Q > K_{sp}$，即产生沉淀，表现为原难溶电解质的溶解度降低。这种加入含有共同离子的强电解质，而使难溶电解质溶解度降低的现象叫做同离子效应。

当需要形成沉淀时，可以利用同离子效应降低难溶电解质的溶解度，使沉淀进行得尽可能完全。当需要转化沉淀的形式时，通常可以选择溶度积更小的难溶电解质所涉及的对离子作为沉淀剂，在一定条件下，溶度积较小的难溶电解质就会逐步转化为另一种溶度积更小的难溶电解质。当需要溶解沉淀时，可以通过任何适当的方法降低难溶电解质所含的阳离子和阴离子的自由浓度，使其离子浓度之积明显小于 K_{sp}，从而使难溶电解质逐步溶解。

4.6.3　沉淀溶解平衡应用

沉淀溶解平衡及其移动的基本应用都围绕着沉淀的生成与溶解。

（1）根据溶度积规则判断已知体系中有无沉淀产生　在工业生产活动中，产生的沉淀可能堵塞管线、阻碍（锅炉、换热器）传热，严重影响正常生产，浪费能源，甚至造成安全事故。在这些情况下生成沉淀称为垢，沉淀的生成也就叫做结垢。因此，在石油、化工、电力等工业生产中，往往需要预先判断工业水体系中的结垢倾向。

（2）根据溶度积规则可以寻求保证沉淀尽可能完全进行的条件　电镀液中杂质金属离子的存在会严重恶化金属镀层的质量，实际上通常采用合适的沉淀剂进行除杂。在许多材料的制备过程中需要生成沉淀。以氧化铝的制备为例，其主要工艺是：首先用苛性钠溶液浸取粉碎好的铝矿石，然后对浸取液进行中和、水解、沉淀，得到 $Al(OH)_3$ 沉淀，再将洗净的 $Al(OH)_3$ 沉淀进行焙烧，得到 Al_2O_3 产品。要比较快速地得到 $Al(OH)_3$ 沉淀，应选择恰当的 pH 值，并在溶液中预先加入一定量的 $Al(OH)_3$ 固体作为晶种。在工业污水的治理过程中，经常采用沉淀法。例如，利用 CaO、Na_2CO_3、Na_2S 等作为沉淀剂，将水溶液中的 Ca^{2+}、Mg^{2+} 等成垢性阳离子以及 Pb^{2+}、Hg^{2+} 等重金属离子以其氢氧化物、碳酸盐或硫化物的形式沉淀分离。在工业污水的治理过程中，还广泛应用到一种特殊的沉淀法，即混凝

法。在污水中往往存在大量不易沉降的以胶态物质形式存在的污染物微粒，加入混凝剂可促使这些胶态微粒的沉降。混凝剂指的是一些能够容易生成絮状沉淀的无机盐。最常用的是铝盐和铁盐。以铝盐为例，铝盐溶于水后，Al^{3+} 发生水解：

$$Al^{3+}(aq) + H_2O(l) \rightleftharpoons Al(OH)^{2+}(aq) + H^+(aq)$$
$$Al(OH)^{2+}(aq) + H_2O(l) \rightleftharpoons Al(OH)_2^+(aq) + H^+(aq)$$
$$Al(OH)_2^+(aq) + H_2O(l) \rightleftharpoons Al(OH)_3(s) + H^+(aq)$$

发挥混凝作用的主要是 $Al(OH)^{2+}$、$Al(OH)_2^+$ 和 $Al(OH)_3$。它们可以从三个方面发挥混凝作用：①中和胶态污染物微粒的电荷；②在胶态污染物微粒之间起黏结作用并促使其长大；③自身形成的氢氧化物絮状体对污染物起吸附卷带作用。显然，在不同的 pH 条件下，$Al(OH)^{2+}$、$Al(OH)_2^+$ 和 $Al(OH)_3$ 三种形态所占比例不同。因此，pH 值的控制非常重要，一般控制在 6.0～8.5 的范围内。除此之外，温度和搅拌强度对混凝效果也产生一定的影响。铁盐也能够以类似的原理发挥混凝作用，其 pH 值的控制范围以 8.1～9.6 为最佳。应用结果表明，无机高分子混凝剂能产生更好的混凝效果，例如，聚氯化铝［$Al_2(OH)_nCl_{6-n}xH_2O$］$_m$ 价廉，净水效果好，应用最广。实际操作中，往往还同时加入细黏土、膨润土等作为助凝剂。助凝剂的作用类似于晶种，起形核作用，促使沉淀物的快速形成与长大，同时增大沉淀物的密度，加快沉降速率。与无机混凝剂一样，有些有机高分子物质也能够产生加速凝聚的作用。这些有机高分子物质叫做絮凝剂，例如，聚丙烯酰胺。有机高分子絮凝剂能够强烈地快速吸附污水中的胶态颗粒和悬浮颗粒并形成絮状物，大大加快凝聚速率。大量实践表明，采用由无机混凝剂和有机絮凝剂构成的复合配方时，净水效果往往要比单一药剂的效果更好。

（3）根据溶度积的大小寻求合适的沉淀转化形式以求得到易于处理的沉淀　在工业生产过程中垢的生成是尽力控制的，但往往无法完全消除。一旦形成后，垢可能给生产带来严重的影响，因此必须尽快去除。然而，$CaSO_4$ 或 $BaSO_4$ 不溶于酸碱，也不能依靠氧化还原反应将其溶解，利用配合反应有可能将其溶解，但需要消耗大量的通常价格比较贵的配体。因此，如果能够利用溶度积大小的差别，将难于处理的 $CaSO_4$ 或 $BaSO_4$ 转化为比较容易处理的其它难溶电解质，那将是一种非常适宜的方法。$CaSO_4$ 的 $K_{sp} = 7.10 \times 10^{-5}$，$BaSO_4$ 的 $K_{sp} = 1.07 \times 10^{-10}$，而 $CaCO_3$ 的 $K_{sp} = 4.96 \times 10^{-9}$，$BaCO_3$ 的 $K_{sp} = 2.58 \times 10^{-9}$。由于 $CaCO_3$ 的 K_{sp} 要远小于 $CaSO_4$ 的 K_{sp}，若用 Na_2CO_3 溶液处理，就可以将 $CaSO_4$ 转化为 $CaCO_3$，后者疏松，可溶于酸，便于清除。$BaCO_3$ 的 K_{sp} 略大于 $BaSO_4$ 的 K_{sp}，不利于 $BaSO_4$ 向 $BaCO_3$ 的转化，但是在利用 Na_2CO_3 溶液处理进行沉淀转化时能够很容易地保证溶液中 CO_3^{2-} 的浓度远远大于 SO_4^{2-} 的浓度，从而使得 $BaSO_4$ 向 $BaCO_3$ 的转化能够进行，后者也可溶于酸，便于清除。这一实例也说明了将一种难溶的电解质转化为另一种更难溶的电解质的过程是比较容易的，而将一种很难溶的电解质转化为另一种不太难溶的电解质的过程是比较困难的，但并非不可能。

（4）根据溶度积规则确定沉淀溶解的有利条件　常用的溶解方法主要有三种。第一，利用酸碱反应。对于弱酸强碱盐和弱酸弱碱盐型的难溶电解质以及难溶氢氧化物，可以加入稀强酸溶液，利用酸碱反应将其溶解。其核心反应涉及到弱酸的解离平衡或者极弱电解质 H_2O 的生成，当生成物中有气体产生时，对溶解过程更为有利。第二，利用氧化还原反应。对 Ag_2S、CuS、PbS 等溶度积极小的难溶于酸的硫化物，可利用氧化性酸将溶液中的极少量 S^{2-} 氧化成 S，使得 S^{2-} 的浓度进一步大大降低，促使溶液中相关粒子的浓度积小于该硫化物的 K_{sp}，从而使得它溶解。例如，用 HNO_3 溶解 CuS：

$$3CuS(s) + 8HNO_3(稀) = 3Cu(NO_3)_2 + 2NO(g) + 4H_2O(l)$$

第三，利用配合反应。与氧化剂氧化非金属离子不同，选择恰当的配合剂，使之与难溶电解质溶出的少量金属离子形成配合物，使得溶液中自由金属离子的浓度明显降低，从而或多或少地使难溶电解质溶解。

（5）当沉淀反应有害时，选择适当的预防措施　为了防止金属氢氧化物沉淀的产生，可以向溶液体系中添加酸，增大溶液的酸度。在工业生产中，结垢可能严重干扰正常生产，甚至造成重大事故。在利用反渗透膜进行水处理时，在高压作用下，水从溶液一侧通过反渗透膜进入纯水一侧。溶液不断被浓缩，导致 $CaCO_3$、$CaSO_4$ 等在反渗透膜的溶液侧面上沉积成垢。同时，反渗透膜对 CO_2 几乎完全透过，而对 Ca^{2+} 等不能透过，导致反渗透膜的近表

图 4-12　油田管线的严重结垢

面处出现局部的 pH 值升高，造成 $CaCO_3$ 垢的加速形成。反渗透膜上垢的形成轻则造成工作压力的上升和水通量的减小，重则使反渗透无法进行。在锅炉中的锅垢（$CaCO_3$、$CaSO_4$ 等）以及在工业热交换系统中的结垢，将严重阻碍传热，浪费燃料，严重的传热不均还可能造成锅炉爆炸等生产事故。在石油工业中，水相或者油水混合相中往往含有大量的成垢性阳离子（Ca^{2+}、Mg^{2+}、Ba^{2+}、Sr^{2+}）、成垢性阴离子（CO_3^-、SO_4^{2-}）以及泥沙颗粒等，由于在生产系统中温度和压力的大幅度变化以及不同种类水液的混合，很容易造成在输送管线内出现大量的结垢。图 4-12 为某油田因严重结垢而更换下来的管线实物照片。在不到一年的运行期间内，一根较粗的管线只剩下中间一个细孔可供流通了。

为了防止或减轻上述结垢造成的恶劣影响，在工业上常常使用阻垢剂，其加入量往往只有数微克·克$^{-1}$至数十微克·克$^{-1}$。阻垢剂通常指的是能阻止无机盐类，尤其是碳酸钙、硫酸钙、磷酸钙、氢氧化镁等难溶性盐类沉积成垢的水处理剂。阻垢剂可分为天然阻垢剂和合成阻垢剂，前者包括木质素和丹宁等，后者则包括许多不同种类的物质。阻垢剂也可按照分子量的大小被分为小分子、中分子和大分子阻垢剂。小分子阻垢剂的相对分子质量约小于500，它主要包括聚磷酸盐、有机磷酸酯、亚甲基膦酸化合物以及 PBTC，主要通过导致晶格畸变而起作用。大分子阻垢剂是指相对分子质量超过 1000 的药剂，如聚丙烯酸等均聚羧酸类阻垢剂、丙烯酸与丙烯酸羟丙酯等共聚物类阻垢剂以及含磺酸的共聚物和含膦基的共聚物。这些大分子量的阻垢剂主要以其对成垢物的分散作用来实现阻垢效果。分子量介于小分子和大分子阻垢剂之间的为中分子阻垢剂，例如 PAPEMP。它们既具有小分子阻碳酸钙垢好的优点，同时又具有分散性能好的优点。

阻垢剂的作用机理相当复杂，包含多种作用。①螯合增溶作用。通过配合作用（螯合作用），阻垢剂与水中的 Ca^{2+}、Mg^{2+} 等形成稳定的可溶性螯合物，增大钙镁盐的溶解度，抑制垢的沉积。②晶格畸变作用。阻垢剂的官能团通过螯合作用与沉积物表面的金属离子发生作用，干扰无机垢的结晶生长过程，使晶体不能严格按正常晶格排列生长，导致晶格的歪曲或大晶体内应力的增大，使晶体易于破裂，阻碍垢的生长。对于碳酸钙垢，则可使其变为软垢，这种软垢易被水流冲掉和分散。③分散作用。聚羧酸盐类聚合物阻垢剂在水溶液中解离生成的阴离子，能在碳酸钙微晶表面发生物理化学吸附。聚羧酸盐的链状结构可吸附多个同种电荷的微晶而将它们分隔开来。同时带有同种电荷的微晶因静电斥力而无法结合、长大。④自解脱膜作用。聚丙烯酸类阻垢剂能在金属传热面上形成一种与无机晶体颗粒共同沉淀的

膜。当这种膜增加到一定厚度时，会在传热面上破裂并脱离，从而抑制垢层的增厚。⑤双电层作用机理。通过双电层作用，有机膦酸类阻垢剂能在生长晶核附近的扩散边界层内富集，阻碍成垢离子或分子簇在金属表面的聚集。

4.7　表面化学与胶体溶液

4.7.1　表面张力

多相体系中，不同相态之间存在相界面。相界面又称表面相，是两相之间的过渡层，其厚度大约有几个分子层。表面化学的主要任务就是研究相界面上的特殊性质。这些性质主要包括表面张力以及表面自由焓、表面熵、表面能等表面热力学性质。习惯上将一相为气相的相接触面称为表面，不涉及到气相的相接触面称为界面。在同一物相内部，分子受到的分子间作用力是对称的，所以分子可以自由移动而不消耗功。但是，在不同物相中，分子所受到的分子间作用力是不同的。因此，分子在表面（或界面）上所处的环境与在体相内部的环境不同，它与周围分子间的作用力是不对称的，要将分子从本相移至相界面，就必须对它做功（表面功）。与此相关的一个重要性质就是表面张力（surface tension）。表面张力指的是单位长度的作用线上，液体表面的收缩力，单位为 $N \cdot m^{-1}$。它垂直于分界边缘并指向液体内部。许多因素都对表面张力产生影响，特别是温度、压力和化学组成。一般情况下，液体的表面张力随温度升高而减小，这主要是由于升温加剧了分子的热运动，导致的膨胀也增大了分子间的距离，二者都使分子间的引力减弱。体相的密度比表面相的密度要大，增大压力通常导致表面张力的增大。相界面两边不同的化学组分对表面张力有着决定性的影响。表面张力有多种测量方法。界面张力可利用相关的表面张力通过理论公式进行估算，也可通过实验方法进行测定。

4.7.2　吸附现象

气相和液相中的吸附质能够在固体表面吸附。这种吸附的本质就是通过范德华力或者剩余化学键力，吸附质附着于固体表面上，使固体表面不饱和力场趋于平衡，降低表面张力。范德华力引起物理吸附，而剩余化学键力导致化学吸附。范德华力普遍存在于任何物质、任何两个分子之间，所以物理吸附可以发生在任何固体表面上，物理吸附是多层的，无需活化能，能很快达到平衡，吸附过程是可逆的。化学吸附依赖于剩余化学键力，后者是固体表面的特殊性质。随着化学吸附的开始，剩余化学键力逐渐减小；当固体表面被完全覆盖后，剩余化学键力变为零。所以，化学吸附只能是单分子层。化学吸附涉及到吸附质分子中旧化学键的断裂以及吸附质与固体之间新化学键的生成，需要活化能，因此，化学吸附过程缓慢且不可逆。实际上，化学吸附之前都将发生物理吸附。当化学吸附活化能较大时，低温下化学吸附的速率就很慢，以至于实际上只能观察到物理吸附。但有时化学吸附活化能也很低，例如氢气在许多金属表面上的化学吸附。

吸附过程是自发进行的，并且吸附的结果降低了吸附质的混乱度，吸附过程是一个熵减过程，所以根据热力学的基本关系式 $\Delta G = \Delta H - T \Delta S$ 可知，等温吸附过程是放热的，其热效应 $\Delta H < 0$。实际情况中存在个别的例外，例如，氢气在铜、银、金和镉上的吸附是吸热过程。吸附热是可以实验测量的，测量方法包括直接量热法、吸附等温线法和气相色谱法。实验表明，在新鲜表面刚开始发生吸附时，吸附热为一个相对较大的值，随着吸附量的增加，吸附热逐渐降低。这说明固体表面上各部位的表面能不尽相同，吸附优先发生在表面能较高的部位。

科学家们对吸附过程已经进行了深入的研究。其中最基本的工作是在等温条件下测得吸附量与压力（或浓度）之间的关系曲线，即吸附等温线。根据吸附等温线的不同类型，已提出多种吸附理论，例如，Langmuir 单分子层吸附理论、Brunaner-Emmet-Teller 多分子层吸附理论。

4.7.3　润湿与接触角

液体在固体表面还表现出一种特有的性质。在洁净的玻璃表面上滴一滴水，水滴将很快地铺展开；水珠落在荷叶表面，它却保持球形而不展

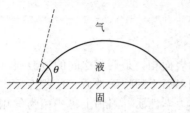

图 4-13　接触角示意图

开。前者称为润湿现象（wetting），后者则为不润湿。从完全润湿到完全不润湿，中间存在许多中间状态。不同的润湿程度可用接触角 θ 来表示。如图 4-13 所示，在气、液、固三相交界点，沿液面的切线与固体表面之间存在一个夹角，这就被定义为接触角 θ。接触角越小，液体对固体表面的润湿程度越高。当 $\theta = 0°$ 时，液体对固体完全润湿；当 $\theta = 180°$ 时，液体对固体完全不润湿；当 $\theta < 90°$ 时，液体对固体润湿；当 $\theta > 90°$ 时，液体对固体不润湿。接触角的形成本质上由表（界）面张力的相互影响来决定。它们之间的关系称为 Young 方程：

$$\cos\theta = (\sigma_s - \sigma_{s\text{-}l})/\sigma_l \tag{4-38}$$

其中的 σ_s、σ_l 和 $\sigma_{s\text{-}l}$ 分别表示固体表面张力、液体表面张力和固液界面张力。

接触角的测定方法很多，其中高度测量法和直接测量法较为简便。测量时可以通过增加液滴体积的方式来变化接触角，也可以通过减少液滴体积的方式来改变接触角。用前一方式测得的接触角称为前进接触角，而后一方式则得到后退接触角。由于非平衡态的实际存在、固体表面的粗糙性以及固体表面的污染等原因，同一体系的前进接触角往往大于后退接触角，即存在接触角滞后。

根据前文的说明，表面张力与接触角之间存在必然的联系。基于这种关系，科学家发现在许多有机固体表面上，$\cos\theta$ 与液体的表面张力成线性关系，将此关系外推到 $\cos\theta = 1$ 时得到所谓的临界表面张力。当某液体的表面张力小于某固体的临界表面张力时，该液体就能润湿这种固体表面，否则就不能润湿。例如，聚四氟乙烯、聚苯乙烯、萘、聚乙烯、尼龙的临界表面张力分别为 18、33～43、25、31 和 42～46($mN \cdot m^{-1}$)。

润湿现象的本质决定了润湿过程通常是放热的，其热值称为润湿热。一般来说，在不存在污染的情况下，液体的极性越强，固体与液体之间的相互作用越大，则润湿热越大，润湿效果越好。

润湿在工业生产实际中具有广泛的应用。在电镀工业中，电镀液对待镀工件表面的润湿能力对镀层的性能会产生明显的影响。在矿石浮选、废纸脱墨、废水处理等工业中浮选技术占有十分重要的地位。泡沫浮选是浮选技术中最为重要的一种，其基本原理就是吸附着捕捉剂的固体颗粒附着在气泡上并在气泡浮力作用下浮出浮选槽。这一过程涉及到固液界面和固气界面的消失以及固气界面的形成。研究结果表明，接触角越大，润湿程度越低，可浮性则越大。实际操作中，加入的捕捉剂多为表面活性剂，其极性基团吸附在亲水的固体颗粒上，非极性基团则露在外面形成一层憎水性膜，降低表面的润湿性，并使颗粒表面变成憎水性，黏附在气泡上并随气泡上浮。防水服装便是利用表面憎水性的实例。

由于实际情况不同，有时需要表面被润湿，有时却需要表面不被润湿。这就需要对润湿进行调节。一般来说，采用物理或化学方法提高固体表面的洁净度，能够增大表面的润湿度。在更多实用的情况下，最有效的方法就是添加润湿剂。对于具有较低表面自由能的疏液表面（$90° < \theta < 180°$），加入合适的润湿剂，可降低液体的表面张力，从而改善体系的润湿性质。对于亲液的高能表面，降低其润湿能力有时显得十分重要。高能表面往往带有电荷，它能够吸附带反号电荷的离子，例如阴离子表面活性剂或者阳离子表面活性剂。表面活性剂

的极性基团吸附在固体表面上，其非极性部分指向外部，使体系的表面能降低。能够降低固体表面能的常见表面活性剂有重金属皂类、高级脂肪酸、季铵盐、有机硅化合物和氟化物。

4.7.4　表面活性剂

表面活性剂泛指那些能够明显降低水的表面张力的物质。与固体表面相似，液体表面也存在吸附。对于水溶液来说，无机盐类会增大表面张力，其在表面相的浓度低于体相中的浓度，在液体表面的吸附表现为负吸附。与此相反，表面活性剂能够降低溶液的表面张力，其在表面相的浓度高于体相中的浓度，在液体表面的吸附表现为正吸附。

表面活性剂的种类很多，从化学结构的观点出发，根据其在使用条件下（水溶液中）是否解离成为离子的特性可将它们分为离子型表面活性剂和非离子型表面活性剂。离子型表面活性剂中起表面活性作用的可以是阴离子、阳离子或两性离子，它们分别称为阴离子型表面活性剂、阳离子型表面活性剂和两性型表面活性剂，各自的实例依次有烷基硫酸盐、季铵盐的卤素盐、含季铵基的烷基硫酸盐（内盐）。非离子型表面活性剂则进一步包括极性基较大的非离子型表面活性剂、极性基较小的非离子型表面活性剂，以及氟表面活性剂、硅表面活性剂和冠醚类大环化合物表面活性剂等特殊表面活性剂。无论是哪一类表面活性剂，其分子结构都是不对称的，可以分成两个部分，即非极性、亲油的碳氢链部分和极性、亲水基部分。因此，表面活性剂分子是既亲油又亲水的两亲分子。具有亲水作用（hydrophilic interaction）的极性部分易溶于水，而具有疏水作用（hydrophobic interaction）的非极性部分倾向于逃离水相。二者的作用使得表面活性剂分子可在表（界）面上呈现定向排列的吸附，或者在溶液内部由非极性部分引发分子间的缔合而形成胶团，也称为胶束。胶团或者胶束可呈现出球形、棒状、层状等不同形状。

胶团或者胶束的形成只有在表面活性剂的表（界）面吸附达到饱和之后才能发生。当表面活性剂的浓度达到某一浓度之上时，亲油基团相互缔合，亲水基团留在缔合体的外部，与水相接触，形成界面能较低的胶束。形成胶束所需的最低浓度称为表面活性剂的临界胶束浓度（critical micelle concentration），常用 CMC 表示。在 CMC 前后，表面活性剂溶液的界面张力、去污能力、密度、渗透压等性质出现明显的变化，因此，CMC 是表面活性剂的一个重要选择参数。

表面活性剂的 CMC 主要受到两类因素的影响，其一为分子结构因素，其二为环境因素。离子型表面活性剂的 CMC 值随其碳氢链的增长而减小，与亲水基数目的增加带来的影响相比，这一影响相对较弱。非离子型表面活性剂一般也表现出类似的性质，但氟元素的引入会明显降低 CMC 值。对 CMC 产生影响的环境因素主要包括温度、电解质、共存有机物等。通常，电解质的加入会降低表面活性剂的 CMC。不过，相比之下，温度的影响最为突出，而且这种影响与表面活性剂的种类有关。由于非离子型表面活性剂的亲水功能主要通过其分子中的亲水基团与水分子间的氢键结合来实现，随着温度的升高，这种结合的牢固度下降，从而导致表面活性剂分子的亲水性下降，溶解度下降。当升高到某一温度时，原来透明的水溶液会突然变浑浊，这一温度称为此非离子表面活性剂的浊点。只有在浊点温度以下时，非离子表面活性剂浓度的增加才能导致 CMC 的形成。与此相反，离子型表面活性剂的溶解度随温度升高而增大，其 CMC 也相应增大。

在如何选择表面活性剂时，除了 CMC 之外，还有其它一些选择参数，其中之一就是 HLB 值。由于表面活性剂都是两亲分子，其亲水能力和亲油能力之间存在着一定的平衡关系，这种关系称为亲水亲油平衡（hydrophile lipophile balance）。采用一些数值来表示这种平衡，这些数值就称为 HLB 值。HLB 值是相对值。在确定其标度时，规定亲油性强的油酸的 HLB 值为 1，而亲水性强的油酸钠的 HLB 值为 18。以此为标准，可以相对地确定每一种表面活性剂的 HLB 值。如图 4-14 所示，根据表面活性剂的 HLB 值就可以估计它的适宜用途。

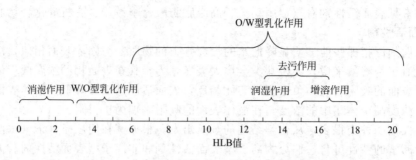

图 4-14 表面活性剂的 HLB 值与主要用途的关系

4.7.5 乳化与破乳

当一种或者多种液体分散于另一种不相溶的液体之中时常常形成乳状液。乳状液与溶胶具有很多相似的物理和化学性质，因此有时将乳状液归类于胶体分散体系。在胶体分散体系中分散质的粒子直径通常介于 $10^{-9} \sim 10^{-7}$ m 之间，而粒子直径在 10^{-7} m 之上的分散体系称为粗分散体系。在乳状液中分散质的粒子直径一般在 $10^{-7} \sim 10^{-5}$ m 之间。乳状液中存在水相（水或者溶于水的有机液体相）和油相（不溶于水的有机液体相）。习惯上，将分散相称为外相，而以液珠形式存在的被分散相称为内相。乳状液中分散质的粒子的大小指的就是内相的大小。内相可以是水相，也可以是油相。内相为油而外相为水的乳状液称为水包油型乳状液，用 O/W 表示；内相为水而外相为油的乳状液称为油包水型乳状液，用 W/O 表示。将两种互不相溶的液体混合并激烈搅拌可得到乳状液，但这种乳状液不稳定，经过不长的时间后会发生分层现象。为了获得足够稳定的乳状液，必须添加能够增强乳状液稳定性的添加剂。这种添加剂就是乳化剂，通常都是表面活性剂。

定性地说，在由两种互不相溶的液体构成的液-液界面上，表面活性剂分子在界面相内的吸附和定向排列，造成了界面相两侧不同的界面张力，也就是说，在水相一侧表面活性剂分子亲水端与水相分子之间的界面张力以及油相一侧表面活性剂分子亲油端与油相分子之间的界面张力，二者不等值。界面张力较大的一侧必须缩小其表面积，以便使界面自由能降到最低。这种收缩导致界面相的弯曲。如果水-亲水端的张力更大，在水相侧的表面将收缩，形成油包水型乳状液；如果油-亲油端的张力更大，在油相侧的表面将收缩，形成水包油型乳状液。因此，从表面活性剂的溶解特性来看，水溶性表面活性剂会降低水相的界面张力，趋于形成 O/W 型乳状液，而油溶性表面活性剂则会降低油相的界面张力，容易形成 W/O 型乳状液。换句话说，与乳化剂相溶的那一相构成乳状液的外相，而不相溶的相则构成内相，或者说，与乳化剂具有较大接触角的一相构成乳状液的内相。

不同类型乳状液的形成与界面相的性质紧密相关，所形成乳状液的稳定性自然也与界面相的性质紧密相关。为了防止分散相液滴之间的合并，界面相（界面膜）的机械强度必须很高，以定向排列的表面活性剂分子为主体的界面膜既需要有强的横向分子间作用力，又需要高的弹性。单一的表面活性剂往往难于形成完全封闭的界面膜，而不同类型的表面活性剂之间可能表现出协同效应，因此常常选择由一个水溶性表面活性剂和一个油溶性表面活性剂组合而成的复合体系。例如，油溶性的 Span（失水山梨醇酯）和水溶性的 Tween（氧化乙烯失水山梨醇酯）的复配型乳化剂具有多种用途。除了界面膜的物理性质之外，外相的黏度、液滴大小的分布范围、相体积比、温度等都会影响到乳状液的稳定性。一般而言，外相的黏度越大、液滴大小的分布范围越窄，乳状液越稳定；提高分散相的体积，特别是超过连续相的体积时，乳状液的稳定性降低；温度的影响较为复杂，但通常升温会降低乳状液的稳定性。

基于新型药物载体研究的需要，多级乳化作用受到重视。所谓的多级乳状液指的是乳状液中分散相液滴（粒子）自身就是一种乳状液。多级乳状液具有 W/O/W 和 O/W/O 两种基本类型。另外，微乳状液近年来受到格外的重视。微乳状液是透明的多分散体系，它含有两种互不相溶的液体，分散粒子的直径在 $10\sim100nm$ 范围内。制备粗乳状液和小颗粒乳状液时需要强烈搅拌，而制备微乳状液却需缓慢混合。

为了制备稳定的乳状液，必须恰当地选择乳化剂。乳化剂主要包括表面活性剂类、高分子类、天然产物类和固体粉末类四种类型。选择时主要采用 HLB 法以及一些其它方法。由于乳化剂的类型和浓度将对乳状液的类型和稳定性产生重大影响，评价时并无特定规则。以下通用的准则具有重要的指导意义：①油溶性强的乳化剂形成 W/O 型乳状液；②由一个水溶性表面活性剂和一个油溶性表面活性剂组合而成的复配体系往往产生性质更好并更稳定的乳状液；③油相的极性越小，乳化剂应越亲油，而油相的极性越大，乳化剂就应越亲水。

乳状液不仅仅实际存在，而且应用很广。农业上使用杀虫剂时，要求使用浓度很低、分散均匀、分散面积大，多数杀虫剂都不溶于水，因而一般被配制成 O/W 型乳状液，通过喷雾来实现。在医药上，有许多药剂也是通过配制成乳状液并进行喷雾来实现给药的；为了将药物传送到人体的特定部位，延长具有短的生物半衰期的药物的释放，多级乳状液可大显神通。能源工业中，利用助燃剂的作用，将燃料油与一定量的水配制成 W/O 型乳状液燃料，可明显提高燃烧效率，降低燃料成本。在机械制造工业中，金属的高速切削需要用切削液、轧制需要轧制油等来润滑和冷却，采用含油高水基的 O/W 型乳状液具有散热快、不粘工具、洗去切屑或轧制金属粉等优点，可节约油料，防止纯油料加工液中容易产生的微生物腐败。当然，乳化也有不利的一面，例如，石油工业中产出液可以认为是石油和水构成的乳状液，乳化将不利于石油的分离和石油的分馏，油品中存在的乳化水会促进设备与管道的腐蚀。在这种情形下，需要利用加入破乳剂的方法来破坏有害的乳化体系。由于界面膜的性质决定着乳状液的稳定性，如果外来的添加剂能够在界面上更强烈地吸附并破坏原界面膜的稳定性，那么乳状液就会被破乳。这种添加剂就叫做破乳剂，通常是碳链较短的表面活性剂，例如异戊醇。较短的碳链使得界面膜中表面活性剂分子间的横向作用力显著减弱，界面膜的强度大大降低，其保护能力减弱，从而乳状液失去应有的稳定性。根据前面的讨论，其它影响乳状液稳定性的因素，例如，升高温度、加入电解质和机械搅拌等都可能导致破乳或者加强破乳剂的破乳效果。

4.7.6 胶体

将氯化钠溶于水形成溶液，或者将油与水混合形成乳状液，这些都可以看成是将一种物质分散到另一种物质之中。一种物质被分散到另一种物质中所构成的体系称为分散体系。通常被分散的物质（也称分散质）构成不连续的相，称为分散相（dispersion phase）；而承接分散相的物质构成连续相，叫做分散介质（dispersion medium）。不同的分散体系中，分散相粒子大小可能相差甚远，而这种分散相粒子大小的改变可引起分散体系许多理化性质的变化。根据分散相粒子的大小可将分散体系进行分类。分散相粒子直径大于 $10^{-7}m$ 的分散体系叫做粗分散体系，例如黏土分散在水中的悬浮液以及奶油分散在水中的乳状液；分散相粒子直径小于 $10^{-9}m$ 的分散体系叫做溶液，溶液是单相的，例如氯化钠水溶液；粒子直径介于 $10^{-9}\sim10^{-7}m$ 之间的分散系称为胶体分散体系，常叫做溶胶，例如硅酸胶体溶液。习惯上，溶胶（sol）又被大体上分为亲液溶胶和疏液溶胶，前者为单相体系，后者为高度分散的多相体系。亲液溶胶实际上是高分子物质形成的真溶液（聚合物溶液），是热力学稳定的单相体系，只不过作为分散质的聚合物分子的粒径相当大而已。相比之下，疏液溶胶具有高度分散性和巨大的相界面，属于热力学不稳定体系。一般情况下，胶体（colloid）指的是疏液溶胶。由于胶粒尺寸很小，在外观上有时与真溶液难以区分。但是，与真溶液不同，溶胶体系表现出丁达尔现象（the Tyndall effect），即当一束光线通过透明的溶胶体系时，从侧面可以看到这一光束，其原因是由于胶粒对光的散射。表 4-5 列出了一些常见的胶体体系。由于悬浮液和乳状液的分散相粒子直径范围与胶粒直径的分布范围具有一定的重叠性，它们的许多性质与胶体相似。

表 4-5　一些常见的胶体体系

连续相	分散相	类　型	实　例
气体	液体	气溶胶	雾
	固体	气溶胶	烟
液体	气体	泡沫	肥皂泡沫
	液体	乳状液	牛奶
	固体	溶胶	SiO_2 溶胶、胶体金
固体	气体	固体泡沫	火山灰、熔岩、浮石
	液体	凝胶，固体乳状液	猫眼石、珍珠
	固体	固体溶胶	宝石红玻璃

由于胶体分散体系中分散相粒子的大小在 $1nm \sim 1\mu m$ 之间，其形状也多种多样，例如，球状（SiO_2 溶胶）、棒状、饼状（人类血浆中的伽马球蛋白）、薄膜状（水面油膜）、盘丝状（纤维素纤维）。由于胶体粒子尺寸介于真溶液溶质粒子尺寸和粗分散体系分散质粒子尺寸之间，制备方法也因此分为两大类。其一是分散法，即通过适当途径使大块或大颗粒的物质分散成胶体粒子尺寸的方法；其二是凝聚法，即使低分子（或原子、离子）凝聚成胶体粒子的方法。

分散法主要包括机械研磨、超声波作用、电弧粉碎和化学法等。在前几种物理方法的制备过程中，一般需要加入稳定剂，以便保证胶体体系的稳定，并提高制备效率。化学法则需要添加胶溶剂，故也称胶溶法。胶溶剂是电解质，在电解质的作用下，沉淀可重新分散成溶胶，这一过程称为胶溶作用。例如，在制备好新鲜的 $Fe(OH)_3$ 溶液后，稍加搅拌将其洗涤，再加入少量的电解质 $FeCl_3$，稍加搅拌，沉淀剂可分散成红棕色的 $Fe(OH)_3$ 溶胶。

凝聚法主要包括更换溶剂法和化学反应法。利用物质在不同溶剂中溶解度不同的性质，更换溶剂即可简单地使低分子凝聚成胶体粒子。例如，将硫黄的乙醇溶液倒入水中，立刻形成硫黄的水溶胶。化学反应法指的是利用各种化学反应生成难溶性产物，控制相关的反应条件使难溶性产物的沉淀粒子的尺寸介于 $1nm \sim 1\mu m$ 之间。反应过程中，胶体的形成涉及到晶体的形核与长大。晶核的形成速率慢或者晶体的长大速率快，将导致沉淀粒子超过胶体粒子的上限尺寸，长大成为大颗粒而沉降下来，无法得到胶体。因此，所有那些有利于晶核大量生成而减慢晶体生长速率的因素都有利于溶胶的形成。从而，在通常情况下，较大的过饱和度以及较低的反应温度有利于胶体的制备。所用到的化学反应主要包括氧化还原反应、水解反应、复分解反应以及阴阳离子混合而产生的简单沉淀反应。

（1）利用氧化还原反应制备溶胶　用甲醛还原金盐可制备红色负电金溶胶，利用硫代硫酸盐在酸性条件下的分解反应可制得硫黄溶胶。二者的反应式分别如下：

$$2KAuO_2 + 3HCHO + K_2CO_3 \longrightarrow 2Au + 3HCOOK + KHCO_3 + H_2O \tag{4-39}$$

$$Na_2S_2O_3 + H_2SO_4 \longrightarrow Na_2SO_4 + SO_2 + S + H_2O \tag{4-40}$$

（2）利用水解反应制备溶胶　常见的例子有，利用 $FeCl_3$ 的水解制备 $Fe(OH)_3$ 溶胶。

（3）利用复分解反应制备溶胶　例如，在 As_2O_3 的饱和水溶液中通入 H_2S，可得到黄色的硫化砷溶胶：

$$As_2O_3 + 3H_2S \longrightarrow As_2S_3 + 3H_2O \tag{4-41}$$

（4）利用阴阳离子混合而产生的简单沉淀反应制备溶胶　例如，将稀 $AgNO_3$ 水溶液

（$10^{-4} \sim 10^{-3}\,\mathrm{mol \cdot dm^{-3}}$）加入到稀 KI 水溶液（$10^{-4} \sim 10^{-3}\,\mathrm{mol \cdot dm^{-3}}$）中，可得到带负电的 AgI 溶胶。

与物理法略有不同，在用化学方法制备溶胶时，通常无需特意地去添加稳定剂，作为稳定剂的电解质来源于反应物或者生成物。例如，上面提到的负电金溶胶的稳定剂是 AuO_2^-，硫化砷溶胶的稳定剂是 HS^-。反应体系中过量存在的电解质会影响溶胶的稳定性，需要采用渗析、超滤等方法滤除大量存在的电解质，实现溶胶的净化，保证溶胶的稳定性。但是，这种净化不能过分，否则作为稳定剂的电解质也会被除去，反而有损于溶胶的稳定性。

在热力学温度 0K 以上的任何温度下，所有分子都具有或大或小的动能，分子的热运动往往表现为布朗运动。溶胶体系中，分散介质的分子以不同大小和不同方向的力量不停地撞击着胶粒，在某一瞬间，胶粒所受的撞击力的合力可能不为零，从而在这个净余合力的作用下产生运动。显然这种净余合力的大小和方向是随时刻的变化而变化的。因此，胶体粒子的运动方向和程度也不断变化。这就产生了胶粒的布朗运动。对胶体体系而言，布朗运动指的是胶粒的布朗运动。随着胶体粒子的增大，同一时刻所受到的撞击次数增多，撞击产生的合力趋于零的可能性增大。因此，胶粒布朗运动的程度随着胶体粒子的增大而减弱。实际上，当粒子直径超过 $5 \times 10^{-6}\,\mathrm{m}$ 时，布朗运动消失。胶体粒子的布朗运动可能导致粒子之间的经常碰撞、紧密接触，并结成较大的粒子而沉降，因此，胶体体系是热力学不稳定的体系。但实际上许多溶胶可稳定存在数日、数月、数年、甚至更长的时间。决定这种稳定性的主要因素是溶胶粒子所带电荷，同种电荷之间的排斥作用防止了胶体粒子间的聚集和长大。

众所周知，随着物体尺寸的减小，其比表面积和表面能急剧增长。粒径达到 $10^{-6}\,\mathrm{m}$ 时表面能开始显示效果，达到 $10^{-9}\,\mathrm{m}$ 时表面能显得尤为重要。由于胶体粒子很大的比表面积和高的表面能，因而具有很强的吸附能力，能选择性地吸附某种异号电荷的离子。由于较高的电荷/质量比，胶体粒子之间的库仑排斥作用阻碍了胶体粒子间的紧密接触，保证了溶胶的稳定性。正是出于这一需要，无论是物理方法还是化学方法制备的溶胶体系中都必须存在一定的电解质作为保护剂，而过多的电解质会或多或少地中和吸附在胶粒上的反号电荷，从而损害溶胶的稳定性，必须通过净化而去除。

胶体粒子的结构较为复杂。SiO_2 胶粒表面的结构如图 4-15（a）所示。胶核 SiO_2 表面发生水化，优先吸附 OH^-，OH^- 又能够吸引溶液中水合或者溶剂化的带异号电荷的离子，例如 Na^+。一部分的水合异号电荷离子与胶核紧密接触，形成吸附层；而另一部分的水合异号电荷离子稍微远离胶核，形成扩散层。由胶核和吸附层构成的部分叫做胶粒，胶粒和扩散层构成的部分称为胶团。在整体上，胶团呈电中性。胶粒与扩散层中的离子的联系是疏松的，胶粒运动时，扩散层中的离子通常不会做紧密的跟随运动。当然，在 SiO_2 水化层中，可能存在少量的 SiO_3^{2-}，没有在图 4-15（a）给出。类似的，如图 4-15（b）所示，由硅酸分子脱水缩合而成的体型结构的大分子构成了硅酸溶胶粒子的胶核，胶核最表面的 SiO_2 可水化并选择性地吸附 SiO_3^{2-}（图中以⊖表示），后者再吸引溶液中的带异号电荷的离子，在这里主要是 H^+。

溶胶粒子所带电荷的种类以及溶胶粒子的大小与溶胶的制备方法紧密相关。例如，将稀 $AgNO_3$ 水溶液加入到稀 KI 水溶液中所得到的 AgI 溶胶带负电，而将稀 KI 水溶液加入到稀 $AgNO_3$ 水溶液中所得到的 AgI 溶胶带正电，两种溶胶中的粒径分布都是多分散的；如果将稀 $AgNO_3$ 水溶液与过量的稀 KI 水溶液混合（加入次序没有影响），得到含 $3 \times 10^{-5}\,\mathrm{mol \cdot dm^{-3}}$ AgI 和 $0.1\,\mathrm{mol \cdot dm^{-3}}$ KI 的 $[AgI_2]^-$ 配合物溶液，然后取三份体积的配合物溶液，用七份蒸馏水稀释之，稍等之后即可得到粒径在 $0.38 \sim 0.40\,\mu\mathrm{m}$ 之间的单分散 AgI 溶胶。

除了胶体粒子所带同种电荷产生库仑排斥力而有利于溶胶的稳定性之外，胶粒最外围吸

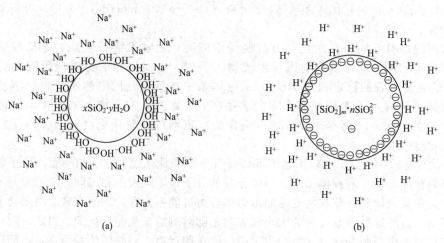

$xSiO_2 \cdot yH_2O$

$[SiO_2]_m \cdot nSiO_3^{2-}$

(a)

(b)

图 4-15 溶胶胶粒结构的示意图

附层的水合或者水化离子使得好像在胶粒周围形成了具有一定程度定向排列之结构的水化层。这层水化层表现出一定的弹性，能缓冲或机械地阻碍胶粒之间的紧密接触、结合和聚沉，也能起到稳定胶体的作用。

要更为严格地说明溶胶的稳定性，就必须更为充分地考虑胶粒之间的相互作用力：范德华力、静电力、排斥的水合作用力和空间效应。范德华力是造成粒子间引力的主要原因，而静电斥力是防止粒子接近或促使已经聚沉的粒子重新分散的主要原因。电解质的存在可使胶粒吸附反号电荷的离子，从而影响胶粒之间的静电斥力，影响粒子间相互作用的总势能曲线的形状和势垒的高度。加入外来电解质往往造成溶胶的聚沉。粒子表面电荷的存在将提高粒子表面的电势，聚沉势垒随表面电势的提高而增大。当离子的吸附导致胶粒表面电势上升时，溶胶的稳定性得到提高；当离子的吸附导致胶粒表面电势下降时，溶胶的稳定性将会下降。要使稳定的溶胶发生聚沉，外加电解质浓度必须超过某个最低浓度。这一最低浓度称为该电解质的聚沉值或临界聚沉浓度，其倒数则称为聚沉能力。电解质的聚沉值与电解质的性质、溶胶粒子的含量与性质、分散介质的性质以及温度有关，但最主要的影响因素是电解质的性质。电解质中起聚沉作用的是与胶粒所带电荷异号的离子，异号离子价数越高，聚沉值越低。大量实验结果表明，一价离子的聚沉值约在 $50 \sim 150$ 之间，二价离子的聚沉值在 $0.5 \sim 2$ 之间，三价离子的聚沉值在 $0.05 \sim 0.1$ 之间。多价离子的聚沉能力主要由价数决定，离子大小的影响可以忽略；但一价异号离子的聚沉能力与其水合离子的半径成反比，这可能是由于半径小的水合离子更容易靠近胶体离子的缘故。某些亲水性或憎水性较强的溶胶体系存在不规则聚沉，即随着电解质的加入，溶胶发生聚沉，当电解质的浓度进一步增大时，已发生聚沉的体系又重新分散成为溶胶。这被归因于排斥的水合作用力。这种力通常是比范德华力更短程的力。通常，水合作用力随电解质浓度的增加而增大，并在电解质浓度达到或超过某一数值时才起重要作用。另外，吸附在固体粒子表面的高聚物或者表面活性剂的分子会明显增强分散固体的稳定性，这主要依靠空间位阻效应。

在我们周围的世界中，胶体的实例与应用非常多。如果胶体的形成是有利的，就需要设法进行保护；如果胶体的形成是不利的，就需要设法破坏。人类血液中含有碳酸钙、磷酸钙等多种难溶电解质，它们的自由沉积是不能许可的，因此需要使它们以胶体的形式稳定存在，实际上它们是依靠血液中蛋白质的保护而以胶体存在的。电解质的存在对胶体的稳定性影响很大，过多的电解质将会破坏溶胶的稳定性。肾脏的主要功能就是消除血液中过多的电解质，其作用相当于一张渗析膜。渗析膜允许水分子、小的溶质分子和离子自由通过，但不允许胶体粒子通过。人工透析机就是利用渗析装置来取代病人的肾并对病人的血液进行清理。照相用胶片的感光层主要由极细的溴化银粒子组成，为了防止感光性溴化银粒子之间的结合和长大，同样也是采用添加保护剂的方法使之以胶体的形式存在，所加保护剂通常为动物胶。蛋白质、动物胶以及其它许多高分子物质可以形成高分子溶液，也称为亲液溶胶，是热力学稳定的单相体系。同时由于它们的高分子量，分子大小与一般溶胶粒子的大小相仿。在适当的条件下，高分子物质在胶体粒子表面发生吸附，形成具有一定弹性和机械强度的吸附层，阻碍胶粒之间的结合与聚沉，提高胶体的稳定性。

在某些情况下，胶体体系中大分子的长链或者长型胶粒由于相互碰撞而在溶剂化比较薄弱的部位发生"结合"，随着结合部位的增多，在整个溶胶系统内形成一个松软的立体结构网络，将液体机械地包裹在其中，失去流动性。此时的胶体称为凝胶，形成凝胶的过程叫做凝聚。显然，凝胶是一类或多或少带有固体性质的胶体系统。食品中的粉皮、奶酪、人体的皮肤、肌肉、池塘底的淤泥等，都是凝胶。凝胶也具有多方面的应用。例如，传统的铅酸电池中，硫酸电解液会发生溶剂蒸发损失，或者因摇荡而泄漏，严重影响电池功能的正常发挥，增加不必要的维护，通过向电解液中添加适量的高分子物质，使电解液凝胶化，就可以防止上述问题的出现，大大减少电池的维护工作。又例如，通过添加电解质的方法，使硅酸溶液形成凝胶，并使之干燥而形成干凝胶，即通常所说的硅胶。硅胶保持着原凝胶的骨架，而原凝胶中液体的排出使硅胶具有大量的微细孔。硅胶的多孔性使它具有很大的比表面积，是一种很好的吸附剂和干燥剂。溶胶的凝胶化还有许多应用。例如，凝油剂可用于处理溢油、堵塞漏油、处理含油废水、去除水面薄油膜等，也可用于液体炸药、医药、涂料等方面。基于凝胶收敛和膨胀性能，可将化学能或其它物理能转化为机械能，从而有机凝胶可用于人工肌肉和转换器，并在微机械制造方面具有发展前景。凝胶还可用于溶剂纯化、催化、药物缓释、固体电解质制备和传感器研制。

有些凝胶还具有触变性（rheological properties）。凝胶的触变作用，也称为溶胶-凝胶转变（sol-gel transition），是一个可逆过程，在机械搅动后，凝胶变为溶胶；在静置后，溶胶变为凝胶。触变作用在钻井中具有很好的应用，这就是触变性泥浆。在正常钻井中，由于机械搅动作用，泥浆为溶胶，通过循环带出岩粉；停止钻井时，泥浆变为凝胶，将岩粉固定在其中，防止岩粉的沉积；再次启动钻机时，凝胶又很快变回溶胶，避免了沉积岩粉可能造成的卡钻。另外，在原油开采、储运过程中，原油的流变性是很重要的基本性质。原油成分极为复杂，主要包括蜡、胶质、沥青质和轻烃组分等。原油更是一种复杂的胶体体系，沥青质为胶核，吸附在沥青质表面或部分吸收在沥青质中的溶剂化的胶质作为稳定剂，而分散介质主要是油分和少量的胶质。在常温下，含蜡原油中会有较多的蜡晶析出，这使得含蜡原油成为以蜡晶为主要分散相的胶体分散体系或固液悬浮体系。含蜡原油在蜡晶析出量很少的温度下是结构性溶胶体系；当蜡晶析出浓度较大时，析凝的蜡晶则发展成为蜡晶的三维空间网络结构，而液态油则被嵌固在蜡晶之间，原油产生结构性凝固，成为凝胶体系。凝胶含蜡原油具有一定的结构强度，表现为原油具有一定的屈服值。当对凝胶原油施加一大于屈服值的剪切应力后，原油的蜡晶网络结构被打破，原油由凝胶转变为溶胶；但当外加剪切应力撤消后，这种溶胶原油又会在静止条件下等温转变为凝胶。某些小分子量有机化合物能在含量很低的情况下（≤2%）使有机溶剂凝胶化，形成有机凝胶。这些化合物被称为小分子量有机胶凝剂（low molecular-mass organic gelators），它们在合适的有机溶剂中能够通过特殊的弱相互作用（如氢键、静电、偶极相互作用等）自组装形成线型、纤维状或带状结构，这些一维结构再经交联而形成三维网络结构，从而使有机溶剂凝胶化。这类有机凝胶多为物理凝胶，具有很好的触变特性。

◇ 本章小结

1. 基本概念

理想溶液、非理想溶液、过饱和溶液、溶解度、溶液浓度的表示法、稀溶液的通性、溶液的蒸气压降低、沸点升高、凝固点降低、渗透压、范特霍夫系数、反渗透、蒸气压曲线、临界状态、临界点、相平衡、同素异形性、相图、液-固相图、液-液相图、液-气相图、恒沸物、酸碱理论、酸碱平衡、配离子的单级不稳定常数、累积不稳定常数、溶度积规则、同离子效应、水处理、阻垢、表面与界面、表面张力、物理吸附、化学吸附、润湿、接触角、表面活性剂、临界胶束浓度、乳化与乳化剂、破乳与破乳剂、分散相、分散介质、粗分散体系、胶体、亲液溶胶、疏液溶胶、丁达尔现象、胶粒、胶团、聚沉、凝胶、触变性

2. 基本公式

亨利定律（气体的溶解度与压力的关系）：$c = k \cdot p_{gas}$；

拉乌尔定律（溶液中溶剂的分压与溶剂的摩尔分数 x_A 和纯溶剂蒸气压的关系）：$p_A = x_A p_A^*$；

溶液蒸气压下降：$\Delta p_A = (1 - x_A) p_A^* = x_B p_A^*$；

溶液的沸点上升：$\Delta T_{bp} = k_{bp} m$；

溶液的凝固点下降：$\Delta T_{fp} = -k_{fp} m$；

溶液的渗透压 Π（范特霍夫方程式）：$\Pi = cRT = (n/V)RT$；

弱酸水溶液中 H^+ 浓度计算的最简公式：$c_{H^+} \approx (K_a c_0)^{1/2}$；

弱碱水溶液中 OH^- 浓度计算的最简公式：$c_{OH^-} \approx (K_b c_0)^{1/2}$；

简单缓冲体系中的氢离子浓度：

$$c_{H^+} = K_a \times \frac{c_{共轭酸}}{c_{共轭碱}}$$

溶度积常数：$K_{sp} = c_A^n c_B^m$；

接触角与表（界）面张力之间的关系（Young 方程）：$\cos\theta = (\sigma_s - \sigma_{s\text{-}l})/\sigma_l$

◇ 思考题

1. 判断题

(1) 试图将化合物 A 溶解于溶剂 B 中的时候，如果该过程的 $\Delta H_{soln} < 0$，那么二者一定能够形成溶液。

(2) 试图将化合物 A 溶解于溶剂 B 中的时候，如果该过程的 $\Delta H_{soln} > 0$，那么二者一定不能够形成溶液。

(3) 根据亨利定律，在较高浓度（例如 $1 mol \cdot dm^{-3}$）的盐酸水溶液的上方应该存在具有一定分压的 $HCl(g)$，因而能够闻到 $HCl(g)$ 的气味。

(4) 在凝固点温度下，物质的液相蒸气压与固相蒸气压相等，而在沸点温度下，液体的蒸气压与外界气压相等。

(5) 硫既是同素异形体，也是同质多晶体；氧是同素异形体；硫化锌是同质多晶体。

(6) 气体物质在固体表面的物理吸附依靠范德华力来实现，而化学吸附则依靠固体表面的剩余化学键力。

2. 选择题

(1) 造成过饱和溶液形成的原因有

A. 添加的溶质量超过其溶解度；

B. 温度过低；

C. 饱和溶液情况下，环境条件改变使溶解度降低；

D. 溶液中不存在固态物质的晶种

（2）下列物质中，在同浓度的 $Na_2S_2O_3$ 水溶液中的溶解度最大的是

    A. AgBr；   B. AgCl；   C. AgI；   D. Ag_2S

（3）下列化合物的 $0.10 mol \cdot dm^{-3}$ 溶液的 pH 值排序正确的是

    A. HAc<NaAc<NH_4Ac<NH_4Cl；   B. HAc<NH_4Ac<NH_4Cl<NaAc；

    C. NH_4Ac<HAc<NH_4Cl<NaAc；   D. HAc<NH_4Cl<NH_4Ac<NaAc

（4）下列说法正确的是

    A. 水的相图表明，水的冰点为 0℃；

    B. 在水的相图上，不同相之间是绝对可以区分的；

    C. 水的相图是理论推导出来的；

    D. 从水的相图可以得到不同外界气压下的水的沸点

（5）下列说法不正确的是

    A. 真溶液和胶体溶液都含有大量的物质微粒；

    B. 在外部电场的作用下，胶体溶液中的胶团会发生在整体趋势上的定向运动；

    C. 电解质过多或过少存在，都不利于胶体溶液的稳定；

    D. 胶体粒子表面带有相同符号的电荷，这并不是胶体溶液高度稳定的唯一原因

◇ 习题

1. 汽油内存在少量水时，汽车就可能熄火。产生这一问题的原因是什么？如何解决这一问题？

2. 从分子间作用力的观点出发，解释丙酮与氯仿形成溶液的过程是放热过程而丙酮与 CS_2 形成溶液的过程却是吸热过程。

3. 利用分子间力判断并说明下列混合物中哪种能够形成溶液，哪种不能，哪种溶液是理想溶液：（a）乙醇与水；（b）己烷与辛烷；（c）己醇与水。

4. 甲苯、草酸与苯甲醛中，哪一个最容易溶于水？说明理由。

5. 对于固态的碘来说，更好的溶剂是水还是四氯化碳？请说明理由。

6. 分别比较下列各组物质，哪一种最易溶于苯？

    ①He，Ne，Ar；②CH_4，C_5H_{12}，$C_{31}H_{64}$；③NaCl，C_2H_5Cl，CCl_4

7. 大多数可溶的离子化合物溶于水时，其溶解过程的焓变值略大于零，属吸热过程，应该不利于其自发进行。为什么这些离子化合物却能自发地溶解于水？

8. 已知在 0℃ 且氧分压为 1.00atm 条件下，气态氧在水中的溶解度为每升水 $48.9 mL O_2$，计算在通常空气中氧分压（0.2095atm）条件下，饱和水溶液中氧的浓度。

9. 对于在水中可发生解离或与水发生化学反应的气体，亨利定律不再成立。CO_2 溶于水后可以生成 H_2CO_3，后者还能进一步解离生成 H^+、HCO_3^-，然而在讨论亨利定律的应用时，常常将碳酸饮料水的制作看成是一个工业应用的实例，为什么？

10. 水和苯酚在温度低于 66.8℃ 时仅能少部分混溶。在 29.6℃ 时将 50.0g 水和 50.0g 苯酚混合，得到一个组成为含水 92.5% 和苯酚 7.5%（质量分数）的相（苯酚的饱和水溶液）。试计算另一个相（水的饱和苯酚溶液）中水的质量分数？

11. 在 1.00atm 的压力下，0℃ 和 25℃ 时 O_2 在水中的溶解度分别为 $2.18 \times 10^{-3} mol \cdot dm^{-3}$ 和 $1.26 \times 10^{-3} mol \cdot dm^{-3}$。求将溶解 O_2 达到饱和的 515mL 水从 0℃ 加热到 25℃ 时排出的 O_2 的体积（气体体积按照 25℃，压力 1atm 计算）。

12. 在 20℃，压力为 1.00atm 时 CO_2 在水中的溶解度为 87.8mL/100mL 水（标准温度和压力）。求在 20℃，1.00atm 时水中溶解的空气达到饱和时，CO_2 在水中的浓度？空气中的体积分数为 0.0360%。假设当水中溶解的空气达到饱和时水的体积不会改变。

13. 含苯 $x_{benz}=0.300$ 的苯-甲苯溶液（近似为理想溶液）在标准状态下的沸点为 98.6℃。在 98.6℃ 时，纯

甲苯的饱和蒸气压为 533mmHg(1mmHg=133.322Pa)，求在该温度下苯的饱和蒸气压为多少？

14. 已知苯的临界点是 289℃，4.86MPa，沸点是 80℃；三相点是 5℃，2.84kPa；在三相点，液态苯的密度是 $0.894g \cdot cm^{-3}$，固态苯的密度是 $1.005g \cdot cm^{-3}$。根据上述数据画出苯在 0～300℃ 范围内的相图（坐标可以不按比例）。

15. 烟草的有害成分尼古丁的实验式是 C_5H_7N，现将 496mg 尼古丁溶于 10.0g 水，测得该溶液在 101kPa 下的沸点是 100.17℃。求尼古丁的分子式。

16. 将磷溶于苯配制成饱和溶液，取此饱和溶液 3.747g 加入 15.401g 苯中，混合溶液的凝固点是 5.155℃，而纯苯的凝固点是 5.400℃。已知磷在苯中以 P_4 分子存在，求磷在苯中的溶解度（g/100g 苯）。

17. 0.324g $Hg(NO_3)_2$ 溶于 100g 水，其凝固点是 $-0.0588℃$；0.542g $HgCl_2$ 溶于 50g 水，其凝固点是 $-0.0744℃$。用计算结果判断这两种盐在水中的电离状况。

18. 将鲜花的茎放入高浓度的 NaCl 水溶液中，花就会枯萎；将新鲜的黄瓜放入相似的溶液中腌泡之后就会变皮软。试解释上述现象。

19. 101mg 胰岛素溶于 $10.0cm^3$ 水，该溶液在 25.0℃ 时的渗透压是 4.34kPa，求：①胰岛素的摩尔质量；②溶液蒸气压下降 Δp（已知在 25.0℃ 时，水的饱和蒸气压是 3.17kPa）。

20. 用一定含量完全电离的盐溶液 [0.92% NaCl] 计算人体温度为 37.0℃ 时血液的渗透压。（提示：已知 NaCl 在水溶液中是完全电离的）

21. 在 749.2mmHg 时水的沸点为 99.60℃。求：在 749.2mmHg 时，如果要将溶有 $C_{12}H_{22}O_{11}$ 的水溶液的沸点提高到 100.00℃，溶液中 $C_{12}H_{22}O_{11}$ 的质量分数应为多少？

22. 松柏苷是一种从杉树的松果中发现的物质。将 1.205g 松柏苷的样品灼烧分析，产物包括 0.698g H_2O 和 2.479g CO_2；将 2.216g 样品溶于 48.68g 水后，其标准状况下的沸点为 100.068℃。求松柏苷的分子式。

23. 做菜的时候通常在煮沸之前加入一些食盐。有人认为这样做有助于提高烹饪时水的沸点；另一些人则认为加入的食盐量不够，不能引起太大的变化。求在 1atm 下，将沸点提高 2℃ 时每升水中大约需要加入多少克 NaCl？这是你烹饪的时候加入水中的 NaCl 的量吗？

24. 求以下溶质溶解于水中得到浓度为 $0.10mol \cdot dm^{-3}$ 的溶液的近似凝固点：（a）$CO(NH_2)_2$（尿素）；（b）NH_4NO_3；（c）HCl；（d）$CaCl_2$；（e）$MgSO_4$；（f）C_2H_5OH（乙醇）；（g）$C_2H_4O_2$（乙酸）。

25. 现有 $100cm^3$ 浓度为 $0.20mol \cdot dm^{-3}$ 的氨水，向其中加入 7.0g 固体 NH_4Cl（假设体积不发生变化），问加入 NH_4Cl 后溶液的 pH 值变化如何？

26. 将下列各组水溶液等体积混合后，能用做缓冲溶液的组别是哪些？为什么？
   ① HCl($0.300mol \cdot dm^{-3}$) 和 KOH($0.200mol \cdot dm^{-3}$)；
   ② HCl($0.200mol \cdot dm^{-3}$) 和 KAc($0.400mol \cdot dm^{-3}$)；
   ③ HCl($0.200mol \cdot dm^{-3}$) 和 $NaNO_2$($0.100mol \cdot dm^{-3}$)；
   ④ HNO_2($0.300mol \cdot dm^{-3}$) 和 KOH($0.200mol \cdot dm^{-3}$)。

27. $10.0cm^3$ $0.20mol \cdot dm^{-3}$ HCl 溶液与 $10.0cm^3$ $0.50mol \cdot dm^{-3}$ NaAc 溶液混合后，计算：①溶液的 pH 值是多少？②在混合溶液中加入 $1.0cm^3$ $0.50mol \cdot dm^{-3}$ NaOH，溶液的 pH 值变为多少？③在混合溶液中加入 $1.0cm^3$ $0.50mol \cdot dm^{-3}$ HCl，溶液的 pH 值变为多少？④将最初的混合溶液用水稀释一倍，溶液的 pH 值又是多少？

28. $60.0cm^3$ $0.20mol \cdot dm^{-3}$ 的 $AgNO_3$ 溶液与 $100.0cm^3$ $0.20mol \cdot dm^{-3}$ 的 NaAc 溶液混合，并达到平衡后，测得溶液中的 Ag^+ 浓度为 $0.050mol \cdot dm^{-3}$，求 AgAc 的溶度积。

29. 往浓度为 $0.10mol \cdot dm^{-3}$ 的 $MnSO_4$ 溶液中滴加 Na_2S 溶液，试问是先生成 MnS 沉淀，还是先生成 $Mn(OH)_2$ 沉淀？

30. 分别用 Na_2CO_3 和 $(NH_4)_2S$ 溶液处理 AgI，沉淀能不能转化？为什么？

31. 向 $0.250mol \cdot dm^{-3}$ NaCl 和 $0.0022mol \cdot dm^{-3}$ KBr 的混合溶液中慢慢加入 $AgNO_3$ 溶液，问：①哪种化合物先沉淀出来？②Cl^- 和 Br^- 能否有效分步沉淀从而得到分离？

32. 某溶液中含 $0.10mol \cdot dm^{-3}$ 游离 NH_3，$0.10mol \cdot dm^{-3}$ NH_4Cl 和 $0.15mol \cdot dm^{-3}$ $[Cu(NH_3)_4]^{2+}$。用计算说明，有无 $Cu(OH)_2$ 生成的可能性 $[(K_{sp})_{Cu(OH)_2}=2.6 \times 10^{-19}]$。

33. 分别计算 AgBr 在纯水和 $1.00mol \cdot dm^{-3}$ 的 $Na_2S_2O_3$ 水溶液中的溶解度。

34. 将 $20cm^3$ $0.025mol \cdot dm^{-3}$ 的 $AgNO_3$ 溶液与 $2.0cm^3$ $1.0mol \cdot dm^{-3}$ 的 NH_3 溶液混合，求所得溶液中 $Ag(NH_3)_2^+$ 浓度。在此溶液中再加入 $2.0cm^3$ $1.0mol \cdot dm^{-3}$ 的 KCN，求所得溶液中 $Ag(NH_3)_2^+$ 浓度是多少（忽略 CN^- 水解）？配位反应的方向与配合物稳定性关系如何？

35. 在洗涤时往水中添加的洗涤剂，其主要作用有哪两种？

36. 作为一种制备单分散 AgI 溶胶的方法，可先将浓度为 $6 \times 10^{-5} mol \cdot dm^{-3}$ $AgNO_3$ 水溶液与浓度为 0.1 $mol \cdot dm^{-3}$ KI 水溶液等体积混合，然后取三份体积的这种混合溶液，再用七份蒸馏水稀释之，等候大约 $1min$ 后即可得到粒径在 $0.38 \sim 0.40$ μm 之间的单分散 AgI 溶胶。已知不稳常数是 1.82×10^{-12}，AgI 的溶度积常数为 8.51×10^{-17}，试通过计算来说明溶胶制备过程中溶液混合步骤和混合液稀释步骤的作用。

37. 为什么晶体物质具有明确的熔点（即熔点范围很窄），而非晶态物质的熔点却不明确（即熔点范围相当宽）？

38. 已知纯金属 Bi 的熔点为 $273℃$，纯金属 Cd 的熔点为 $323℃$，这两种金属的共熔点为 $140℃$，低共晶体中 Cd 的质量分数为 40%。试画出二者的相图。

39. $10.0mL$ $0.10mol \cdot dm^{-3}$ $CuSO_4$ 溶液与 $10.0mL$ $6.0mol \cdot dm^{-3}$ 氨水混合达平衡后，计算溶液中 Cu^{2+}、$[Cu(NH_3)_4]^{2+}$ 及 NH_3 的浓度各是多少？若向此溶液中加入 1.0 mL $0.20mol \cdot dm^{-3}$ $NaOH$ 溶液，问是否有 $Cu(OH)_2$ 沉淀生成？$[Cu(OH)_2$ 的 $K_{sp}^{\ominus}$ 为 $2.2 \times 10^{-20}]$

40. 称取硅酸盐试样 $0.1000g$，经熔融分解，经沉淀反应得到 K_2SiF_6，将其过滤洗净，并使之与水反应得到 HF，用 $0.1000mol \cdot dm^{-3}$ $NaOH$ 溶液滴定所得到的 HF，用酚酞作指示剂，消耗 $NaOH$ 标准溶液 $30.00mL$，试计算试样中的 SiO_2 的含量。提示：有关的反应方程式为

$$2K^+ + SiO_3^{2-} + 6F^- + 6H^+ = K_2SiF_6 \downarrow + 3H_2O$$
$$K_2SiF_6 + 3H_2O = 2KF + H_2SiO_3 + 4HF$$

41. 为了防止汽车散热器中的水结冰，常在水中加入乙二醇 $C_2H_4(OH)_2$，假定要使 $1000g$ 水的凝固点下降至 $-20.0℃$，需要加入乙二醇的体积是多少？（乙二醇的密度是 $1.11g \cdot mL^{-1}$）

42. 将 $0.8800g$ 有机物质的氮转化为 NH_3，并通入到 $20.00mL$ $0.2133mol \cdot dm^{-3}$ 的 HCl 溶液中，滴定过量的酸时消耗 $5.50mL$ $0.1962mol \cdot dm^{-3}$ 的 $NaOH$ 溶液。计算有机物中氮的含量。

43. 在 $100mL$ $2.0mol \cdot dm^{-3}$ $NH_3 \cdot H_2O$ 中，加入 $13.2g(NH_4)_2SO_4$ 固体并稀释至 $1000mL$。求所得溶液的 pH 值。

44. 用四苯硼酸钠法测定钾长石中的钾，称取试样 $0.5000g$，经处理，并烘干得到 $0.1834g$ 四苯硼酸钾 $[KB(C_6H_5)_4$，相对分子质量 $358.33]$ 沉淀，求钾长石中 K_2O 的含量？

45. 配制 $pH=4.5$，$c_{HAc}=0.82$ $mol \cdot dm^{-3}$ 的缓冲溶液 $500mL$。需称取固体 $NaAc \cdot 3H_2O$ 多少克？量取 $6.0mol \cdot dm^{-3}$ HAc 溶液多少毫升？

46. 碘的三相点温度为 $114℃$，压力为 $11.96kPa$，临界温度为 $535℃$，固体密度为 $4.93g \cdot mL^{-1}$，液体密度为 $4.00g \cdot mL^{-1}$。试画出碘的相图大致形状。并说明：（1）将温度为 $120℃$、压力为 $10.63kPa$ 的碘蒸气恒压下冷却时，发生怎样的变化？（2）将温度为 $125℃$、压力为 $9.0kPa$ 的碘蒸气恒温加压时，发生怎样的变化？

47. 根据 $AgCl$ 和 Ag_2CrO_4 的溶度积计算这两种物质：（1）在纯水中的溶解度；（2）在 $0.10mol \cdot dm^{-3}$ $AgNO_3$ 溶液中的溶解度。

48. 某混合溶液中同时存在 $0.10mol \cdot dm^{-3}[Fe^{3+}]$ 和 $0.50mol \cdot dm^{-3}[Cu^{2+}]$。通过计算说明如果控制溶液的 pH 值为 4.0，能否使这两种离子分离？

49. 欲在 $1000mL$ NaI 溶液中使 $0.010mol \cdot dm^{-3}$ 草酸铅（PbC_2O_4）沉淀完全转化为 PbI_2 沉淀，NaI 溶液的最初浓度至少应是多少？

50. 将 $40.0mL$ $0.10mol \cdot dm^{-3}$ $AgNO_3$ 溶液和 $20.0mL$ $6.0mol \cdot dm^{-3}$ 氨水混合并稀释至 $100mL$。试计算：（1）平衡时溶液中 Ag^+、$[Ag(NH_3)_2]^+$ 和 NH_3 的浓度；（2）加入 $0.010mol$ KCl 固体，是否有 $AgCl$ 沉淀产生？（3）若要阻止 $AgCl$ 沉淀产生，则应取 $12.0mol \cdot dm^{-3}$ 氨水多少毫升？

◇ **思考题答案**

2. C B D D B

◇ 部分习题答案

1. 原因：油水不溶；解决方法：除尽水或加表面活性剂将其乳化
2. 第一种情况：同种分子之间无氢键，异种分子之间产生弱氢键；第二种情况：丙酮分子间存在取向力，异种分子之间只存在更弱的诱导力
3. （a）非理想溶液；（b）近理想溶液；（c）不能形成溶液
4. 草酸，因为其极性与水分子的最为接近
5. 四氯化碳，非极性溶剂
6. ①Ar；②C_5H_{12}；③CCl_4
7. 熵的增加使得 $\Delta G < 0$
8. $4.57 \times 10^{-4}\, mol \cdot dm^{-3}$
9. CO_2 与水作用生成 H_2CO_3 的反应进行的程度很小
10. 29.3%
11. $0.0116\, dm^3$
12. $0.0141\, mol \cdot dm^{-3}$
13. $1.29 \times 10^3\, mmHg$
15. $C_{10}H_{14}N_2$
16. $3.11g/100g$ 苯
17. $Hg(NO_3)_2$ 几乎全部电离，$HgCl_2$ 几乎不电离
18. 渗透压的作用
19. ①$5.76 \times 10^3\, g \cdot mol^{-1}$；②$9.99 \times 10^{-5}\, kPa$
20. $4.05 \times 10^5\, Pa$
21. 21.16%
22. $C_{16}H_{22}O_8$
23. 114.7g
24. （a）$-0.19℃$；（b）$-0.37℃$；（c）$-0.37℃$；（d）$-0.558℃$；（e）$-0.37℃$；（f）$-0.19℃$；（g）介于$-0.37℃$至$-0.19℃$
25. 降低 2.85
26. ①和③不能，②和④可以
27. ①4.93；②5.13；③4.75；④4.93
28. 5.0×10^{-3}
29. 先生成 MnS
30. 用 Na_2CO_3 溶液不行，用 $(NH_4)_2S$ 溶液可以
31. ①AgBr 先沉淀；②不能有效分离 Cl^- 和 Br^-
32. 无
33. $7.3 \times 10^{-3}\, mol \cdot dm^{-3}$，$0.39\, mol \cdot dm^{-3}$
34. $6.8 \times 10^{-16}\, mol \cdot dm^{-3}$，配位反应的方向是向生成更稳定配合物进行
35. 溶解油脂类物质、降低水的表面张力
36. 解题提示：在溶液混合步骤中，形成 $[AgI_2]^-$ 配离子，同时因为 $[Ag^+][I^-]$ 略小于 $K_{sp}(AgI)$，不会产生 AgI 沉淀；在混合液的稀释步骤中，I^- 浓度变小，$[AgI_2]^-$ 配离子的解离程度增大，导致 $[Ag^+][I^-] > K_{sp}(AgI)$，产生 AgI 沉淀
39. （1）$[Cu^{2+}] = 3.89 \times 10^{-17}\, mol \cdot dm^{-3}$，$[NH_3] \approx 2.8\, mol \cdot dm^{-3}$，$[Cu(NH_3)_4]^{2+} \approx 0.05\, mol \cdot dm^{-3}$；（2）无 $Cu(OH)_2$ 沉淀生成
40. 45.07%
41. 600.6mL
42. 5.07%
43. 9.24
44. 0.1233%

45. 30.9g；68.3mL

47. （1）1.3×10^{-5} mol·dm^{-3}；6.5×10^{-5} mol·dm^{-3}；（2）1.8×10^{-9} mol·dm^{-3}；1.1×10^{-10} mol·dm^{-3}

48. 能

49. 0.47 mol·dm^{-3}

50. （1）$[Ag^+] = 2.847 \times 10^{-9}$ mol·dm^{-3}，$[NH_3] \approx 1.12$ mol·dm^{-3}，$[Ag(NH_3)_2]^+ \approx 0.04$ mol·dm^{-3}；
    （2）有 AgCl 沉淀生成；（3）12.5mL

第 5 章　化学动力学初步

【学习提要】　化学动力学的主要任务是研究化学反应速率和机理。本章将介绍化学反应速率、速率方程、碰撞理论、过渡状态理论、活化能、反应分子数和反应级数等基本概念，探讨物质浓度、温度、催化剂等反应条件对化学反应速率的影响规律，阐明零级和一级反应的基本动力学特征，并介绍阿仑尼乌斯公式的应用以及与基元反应有关的基本计算和推理方法。

在研究化学反应的基本规律时，化学热力学研究的是反应的方向、限度及反应过程中的能量转化关系，回答了化学反应的可能性问题：①在给定条件下，反应能否自发进行；即反应的方向性；②如果化学反应能够发生，能够进行的程度如何；有多少反应物可以最大限度地转化为生成物，即化学平衡。

对于一个热力学不可能发生的反应，就没有必要考虑其速率；反之，对于一个热力学可能发生的反应，还必须研究其现实性问题——反应的速率。化学动力学是研究化学反应速率和反应机理的化学分支学科，研究内容包括反应条件对反应速率的影响和化学反应的机理。

化学反应速率的快慢影响着工业生产和人们的日常生活。人们总希望那些对人类有益的化学反应，如钢铁的冶炼、橡胶的合成等进行得快些，以利于提高生产效率；而希望那些对人类不利的化学反应，如金属的腐蚀、橡胶的老化、食物的腐烂等进行得慢些，以减少损失。因此，研究反应速率并掌握它的规律，是一个至关重要的问题。

5.1 化学反应速率的定义

不同的化学反应，其反应速率往往有很大的差别。火药的爆炸瞬间完成，离子反应可以秒计，一些有机物的聚合要长达数小时，橡胶的老化需数年之久。一般来说，在常见的化学反应中，无机离子反应都快，而大多数有机反应都比较慢。

一个化学反应开始后，反应物的数量随时间不断降低，生成物的数量不断增加。化学反应速率指的是在给定条件下反应物通过化学反应转化为产物的速率，常用单位时间内反应物浓度的减小或者产物浓度的增加来表示。

对于某个化学反应　　　$a\mathrm{A}+e\mathrm{E}+\cdots \!\!=\!\!\!=\!\!d\mathrm{D}+g\mathrm{G}+\cdots$　　　　　　　　　　(5-1)
可以表达为：

$$\sum_B \nu_B \mathrm{B} = 0$$

式中，ν_B 是反应物质 B 的化学计量系数（生成物取正值，反应物取负值）。

化学反应速率为：

$$-\frac{dc_\mathrm{A}}{dt} \text{或} -\frac{dc_\mathrm{E}}{dt} \text{或} \frac{dc_\mathrm{D}}{dt} \text{或} \frac{dc_\mathrm{G}}{dt}$$

由于反应方程式中生成物和反应物的化学计量系数不同，所以用不同物质的量的变化率表示化学反应速率时，数值不一致。但若用反应进度（$d\xi$）随时间的变化来衡量就不会如此。由于 $d\xi = \dfrac{dn_B}{\nu_B}$，对于恒容反应（大多数反应属于这类反应），$dc_B = \dfrac{dn_B}{V}$，由于反应过程中体积始终保持不变，可用单位体积内的转化率来描述反应的快慢，并称之为反应速率（用符号 v 表示），即化学反应速率为：

$$v = \frac{1}{V} \cdot \frac{d\xi_B}{dt} = \frac{1}{\nu_B} \cdot \frac{dc_B}{dt} = -\frac{1}{a}\frac{dc_A}{dt} = -\frac{1}{e}\frac{dc_E}{dt} = \frac{1}{d}\frac{dc_D}{dt} = \frac{1}{g}\frac{dc_G}{dt} \tag{5-2}$$

式中，c 为物质的浓度（$mol \cdot dm^{-3}$）；t 为时间（s）。对大多数化学反应来说，反应过程中反应物和生成物的浓度时时刻刻都在变化着，故反应速率也是随时间变化的。

对于气相反应，压力比浓度容易测量，因此也可以用气体的分压代替浓度。

根据规定，化学反应速率单位为 $mol \cdot dm^{-3} \cdot s^{-1}$，需要注意的是，反应速率与化学反应计量式的书写有关。

例如，对 N_2O_5 的分解反应：$2N_2O_5(g) \longrightarrow 4NO_2(g) + O_2(g)$

$$v = -\frac{1}{2}\frac{dc_{N_2O_5(g)}}{dt} = \frac{1}{4}\frac{dc_{NO_2(g)}}{dt} = \frac{dc_{CO_2(g)}}{dt}$$

若写成 $\qquad\qquad\qquad N_2O_5(g) \longrightarrow 2NO_2(g) + 1/2 O_2(g)$

则 $\qquad\qquad\qquad v' = -\dfrac{dc_{N_2O_5(g)}}{dt} = \dfrac{1}{2}\dfrac{dc_{NO_2(g)}}{dt} = \dfrac{1}{1/2}\dfrac{dc_{CO_2(g)}}{dt}$

反应速率可通过试验测定。用化学方法或用物理方法测定在不同时刻反应物或生成物的浓度，然后作出 c-t 曲线，求得不同时刻的反应速率。

5.2 影响化学反应速率的因素

反应速率除取决于反应物质的本性外，也与外界条件有关。影响化学反应速率的外部因素是多方面的，但其中最主要的是浓度、温度、催化剂和溶剂的影响。有些反应还与光的强度有关。以下将分别讨论上述这些因素对速率的影响。

5.2.1 浓度对反应速率的影响

（1）基元反应和非基元反应　根据化学反应式，人们可以知道反应物和生成物，但反应是如何进行的并不清楚。例如下列反应：

$$2NO + 2H_2 =\!=\!= N_2 + 2H_2O \tag{5-3}$$

经研究，发现它实际上是经过以下三个步骤才能够完成：

$$2NO =\!=\!= N_2O_2 \qquad\qquad (快) \tag{5-3a}$$
$$N_2O_2 + H_2 =\!=\!= N_2O + H_2O \qquad\qquad (慢) \tag{5-3b}$$
$$N_2O + H_2 =\!=\!= N_2 + H_2O \qquad\qquad (快) \tag{5-3c}$$

将反应物分子在碰撞中一步直接转化为生成物分子的反应称为基元反应。所以反应式(5-3a)、式(5-3b)、式(5-3c)均为基元反应，而反应 $2NO + 2H_2 =\!=\!= N_2 + 2H_2O$ 不是由反应物分子通过碰撞一步直接转化为生成物分子，该类反应为非基元反应。通常遇到的化学反应绝大多数是非基元反应，基元反应为数甚少。

化学反应机理的研究就是揭示一个化学反应过程的完成所经历的实际反应步骤，即反应由哪些基元反应所构成以及速率控制步骤。化学反应是否为基元反应需要通过试验才能确定。

（2）基元反应的速率方程式——质量作用定律　大量实验表明，基元反应的反应速率与反应物浓度之间的关系比较简单，可通过质量作用定律（law of mass action）描述：“一定温度下，基元反应的反应速率与反应物浓度乘积成正比，浓度的方次为化学计量式中的系数"。

对于一般的基元反应：$aA+bB \Longrightarrow dD+eE$，反应速率与反应物浓度间的定量关系为：

$$v=k \cdot c^a(A) \cdot c^b(B) \tag{5-4}$$

式（5-4）称为速率方程。$c(A)$ 和 $c(B)$ 分别表示反应物 A 和 B 的浓度，单位为 mol·dm^{-3}。比例常数 k 称为反应速率常数（rate constant of reaction），它的物理意义是反应物的浓度都等于单位浓度时的反应速率。不同的反应有不同的 k 值；对于某一给定反应在同一温度、催化剂等条件下，k 不随反应物浓度而变化，但 k 值随温度、溶剂和催化剂等而变。

下面两个反应已被证明是基元反应，反应的速率方程式可用下式表达：

$$NO_2+CO \Longrightarrow NO+CO_2 \qquad v=k \cdot c(NO_2) \cdot c(CO)$$
$$2NO+O_2 \Longrightarrow 2NO_2 \qquad v=k \cdot c^2(NO) \cdot c(O_2)$$

关于速率方程式的说明：

① 如果有固体和纯液体参加反应，因固体和纯液体本身为标准态，即单位浓度，因此不必列入反应速率方程式。

如基元反应 $C(s)+O_2(g) \Longrightarrow CO_2(g)$ 的速率方程式为 $v=k \cdot c(O_2)$。

② 如果反应物中有气体，在速率方程式中可用气体分压代替浓度。故上述反应的速率方程式也可写成：$v=k' \cdot p(O_2)$。

（3）非基元反应的速率方程式　非基元反应不能直接从反应方程式按质量作用定律给出速率方程式，但可以仿照基元反应形式，写出速率方程式。如果下列反应是非基元反应：

$$aA+bB \Longrightarrow dD+eE$$

假定速率方程式为：

$$v=k \cdot c^x(A) \cdot c^y(B) \tag{5-5}$$

然后通过试验确定 x 和 y 的值。需要指出的是 x、y 不一定与 a、b 相等。

（4）反应的级数　反应级数是指在速率方程式中各反应物浓度的指数之和。由实验测得反应 $aA+bB \Longrightarrow dD+eE$ 的速率方程式为：

$$v=k \cdot c^\alpha(A) \cdot c^\beta(B)$$

速率方程式中，浓度项上的指数 α、β 为反应物 A、B 的反应级数，指数项之和 $n=\alpha+\beta$ 称为该反应的级数。$\alpha+\beta=1$，称一级反应；$\alpha+\beta=2$，称二级反应，…。

例如反应：$NO_2+CO \Longrightarrow NO+CO_2$，由实验确定其速率方程式为：$v=k \cdot c(NO_2) \cdot c(CO)$，所以该反应为二级反应。

又如反应：$N_2O+H_2 \Longrightarrow N_2+H_2O$，由实验确定其速率方程式为：$v=k \cdot c^2(NO) \cdot c(H_2)$，故为三级反应。

比较常见的为一级和二级反应，也有零级和三级反应，甚至分数级的反应。

必须强调：只有基元反应的级数才等于反应方程中各物质前的计量系数之和，也只有基元反应的级数才等于反应分子数。因此，反应级数一定要根据实验测定的速率与浓度的关系式来确定。分数级反应肯定是由几个基元反应组成的复合反应。不符合质量作用定律的一定是非基元反应，但有些非基元反应也可能在形式上满足质量作用定律。如：$H_2(g)+I_2(g) \Longrightarrow 2HI(g)$，速率方程式为：$v=k \cdot c(H_2) \cdot c(I_2)$。然而实验证明该反应为非基元反应。

（5）浓度对反应速率的影响　一个化学反应，无论其是基元反应还是非基元反应，根据它们的速率方程式，就很清楚地知道反应物浓度对反应速率的影响，从而更好地指导工业生产。

下面介绍零级反应和一级反应的特征。

① 零级反应　在自然界中，许多发生在固体表面的反应都是零级反应。例如：氨在金

属钨的表面上会很快热分解为单质。

$$NH_3(g) \xrightarrow{W} 1/2N_2(g) + 3/2H_2(g)$$
$$v = k \cdot c^0(NH_3) = k = 常数$$

零级反应的特征是反应自始至终均以匀速进行，反应速率与起始浓度或经历的时间无关。

② 一级反应　通常遇到的绝大多数反应并非零级反应，它们的反应速率与反应物的浓度有关。一级反应很常见，如 H_2O_2 的分解反应：

$$H_2O_2(l) \longrightarrow H_2O(l) + 1/2O_2(g)$$
$$v = k \cdot c(H_2O_2)$$

即

$$-dc(H_2O_2)/dt = k \cdot c(H_2O_2)$$
$$dc(H_2O_2)/c(H_2O_2) = -k \cdot dt$$

积分得

$$c(H_2O_2) = c_0(H_2O_2) \cdot e^{-kt}$$

所以

$$\lg \frac{c_0(H_2O_2)}{c(H_2O_2)} = \frac{k \cdot t}{2.303} \tag{5-6a}$$

或

$$\lg c(H_2O_2) = -\frac{k \cdot t}{2.303} + \lg c_0(H_2O_2) \tag{5-6b}$$

式中，$c_0(H_2O_2)$ 为反应物的起始浓度（即 $t=0$ 时的浓度）；$c(H_2O_2)$ 为反应物在 t 时刻的浓度。根据上式 $\lg c(H_2O_2)$ 与 t 的线性关系，可用来计算在时间 t 时反应物的剩余浓度或反应物浓度降至某一值所需的时间。

【例 5-1】　H_2O_2 分解反应 $H_2O_2(l) \longrightarrow H_2O(l) + 1/2O_2(g)$ 是一个一级反应，反应速率常数为 $0.0410min^{-1}$，由此判断：（1）若从 $0.500mol \cdot dm^{-3}$ H_2O_2 溶液开始，10min 后，浓度是多少？（2）H_2O_2 在溶液中分解一半需多长时间？

解　（1）设 10min 后，H_2O_2 的浓度为 c，则 $c_0 = 0.500mol \cdot dm^{-3}$，代入式(5-6a)

$$\lg \frac{0.500}{c} = \frac{0.0410 \times 10.0}{2.303} = 0.178$$

解得 $c = 0.33mol \cdot dm^{-3}$

（2）H_2O_2 分解一半，即 $c = 0.5c_0$，根据式(5-6b) 可得

$$\frac{k \cdot t_{1/2}}{2.303} = \lg \frac{c_0}{c} = \lg \frac{c_0}{0.5c_0} = \lg 2$$

$$t_{1/2} = \frac{2.303 \times \lg 2}{k} = \frac{0.693}{0.0410} = 16.9(min)$$

解得 H_2O_2 在溶液中分解一半需 16.9min。

从该例题中（2）的计算可知，一级反应中反应物分解至一半所需时间与浓度无关，是常数，称为半衰期，以 $t_{1/2}$ 表示，即

$$t_{1/2} = \frac{0.693}{k}$$

这是一级反应的又一特征。由上式可知一级反应的半衰期 $t_{1/2}$ 与速率常数 k 成反比，与起始浓度无关。k 值越大，半衰期越短，反应速率越快。

5.2.2　温度对反应速率的影响

通常，温度对反应速率的影响特别显著。一般来讲，温度越高，反应速率越快；温度越低，反应速率越慢。氢和氧化合成水的反应，常温下几乎观察不出在进行，若温度升高到873K 时，反应迅猛进行，甚至发生爆炸。归纳许多实验事实得出，若反应物浓度相同时，温度每升高 10K，反应速率约增加 2~4 倍。经验告诉我们，无论吸热反应还是放热反应，

温度升高，一般反应速率都加快。

从速率方程可知，反应物浓度一定时，温度对反应速率的影响是通过速率常数来体现的。k 是温度的函数，温度升高时，k 值增大，反应速率相应加快。1889 年瑞典化学家阿仑尼乌斯（S. A. Arrhenius）在总结大量实验事实的基础上，提出了反应速率常数与温度的定量关系式：

$$k = A \cdot e^{-E_a/(RT)} \tag{5-7}$$

$$\ln k = -\frac{E_a}{RT} + \ln A \tag{5-7a}$$

或

$$\lg k = -\frac{E_a}{2.303RT} + \lg A \tag{5-7b}$$

式中，k 为速率常数，T 为热力学温度；R 为气体常数（8.314 J·K^{-1}·mol^{-1}）；E_a 为反应的活化能；A 为与反应有关的特性常数，又称指前因子或频率因子。由式(5-7) 可见，反应速率常数 k 与热力学温度 T 成指数关系，温度的微小变化将导致 k 值的较大变化。该式也称为反应速率的指数定律。

如果由实验测得某反应在一系列不同温度时的 k 值，并以 $\ln k$ 对 $1/T$ 作图，由式(5-7b) 可知，应得一直线。直线的斜率为 $-E_a/R$，截距为 $\ln A$，由直线的斜率可求得该反应的活化能 E_a。

【例 5-2】 实验测得反应 NO$_2$＋CO $\Longrightarrow$ NO＋CO$_2$ 在不同温度下的速率常数：

T/K	600	650	700	750	800	850
k/mol·dm^{-3}·s^{-1}	0.028	0.220	1.30	6.00	23.0	74.6

求此反应的活化能。

解 将计算得到的有关数据列于下表

T/K	600	650	700	750	800	850
$(1/T) \times 10^3$	1.67	1.54	1.43	1.33	1.25	1.18
$\ln k$	-3.58	-1.51	0.262	1.79	3.14	4.31

以 $\ln k$ 对 $1/T$ 作图（图 5-1），得一直线，直线的斜率取 $A(1.20, 3.90)$ 和 $B(1.45, 0.00)$ 两点。

$$斜率 = \frac{y_A - y_B}{x_A - x_B} = \frac{3.90 - 0.00}{(1.20 - 1.45) \times 10^{-3}\,K^{-1}} = -1.6 \times 10^4\,K$$

$$E_a = -(斜率) \times R = 1.6 \times 10^4\,K \times 8.315\,J·K^{-1}·mol^{-1} = 133\,kJ·mol^{-1}$$

反应活化能也可用阿仑尼乌斯公式直接计算得到。设某反应在温度 T_1 和 T_2 时的速率常数分别为 k_1 和 k_2，则

$$\ln k_1 = -\frac{E_a}{RT_1} + \ln A$$

$$\ln k_2 = -\frac{E_a}{RT_2} + \ln A$$

$$\ln \frac{k_2}{k_1} = \frac{E_a}{R}\left(\frac{1}{T_1} - \frac{1}{T_2}\right) = \frac{E_a}{R}\left(\frac{T_2 - T_1}{T_1 T_2}\right) \tag{5-8}$$

利用式(5-8)，可由已知两温度下的速率常数求算活化能；若活化能已知，也可由一温度下的速率常数，求取另一温度下的速率常数。

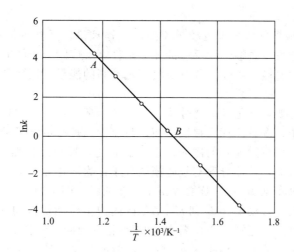

图 5-1　反应速率常数与温度的关系

【例 5-3】　实验测得某反应在 573K 时的速率常数为 $2.41 \times 10^{-10}\,\mathrm{s}^{-1}$，在 673K 时的速率常数为 $1.16 \times 10^{-6}\,\mathrm{s}^{-1}$，求此反应的活化能 E_a 和 A 值。

解：由式(5-8)得：

$$E_a = 2.303R\left(\frac{T_1 T_2}{T_2 - T_1}\right)\lg\frac{k_2}{k_1}$$

$$= \frac{2.303 \times 8.314\,\mathrm{kJ \cdot K^{-1} \cdot mol^{-1}}}{1000} \times \left(\frac{573\mathrm{K} \times 673\mathrm{K}}{673\mathrm{K} - 573\mathrm{K}}\right)\lg\frac{1.16 \times 10^{-6}\,\mathrm{s}^{-1}}{2.41 \times 10^{-10}\,\mathrm{s}^{-1}}$$

$$= 271.90\,\mathrm{kJ \cdot mol^{-1}}$$

由式(5-7b)得：

$$\lg A = \lg k_1 + \frac{E_a}{2.303RT_1}$$

$$= \lg(2.41 \times 10^{-10}) + \frac{271.91 \times 1000\,\mathrm{J \cdot mol^{-1}}}{2.303 \times 8.314\,\mathrm{J \cdot K^{-1} \cdot mol^{-1}} \times 573\mathrm{K}}$$

$$= 15.16$$

$$A = 1.45 \times 10^{15}\,\mathrm{s}^{-1}\ (A\ \text{与速率常数}\ k\ \text{的量纲相同})$$

阿仑尼乌斯公式是由速率常数 k 求活化能 E_a 的重要方法，活化能的大小反映了速率常数随温度变化的程度，也反映了反应速率随温度变化的程度。活化能较大的反应，温度升高时，k 变化较大，反应速率显著加快；活化能较小的反应，温度升高时，k 变化相对较小，反应速率改变不显著。

应该注意的是，不是所有反应的速率常数都符合阿仑尼乌斯公式。

5.3　化学反应速率的基本理论

以上讨论了化学反应速率与反应物浓度、温度的关系，建立了经验关系式。如何理解这些宏观规律的微观本质？如何从分子角度解释这些规律？本节介绍两种主要的反应速率理论和活化能的概念。

5.3.1　碰撞理论

我们知道，化学反应的本质是反应物分子内原子间旧键的断裂和生成物分子内原子间新键的建立。在此过程中，必然伴随着能量的变化，首先必须使反应物获得足够的能量才能造成旧的化学键减弱并断裂。

　　1918 年，路易斯根据气体分子运动学说提出碰撞理论，其基本假设是：①反应的必要条件，反应物分子必须发生碰撞；②反应的充分条件，反应物分子间的碰撞为有效碰撞。要发生反应物分子的有效碰撞，不仅需要分子具有足够高的能量，还要考虑分子碰撞时的空间取向等其它因素。

　　化学反应发生的必要条件是反应物分子（或原子、离子）之间的相互碰撞。但是在反应物分子的无数次碰撞中，多数碰撞为弹性碰撞，只有少数具有足够能量分子间的碰撞，即碰撞动能大于某一临界（反应阈能）的碰撞，才能引起化学反应。显然，有效碰撞次数越多，反应速率越快。动能大的，且能导致有效碰撞的分子称为活化分子。

　　气体分子的能量分布见图 5-2，称麦克斯韦分布曲线。图中横轴 E 代表分子的动能，纵坐标 $\Delta N/(N\Delta E)$ 代表具有动能在 E 到 $E+\Delta E$ 区间内单位能量区间的分子数（ΔN）占总分子数（N）的百分数。一定温度下，各分子的动能不相同，气体分子的平均动能为 E_m。从能量曲线可见，大部分分子的动能在 E_m 附近，但也有少数分子动能比 E_m 低得多或高得多。如果假设分子达到有效碰撞的最低能量为 E_0，则曲线下阴影部分表示活化分子所占的百分比（曲线下的总面积表示分子总数，即 100%）。活化能就是把反应物分子转变为活化分子所需的能量，由于反应物分子的能量各不相同，活化分子的能量彼此也不同，只能从统计平均的角度来比较反应物分子和活化分子的能量。因此活化能为活化分子的平均能量（E_m^*）与反应物分子的平均能量之差 $E_a = E_m^* - E_m$。

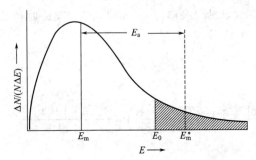

图 5-2　气体分子的能量分布示意图

　　一定温度下，反应的活化能越大，活化分子所占的百分数就越小，反应越慢。反之则很快。对一些反应，特别是结构比较复杂的分子之间的反应，仅仅考虑能量因素是不够的，还应考虑碰撞时分子间的取向，否则往往发现反应速率计算值与实验值还是相差很大。

　　碰撞理论为我们描述了一幅虽然粗糙但十分明确的反应图像，也成功地解释了一部分实验事实。但碰撞理论的模型过于简单，是半经验性的。

5.3.2　过渡状态理论

　　过渡状态理论又称活化络合物理论或绝对反应速率理论，该理论是 1930～1935 年间由艾林和波兰伊所创立的。过渡状态理论认为，化学反应不是只通过反应物分子之间的简单碰撞就能完成的。在反应过程中，要经过一个中间的过渡状态，即反应物分子先形成活化络合物。当具有足够动能的分子彼此以适当的取向接近时，分子动能转变为分子间相互作用的势能，引起分子结构的变化：原来以化学键结合的原子间距离变长，原来没有结合的原子间距离变短，形成过渡状态的活化络合物。如 NO_2 与 CO 的反应

$$NO_2 + CO \longrightarrow [O—N\cdots O\cdots C—O]（过渡态）$$
$$\longrightarrow CO_2 + NO$$

　　图 5-3 为反应过程势能变化的示意图。E_1 表示反应物分子的平均势能，E_2 表示产物分子

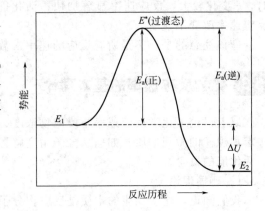

图 5-3　反应过程势能变化示意图

的平均势能，E^* 表示过渡态分子的平均势能。从图中可见，在反应物分子和生成物分子之间构成了一个势能垒。要使反应发生，必须使反应物分子"爬过"这个势能垒。具有足够高的能量，可发生有效碰撞或彼此接近时能形成过渡态（活化络合物）的分子是活化分子。E^* 势能越大，反应越困难，反应速率越小。E^* 与 E_1 的能量差为正反应的活化能，E^* 与 E_2 的差为逆反应的活化能，而 E_1 与 E_2 的能量差为反应的焓变（严格说为热力学能变 ΔU）。

以上的反应速率理论，可用来解释浓度、温度对反应速率的影响。

① 对基元反应：$A+B \longrightarrow [AB]^* \longrightarrow C$，A、B 之间发生碰撞的频率与 A、B 浓度成正比，扣除因能量因素和取向因素引起的无效碰撞，可以近似认为 $v=k \cdot c(A) \cdot c(B)$，其中 v 为反应速率，$c(A)$、$c(B)$ 为 A、B 的浓度，这就是质量作用定律。

② 温度对反应速率的影响除了体现在温度升高，因增大有效碰撞频率而加速反应速率外，更主要的影响是温度升高，活化分子百分数增加，因而增加有效碰撞频率。

从理论上说，过渡状态理论提供了一种不需要动力学测定而只需要了解有关分子结构就能计算出反应速率常数的方法。

5.4 催化作用与催化剂

催化剂是一种能改变化学反应速率，而本身质量和组成保持不变的物质，这种改变反应速率的作用称为催化作用。一般所说的能加快反应速率的是催化剂，能减慢反应速率的是抑制剂。

催化作用通常分成均相催化和多相催化。前者指催化剂与反应物同处于一相中。如酯的水解加入酸或碱则速率加快即是均相催化作用。后者指催化剂与反应物不在同一相中，如氮与氢合成氨时使用铁催化剂即属多相催化作用。大多数催化作用是多相催化作用。

催化剂所以能够改变反应速率，是由于它参与化学反应从而改变了反应途径，因而改变了反应活化能之故。设反应 $A+B \longrightarrow AB$，活化能为 E_a。当催化剂 Z 存在时，改变了反应的途径，使之分为两步：

① $A+Z \longrightarrow AZ$ 　　　　活化能为 E_1

② $AZ+B \longrightarrow AB+Z$ 　　活化能为 E_2

由于 E_1、E_2 均小于 E_a（图 5-4），所以反应加快了。

如图 5-4 中非催化反应要克服较高能垒 E_0，而催化反应改变了反应途径，需要克服的是两个较小的能垒 E_1、E_2，从而使得反应较易进行。

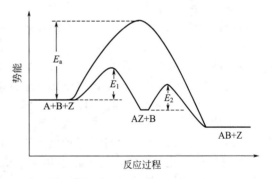

图 5-4　催化剂改变反应途径示意图

催化剂加快反应的速率是很惊人的。例如 CH_3CHO 分解反应在 518℃ 左右的活化能为 $190kJ \cdot mol^{-1}$，而用 I_2 作催化剂时，活化能则降为 $136kJ \cdot mol^{-1}$，这是因为 I_2 和 CH_3CHO 生成了中间产物 CH_3I，改变了反应历程，此时反应速率增大 1 亿多倍。

又如合成氨反应：

$$N_2+3H_2 \xrightarrow{\text{Fe}} 2NH_3$$

$$1/2N_2+x\text{Fe} == Fe_xN$$

$$Fe_xN+1/2H_2 == Fe_xNH$$

$$Fe_xNH + H_2 \rightleftharpoons Fe_xNH_3 \rightleftharpoons xFe + NH_3$$

如不使用催化剂，反应十分缓慢，毫无生产价值，当采用铁催化剂后，反应速率显著变快，这才可能投入生产。现在大部分用于生产的化学反应，都采用了催化剂。如在合成氨中，有无铁催化剂，在 298K 和 773K 时，反应速率分别相差 8×10^{18}（298K）和 2×10^7（773K）倍。若不使用催化剂，而采用升温的方法来提高反应速率，要达到同等反应速率时，分别要提高温度到 518K 和 1344K。尽管提高反应温度也能提高反应速率，但会使能耗提高，反应环境更苛刻，设备腐蚀破坏严重，增加运行成本，甚至高的反应温度使产物破坏，故无法通过提高温度来提高反应速率。催化剂往往是高效低成本实现化工生产的关键。应当指出，催化剂在加速正反应速率的同时，也以同样的倍数加速逆反应的速率。催化剂通过改变反应途径降低活化能使得反应速率加快，但不能改变反应的平衡点（即反应的始末状态）。因此，热力学上不能发生的反应（$\Delta_r G > 0$）不可能通过加催化剂来实现。尽管催化剂在反应前后的质量及化学组成不变，但往往会发生物理性质的变化。如：块状的变成粉状，光滑表面变得粗糙等。

5.5 化学平衡的本质

化学平衡几乎涉及化学的整个领域，虽然有些反应化学平衡的特征并不十分明显，或者达到化学平衡需要相当长的时间，甚至有许多化学问题关系到非平衡体系，如与能源有关的重要化学反应（如燃烧）、工业上化工产品的生产（如合成氨）等都不是使体系达到平衡状态。但是，研究化学平衡是极为重要的，这不仅因为它可以处理化学平衡的有关问题，而且是研究和处理非化学平衡问题的基础。

几乎所有的化学反应都具有可逆性，即一个反应可以向正、逆两个方向进行。但反应可逆的程度相差很大，一些反应在一定条件下向某一方向进行的趋势很大，而向其相反方向进行的趋势很小，另一些反应在一定条件下向正、逆两个方向进行的趋势都很大。我们将能同时向正、逆两个方向进行的反应称为可逆反应。可逆反应在一定的条件下，必然达到化学平衡。

可逆反应和热力学中的可逆过程相比较其含义并不是完全等同的。可逆反应是指正、逆两个方向都能进行的反应体系，并不涉及体系和环境的复原问题，而热力学可逆过程要考虑体系和环境的复原，但化学平衡和热力学平衡态却具有相同的属性。化学平衡是指体系中反应物或生成物的浓度（或数量）不随时间而改变，化学平衡是热力学平衡态的特例。为了对化学平衡有较深刻的认识，下面讨论化学平衡的特征。

① 化学平衡是动态平衡。当化学反应处于平衡时叫化学反应体系达到平衡态，但平衡不是静止的，而是一种动态平衡。从宏观上讲，与化学平衡相对应的热力学状态不随时间而改变，但正、逆反应仍然同时进行且反应速率相等。

② 自发性。化学反应自发地趋于化学平衡，这意味着在条件一定的情况下，反应以有限的速率进行。这一特性可以从大量化学反应实践证实，或者用反应速率定性解释。

③ 可逆性。可逆性是指化学平衡可以从正、逆两个方向达到。例如，在温度一定时，$CaCO_3$ 分解达到平衡后，CO_2 的压力是恒定的，而不管化学平衡是从 $CaCO_3$ 分解还是由 CaO 与 CO_2 反应建立。

④ 热力学性质。化学平衡与体系的热力学性质相关。化学反应进行时，体系的焓和熵都要发生变化，由于二者对反应自发进行的共同作用，在达到化学平衡时，体系的焓变和熵变必然符合达到平衡状态的要求，化学平衡时体系满足具有最大的熵和最小的焓。某些反应焓和熵的变化是显而易见的，如反应 $H_2(g) \rightleftharpoons 2H(g)$。但是有些化学反应焓和熵的变化是不明显的。如反应 $N_2(g) + O_2(g) \rightleftharpoons 2NO(g)$，反应前后熵变近乎为零；反应的焓变更

难以直观判断，必须通过热力学定量计算求出 ΔS 和 ΔH，然后应用这些数据判断反应进行的程度和化学平衡的建立。

一个系统或化合物是否稳定，首先要注意到稳定性可分为热力学稳定性和动力学稳定性两类。一个热力学稳定系统必然在动力学上也是稳定的（此类例子很多，如水的热稳定性）。但一个热力学上不稳定的系统，由于某些动力学的限制因素（如活化能太高），在动力学上却是稳定的（如合成氨反应等）。对这类热力学判定可自发进行而实际反应速率太慢的反应，又是我们所需要的，就要研究和开发高效催化剂，促使其反应快速进行。这是一大类受科学家重视和潜心研究的化学反应。例如反应 $CO(g)+NO(g)\longrightarrow CO_2(g)+1/2N_2(g)$，$\Delta_r G_m^{\ominus}$ $(298.15K)=343.74kJ\cdot mol^{-1}$，$K^{\ominus}=1.68\times10^{60}$。

从热力学平衡角度看，即使在汽车尾气的低浓度条件下，反应也可能是很完全的。但由于动力学原因，实际转化率很低，从而迫使人们去寻找高效催化剂来消除汽车尾气中的这些有害物质。

5.6 复合反应动力学

5.6.1 链反应

有些化学反应的速率方程式比较复杂，反应中常常产生非常活泼的中间体，如自由原子或自由基（包括一个或多个未配对电子的中性原子或原子团）。这些高活性的微粒可通过加热或吸收适当波长的光而产生。一旦生成，它们往往能和其它分子作用生成产物并生成新的自由原子或自由基。这个过程一经引发，可以继续进行，一直传递下去。这种产生活性中间体的整个系列反应称为链反应。

例如：$H_2(g)+Cl_2(g)\longrightarrow 2HCl(g)$ 的反应，若该反应为 H_2 和 Cl_2 的双分子碰撞，则它的速率方程式为：

$$v=k\cdot c(H_2)\cdot c(Cl_2)$$

但实验测定的结果表明，其速率方程式为：

$$v=k\cdot c(H_2)\cdot c^{1/2}(Cl_2)$$

为了证明这种情况，提出了链反应机理（用黑点表示高活性原子或自由基的未配对电子，有时也可略去）：

$$
\begin{array}{ll}
Cl_2\longrightarrow 2Cl\cdot & \text{①链的引发} \\
\left.\begin{array}{l}
Cl\cdot+H_2\longrightarrow HCl+H\cdot \\
H\cdot+Cl_2\longrightarrow HCl+Cl\cdot \\
\cdots\cdots
\end{array}\right\} & \text{②链的增长} \\
2Cl\cdot\longrightarrow Cl_2 & \text{③链的终止}
\end{array}
$$

反应①是双原子的氯分子热分解产生自由氯原子（活性中间体）。在高温或光照下，此反应非常快。由于自由原子很活泼，便很快地引发了后面的反应。第②步形成了产物 HCl，同时生成新的原子，使反应继续下去。这些步骤是链反应的增长阶段。据统计，一个 Cl_2 往往能循环反应生成 $10^4\sim10^6$ 个 HCl 分子。但是反应若按第③步进行，即两个 $Cl\cdot$ 相碰撞生成一种稳定的物质 Cl_2，便会终止。

链反应是很常见的。例如，高聚物的合成、石油的裂解、碳氢化合物的氧化与卤化、有机物的燃烧、爆炸反应等都与链反应有关。在链反应终止前，活泼的中间体的形成可生成许多产物分子。因此，产物的生成速率是链反应引发速率的许多倍。

5.6.2 酶催化反应

酶催化是生物体内普遍存在的催化反应。酶是蛋白质类化合物，其相对分子质量约为

$10^4 \sim 10^6$。和非生物催化剂相比，酶作为生物催化剂具有以下主要特征。

（1）催化效率高　以分子比表示，酶催化反应的反应速率比非催化反应高 $10^8 \sim 10^{20}$ 倍，比其它催化反应高 $10^7 \sim 10^{13}$ 倍。酶之所以有惊人的催化效率，是由于酶显著地降低了反应的活化能。

（2）酶的作用具有高度的专一性　一种酶只能作用于某一类或某一特定的物质，这就是酶作用的专一性。通常把被酶作用的物质称为该酶的底物。所以也可以说一种酶只作用于一种或一类底物。如糖苷键、酯键、肽键等都能被酸、碱催化而水解，但水解这些化学键的酶却各不相同，即它们分别需要在具有一定专一性的酶作用下才能被水解。

（3）酶易失活　一般催化剂在一定条件下会因中毒而失去催化能力，而酶却较其它催化剂更加脆弱，更易失去活性。

高效率、专一性以及温和的作用条件，使酶在生物体内的新陈代谢中发挥强有力的作用，酶使生命活动中各个反应得以有条不紊地进行。

5.6.3　光化学反应

在光的辐照作用下引起的化学反应称为光反应或光化学反应。光是一种电磁波，光化学反应是指在紫外或可见光（波长为 $100 \sim 700\text{nm}$）作用下发生的化学反应。在光化学反应中，光提供与其波长及强度相关的能量，反应物分子吸收光所提供的能量后，由给定条件下的能量最低状态（基态）提升到能量较高的状态（激发态），然后发生化学反应。相对于光化学反应，普通的化学反应称为热化学反应。

光化学反应与热化学反应从总体上说都应该服从化学热力学与动力学的基本定律，但光化学反应是由反应物分子吸收一定能量的光子而引起的，因此具有一些不同于热化学反应的特点。

① 光化学反应的活化能靠吸收的光子提供。反应物分子吸收了足够能量的光子后变为激发态。在此高能态下，反应更易于发生。因此，光化学反应的速率主要取决于光的强度。而受温度影响较小。热反应是在基态进行，反应的活化能是由热运动的分子通过碰撞而提供的，因而受温度影响较大。

② 对于一些热力学认为的自发反应，光的照射能加快反应速率。对于热力学上属于吉布斯自由能增加（$\Delta_r G_m^{\ominus} > 0$）的某些反应，光照也能得以进行。这是由于反应物分子所吸收的光可转变为它的吉布斯自由能，使化学反应的 $\Delta_r G_m^{\ominus}$ 由正值变为负值。

绿色植物或光合细菌利用日光将二氧化碳转化为糖的过程称为光合作用。光合作用的基本化学反应方程式可表述如下：

$$CO_2 + H_2O \xrightarrow[\text{叶绿素}]{h\nu} (CH_2O) + O_2$$

其中（CH_2O）代表糖，绿色植物的光合作用是在其叶绿体中进行的。日光照射下，叶绿素吸收光能，从而使上述 $\Delta_r G_m^{\ominus} = 477.0\text{kJ} \cdot \text{mol}^{-1}$ 的反应得以进行。

③ 热化学反应主要通过处于基态的反应物分子的热激发引起，很少具有选择性；而光化学反应主要是通过光激发，具有良好的选择性。例如，在溶液中的光化学反应，往往是通过作为反应物的溶质分子吸收一定波长的光辐射而发生反应。其中的溶剂分子由于不能吸收这类光子而不参与反应。

◇ 本章小结

1．基本概念

反应速率与反应速率常数；反应级数；阿仑尼乌斯公式；基元反应与非基元反应；质量作用定律；活化能与活化分子；碰撞理论；过渡态理论；催化剂与催化作用；链反应和光催

化反应；化学热力学控制和化学动力学控制

2. 基本公式

（1）化学反应速率的定义式：一般反应 $aA+bB \Longrightarrow dD+eE$ 的反应速率表达式可以为

$$v = -\frac{1}{a}\frac{dc_A}{dt} = -\frac{1}{b}\frac{dc_B}{dt} = \frac{1}{d}\frac{dc_D}{dt} = \frac{1}{e}\frac{dc_E}{dt}$$

或者

$$v = k \cdot c^{\alpha}(A) \cdot c^{\beta}(B)$$

（2）阿仑尼乌斯公式：$k = Ae^{-E_a/(RT)}$

◆ 思考题

1. 化学反应速率的含义如何？反应速率方程式如何表达？

2. 能否根据化学方程式来表达反应的级数？为什么？举例说明。

3. 阿仑尼乌斯公式有什么重要应用？举例说明。对于"温度每升高 10℃，反应速率通常增大到原来的 2～4 倍"这一实验规律，你认为如何？

4. 对于单相反应，影响反应速率的主要原因有哪些？这些因素对反应速率常数是否有影响？为什么？

5. 多相反应与单相反应的区别何在？在多相反应中反应速率与哪些因素有关？为什么？

6. 什么是质量作用定律？质量作用定律对非基元反应能否适用？为什么？

◆ 习题

一、填空题

1. 化学反应速率的定义是_____，它是以_____为基础的，其数值与_____无关。

2. 反应 $A(g)+2B(g) \longrightarrow C(g)$ 的速率方程为 $v = k \cdot c(A) \cdot c^2(B)$。该反应_____为基元反应，反应级数为_____。当 B 的浓度增加 2 倍时，反应速率将增大_____倍；当反应容器的体积增大到原体积的 3 倍时，反应速率将增大_____倍。

3. 在化学反应中，加入催化剂可以加快反应速率，主要是因为_____了反应活化能，活化分子_____增加，速率常数 k _____。

4. 阿仑尼乌斯公式为_____，其中_____是反应的活化能。正、逆反应的活化能与反应热的关系是_____。

5. 反应速率常数 k，可表示_____时的反应速率。k 值不受_____的影响而受_____的影响。

6. 用活化分子和活化能的概念来理解影响反应速率的因素时，反应物浓度增大，是由于_____；提高反应温度，是由于_____；催化剂的存在_____，因而都可提高反应速率。

7. 质量作用定律可表示为_____，它只适用于_____。

8. 把食物放入工作着的电冰箱内，能使食物腐败的速度_____。

9. 在空气中燃烧木炭是一个放热反应，木炭燃烧时必须先引火点燃，点燃后停止加热，能够继续燃烧，原因是_____。

二、选择题

1. 反应 $2NO(g)+O_2(g) \Longrightarrow 2NO_2(g)$ 的平均反应速率可表示为 $-\Delta c(O_2)/\Delta t$，也可表示为（　　）。
   A. $\Delta c(NO_2)/(2\Delta t)$；　　B. $-\Delta c(NO_2)/\Delta t$；　　C. $2\Delta c(NO)/\Delta t$；　　D. 这些表达都不对

2. 反应 $2SO_2(g)+O_2(g) \Longrightarrow 2SO_3(g)$ 的反应速率可表示为 $-dc(O_2)/dt$，也可表示为（　　）。
   A. $2dc(SO_3)/dt$；　　B. $-dc(SO_3)/(2dt)$；　　C. $-2dc(SO_2)/dt$；　　D. $2dc(SO_2)/dt$

3. 在 $2dm^3$ 密闭容器中压入 N_2 和 H_2 的混合气体，在高温高压下经过 4h 后，容器中含有 $0.8mol \cdot NH_3$，如果该反应速率用 NH_3 的浓度改变来表示，应当是（　　）$mol \cdot dm^{-3} \cdot h^{-1}$。
   A. 0.4；　　B. 0.1；　　C. 0.2；　　D. 0.8

4. 对于反应 $Br_2+Cl_2 \Longrightarrow 2BrCl$，当 $c(Br_2)=0.20mol \cdot dm^{-3}$，$c(Cl_2)=0.30mol \cdot dm^{-3}$ 时，反应速率为 $0.050mol \cdot dm^{-3} \cdot s^{-1}$，若该反应的级数，对 Br_2 是零级，对 Cl_2 是一级，则其反应速率常数 k 为（　　）。

A. $0.833 \text{mol} \cdot \text{dm}^{-3} \cdot \text{s}^{-1}$;　　　　　　　　　B. 0.167s^{-1};

C. $2.78 \text{mol}^{-2} \cdot \text{dm}^{-2} \cdot \text{s}^{-1}$;　　　　　　　D. 0.334s^{-1}

5. 反应速率常数是一个 (　　)。

A. 无量纲的参数;　　　　　　　　　　　　B. 量纲不定的参数;

C. 量纲为 $\text{mol}^2 \cdot \text{dm}^{-3} \cdot \text{h}^{-1}$;　　　　　D. 量纲为 $\text{mol} \cdot \text{dm}^{-3} \cdot \text{s}^{-1}$

6. 若某反应的反应速率常数单位为 $\text{dm}^2 \cdot \text{mol}^{-2} \cdot \text{s}^{-1}$,则该化学反应的级数为 (　　)。

A. 0;　　　　　　B. 1;　　　　　　C. 2;　　　　　　D. 3

7. 反应 $a\text{A} + b\text{B} \rightleftharpoons d\text{D} + e\text{E}$ 的反应速率方程式 $v = k \cdot c^x(\text{A}) \cdot c^y(\text{B})$,则该反应的反应级数为 (　　)。

A. $a + b$;　　　　　B. $x + y$;　　　　　C. $a + b + x + y$;　　　　D. $x + y - a - b$

8. 反应 $\text{H}_2(\text{g}) + \text{Cl}_2(\text{g}) \rightleftharpoons 2\text{HCl}(\text{g})$,在 $p(\text{H}_2)$ 一定时,$p(\text{Cl}_2)$ 增加 3 倍,反应速率增加一倍,则 Cl_2 (g) 的反应级数为 (　　)。

A. 0;　　　　　　B. 1/2;　　　　　　C. 1;　　　　　　D. 不能确定

9. 当反应 $\text{A}_2(\text{g}) + \text{B}_2(\text{g}) \rightleftharpoons 2\text{AB}(\text{g})$ 的速率方程为 $v = k \cdot c(\text{A}_2) \cdot c(\text{B}_2)$ 时,可得出此反应 (　　)。

A. 一定是基元反应;　　　　　　　　　　B. 一定是非基元反应;

C. 无法肯定是否为基元反应;　　　　　　D. 是一个快反应

10. 反应速率随着温度升高而加快,主要原因是 (　　)。

A. 高温下分子碰撞更加频繁;　　　　　　B. 活化能随温度升高而减小;

C. 活化分子的百分数随温度升高而增加;　　D. 压力随温度升高而增大

11. 如果温度每升高 10℃,反应速率增大一倍,则 65℃ 的反应速率要比 25℃ 时的 (　　)。

A. 快 8 倍;　　　　　B. 快 4 倍;　　　　　C. 快 16 倍;　　　　　D. 快 32 倍

三、计算题

1. 反应:$4\text{HBr}(\text{g}) + \text{O}_2(\text{g}) \rightleftharpoons 2\text{H}_2\text{O} + 2\text{Br}_2(\text{g})$。(1) 在一定温度下,测得 HBr 起始浓度为 $0.0100 \text{mol} \cdot \text{dm}^{-3}$,10s 后 HBr 的浓度为 $0.0082 \text{mol} \cdot \text{dm}^{-3}$,试计算该反应在 10s 之内的平均速率;(2) 如果上述的数据是 O_2 的浓度,则该反应的平均速率又是多少?

2. $(\text{CH}_3)_2\text{O}$ 分解反应 $[(\text{CH}_3)_2\text{O} \longrightarrow \text{C}_2\text{H}_4 + \text{H}_2\text{O}]$ 的实验数据如下:

t/s	0	200	400	600	800
$c[(\text{CH}_3)_2\text{O}]/\text{mol} \cdot \text{dm}^{-3}$	0.010000	0.00916	0.00839	0.00768	0.00703

(1) 计算 200s 到 600s 间的平均速率;

(2) 用浓度对时间作图,求 400s 时的瞬时速率。

3. 在 298K 时,用反应 $\text{S}_2\text{O}_8^{2-}(\text{aq}) + 2\text{I}^-(\text{aq}) \rightleftharpoons 2\text{SO}_4^{2-}(\text{aq}) + \text{I}_2(\text{s})$ 进行试验,得到数据列表如下:

实验序号	$c(\text{S}_2\text{O}_8^{2-})/\text{mol} \cdot \text{dm}^{-3}$	$c(\text{I}^-)/\text{mol} \cdot \text{dm}^{-3}$	$v/\text{mol} \cdot \text{dm}^{-3} \cdot \text{min}^{-1}$
(1)	1.0×10^{-4}	1.0×10^{-2}	0.65×10^{-6}
(2)	2.0×10^{-4}	1.0×10^{-2}	1.30×10^{-6}
(3)	2.0×10^{-4}	0.50×10^{-2}	0.65×10^{-6}

(1) 写出反应速率方程;(2) 计算速率常数 k;(3) $c(\text{S}_2\text{O}_8^{2-}) = 5.0 \times 10^{-4} \text{mol} \cdot \text{dm}^{-3}$,$c(\text{I}^-) = 5.0 \times 10^{-2} \text{mol} \cdot \text{dm}^{-3}$ 的 1.0dm^3 溶液,在 1.0min 之内有多少 I_2 产生?

4. 反应 $\text{H}_2(\text{g}) + \text{Br}_2(\text{g}) \rightleftharpoons 2\text{HBr}(\text{g})$ 在反应初期的反应机理为

(1) $\text{Br}_2 \rightleftharpoons 2\text{Br}$ 　　　　　　　　(快)

(2) $\text{H}_2 + \text{Br} \rightleftharpoons \text{HBr} + \text{H}$ 　　　(慢)

(3) $\text{H} + \text{Br}_2 \rightleftharpoons \text{HBr} + \text{Br}$ 　　(快)

试写出该反应在反应初期的速率方程式。

5. 反应 $\text{SiH}_4(\text{g}) \rightleftharpoons \text{Si}(\text{s}) + 2\text{H}_2(\text{g})$ 在不同温度下的速率常数为

k/s^{-1}	0.048	2.3	49	590
T/K	773	873	973	1073

试用作图法求该反应的活化能。

6. 某一化学反应,当温度由 300K 升高到 310K 时,反应速率增大了一倍,试求这个反应的活化能。

7. 反应 $C_2H_5Br(g) \Longrightarrow C_2H_4(g) + HBr(g)$ 在 650K 时 k 为 $2.0 \times 10^{-5} s^{-1}$，在 670K 时 k 为 7.0×10^{-5} s^{-1}，求 690K 时的 k。

8. 在 301K 时鲜牛奶大约 4.0h 变酸，但在 278K 的冰箱中可保持 48h。假定反应速率与变酸时间成反比，求牛奶变酸反应的活化能。

9. 在 773K 时，铁催化剂可使合成氨反应的活化能从 $254kJ \cdot mol^{-1}$ 降到 $146kJ \cdot mol^{-1}$，假设使用催化剂不影响"指前因子"，试计算使用催化剂时反应速率增加的倍数。

10. 反应 $2SO_2(g) + O_2(g) \Longrightarrow 2SO_3(g)$ 的活化能为 $251.0kJ \cdot mol^{-1}$ 在，Pt 催化下活化能降为 $62.8kJ \cdot mol^{-1}$，试利用有关数据计算反应 $2SO_3(g) \Longrightarrow 2SO_2(g) + O_2(g)$ 的活化能及在 Pt 催化下的活化能。

11. 已知某药物在储存条件按一级反应分解，25℃分解时的反应速率常数为 $2.09 \times 10^{-5} h^{-1}$，该药物的起始浓度为 $94g \cdot cm^{-3}$，当其浓度下降至 $45g \cdot cm^{-3}$，它就变得无临床价值。求其有效期应定为多长时间。

12. 根据实验结果，在高温时焦炭中碳与二氧化碳的反应 $C(s) + CO_2(g) \Longrightarrow 2CO(g)$，其活化能为 $167.4kJ \cdot mol^{-1}$，计算自 900K 升高到 1000K 时，反应速率的变化。

13. 将含有 $0.1mol \cdot dm^{-3} Na_3AsO_3$ 和 $0.1mol \cdot dm^{-3} Na_2S_2O_3$ 的溶液与过量的稀硫酸溶液混合均匀，产生下列反应：

$$2H_3AsO_3(aq) + 9H_2S_2O_3(aq) \longrightarrow As_2S_3(s) + 3SO_2(g) + 9H_2O(l) + 3H_2S_4O_6(aq)$$

今由实验测得在 17℃时，从混合开始至溶液刚出现黄色的 As_2S_3 沉淀共需时 1515s；若将上述溶液温度升高 10℃，重复上述实验，测得需时 500s，试求该反应的活化能 E_a 值（提示：实验中，反应速率常用某物质一定浓度改变所需的时间来表示）。

14. 在没有催化剂存在时，H_2O_2 的分解反应 $H_2O_2(l) \Longrightarrow H_2O(l) + 1/2O_2(g)$ 的活化能为 $75kJ \cdot mol^{-1}$。当有铁催化剂存在时，该反应的活化能就降低到 $54kJ \cdot mol^{-1}$。计算在 298K 时此两种反应速率的比值。

15. 在一定温度范围内，反应 $2NO(g) + Cl_2(g) \Longrightarrow 2NOCl(g)$ 是基元反应。（1）写出反应的速率方程式，指出该反应的级数；（2）在其它条件不变时，若将容器体积增大到原来的 2 倍，反应速率将如何变化；（3）若容器体积不变，而将 NO 的浓度增加到原来的 3 倍，反应速率又将如何变化。

16. 对于气相反应 $A + B \Longrightarrow C$，测定其反应速率的实验数据如下：

$c(A)/mol \cdot dm^{-1}$	$c(B)/mol \cdot dm^{-1}$	$v/mol \cdot dm^{-1} \cdot s^{-1}$
0.500	0.400	6.0×10^{-3}
0.250	0.400	1.5×10^{-3}
0.250	0.800	3.0×10^{-3}

求：（1）此反应的反应级数；（2）求反应速率常数和反应速率方程。

◇ 部分习题答案

二、选择题：ABBBBDBDCCC

三、计算题

1. （1）$4.5 \times 10^{-5} mol \cdot dm^{-3} \cdot s^{-1}$；（2）$1.8 \times 10^{-4} mol \cdot dm^{-3} \cdot s^{-1}$

2. （1）$3.70 \times 10^{-6} mol \cdot dm^{-3} \cdot s^{-1}$；（2）$3.64 \times 10^{-6} mol \cdot dm^{-3} \cdot s^{-1}$

3. （1）$v = k \cdot c(S_2O_8^{2-}) \cdot c(I^-)$；　（2）$0.65 dm^3 \cdot mol^{-1} \cdot min^{-1}$；　（3）4.1mg

4. $v = k \cdot c^{1/2}(Br_2) \cdot c(H_2)$

5. $216kJ \cdot mol^{-1}$

6. $53.6kJ \cdot mol^{-1}$

7. $2.3 \times 10^{-4} s^{-1}$

8. $75kJ \cdot mol^{-1}$

9. 2.0×10^7 倍

10. $448.8kJ \cdot mol^{-1}$；$260.6kJ \cdot mol^{-1}$

11. 4a

12. 增加到原来的 9.4 倍

13. $80.2kJ \cdot mol^{-1}$

14. $v_1 : v_2 = 4.8 \times 10^3$

15. （1）$v = k \cdot c^2(NO) \cdot c(Cl_2)$，3 级；　　（2）减小到 1/8；　　（3）增加到 9 倍

16. （1）3 级；　　（2）$k = 6.0 \times 10^{-2} mol^{-1} \cdot dm^6 \cdot s^{-1}$

第 ⑥ 章　电化学基础与金属腐蚀

【学习提要】　电化学反应过程伴随着非体积功（电功）的交换，主要涉及到化学反应产生电功（电池）和电功引起化学反应（电解）两个方面。本章在介绍原电池的组成及原电池反应热力学基础上，着重讨论电极电势及其在化学上的应用，并简单介绍化学电源、电解的应用、电化学腐蚀及其防护的原理。

6.1　氧化还原反应与氧化还原平衡

6.1.1　氧化还原反应

氧化是物质失去电子的反应，还原是物质获得电子的反应。例如：

氧化反应：$\qquad\qquad$ $Zn \Longrightarrow Zn^{2+} + 2e^-$ $\qquad\qquad$ (6-1)

还原反应：$\qquad\qquad$ $Cu^{2+} + 2e^- \Longrightarrow Cu$ $\qquad\qquad$ (6-2)

以上两式皆为半反应，氧化半反应和还原半反应必须联系在一起才能进行。如果将以上两式相加，就得到氧化还原反应式：

$$Zn + Cu^{2+} \Longrightarrow Zn^{2+} + Cu \qquad\qquad (6-3)$$

这类伴随有电子转移的化学反应称为氧化还原反应。氧化还原反应是化学反应中的一种。在氧化还原反应中，得电子的反应物为氧化剂（如上述反应中的 Cu^{2+}），氧化剂自身被还原；失电子的反应物为还原剂（如上述反应中的 Zn），还原剂自身被氧化。氧化剂得到的电子总数必等于还原剂失去的电子总数。

在上述反应中，氧化剂得电子和还原剂失电子都很明显。但在下面的反应 $H_2(g) + Cl_2(g) \Longrightarrow 2HCl(g)$ 中，氢并不失电子，氯也不得电子，只是氯的电负性大于氢，它们之间的一对共用电子偏向氯的一方而已。这类反应也属于氧化还原反应。由此可见，氧化还原本质在于电子的得失或偏移。

若氧化剂与还原剂直接接触，实现电子的转移，这样的氧化还原反应即是一般的氧化还原反应；若氧化还原的反应物之间不直接接触，而是通过导体实现电子的转移，还原剂失去的电子流经导体转移到氧化剂，于是就发生了电子的定向流动，即有电流与氧化还原反应相联系，这样的氧化还原反应被称为电化学反应（electrochemical reaction）。电化学研究的是氧化还原反应的化学能与电能的相互转化，它是化学与电学的交叉学科，对工业生产和科学研究具有重要的作用。

6.1.2　氧化还原平衡

无论是一般的氧化还原反应，还是电化学反应，都能在一定的反应条件下实现平衡，其平衡状态以及平衡移动满足普通的化学反应体系的平衡与移动的基本规律。

6.2　原电池与电极电势

6.2.1　原电池

（1）原电池的组成　将金属 Zn 插入 $CuSO_4$ 溶液中，金属 Zn 和 $CuSO_4$ 溶液间的置换反应为：

$$Zn + Cu^{2+} \rule[0.5ex]{2em}{0.4pt} Zn^{2+} + Cu \qquad \Delta G_m^\ominus (298.15K) = -212.55 kJ \cdot mol^{-1}$$

该反应的实质是 Zn 失去电子变成 Zn^{2+} 进入到溶液中，溶液中的 Cu^{2+} 得到电子变成 Cu，电子从 Zn 转移到 Cu^{2+}，该反应是一个氧化还原反应。由于 Cu^{2+} 与 Zn 直接接触，电子由锌直接传递给 Cu^{2+}，虽有电子转移但无电子流动，氧化还原反应释放的化学能全部转化为热能。

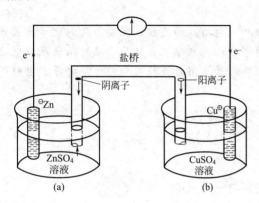

图 6-1　铜锌原电池的示意图

通过设计如图 6-1 所示的铜锌原电池装置，同样可以实现上述氧化还原反应，同时还可以利用产生的电流对外做电功，使氧化还原反应释放的化学能转变为电能。

图中，Zn 棒作为一个电极插入容器（a）中的 $ZnSO_4$ 溶液中，Cu 棒作为另一个电极插入容器（b）中的 $CuSO_4$ 溶液中，两种溶液用叫做盐桥的 U 形管连通。这时 Zn 和 $CuSO_4$ 分隔在两个容器中，互不接触，不发生置换反应。但如果用导线将 Zn 和 Cu 棒相连接，反应立即发生：Zn 棒上 Zn 原子失去电子，氧化成 Zn^{2+} 进入 $ZnSO_4$ 溶液；$CuSO_4$ 溶液中 Cu^{2+} 从 Cu 棒上获得电子，还原成 Cu 原子在 Cu 棒上析出；Zn 棒上的电子流过导线和检流计到达 Cu 棒。通过检流计指针的偏转，证明导线中有电流通过。从指针偏转的方向，可以断定电流是从 Cu 极流向 Zn 极（电子从 Zn 极流向 Cu 极）。

Zn 是负极，发生氧化反应：$Zn \rule[0.5ex]{2em}{0.4pt} Zn^{2+} + 2e^-$。

Cu 是正极，发生还原反应：$Cu^{2+} + 2e^- \rule[0.5ex]{2em}{0.4pt} Cu$。

铜锌原电池总反应：$Zn + Cu^{2+} \rule[0.5ex]{2em}{0.4pt} Cu + Zn^{2+}$。

这类能使化学能直接转化成电能的装置叫原电池。原电池在结构上由三部分组成，两个半电池、内部离子导体、外部电子导体。以上述的铜锌原电池为例，两个半电池包含有锌片和锌盐溶液、铜片和铜盐溶液；内部离子导体由盐桥担任；外部电子导体则是连接锌片和铜片的金属导线。

连接两极溶液的倒置 U 形管称为盐桥（salt bridge），管内充满了含电解质溶液（一般为饱和 KCl 溶液）的琼胶。其作用是连通原电池的两个半电池间的内电路，使两个半电池保持电中性，这样电流才可以不断产生。

（2）原电池的半反应式和图示　原电池可以使氧化还原反应产生电流，是因为它使氧化和还原两个半反应分别在不同的区域同时进行，不同的区域就是半电池。半电池中的反应即是原电池的半反应式，其通式为：$O + ze^- \rule[0.5ex]{2em}{0.4pt} R$，其中 O、R 分别为半反应中的氧化态和还原态物质。

从上面的半反应式可以看出：①每一个半反应式中都有两类物质，一类为可以失去电子的还原态物质，如 Zn、Cu 等；另一类为可以得到电子的氧化态物质，如 Zn^{2+}、Cu^{2+} 等。由氧化态物质及对应的还原态物质组成的电对称为氧化还原电对（redox couple），也称电偶对。如 Zn^{2+}/Zn、Cu^{2+}/Cu 等。②原电池反应由两个半反应构成：$R_1 + O_2 \rule[0.5ex]{2em}{0.4pt} O_1 + R_2$。

原电池装置可以用图式表示。例如，铜锌原电池的图式表示如下：

$$(-)Zn \mid Zn^{2+}(c_1) \parallel Cu^{2+}(c_2) \mid Cu(+) \tag{6-4}$$

按规定，负极写在左边，正极写在右边，用"$\parallel$"表示盐桥，"$\mid$"表示两相之间的界面，并注明电解质溶液的相应浓度，c_1 和 c_2 分别表示相应溶液的浓度，如果是气体，则改用分压（p）表示。

可用来组成半电池电极的电偶对，除金属及其对应的金属盐溶液外，还有非金属单质及其对应的非金属离子（如 H^+/H_2、O_2/OH^-）、同一金属不同价态的离子（如 Fe^{3+}/Fe^{2+}、Sn^{4+}/Sn^{2+}）等。对于后两者，在组成电极时，需外加惰性导电材料如 Pt，如 $H^+(c)|H_2(p)|Pt$、$Fe^{3+}(c_1)|Fe^{2+}(c_2)|Pt$ 等。

（3）原电池热力学　热力学结果表明，如果一个化学反应在恒温恒压可逆条件下进行，摩尔吉布斯函数变 $\Delta_r G_m$ 与反应过程中系统能够对环境做的非体积功 W' 之间存在如下关系：

$$\Delta_r G_m = W'_{max} \tag{6-5}$$

对于电池反应，在恒温恒压可逆条件下放电时，系统对环境做的非体积功 W' 是可逆电功（最大电功）。可逆电功等于电池的电动势 E 与电量的乘积：

$$W'_{max} = QE = -zFE \tag{6-6}$$

所以
$$\Delta_r G_m = -zFE \tag{6-7}$$

如果原电池在标准状态下工作，则有：

$$\Delta_r G_m^{\ominus} = -zFE^{\ominus} \tag{6-8}$$

通过式(6-7)、式(6-8)，将氧化还原反应的热力学参数 $\Delta_r G_m$、$\Delta_r G_m^{\ominus}$ 与电化学参数 $E^{\ominus}$、E 联系了起来，所以，这两个公式又被形象地称为热力学与电化学之间的桥梁公式。

根据式(6-7)，如果是一个氧化还原反应，可将吉布斯函数变 $\Delta_r G_m$ 对化学反应自发性的判据转化成由 E 进行判断：

$\Delta_r G_m < 0$ 时，$E > 0$，反应可自发进行；

$\Delta_r G_m = 0$ 时，$E = 0$，系统处于平衡状态；

$\Delta_r G_m > 0$ 时，$E < 0$，逆反应可自发进行。

根据式：
$$\lg K^{\ominus} = -\frac{\Delta_r G_m^{\ominus}}{2.303RT}$$

对于氧化还原反应，可得：

$$\lg K^{\ominus} = \frac{zFE^{\ominus}}{2.303RT} \tag{6-9}$$

当温度为 298.15K 时，上式可化为：

$$\lg K^{\ominus} = \frac{zE^{\ominus}}{0.0591V} \tag{6-10}$$

由此可见，通过测量原电池的标准电动势 $E^{\ominus}$，就可计算电池反应在任何温度 T 下的标准平衡常数 $K^{\ominus}$。

6.2.2　电极和电极电势

（1）电极及电极反应　原电池由两个半电池组成，每个半电池都是由同一元素的氧化态物质和还原态物质组成的，同一元素的氧化态物质和还原态物质构成一个电极。简单的说，半电池就是一个电极，任何一个原电池都是由两个电极构成的。构成原电池的电极有四类，见表 6-1。

在半电池中进行着氧化态和还原态相互转化的反应，即电极反应（electrode reaction）。
$$\text{氧化态} + ze^- \Longleftrightarrow \text{还原态} \tag{6-11}$$

（2）电极电势　如前所述，将两个半电池用盐桥和导线连接，导线上会有电流流动，说明两个电极间存在电势差，即两个电极的电极电势不相等。电极电势是如何产生的呢？为什么不同电极的电极电势不相等呢？要回答以上问题，就必须考察金属的原子与晶体结构。以 Zn 浸入 $ZnSO_4$ 溶液为例说明电极电势的产生。

表 6-1　电极类型

电极类型	电对示例	电极符号	电极反应示例
金属-金属离子电极	Zn^{2+}/Zn	$Zn^{2+}\mid Zn$	$Zn^{2+}+2e^- \rightleftharpoons Zn$
	Cu^{2+}/Cu	$Cu^{2+}\mid Cu$	$Cu^{2+}+2e^- \rightleftharpoons Cu$
非金属-非金属离子电极	Cl_2/Cl^-	$Cl^-\mid Cl_2\mid Pt$	$Cl_2+2e^- \rightleftharpoons 2Cl^-$
	O_2/OH^-	$Pt\mid O_2\mid OH^-$	$O_2+2H_2O+4e^- \rightleftharpoons 4OH^-$
氧化还原电极	Fe^{3+}/Fe^{2+}	$Fe^{3+},Fe^{2+}\mid Pt$	$Fe^{3+}+e^- \rightleftharpoons Fe^{2+}$
	Sn^{4+}/Sn^{2+}	$Pt\mid Sn^{4+},Sn^{2+}$	$Sn^{4+}+2e^- \rightleftharpoons Sn^{2+}$
金属-金属难溶盐电极	$AgCl/Ag$	$Ag\mid AgCl\mid Cl^-$	$AgCl+e^- \rightleftharpoons Ag+Cl^-$
	Hg_2Cl_2/Hg	$Hg\mid Hg_2Cl_2(s)\mid Cl^-$	$Hg_2Cl_2(s)+2e^- \rightleftharpoons 2Hg+2Cl^-$

注：上述金属-金属离子电极是以金属本身作为电极的导体，而其它类型的电极则常用铂或石墨等辅助电极作为电极导体。它们仅起吸附气体和传递电子的作用，不参加电极反应，所以又称惰性电极。

① 金属 Zn 的特点：由金属离子和自由电子按一定晶格形式排列组成的晶体，Zn^{2+} 要脱离晶格就必须克服晶格间的结合力，即金属键力。在金属表面的 Zn^{2+} 由于键力不饱和，有吸引其它 Zn^{2+} 以保持与内部 Zn^{2+} 相同的平衡状态的趋势，同时，又比内部锌离子更易于脱离晶格。

② $ZnSO_4$ 水溶液的特点：溶液中存在极性很强的水分子、被水化的 Zn^{2+}、被水化的 SO_4^{2-}，这些分子和离子不停地进行着热运动。

③ 当金属浸入溶液后，便打破了各自的平衡状态，表现为：a. 定向排列，极性水分子和 Zn^{2+} 相互吸引而定向排列在金属表面；b. 水化作用，Zn^{2+} 在水分子的吸引和不停热运动的冲击下，脱离晶格的趋势增大了。

因此，在金属/溶液界面上，对 Zn^{2+} 来说，存在着矛盾着的两个作用。第一个作用：金属晶格中自由电子对 Zn^{2+} 的静电引力。它既起着阻止表面 Zn^{2+} 脱离晶格而溶解到溶液中的作用，又促使界面附近溶液中的水化 Zn^{2+} 脱水而沉积到金属表面上。第二个作用：极性水分子对 Zn^{2+} 的水化作用。它既促使金属表面的 Zn^{2+} 进入溶液，又起着阻止界面附近溶液中的水化 Zn^{2+} 脱水化而沉积的作用。

在金属/溶液界面上，是发生 Zn^{2+} 的沉积还是 Zn^{2+} 的溶解，就看上述两个作用谁占主导作用。实验表明，对 $Zn/ZnSO_4$ 体系来说，水化作用占主导。

$$[Zn^{2+}\cdot 2e^-]+nH_2O =\!\!= [Zn(H_2O)_n]^{2+}+2e^-$$

本来金属锌和硫酸锌溶液均是电中性的，但由于 Zn^{2+} 从金属表面溶解进入溶液后，在金属上留下的电子使金属带负电，溶液则由于 Zn^{2+} 增多而带正电。由于金属表面剩余负电荷的吸引和溶液中正电荷的排斥，Zn^{2+} 继续溶解变得困难，并最终建立起式(6-12)平衡。从而形成如图 6-2(a) 所示的电势差，此电势差就是金属的电极电势。

$$[Zn^{2+}\cdot 2e^-]+nH_2O \underset{沉积}{\overset{溶解}{\rightleftharpoons}} [Zn(H_2O)_n]^{2+}+2e^- \tag{6-12}$$

金属越活泼，盐溶液浓度越稀，金属表面上的金属离子受到极性水分子的吸引，溶解到溶液中形成水合离子的倾向越大。金属越不活泼，溶液越浓，溶液中的水合离子金属表面获得电子，沉积到金属上的倾向越大。如果溶解的倾向大于沉积的倾向，金属带负电，溶液带正电；反之，金属带正电，溶液带负电，Cu 浸入到 $CuSO_4$ 溶液即属此种情况。

不论何种情况，在金属表面与附近的薄层溶液之间形成了类似于电容器一样的双电层，由于

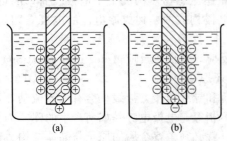

图 6-2　金属的电极电势

双电层的存在，金属与溶液间便存在一个电势差，这个电势差叫做金属电极的电极电势（electrode potential），以符号 φ 表示，如 $\varphi(Zn^{2+}/Zn)$、$\varphi(Cu^{2+}/Cu)$ 等。不同的电极，溶解和沉积的平衡状态是不同的，因此不同的电极有不同的电极电势。

$$M(s) \underset{\text{沉积}}{\overset{\text{溶解}}{\rightleftharpoons}} M^{z+}(aq) + ze^- \qquad (6\text{-}13)$$

目前还没有办法测定电极电势的绝对值，但可以人为地定一个相对标准来测定它的相对值。这就像把海平面的高度定为零，以测定各山峰相对高度一样。用来测定电极电势的相对标准是标准氢电极，如图 6-3 所示。

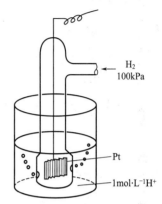

图 6-3　标准氢电极的结构示意图

将铂片镀上一层疏松的铂（称铂黑，它具有很强的吸附 H_2 的能力），并插在 H^+ 浓度为 $1\text{mol}\cdot L^{-1}$ 的 H_2SO_4 溶液中，在指定温度下不断地通入压力为 100kPa 的纯氢气流冲出铂片，使它吸附氢气达饱和。吸附在铂黑上的氢气和溶液中 H^+ 建立如下平衡：

$$2H^+(aq) + 2e^- \rightleftharpoons H_2(g)$$

这就是氢电极的电极反应。标准氢电极的标准电极电势规定为零，记为 $\varphi^{\ominus}(H^+/H_2) = 0.0000V$。右上角的 $\ominus$ 表示标准态，即指离子浓度为 $1.0\text{mol}\cdot L^{-1}$，气体分压为 100kPa 的状态。

当两个不同的电极组成原电池时，这两个电极的电极电势之差就构成了该原电池的电动势（electromotive force，emf）：

$$E = \varphi(+) - \varphi(-) \qquad (6\text{-}14)$$

由于电极之间存在电势差，因此产生了电流。

（3）标准电极电势　金属电极电势的高低主要取决于金属的本性、金属离子的浓度和溶液的温度。在指定温度（通常为 298.15K）下，金属同该金属离子浓度（严格地说，应为活度）为 $1\text{mol}\cdot L^{-1}$ 的溶液所产生的电势称为该金属的标准电极电势，又称标准还原电势，常用符号 $\varphi^{\ominus}$ 表示。

测定其它电极的标准电极电势时，可将标准态的待测电极与标准氢电极组成原电池，测定此原电池的电动势。例如，欲测量 Zn 电极的标准电极电势，只要把 Zn 棒插在 $1\text{mol}\cdot L^{-1}$ $ZnSO_4$ 溶液中组成标准锌电极，把它与标准氢电极用盐桥连接起来组成原电池，如图 6-4 所示。

在 298.15K 时用电位计测量该电池的电动势时发现，氢电极为正极，锌电极为负极，电池电动势为 0.763V。锌电极在 298.15K 时的标准电极电势 $\varphi^{\ominus}(Zn^{2+}/Zn)$ 可由下式求得：

$$E^{\ominus} = \varphi^{\ominus}(正极) - \varphi^{\ominus}(负极) \quad (6\text{-}15)$$

即 $\varphi^{\ominus}(Zn^{2+}/Zn) = \varphi^{\ominus}(H^+/H_2) - E^{\ominus} = 0 - 0.763V = -0.763V$

由于标准氢电极使用起来很不方便，常用甘汞电极代替标准氢电极。甘汞电极电势稳定，便于保管，使用方便。饱和甘汞电极在 298.15K 时的电极电势为

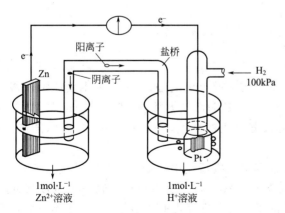

图 6-4　利用标准氢电极测量其它电极的标准电极电势的原理图

0.2412V，是最常用的参比电极。

表 6-2 列出了一些物质在 298.15K 酸性溶液中的标准电极电势。

表 6-2　部分物质在 298.15K 酸性溶液中的标准电极电势

物　　质			电　极　反　应			$E^{\ominus}/V$
	氧化态	＋ 电子数 ⇌		还原态		
弱氧化剂　氧化能力依次增强 ↓　强氧化剂	Li^+	＋ e^- ⇌		Li	强还原剂　还原能力依次增强 ↓　弱还原剂	-3.045
	Zn^{2+}	＋ $2e^-$ ⇌		Zn		-0.763
	Fe^{2+}	＋ $2e^-$ ⇌		Fe		-0.440
	Sn^{2+}	＋ $2e^-$ ⇌		Sn		-0.136
	Pb^{2+}	＋ $2e^-$ ⇌		Pb		-0.126
	$2H^+$	＋ $2e^-$ ⇌		H_2		0.000
	Sn^{4+}	＋ $2e^-$ ⇌		Sn^{2+}		0.154
	Cu^{2+}	＋ $2e^-$ ⇌		Cu		0.337
	I_2	＋ $2e^-$ ⇌		$2I^-$		0.5345
	Fe^{3+}	＋ e^- ⇌		Fe^{2+}		0.771
	$Br_2(l)$	＋ $2e^-$ ⇌		$2Br^-$		1.065
	$Cr_2O_7^{2-}+14H^+$	＋ $6e^-$ ⇌		$2Gr^{3+}+7H_2O$		1.33
	Cl_2	＋ $2e^-$ ⇌		$2Cl^-$		1.36
	$MnO_4^-+8H^+$	＋ $5e^-$ ⇌		$Mn^{2+}+4H_2O$		1.51
	F_2	＋ $2e^-$ ⇌		$2F^-$		2.87

在表中不同物质的标准电极电势按照 $\varphi^{\ominus}$ 代数值从小到大顺序列出。$\varphi^{\ominus}$ 越小，表明电对的还原态越易给出电子，即该还原态就是越强的还原剂；$\varphi^{\ominus}$ 值越大，表明电对的氧化态越易得到电子，即氧化态就是越强的氧化剂。因此，电势表左边的氧化态物质的氧化能力从上到下逐渐增强；右边的还原态物质的还原能力从下到上逐渐增强。还应该注意到，$\varphi^{\ominus}$ 值反映物质得失电子倾向的大小，它与物质的数量无关。因此，电极反应式乘以任何常数时，$\varphi^{\ominus}$ 值不变。

6.2.3　影响电极电势的因素——电极电势的能斯特方程式

标准电极电势是在标准态及温度为 298.15K 时测得的。当电极处于非标准态时，其电极电势将随浓度（压力）、温度等因素而变化。电极电势与浓度、温度间的定量关系由能斯特方程式（Nernst equation）给出。

(1) 浓度对电极电势的影响　对应于电极反应：

$$氧化态＋ze^- ＝还原态$$

能斯特（W. Nernst）给出了一个表示电极电势与浓度、温度关系的公式：

$$\varphi=\varphi^{\ominus}+\frac{RT}{zF}\ln\frac{c(氧化态)/c^{\ominus}}{c(还原态)/c^{\ominus}} \tag{6-16}$$

式中，φ 为电对的电极电势，V；$\varphi^{\ominus}$ 为电对的标准电极电势，V；z 为半反应中转移的电子数；R 为摩尔气体常数，8.314J·mol^{-1}·K^{-1}；F 为法拉第常数，96485C·mol^{-1}；T 为温度，K；c 为电极反应中氧化态物质、还原态物质的浓度，mol·L^{-1}；$c^{\ominus}$ 为标准浓度，1.0mol·L^{-1}。

在能斯特方程式中：①各物质浓度的指数等于电极反应中各物质的化学计量数绝对值；②如果电极反应方程式中有 H^+、OH^-，需配平方程式将所有参与反应物质的浓度代入计算；③若有固体、纯液体参与反应，它们的浓度不列入方程式中；④若有气体参与反应，则以气体物质的分压 p 进行计算。

当温度 $T=298.15K$ 时，将 F、R 值代入上式，能斯特方程式可简化为：

$$\varphi=\varphi^{\ominus}+\frac{0.0591\text{V}}{z}\ln\frac{c(\text{氧化态})/c^{\ominus}}{c(\text{还原态})/c^{\ominus}} \tag{6-17}$$

【**例 6-1**】 计算下面原电池在 298.15K 时的电动势，并标明正、负极，写出电池反应式。

$$\text{Cd}|\text{Cd}^{2+}(0.10\text{mol}\cdot\text{L}^{-1})||\text{Sn}^{4+}(0.1\text{mol}\cdot\text{L}^{-1}),\text{Sn}^{2+}(0.001\text{mol}\cdot\text{L}^{-1})|\text{Pt}$$

解 与该原电池有关的电极反应及其标准电极电势为：

$$\text{Cd}^{2+}+2\text{e}^{-}=\!=\!=\text{Cd},\varphi^{\ominus}(\text{Cd}^{2+}/\text{Cd})=-0.403\text{V}$$

$$\text{Sn}^{4+}+2\text{e}^{-}=\!=\!=\text{Sn}^{2+},\varphi^{\ominus}(\text{Sn}^{4+}/\text{Sn}^{2+})=0.154\text{V}$$

将各物质相应的浓度代入能斯特方程式

$$\varphi(\text{Cd}^{2+}/\text{Cd})=\varphi^{\ominus}(\text{Cd}^{2+}/\text{Cd})+\frac{0.0591\text{V}}{2}\lg[c(\text{Cd}^{2+})/c^{\ominus}]$$

$$=-0.403\text{V}+\frac{0.0591\text{V}}{2}\lg[0.10/1.0]=-0.433\text{V}$$

$$\varphi(\text{Sn}^{4+}/\text{Sn}^{2+})=\varphi^{\ominus}(\text{Sn}^{4+}/\text{Sn}^{2+})+\frac{0.0591\text{V}}{2}\lg\frac{c(\text{Sn}^{4+})/c^{\ominus}}{c(\text{Sn}^{2+})/c^{\ominus}}$$

$$=0.154\text{V}+\frac{0.0591\text{V}}{2}\lg\frac{0.1/1.0}{0.001/1.0}=0.213\text{V}$$

由于 $\varphi(\text{Sn}^{4+}/\text{Sn}^{2+})$ 大于 $\varphi(\text{Cd}^{2+}/\text{Cd})$，所以 $\text{Sn}^{4+}/\text{Sn}^{2+}$ 电对为正极，Cd^{2+}/Cd 电对为负极。电动势为 $E=\varphi(\text{正极})-\varphi(\text{负极})=0.213\text{V}-(-0.433\text{V})=0.646\text{V}$

正极发生还原反应：$\text{Sn}^{4+}+2\text{e}^{-}\longrightarrow\text{Sn}^{2+}$

负极发生氧化反应：$\text{Cd}\longrightarrow\text{Cd}^{2+}+2\text{e}^{-}$

电池反应为：$\text{Sn}^{4+}+\text{Cd}\longrightarrow\text{Sn}^{2+}+\text{Cd}^{2+}$

【**例 6-2**】 计算 pH ＝ 7 时，电对 O_2/OH^- 的电极电势。设 $T=298.15\text{K}$，$p(\text{O}_2)=100.00\text{kPa}$。

解 此电对的电极反应为：$\text{O}_2+2\text{H}_2\text{O}+4\text{e}^{-}=\!=\!=4\text{OH}^-$

当 pH＝7 时，$c(\text{OH}^-)=10^{-7}\text{mol}\cdot\text{L}^{-1}$。所以，按能斯特方程式，有：

$$\varphi(\text{O}_2/\text{OH}^-)=\varphi^{\ominus}(\text{O}_2/\text{OH}^-)+\frac{0.0591\text{V}}{4}\lg\frac{p(\text{O}_2)/p^{\ominus}}{[c(\text{OH}^-)/c^{\ominus}]^4}$$

$$=0.401\text{V}+\frac{0.0591\text{V}}{4}\lg\frac{1}{(10^{-7})^4}=0.815\text{V}$$

由此可以看出，当氧化态或还原态物质浓度变化时，电极电势也发生变化，不过这种变化不太大。氧化态物质浓度降低或还原态物质浓度升高，电极电势变小；氧化态物质浓度升高或还原态物质浓度降低，电极电势变大。

（2）酸度的影响 当 H^+ 或 OH^- 直接参与电极反应时，或者当某种反应物或产物的稳定性受到溶液的酸碱度影响时，电解质溶液的酸度会明显影响电极电势。

【**例 6-3**】 在酸性介质中用高锰酸钾（KMnO_4）作氧化剂，其电极反应为：$\text{MnO}_4^-+8\text{H}^++5\text{e}^{-}=\!=\!=\text{Mn}^{2+}+4\text{H}_2\text{O}$。当 $c(\text{MnO}_4^-)=c(\text{Mn}^{2+})=1\text{mol}\cdot\text{L}^{-1}$，pH ＝ 5 时，$\varphi(\text{MnO}_4^-/\text{Mn}^{2+})$ 为多少？

解 根据能斯特方程式

$$\varphi(\text{MnO}_4^-/\text{Mn}^{2+})=\varphi^{\ominus}(\text{MnO}_4^-/\text{Mn}^{2+})+\frac{RT}{zF}\ln\frac{[c(\text{MnO}_4^-)/c^{\ominus}]\cdot[c(\text{H}^+)/c^{\ominus}]^8}{[c(\text{Mn}^{2+})/c^{\ominus}]}$$

$$=1.507\text{V}+\frac{0.0591\text{V}}{5}\lg\frac{1\times(10^{-5})^8}{1}=1.03\text{V}$$

从上例可以看出，电极反应中有 H^+ 或者 OH^- 参与时，介质的酸碱性对氧化还原电对的电极电势影响较大。当 $c(H^+)$ 从 $1.0 \text{mol} \cdot L^{-1}$ 降至 $10^{-5} \text{mol} \cdot L^{-1}$ 时，$\varphi(MnO_4^-/Mn^{2+})$ 从 $1.507V$ 降到 $1.03V$，使 MnO_4^- 的氧化能力减弱。可见，$KMnO_4$ 在酸性介质中氧化能力较强。

6.2.4　电极电势的应用

（1）**计算原电池的电动势**　在原电池中，正极发生还原反应，负极发生氧化反应。因此，电极电势代数值较大的电极是正极，电极电势代数值较小的电极是负极。应用标准电极电势和能斯特方程式分别计算出正、负的电极电势，正极电势与负极电势之差即为原电池的电动势。

对于电池反应：　　氧化态 1＋还原态 2 $=\!=$ 氧化态 2＋还原态 1

$$
\begin{aligned}
E &= \varphi(+) - \varphi(-) \\
&= \left[\varphi_{(+)}^{\ominus} + \frac{RT}{zF} \ln \frac{c(\text{氧化态 1})/c^{\ominus}}{c(\text{还原态 1})/c^{\ominus}} \right] - \left[\varphi_{(-)}^{\ominus} + \frac{RT}{zF} \ln \frac{c(\text{氧化态 2})/c^{\ominus}}{c(\text{还原态 2})/c^{\ominus}} \right] \\
&= E^{\ominus} + \frac{RT}{zF} \ln \left\{ \frac{c(\text{氧化态 1})/c^{\ominus}}{c(\text{还原态 1})/c^{\ominus}} \cdot \frac{c(\text{还原态 2})/c^{\ominus}}{c(\text{氧化态 2})/c^{\ominus}} \right\}
\end{aligned} \tag{6-18}
$$

式(6-18)即为原电池电动势的能斯特方程式。该方程式也可以从式(6-7)$\Delta_r G_m = -zFE$、式(6-8)$\Delta_r G_m^{\ominus} = -zFE^{\ominus}$ 和 $\Delta_r G_m$ 与 $\Delta_r G_m^{\ominus}$ 的关系推导出来。

【**例 6-4**】　判断下述二电极所组成的原电池的正负极，并计算此电池在 $298.15K$ 时的电动势。(1)Zn/Zn^{2+}($0.001 \text{mol} \cdot L^{-1}$)；(2)$Zn/Zn^{2+}$($1.0 \text{mol} \cdot L^{-1}$)。

解　根据能斯特方程式分别计算此二电极的电极电势。

$$
\begin{aligned}
(1) \quad \varphi_1(Zn^{2+}/Zn) &= \varphi^{\ominus}(Zn^{2+}/Zn) + \frac{0.0591V}{2} \lg \{ c(Zn^{2+})/c^{\ominus} \} \\
&= -0.7618V + \frac{0.0591V}{2} \lg(0.001) \\
&= -0.8506V
\end{aligned}
$$

$$
(2) \quad \varphi_2(Zn^{2+}/Zn) = \varphi^{\ominus}(Zn^{2+}/Zn) = -0.7618V
$$

因为 $\varphi_2(Zn^{2+}/Zn) > \varphi_1(Zn^{2+}/Zn)$，所以电极(1)为负极，电极(2)为正极。

此电池是：$(-)Zn|Zn^{2+}(0.001 \text{mol} \cdot L^{-1})\|Zn^{2+}(1.0 \text{mol} \cdot L^{-1})|Zn(+)$

其电动势 $E = \varphi(+) - \varphi(-) = \{(-0.7618) - (-0.8506)\}V = 0.089V$

这种由相同电极组成，仅由于离子浓度不同而产生电流的电池称为浓差电池（differential concentration cell）。浓差电池的电动势甚小，不能作电源用。

（2）**比较氧化剂与还原剂的相对强弱**　在有较多的氧化还原电对的系统中，电极电势代数值最大的那种氧化态物质是最强的氧化剂，电极电势代数值最小的那种还原态物质是最强的还原剂。例如，有下列三个电对：

① 电对 I_2/I^-　电极反应 $I_2 + 2e^- =\!= 2I^-$，已知 $\varphi^{\ominus} = 0.5355V$。

② 电对 Fe^{3+}/Fe^{2+}　电极反应 $Fe^{3+} + e^- =\!= Fe^{2+}$，已知 $\varphi^{\ominus} = 0.771V$。

③ 电对 Br_2/Br^-　电极反应 $Br_2 + 2e^- =\!= 2Br^-$，已知 $\varphi^{\ominus} = 1.066V$。

从它们的标准电极电势可以看出，在离子浓度均为 $1.0 \text{mol} \cdot L^{-1}$ 的条件下，I^- 是其中最强的还原剂，Br_2 是其中最强的氧化剂。

各氧化态物质氧化能力的顺序：$Br_2 > Fe^{3+} > I_2$。

各还原态物质还原能力的顺序：$I^- > Fe^{2+} > Br^-$。

（3）**判断氧化还原反应的方向**　前面曾经提到，电极电势代数值大的电对中氧化态物质易获得电子，可作为氧化剂；电极电势代数值小的电对中的还原态物质易给出电子，可作为还原剂。因此电极电势代数值较大的电对中的氧化态与电极电势代数值较小的电对中的还原态反应时是可以自发进行的，反之就不能自发进行。

通常，对给定的氧化还原反应可用标准电极电势进行判断。如下述反应：

$$Sn^{2+}+2Fe^{3+} \Longrightarrow Sn^{4+}+2Fe^{2+}$$

由于 $\varphi^{\ominus}(Sn^{4+}/Sn^{2+})=0.151V$，$\varphi^{\ominus}(Fe^{3+}/Fe^{2+})=0.771V$。$\varphi^{\ominus}$ 代数值较大的电对中的氧化态 Fe^{3+} 是较强的氧化剂，而 $\varphi^{\ominus}$ 代数值较小的电对中的还原态 Sn^{2+} 是较强的还原剂。所以 Fe^{3+} 与 Sn^{2+} 的反应是可以自发进行的，即上述反应将向正方向自发进行。

对于标准电极电势代数值较为接近的电对组成的反应系统，就要考虑浓度对电极电势的影响，需应用能斯特方程式进行计算后再进行判断。

【例 6-5】 在 298.15K，当 $c(Pb^{2+})=0.1mol \cdot L^{-1}$，$c(Sn^{2+})=1.0mol \cdot L^{-1}$ 时，判断下述反应进行的方向。$Pb^{2+}+Sn \Longrightarrow Pb+Sn^{2+}$

解 据题给出的浓度条件，按能斯特公式进行计算：

$$\varphi(Pb^{2+}/Pb)=\varphi^{\ominus}(Pb^{2+}/Pb)+\frac{0.0591V}{2}lg\{c(Pb^{2+})/c^{\ominus}\}$$

$$=-0.1262V+\frac{0.0591V}{2}lg(0.1)=-0.1558V$$

$$\varphi(Sn^{2+}/Sn)=\varphi^{\ominus}(Sn^{2+}/Sn)=-0.1375V$$

因为 $\varphi(Pb^{2+}/Pb)<\varphi(Sn^{2+}/Sn)$，所以 Sn^{2+} 可以氧化 Pb，反应自右向左进行。此例中，若 $c(Pb^{2+})=1.0mol \cdot L^{-1}$，根据标准电极电势可以判断：反应自左向右进行。由此可见，当标准电极电势代数值十分接近（如相差小于 0.2V）时，离子浓度的较大变化有可能导致氧化还原反应方向的逆转。

（4）氧化还原反应进行的程度 根据式(6-10)，若已知氧化还原反应所组成的原电池的标准电动势 $E^{\ominus}$，就可计算此氧化还原反应的平衡常数 $K^{\ominus}$，从而了解反应进行的程度。

【例 6-6】 计算下述反应在 298.15K 时的平衡常数：$Cu+2Ag^{+} \Longrightarrow Cu^{2+}+2Ag$。

解 根据此反应组成的原电池，其两极反应分别是：

正极： $2Ag^{+}+2e^{-} \Longrightarrow 2Ag$，$\varphi^{\ominus}(Ag^{+}/Ag)=0.7996V$

负极： $Cu \Longrightarrow Cu^{2+}+2e^{-}$，$\varphi^{\ominus}(Cu^{2+}/Cu)=0.3419V$

所以， $E^{\ominus}=0.7996-0.3419=0.4577(V)$

将此值代入式(6-10) 中： $lg K^{\ominus}=\frac{2 \times 0.4577V}{0.0591V}=15.46$

$$K^{\ominus}=10^{15.46}=2.88 \times 10^{15}$$

计算结果表明，此反应向正方向进行的程度是很大的。

但是，必须指出，上述对氧化还原反应的方向和程度的判断都是以热力学为基础的电化学方法。它们并未涉及反应速率的问题。因此，被电化学认定可以自发进行，甚至可以进行到底的反应，实际上可能完全觉察不出该反应的发生。如氢与氧合成水的反应：

$$\frac{1}{2}O_2(g)+H_2(g) \Longrightarrow H_2O(l)$$

其 $E^{\ominus}=1.229V$，298.15K 时，$K^{\ominus} \approx 3.3 \times 10^{41}$，反应可以进行得很彻底。但是，我们觉察不到它的发生。这是因为反应的活化能很大，反应速率很小的缘故。

【例 6-7】 已知 $AgCl(s)+e^{-} \Longrightarrow Ag+Cl^{-}$，$\varphi^{\ominus}=0.2223V$；$Ag^{+}+e^{-} \Longrightarrow Ag$，$\varphi^{\ominus}=0.799V$。求 AgCl 的 $K_{sp}^{\ominus}$。

解 把以上两电极反应组成原电池，则电对 Ag^{+}/Ag 为正极，电对 $AgCl/Ag$ 为负极。

电池反应为： $Ag^{+}+Cl^{-} \Longrightarrow AgCl(s)$

$$K^{\ominus}=\frac{1}{[c(Ag^{+})/c^{\ominus}] \cdot [c(Cl^{-})/c^{\ominus}]}=\frac{1}{K_{sp}^{\ominus}}$$

因为，
$$\lg K^{\ominus}=\frac{zE}{0.0591\text{V}}=\frac{1\times(0.799-0.223)\text{V}}{0.0591\text{V}}=9.74$$
所以，
$$\lg K^{\ominus}_{sp}=-9.74, K^{\ominus}_{sp}=1.8\times10^{-10}。$$

6.2.5 不可逆电极的反应过程

电化学反应大多是在各种化学电池和电解池中实现的。只要电流通过原电池或电解池，电极反应就不是可逆的，电极电势将或多或少地偏离平衡电极电势。电流的大小反映了电化学反应的速率问题，用宏观的研究平衡现象的热力学方法就不适用了。因为它只讨论电化学反应的可能性和平衡问题，即判断电化学反应进行的方向和限度，以及反应中的能量转换问题。它不讨论电化学反应的快慢和历程，即反应的速率和机理。电极过程动力学就是要研究电化学反应的速率和机理。电极过程涉及电极与溶液间的电量传送，而溶液中是不存在自由电子的，因此通过电流时，在电极/溶液界面上就会发生氧化或还原作用，也就是通常所说的阳极过程和阴极过程。除此之外，在液相中还同时存在电迁移、扩散和对流现象，并且电解质溶液的各组分浓度也发生变化。电化学反应的三个过程（阳极过程、阴极过程、液相传质过程）既是串联、同时进行，又是彼此独立的。电极过程着重研究当电流通过电极时，电极/溶液界面上发生电子的传递和物质的转移，以及由此而引起电极表面附近的薄液层中物质的传递。包括以下几个步骤：

① 反应粒子向电极表面传递，这一步骤称液相传质步骤。

② 反应粒子在电极表面附近的液层中，进行某一种转化。如水化离子脱水在表面吸附或发生化学变化。

③ 电极/溶液界面上的电子传递，这一步称电化学步骤或电子转移步骤。

④ 反应产物在电极表面或表面附近液层中进行某种转化。例如，从表面脱附或发生化学变化。

⑤ 反应产物生成新相，如结晶或生成气体，或者反应产物从电极表面向溶液中传递，也称此过程为液相传质步骤。

例如，H^+ 在阴极的放电过程可分为：①本体的 H^+ 扩散至电极表面；②H^+ 在阴极得到电子成为 H 原子；③两个 H 原子复合为一个 H_2；④H_2 分子离开阴极表面而逸出等几步。

任何一个电极过程都包括①、③、⑤三个步骤，有些过程还包括②、④两个步骤。许多实际电极过程还要复杂一些，除了连续反应之外，还可能出现平行反应。

对于由几个连续步骤组成的电极过程来说，其中最慢的一步将决定整个电极过程的速率，这个最慢的步骤叫做控制步骤，整个过程的动力学规律，就表现为这一步骤的动力学规律，电极过程动力学就是研究控制步骤的动力学规律。

电化学反应是电极表面上发生的多相反应，它的反应速率常用单位时间、单位电极面积上电子通过的数量来表示。$C\cdot m^{-2}\cdot s^{-1}$ 或 $A\cdot m^{-2}$，即电极上的电流密度。电流密度的大小就代表电极反应速率的快慢。对金属的电解冶炼和一般的电解工业，人们希望速度越快越好，槽电压越低越好；在化学电源中，人们希望电池能以最大的电流密度放电，工作电压接近开路电压；在金属防腐中，人们希望金属的自溶解速度越小越好。了解了电极过程，掌握了电化学反应的速率及其影响因素，就能根据需要控制不同情况下的电化学反应速率。

6.2.6 极化和超电势

电极上无电流通过时，电极处于平衡状态，其电极电势为平衡电极电势。随着电极上电流密度的增加，电极电势就会偏离平衡电极电势。电流通过电极时，电极电势偏离平衡电极电势的现象称为电极的极化（polarization）。此时的电极电势称为不可逆电极电势或极化电极电势。在某一电流密度下，极化电极电势 $\varphi_{\text{极化}}$ 与平衡电极电势 $\varphi_{\text{平衡}}$ 之差的绝对值称为超电势（overpotential）或过电势 η，即：

$$\eta = |\varphi_{极化} - \varphi_{平衡}|$$

电极极化产生的根本原因在于电极反应的速率总是小于电极上电荷转移的速率。如果是阳极，则电极上电子流出快，造成阳极正电荷积累，阳极的电极电势变正；如果是阴极，则电子流入的速率快，造成阴极负电荷的积累，阴极的电极电势变负。根据导致电极反应速率慢的原因，可将极化分为浓差极化和电化学极化。

（1）浓差极化　电极发生反应时，由于传质速率慢，电极附近溶液的浓度和本体溶液浓度存在差别，导致电极反应缓慢，电极电势偏离平衡电极电势。

例如，金属银插到浓度为 c 的 $AgNO_3$ 溶液中。电解时，若该电极作阴极，则发生 $Ag^+ + e^- \Longrightarrow Ag$ 的反应。由于阴极附近的 Ag^+ 沉积到电极上，则阴极附近的 Ag^+ 浓度不断下降，若本体溶液中 Ag^+ 扩散到阴极附近的速率赶不上 Ag^+ 沉积的速率，则阴极附近 Ag^+ 浓度 c_e 必低于本体溶液浓度 c，这就好像把电极浸入在一个浓度为 c_e 的溶液一样。

则：
$$\varphi_{平衡,阴} = \varphi^{\ominus}(Ag^+/Ag) + \frac{RT}{F}\ln c$$

$$\varphi_{极化,阴} = \varphi^{\ominus}(Ag^+/Ag) + \frac{RT}{F}\ln c_e$$

$c_e < c$，故 $\varphi_{极化,阴} < \varphi_{平衡,阴}$。同理可证明在阳极上浓差极化的结果是使阳极极化电极电势大于其平衡值。由浓差极化的成因可见，用搅拌和升温的方法可以减小浓差极化。

（2）电化学极化　电化学极化（electrochemical polarization）又称活化极化。由于电极反应过程的电子转移步骤③本身活化能高，导致电极反应缓慢而引起的电极电势偏离平衡电极电势。

电化学极化主要由电极反应的本性决定，与外界条件基本无关。因此搅拌难以消除电化学极化。

影响电化学极化引起的超电势 η 的因素主要有三个方面。

① 电极反应物质的本性：金属（除 Fe，Co，Ni 外），η 一般很小，气体的 η 较大，氢气、氧气的 η 更大。

② 电极材料和表面状态：同一电极反应在不同电极上 η 值不同，且电极表面状态不同，η 值也不同。如，同是析出 H_2，在铂电极上的 η 比其它电极上的要低，而在镀有铂黑的铂电极上的 η 又比在光滑的铂电极上的 η 要低得多。

③ 电流密度：随电流密度增大，η 变大，因此表达 η 数值，必须指明电流密度的数值。

超电势是代表电极反应的推动力。当超电势 η 为零时，电极反应的推动力为零，电极处在平衡态，放电极上没有净电流通过。当电流通过电极时，电极上不仅发生极化作用，使电势值发生偏离；与此同时，电极上也存在与极化作用相对立的过程，即力图恢复平衡的过程。以阴极为例，如氢离子和金属离子在阴极上还原，就是从阴极上夺取电子，使电势不负移。这种与电极极化相对立的作用，称为去极化作用。因此，电极过程就是极化与去极化对立统一的过程。

原电池是将化学能转变为电能的装置；电解池是将电能转变为化学能的装置。当电流通过这两种装置时，它们的极化现象就单个电极来说都是相同的，都是阴极极化电势变得更负，阳极极化电势变得更正，超电势都随电流密度增大而增大。如果两个电极组成电解池时，电解池的阳极是正极，阴极是负极。当电流密度加大时，电解池的端电压将变大，端电压增加值比电解池内部溶液欧姆降 IR 的增大值大得多。如果两个电极组成原电池时，电池的负极发生氧化反应，又称阳极；电池的正极发生还原反应，又称阴极。接通电路后，电子由阳极流入阴极，电池的阳极电位比阴极电位负，在电位坐标轴下方，因此，有电流通过时，极化曲线如图 6-5 所示。

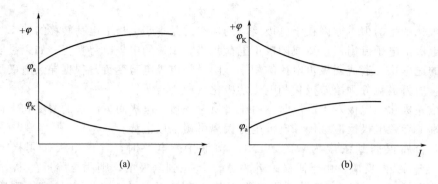

图 6-5   电解池（a）与原电池（b）中的极化曲线

电解池实际外加电压 $V_{外加}$ 应是理论分解电压 $E_{理,分}$、阴极超电势、阳极超电势及由内电阻引起的电压降 IR（常忽略）之和，即 $V_{外加}=E_{理,分}+\eta_{阳}+\eta_{阴}+IR$。电解池的槽压大于其理论分解电压，且随电流密度增大而增加。原电池两极间的电势差随放电的电流密度增大而减小，原电池的端电压小于它的电动势。

6.3　化学电源

化学电源又简称电池，是将氧化还原反应的化学能直接转化为电能的装置，如锌锰电池、镍氢电池、锂电池等。化学电源与通过燃烧石油等燃料获得能量的方式相比，具有使用方便、产生的环境污染少、而且能量转换不受卡诺循环的限制、转换效率高等优点。化学电源的种类繁多，形式多样，在国民经济、国防建设和人们的日常生活中一直都在发挥着重要的作用：它可以作为储能器，将大型电站中多余的电能以化学能的形式储存起来，也可将风能、潮汐能、太阳能等非连续稳定的能量以电能的形式储存起来；它的可携带性使得无法使用电网供电的野外操作等有了电力保障，在交通运输、邮电通信、仪器仪表甚至航空航天、遥感遥控以及军事领域都占有重要的、不可替代的地位。另外，随着人们消费水平的日益提高，大量的化学电源也伴随着越来越多的电子产品走进了人们的日常生活，如电子手表、心脏起搏器、助听器、儿童玩具、移动通信、现代办公、电动交通工具等。

化学电源主要由电极、电解质、隔膜和外壳 4 部分组成。

① 电极：由活性物质和导电材料以及添加剂等组成，其主要作用是参与电极反应和导电，决定电池的电性能。根据电势高低，电极分为正极和负极：电势较高者为正极，较低者为负极。在放电过程中，正极发生的是还原反应，故也叫阴极；负极发生的是氧化反应，故也叫阳极。两极上发生的氧化还原反应导致了电解质中离子的定向移动，进而在外电路中产生了电流，电极的化学能转变为电能。原则上正极与负极的电位相差越大越好。

② 电解质：保证正、负极之间离子导电作用，有的参与反应，有的只起导电作用。电解质通常是水溶液状态，也可以是有机溶液状态、熔融盐状态或固体电解质状态。要求电解质的化学性质稳定和电导率高。

③ 隔膜：又叫隔离物，防止正、负极短路，但允许离子顺利通过，例如，石棉纸、微孔橡胶、微孔塑料、尼龙、玻璃纤维等。

④ 外壳：除干电池由锌极兼作容器外，其它都不用

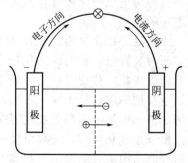

图 6-6　化学电源的电能输出过程

活性物质作容器。要求外壳具有良好的机械强度、耐腐蚀、耐振动、抗冲击强度高。

化学电源的电能输出过程见图 6-6。在负极（阳极）上发生了氧化反应，反应物释放的电子通过外电路流向正极；在正极上发生的是还原反应，反应物与电子结合，于是整个回路便有了电流。在外电路中，电流的方向是由正极流向负极，在电解液中则是由负极流向正极，两电极随着氧化还原反应的进行，化学能不断被转换为电能，直到活性物质消耗尽为止。

化学电源根据其工作原理可以大致分为原电池（一次电池）、蓄电池（二次电池）和燃料电池三类。下面介绍一些常见的化学电源。

6.3.1 一次电池

一次电池又称原电池，放电后不能用充电方法使之复原，因此两电极的活性物质只利用一次。一次电池的特点是小型、携带方便，但放电电流不大，一般用于仪器及各种电子器件。常用的原电池有酸性锌锰干电池、碱性锌汞电池和锂电池等。

（1）锌-二氧化锰电池　常称锌锰干电池，构造如图 6-7 所示。以金属锌筒作为负极，正极为二氧化锰和碳粉的混合物，石墨棒是导电材料，电解质是氯化铵、氯化锌的水溶液。最初采用的二氧化锰是天然的，电解液以氯化铵为主要成分。用淀粉糊作为电解液保持层，即所谓糊式电池。改用人工精制的化学二氧化锰或电解二氧化锰，可使电池在较高电压较大电流下工作。用浆层纸（厚 0.10～0.20mm 的牛皮纸上涂以合成糊等物质）夹在正负极之间，防止它们互相接触，代替了淀粉糊；并且以氯化锌为电解液主要成分。这种电池称为纸板电池或氯化锌电池，改善了

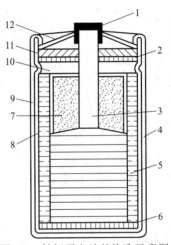

图 6-7　锌锰干电池的构造示意图

1—铜帽；2—垫圈；3—炭棒；4—锌筒；5—电解液＋淀粉；6—垫片；7—正极炭包；8—棉纸；9—硬壳纸；10—空气室；11—封口剂；12—胶纸盖

漏液情况，降低了欧姆电位降，增大了容纳活性物质的空间。因此，糊式电池逐渐为纸板电池所取代。在纸板电池中，水参加了电池反应，故要求更多的水。因此，纸板电池放电后电解液漏液较少。

① 锌锰干电池（糊式）的图式表示

$$(-)Zn|ZnCl_2,NH_4Cl(糊状)|MnO_2|C(+)$$

负极上锌发生氧化反应：　　$Zn(s)=\!\!=\!\!= Zn^{2+}(aq)+2e^-$

正极上 MnO_2 发生还原反应：

$$2MnO_2(s)+2NH_4^+(aq)+2e^-=\!\!=\!\!= Mn_2O_3(s)+2NH_3(aq)+H_2O(l)$$

电池总反应为：

$$Zn(s)+2MnO_2(s)+2NH_4^+(aq)=\!\!=\!\!= Zn^{2+}(aq)+Mn_2O_3(s)+2NH_3(aq)+H_2O(l)$$

② 锌锰干电池（纸板式）的图式表示

$$(-)Zn|ZnCl_2(NH_4Cl)|MnO_2|C(+)$$

负极上锌发生氧化反应：

$$4Zn(s)+ZnCl_2(aq)+8OH^-(aq)=\!\!=\!\!= ZnCl_2\cdot 4ZnO\cdot 4H_2O+8e^-$$

正极上 MnO_2 发生还原反应：

$$8MnO_2(s)+8H_2O+8e^-=\!\!=\!\!= 8MnOOH+8OH^-(aq)$$

电池总反应为：

$$4Zn(s)+ZnCl_2(aq)+8MnO_2(s)+8H_2O=ZnCl_2 \cdot 4ZnO \cdot 4H_2O+8MnOOH$$

锌锰干电池的电动势为 1.5V，与电池体积的大小无关。锌锰干电池的缺点是产生的 NH_3 气能被石墨棒吸附，导致电池内阻增大，电动势下降，性能较差。已有若干种改良型，如碱性锌锰干电池，放电时间是上述糊式电池的 5～7 倍。

（2）**碱性锌锰电池**　由于便携式电子器具的发展，要求高容量、体积小的电源，锌锰干电池已不能适应这种要求。碱性锌锰电池与锌锰干电池相比，放电性能和储存性能都更好。可较好地满足电子器具的要求。

碱性锌锰电池所用的电极活性物质与干电池相同，但其电解液是 KOH 溶液。碱性锌锰电池的图式表示为：

$$(-)Zn|KOH(aq)|MnO_2|C(+)$$

负极反应：

$$Zn+2OH^- == Zn(OH)_2+2e^-$$

正极反应：

$$MnO_2+2H_2O+2e^- == Mn(OH)_2+2OH^-$$

（3）**锌汞电池和锌银电池**　锌汞电池和锌银电池都可用做一次电池，也可用做二次电池。它们具有放电电压平稳、储存性能好、比能量高等优点。但是这两种电池的价格贵，尤以锌银电池为甚。因此，锌银电池主要以纽扣式电池供应市场；锌汞电池则有圆筒型和纽扣式。这两种电池多应用于电子计算器、照相机、助听器、电子手表、小型收音机等。

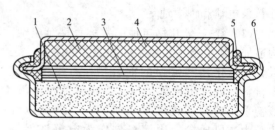

图 6-8　锌汞电池构造示意图

1—正极活性物质；2—锌粉；3—隔膜；
4—钢帽；5—塑料；6—钢底壳

① 锌汞电池构造如图 6-8 所示。它以锌汞齐为负极，HgO 和碳粉（导电材料）为正极，饱和 ZnO 的 KOH 糊状物为电解质，其中 ZnO 与 KOH 形成 $[Zn(OH)_4]^{2-}$ 配离子。锌汞电池的放电电压保持在 1.34V 左右。该电池可用简单图示表示为：

$$(-)Zn(Hg)|KOH(糊状,含饱和 ZnO)|HgO|C(+)$$

② 锌银电池是一种放电电压十分平稳、比能量大的新颖电池。常制成纽扣状或矩形电池，被广泛使用于通信、航天、导弹以及小型计算器、手表、照相机中，但价格比较贵。电池的工作电压约为 1.6V，电池的简单图式为：

$$(-)Zn|KOH|Ag_2O(+)$$

（4）**锂电池**　是以金属锂作为负极的新型电池，其性能十分吸引人。由于金属锂的密度小（$0.534g \cdot cm^{-3}$），标准电极电势低（$-3.045V$），所以电池能量密度大，电池电压高（2.8～3.6V），被称为高能电池。由于金属锂遇水会发生剧烈反应引起爆炸，因此需选用非水溶液作为电池的电解质溶液。

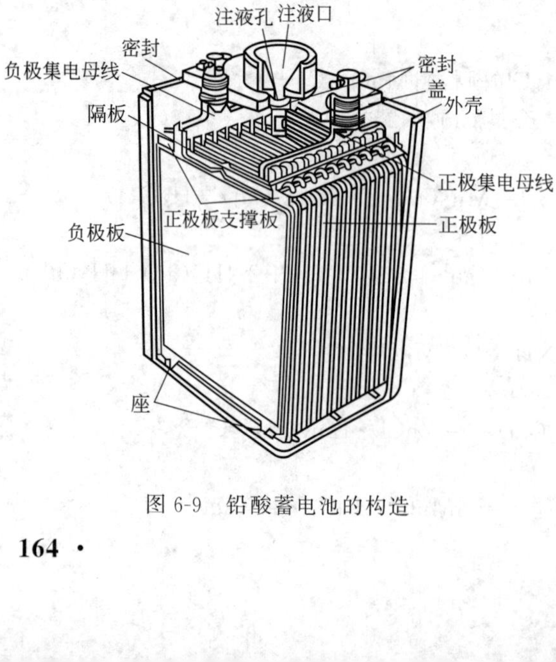

6.3.2　二次电池

二次电池又称蓄电池，充电可使之复原，能多次充放电，循环使用。常见

注液孔 注液口

密封

负极集电母线

密封盖

隔板

外壳

正极集电母线

正极板支撑板

负极板

正极板

座

图 6-9　铅酸蓄电池的构造

的蓄电池如铅酸蓄电池、镉镍电池。

（1）铅酸蓄电池　常用铅酸蓄电池的结构如图 6-9 所示。主要由正极板组、负极板组、电解液和容器等组成。正、负极板由板栅和活性物质构成。板栅除起支撑活性物质作用外，还起导电作用。板栅一般使用铅锑合金，有时也用纯铅或铅钙合金。铅酸蓄电池在放电状态时，负极活性物质为涂覆在板栅上的海绵铅，正极活性物质为涂覆在板栅上的二氧化铅；充电时，正、负极都是硫酸铅。以稀硫酸（密度为 $1.25 \sim 1.3 \mathrm{g \cdot cm^{-3}}$）作为电解质溶液。避免正、负极短路的隔板材料是具有化学稳定性、电阻小的电子导电绝缘材料，塑料（聚苯乙烯、聚氯乙烯、聚丙烯、聚乙烯）微孔板、微孔硬橡胶板、玻璃丝隔板都适用。用耐硫酸腐蚀、具有适合强度的材料，如塑料、硬橡胶作铅酸蓄电池的容器。

铅酸蓄电池在放电时相当于一个原电池的作用。简单图式表示为：

$$(-)\mathrm{Pb}|\mathrm{H_2SO_4}(1.25 \sim 1.30 \mathrm{g \cdot cm^{-3}})|\mathrm{PbO_2}(+)$$

负极：$\qquad\qquad\qquad \mathrm{Pb(s) + SO_4^{2-}(aq) = PbSO_4(s) + 2e^-}$

正极：$\quad \mathrm{PbO_2(s) + 4H^+(aq) + SO_4^{2-}(aq) + 2e^- = PbSO_4(s) + 2H_2O(l)}$

电池总反应：$\quad \mathrm{Pb(s) + PbO_2(s) + 2H_2SO_4(aq) = 2PbSO_4(s) + 2H_2O(l)}$

铅酸蓄电池在放电以后，可以利用外界直流电源进行充电，输入能量。铅酸蓄电池在充电时的两极反应即为上述放电时两极反应的逆反应，因此，充电后电极恢复到原先状态，铅酸蓄电池可以继续循环使用。铅酸蓄电池的充放电可逆性好，稳定可靠，温度及电流密度适应性强，价格低，因此是二次电池中使用最广泛、技术最成熟的，缺点是笨重。主要用做汽车和柴油机车的启动电源；搬运车辆、坑道、矿山车辆和潜艇的动力电源；以及变电站的备用电源。20 世纪 80 年代以来，铅酸蓄电池在轻量高能化、免维护密闭化等方面有了很大的改进。

（2）镉镍电池　碱性蓄电池是使用 KOH 或 NaOH 电解液的二次电池的总称，包括镉镍、镉银、锌银、锌镍、氢镍等蓄电池。市售的多是镉镍电池，可用简图式表示为：

$$(-)\mathrm{Cd}|\mathrm{KOH}(1.19 \sim 1.21 \mathrm{g \cdot cm^{-3}})|\mathrm{NiOOH}|\mathrm{C}(+)$$

负极：$\qquad\qquad\qquad \mathrm{Cd(s) + 2OH(aq) = Cd(OH)_2(s) + 2e^-}$

正极：$\qquad \mathrm{2NiOOH(s) + 2H_2O(l) + 2e^- = 2Ni(OH)_2(s) + 2OH^-(aq)}$

电池总反应：$\quad \mathrm{Cd(s) + 2NiOOH(s) + 2H_2O(l) = 2Ni(OH)_2(s) + Cd(OH)_2(s)}$

从电池反应可知，$\mathrm{OH^-}$ 并不消耗，故电解液变化不大。活性物质在放电时，负极是金属镉，正极是半导体 NiOOH，都能导电。但放电后的负极产物 $\mathrm{Cd(OH)_2}$ 和正极产物 $\mathrm{Ni(OH)_2}$ 都是绝缘体，导电性极差。因此如不混以导电性物质来增加导电性，电池就不能正常工作。

充电反应即为上述反应的逆反应。

镉镍电池的内部电阻小、电压平稳，反复充、放电次数多，使用寿命长，且能在低温环境下工作，常用于航天部门和用做电子计算器及收录机的电源。

氢镍电池是近年来开始采用的一种新电池，鉴于镉镍电池存在严重的镉污染问题，因此氢镍电池日益受到人们的重视。氢镍电池以新型储氢材料——钛镍合金或镧镍合金、混合稀土镍合金为负极，镍电极为正极，氢氧化钾溶液为电解质溶液，电池电动势约为 1.20V。氢镍电池用图式表示为：

$$(-)\mathrm{Ti\text{-}Ni}|\mathrm{H_2}(p)|\mathrm{KOH}(c)|\mathrm{NiOOH}|\mathrm{C}(+)$$

氢镍电池被称为绿色环保电池，无毒、不污染环境。其突出优点是循环寿命很长，有望成为航天、电子、通信领域中应用最广的高能电池之一。

6.3.3　燃料电池

1839 年，William Grove 首次制成氢氧燃料电池。20 世纪 60 年代美国成功地把燃料电池用于"双子星座"和"阿波罗"飞船中。80 年代日本引进美国技术，建立了燃料电池发电厂，大大提高了燃料的综合利用效率。

燃料电池与一般电池不同，它所需的电极活性物质还原剂、氧化剂并不存在于电池内部，而是全部由电池外部供给的。原则上讲，只要在放电过程中不断输入活性物质，同时将电极反应产物不断排出电池，燃料电池就可以连续不间断地工作。

燃料电池具备如下优点。①能量效率高。经过化学能→热能→机械能→电能的热力发电过程，各转化步骤都有能量损失，效率要比卡诺循环低得多。目前热电厂的效率大约是：核能为 30%～40%，天然气为 30%～40%，煤为 33%～38%，油为 34%～40%；而燃料电池可达 60%。②操作简单。③环境污染小。

燃料电池由还原剂（燃料）、氧化剂和电解质构成。一般分为碱性燃料电池、酸性燃料电池、熔融碳酸盐燃料电池和固体氧化物燃料电池。

燃料电池以还原剂（如氢气、肼、烃、甲醇、煤气、天然气等）为负极反应物质，以氧化剂（如氧气、空气等）为正极反应物质。为了使燃料便于进行电极反应，阴、阳极必须是多孔气体电极，同时要求电极材料具有催化剂特征，多孔炭、多孔镍和铂、银等贵金属是常用电极材料。电解质则有碱性、酸性、熔融盐、固体电解质以及高聚物电解质离子交换膜等。

燃料电池发展至今已有 150 余年的历史，但离大量应用仍有较大距离，主要是成本和寿命方面还存在问题。燃料电池有多种型式，比较重要的燃料电池有以下几种。

(1) 碱性燃料电池　这种燃料电池常用 30%～50% 的 KOH 为电解液，燃料是氢气，氧化剂是氧气。氢氧燃料电池的燃烧产物为水，因此对环境无污染。电池可用图式表示为：

$$(-)C\,|\,H_2(p)\,|\,KOH(aq)\,|\,O_2(p)\,|\,C(+)$$

负极：

$$2H_2(g)+4OH^-(aq)=\!=\!=4H_2O(l)+4e^-$$

正极：
$$O_2(g)+2H_2O(l)+4e^-=\!=\!=4OH^-(aq)$$

电池总反应：
$$2H_2(g)+O_2(g)=\!=\!=2H_2O(l)$$

当 H_2 和 O_2 的分压为 100kPa，KOH 的含量为 30% 时，电池的理论电动势均为 1.23V。碱性氢氧燃料电池已经被应用于美国载人宇宙飞船上，也曾用于叉车、牵引车。缺点是使用贵金属为催化剂，实际使用寿命有限。

(2) 磷酸型燃料电池　这种电池采用磷酸为电解质，利用廉价的碳材料为骨架。除了可以用氢气为燃料外，现在还有可能直接利用甲醇、天然气等廉价燃料。磷酸型燃料电池是目前最成熟的燃料电池。

(3) 聚合物电解质膜燃料电池　在聚合物网络（如聚乙烯、聚四氟乙烯）上连接可以进行阳离子或阴离子交换的功能团（如磺酸功能团），可构成固态聚合物酸性电解质。聚合物膜的特点为：①这种膜构成的燃料电池比其它燃料电池简单、紧凑；②离子导电性高，但对电子不导通；③化学稳定性高，可抗氧化、还原和水解。

6.4　电解

6.4.1　电解池

对一些不能自发进行的氧化还原反应，如 $H_2O(l)=\!=\!=H_2(g)+1/2O_2(g)$，$\Delta_r G_m$
(298.15K)$=237.19kJ\cdot mol^{-1}>0$（反应不自发），可用外加电压迫使其发生反应，将电能转化成化学能。这种利用外加电压使氧化还原反应进行的过程称为电解（electrolysis）。实现电解过程的装置称为电解池。

在电解池中，与直流电源正极相连的电极是阳极，与负极相连的电极是阴极。阳极发生氧化反应，阴极发生还原反应。由于阳极带正电、阴极带负电，电解液中正离子移向阴极，负离子移向阳极，当离子到达电极上分别发生氧化和还原反应，称为离子放电。

例如，以铂为电极，电解 $0.1\,mol \cdot L^{-1}$ 的 NaOH 溶液，见图 6-10。电解时，H^+ 移向阴极，OH^- 移向阳极，分别放电。

阴极反应：
$$4H_2O + 4e^- \longrightarrow 2H_2(g) + 4OH^-$$

阳极反应：
$$4OH^- - 4e^- \longrightarrow 2H_2O + O_2(g)$$

总反应：
$$2H_2O \longrightarrow 2H_2(g) + O_2(g)$$

因此，以铂为电极电解 NaOH 溶液，实际上是电解水，NaOH 的作用是增加溶液的导电性。

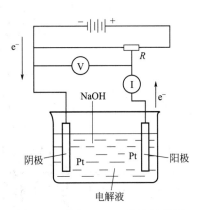

图 6-10　电解 NaOH 溶液示意图

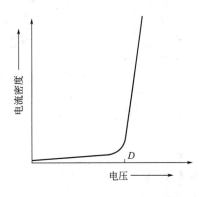

图 6-11　电解分压示意图

6.4.2　分解电压

电解 NaOH 溶液时，若用可变电阻 R 调节外加电压 V，用电流计指示在一定外加电压下通过电解池的电流，作如图 6-11 所示的 I-V 曲线。由图看见，当外加电压很小时，电流很小，电压逐渐增加到 1.23V 时，电流仍然很小，电极上看不出有气泡析出。当电压增加到约 1.70V 时，电流开始剧增，以后电流随电压增加直线上升，同时在两极上有明显的气泡产生，电解顺利进行。使电解能顺利进行所需的最低电压称为分解电压（decomposition voltage），图 6-11 中 D 点的电压即为分解电压。产生分解电压的原因是由于电解时，在阴极上析出的 H_2 和阳极上析出的 O_2，分别被吸附在铂片上，形成了氢电极和氧电极，组成原电池：

$$(-)Pt\,|\,H_2[g, p(H_2)]\,|\,NaOH(0.1\,mol \cdot L^{-1})\,|\,O_2[g, p(O_2)]\,|\,Pt(+)$$

在 298.15K，$c = 0.1\,mol \cdot L^{-1}$ 时，当 $p(H_2) = p(O_2) = p^{\ominus}$ 时，该原电池的电动势 E 为：

氧电极：
$$O_2(g) + 2H_2O(l) + 4e^- \longrightarrow 4OH^-(aq)$$

$$\varphi(O_2/OH^-) = \varphi^{\ominus}(O_2/OH^-) = \frac{0.0591}{4}\lg\frac{p(O_2)/p^{\ominus}}{[c(OH^-)/c^{\ominus}]^4}$$

$$= 0.401 + \frac{0.0591}{4}\lg\frac{1}{c^4(OH^-)}$$

氢电极：
$$4H^+(aq) + 4e^- \longrightarrow 2H_2(g)$$

$$\varphi(H^+/H_2) = \varphi^{\ominus}(H^+/H_2) + \frac{0.0591}{4}\lg\frac{[c(H^+)/c^{\ominus}]^4}{[p(H_2)/p^{\ominus}]^2}$$

$$= 0.000 + \frac{0.0591}{4}\lg c^4(H^+)$$

$$E = \varphi(O_2/OH^-) - \varphi(H^+/H_2) = (0.401 - 0.000) - 0.0591\lg[c(H^+)c(OH^-)] = 1.229(V)$$

此电池电动势称为理论分解电压，其方向和外加电压相反。要使电解顺利进行，外加电压必须克服这一反向的电动势。可见，分解电压是由于电解产物在电解上形成某种原电池，产生反向电动势而引起的。

当外加电压稍大于理论分解电压，电解似乎应能进行，但此反应实际上的分解电压为1.70V。超出理论分解电压的原因，除因内电阻引起的电压降外，主要由电极极化引起。

6.4.3 电解产物

电解熔融盐的情况比较简单。但在电解盐类水溶液时，在某电极上发生反应的可能不止一种物质。当溶液中存在多种在电极上发生反应的物质时，就有一个反应先后顺序的问题。

(1) 阴极反应　阴极上发生的是还原反应，其析出电势为：$\varphi_{阴,析} = \varphi_{阴,平} - \eta_阴$，在阴极上析出电势越正（大），其氧化态越先还原析出。

例如，298.15K 时，用不活泼电极电解 $AgNO_3[c(Ag^+) = 1mol \cdot L^{-1}]$ 的中性水溶液，阴极上可能析出氢或金属银。

设阴极上析出银（金属的超电势较小，可忽略）：$Ag^+ + e^- \Longrightarrow Ag$（s）。Ag 的析出电势为：$\varphi(Ag^+/Ag) = \varphi^{\ominus}(Ag^+/Ag) = 0.799V$。

设阴极上析出氢：$2H^+ + 2e^- \Longrightarrow H_2(g, p^{\ominus})$。氢的析出电势为：$\varphi(H^+/H_2) = 0.0591Vlg(1 \times 10^{-7}) - \eta = -0.414V - \eta$。

银的析出电极电势比氢的正许多，即使氢没有超电势，银的析出也比较容易，实际上氢还有超电势，析出氢就更困难了。随着 Ag 的析出，阴极的电极电势逐渐变低，当其等于氢的析出电势时，氢也就会析出。因此在阴极上，各种离子是按其析出电极电势由高到低的次序先后析出的。

(2) 阳极反应　阳极上发生的是氧化反应，阳极析出电势为：$\varphi_{阳,析} = \varphi_{阳,平} + \eta_阳$，在阳极上析出电极电势越低者其还原态越先析出。电解时，各种离子或物质析出电势由低到高的顺序先后放电进行氧化反应。

当阳极的电极材料是金属时，则一般是金属阳极首先被氧化成离子而溶解。在以 Pt 等惰性材料作电极，溶液中含有 S^{2-}、Cl^-、Br^- 等时，优先析出的是 S、Cl_2 和 Br_2，由于 O_2 的超电势较高，所以一般不会析出 O_2（OH^- 放电析出 O_2 的电势可以大于 1.7V）。但如果溶液中含有 SO_4^{2-}、PO_4^{3-}、NO_3^- 等含氧酸根离子时，这些离子的析出电势很高 [例如 $\varphi^{\ominus}(S_2O_8^{2-}/SO_4^{2-}) = 2.01V$]，因而此时 OH^- 首先被氧化而析出氧。

6.4.4 电解的应用

电解的应用很广，在机械工业和电子工业中广泛应用电极进行金属材料的加工和表面处理。最常见的是电镀、阳极氧化、电解加工等。我国在 20 世纪 80 年代应用电刷镀的方法对机械的局部破损进行修复，在铁路、航空、船舶和军事工业等方面均已推广应用。下面简单介绍电镀、阳极氧化和电刷镀等的原理。

(1) 电镀（electroplating）　电镀是应用电解的方法将一种金属覆盖到另一种金属零件表面上的过程。以电镀锌为例说明电镀的原理。它是将被镀的零件作为阴极材料，用金属锌作为阳极材料，在锌盐溶液中进行电解。电镀用的锌盐通常不能直接用简单锌离子的盐溶液。若用硫酸锌作为电镀液，由于锌离子浓度较大，结果使镀层粗糙、厚薄不均匀，镀层与基体金属结合力差。若采用碱性锌酸盐镀锌，则镀层较细致光滑。这种电镀液是由氧化锌、氢氧化钠和添加剂等配制而成的。氧化锌在氢氧化钠溶液中形成 $Na_2[Zn(OH)_4]$ 溶液：

$$2NaOH + ZnO + H_2O \Longrightarrow Na_2[Zn(OH)_4]$$

$$[Zn(OH)_4]^{2-} \Longrightarrow Zn^{2+} + 4OH^-$$

NaOH 一方面作为配位剂，另一方面又可增加溶液导电性。由于 $[Zn(OH)_4]^{2-}$ 配离子的形成，降低了 Zn^{2+} 的浓度，使金属晶体在镀件上析出的过程中有个适宜（不致太快）的晶核生成速率，可得到结晶细致的光滑镀层。随着电解的进行，Zn^{2+} 不断放电，同时 $[Zn(OH)_4]^{2-}$ 不断解离，能保证电镀液中 Zn^{2+} 的浓度基本稳定。两极主要反应如下。

阳极：$$Zn \Longrightarrow Zn^{2+} + 2e^-$$
阴极：$$Zn^{2+} + 2e^- \Longrightarrow Zn$$

（2）阳极氧化 有些金属在空气中就能生成氧化物保护膜，而使基底金属在一般情况下免遭腐蚀。例如，金属铝与空气接触后形成一层均匀而致密的氧化膜（Al_2O_3）而起到保护作用。但是这种自然形成的氧化膜厚度仅为 $0.02 \sim 1 \mu m$，保护能力不强。另外，为使铝具有较大的机械强度，常在铝中加入少量的其它元素，组成合金。但一般铝合金的耐蚀性能不如纯铝，因此常用阳极氧化的方法使其表面形成氧化膜以达到防腐蚀的目的。阳极氧化就是把金属在电解过程中作为阳极，使之氧化而得到厚度为 $5 \sim 300 \mu m$ 的氧化膜。

将经过表面抛光、除油等处理的铝及铝合金工件作为电解池的阳极材料，并用铅板作为阴极材料，稀硫酸（或铬酸、草酸）溶液作为电解液。通电后，适当控制电流和电压条件，阳极的铝制工件就能被氧化生成一层氧化铝膜。

阳极：$$2Al + 6OH^-(aq) \Longrightarrow Al_2O_3 + 3H_2O + 6e^- （主要）$$
$$4OH^-(aq) \Longrightarrow 2H_2O + O_2(g) + 4e^- （次要）$$
阴极：$$2H^+(aq) + 2e^- \Longrightarrow H_2(g)$$

阳极氧化所得氧化膜能与金属结合得很牢固，因而大大提高了铝及其合金的耐腐蚀性能和耐磨性，并可提高表面的电阻和热绝缘性。经过氧化处理的铝导线可作为电机和变压器的绕组线圈。除此以外，氧化物保护膜还富有多孔性，具有很好的吸附能力，能吸附各种染料。常用各种不同颜色的染料使之吸附于表面孔隙中，以增强工件表面的美观或作为使用时的区别标记。例如，光学仪器和仪表中有些需要降低反光性的铝合金制件的表面往往用黑色染料填封。对于不需要染色的表面孔隙，需进行封闭处理，使膜层的疏孔缩小，并可改善膜层的弹性、耐磨性和耐蚀性。所谓封闭处理通常是将工件浸在重铬酸盐或铬酸盐溶液中；此时重铬酸盐或铬酸根离子能为氧化膜所吸收而形成碱式盐 $[Al(OH)Cr_2O_7]$ 或 $[Al(OH)CrO_4]$。

（3）电刷镀 当较大型或贵重的机械发生局部损坏后，整个机械就不能使用，这样就会造成经济上的损失。那么，能不能对局部损坏进行修复呢？电刷镀是能以很小的代价，修复价值较高的机械的局部损坏的一种技术，而被誉为"机械的起死回生术"，是一种较理想的机械维修技术。电刷镀是按照图 6-12 的装置进行工作的。它的阴极是经过清洁处理的工件（受损机械零部件），阳极用石墨（或铂铱合金、不锈钢），外面包以棉花包套，称为镀笔。在镀笔的棉花包套浸满金属电镀溶液，工件在操作过程中不断旋转，与镀笔间保持相对运动。当把直流电源的输出电压调到一定的工作电压后，将镀笔的棉花包套部分与工件接触，使电镀液刷于工件表面，就可将金属镀到工件上。

电刷镀的电镀液不是放在电镀槽中，而是在电刷镀过程上不断滴加电镀液，使之浸湿在棉花包套中，在直流电的作用下不断刷镀到工件阴极上。这样就把固定的电镀槽改变为不固定的棉花

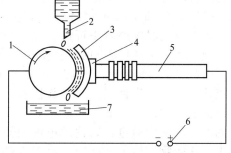

图 6-12 电刷镀工作原理示意图
1—工件（阴极）；2—电镀液加入管；3—棉花涤棉包套；4—石墨阳极；5—镀笔；
6—直流电源；7—电镀液回收盘

包套，从而摆脱了庞大的电镀槽，使设备简单而操作方便。

电刷镀可以根据需要对工件进行修补，也可以采用不同的镀液，镀上铜、锌、镍等。例如，对某远洋轮发电机的曲轴修复时，可先镀镍打底，然后依次镀锌、镀镍或镀铬，以达到性能上的一定要求。

（4）化学抛光与电解抛光（electropolishing）　化学抛光与电解抛光都是一种依靠优先溶解材料表面微小凹凸中的凸出部位的作用，使材料表面平滑和光泽化的加工方法。不同的只是化学抛光是依靠纯化学作用与微电池的腐蚀作用，而电解抛光则是借助外电源的电解作用。电解抛光通过对电压、电流等易控制的量，对抛光进行质量控制，所以产品质量一般较化学抛光优异。缺点是需要用电，设备较复杂，且对复杂零件因电流分布不易均匀而难以抛匀。下面以电解抛光为例简述其抛光原理。

将工件作阳极，选择在溶液中不溶解且电阻小的材料（如铅、铜、石墨、不锈钢等）作阴极。电解抛光溶液视工件材料不同而异，无统一配方。用得最多的为磷酸、硫酸、铬酸，常称"三酸"抛光液。钢铁件电解抛光的两极主要反应如下。

阳极：
$$Fe = Fe^{2+} + 2e^-$$

阴极：
$$Cr_2O_7^{2-} + 14H^+ + 6e^- = 2Cr^{3+} + 7H_2O$$
$$2H^+ + 2e^- = H_2$$

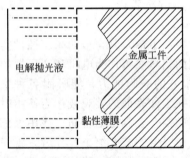

图 6-13　电解抛光薄膜形成示意图

为什么阳极工件表面的凸起部分能优先溶解呢？解释不尽相同，至今还没有一个公认的理论。不过，最早的也是多数人赞同的假说是黏性薄膜理论。该理论认为：当通电流时，阳极附近随金属溶解生成一种黏性薄膜，见图 6-13，其反应为：

$$6Fe^{2+} + Cr_2O_7^{2-} + 14H^+ \longrightarrow 6Fe^{3+} + 2Cr^{3+} + 7H_2O$$

Fe^{3+} 进而与溶液中的 HPO_4^{2-}、SO_4^{2-} 等形成 $Fe_2(HPO_4)_3$、$Fe_2(SO_4)_3$ 等。这层盐膜导电不良使金属表面处于钝化状态。

但凸处的薄膜较薄，凹处的薄膜较厚，因此凸处的电阻较凹处小；同时凸处与抛光中心的金属离子浓度差较大，使金属离子向中心处的扩散速率比凹处大。这样，阳极在通电的情况下就发生了选择性溶解。显然，阳极凸处的溶解速率将大于凹处，从而起到平整工件表面的作用。与利用研磨作用的机械抛光相比，化学抛光与电解抛光最大的优越性是抛光面不产生变质、变形，且因生成耐蚀的钝化膜而使光泽持久；适合形状复杂与细小的零件。

（5）电解加工（electrolysis processing）是利用金属在电解液中可以发生阳极溶解的原理，将工件加工成型的一种技术。

电解加工的装置见图 6-14。电解加工时，将工件作阳极，模件（工具）作阴极。两极间保持很小的间隙（0.1～1mm），使高速流动的电解液从中通过，以输送电解液和及时带走电解产物。加工开始时，由于工件与模具具有不同的形状，因此，工件的不同部位有着不同的电流密度。阴极和阳极之间距离最近的地方，电阻最小，电流密度最大，所以在此处溶解最快。随着溶解的进行，阴极

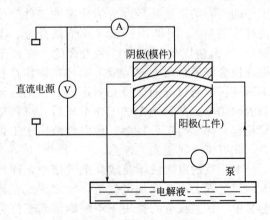

图 6-14　电解加工示意图

不断向阳极自动推进，阴极和阳极各部位之间的距离差别逐渐缩小，直到间隙相等，电流密度均匀，此时工件表面形状与模件的工作表面完全吻合。

电解加工中所用的电解液，要求不使阳极产生钝化，有利于其溶解。此外，由于电解加工使用的电流密度一般在 $25\sim100A\cdot cm^{-2}$。比电镀和电解抛光要大 $10\sim100$ 倍，所以要求电解液有良好的导电性。常用的电解液是质量分数为 $14\%\sim18\%$ 的 $NaCl$ 溶液，适用于大多数黑色金属和合金的电解加工。电解加工的电解反应如下。

阳极：$\qquad Fe \rlap{=}{=} Fe^{2+} + 2e^-$

阴极：$\qquad 2H_2O + 2e^- \rlap{=}{=} H_2 + 2OH^-$

阳极溶解产物 Fe^{2+} 与溶液中 OH^- 结合生成的 $Fe(OH)_2$，进一步被溶解于电解液中的氧气氧化而生成 $Fe(OH)_3$ 沉淀，被高速流动的电解液带走。

电解加工应用范围很广，能加工特硬、特脆、特韧的金属或合金以及复杂形面的工件，加工表面的光洁度较好，工具阴极几乎没有消耗。但这种方法精度只能满足一般要求，加工后的零件有磁性，需经退磁处理。模件阴极必须根据工件需要设计成专门形状。

（6）非金属电镀　是采用化学镀的工艺，使非金属表面变为金属表面，然后再进行一般的电镀。化学镀是指使用合适的还原剂，使镀液中的金属离子还原变成金属而沉积在非金属的表面上的一种镀覆工艺。

6.5 金属的腐蚀与防护

金属材料和周围介质接触时，由于发生化学或电化学作用而引起材料的破坏现象，称为金属的腐蚀。从热力学观点看，金属的腐蚀是一个自发的过程。因为大多数的金属在自然界中以化合物的形式存在，处于低能量状态。要获得单质金属，必须施加能量，即金属的冶炼。因此，单质金属处于高能量状态。金属的腐蚀过程就是高能量状态的金属单质向低能量状态的金属化合物转化的过程，是普遍存在的自然现象。金属在大气、土壤、水、化学介质中都可能发生腐蚀。

据估计，金属腐蚀造成的经济损失比水灾、火灾、风暴和地震等自然灾害的损失的总和还大，约占国民生产总值的 $2\%\sim4\%$。每年因腐蚀损耗的钢材约为年产量的 1/3（约一亿吨），其中只有 $60\%\sim70\%$ 可以回收，其余的一去不返。因腐蚀引起的设备损坏、产物泄漏、环境污染以及爆炸、火灾等造成的间接经济损失更为严重。因此，掌握金属腐蚀的规律，采用有效的防护方法尽可能减小腐蚀造成的破坏，是国民经济建设中需要解决的一个重大问题。

按照腐蚀机理，金属腐蚀可分为化学腐蚀和电化学腐蚀。化学腐蚀指的是金属与介质发生纯化学作用而引起的金属损耗，如金属的高温氧化和有机物腐蚀。电化学腐蚀是指金属和电解质发生电化学反应而引起的金属损耗，例如海水、土壤和潮湿空气的腐蚀。

6.5.1 化学腐蚀

金属表面直接与无导电性的非电解质溶液或干燥气体的某些氧化性组分发生氧化还原反应而引起的腐蚀称为化学腐蚀（chemical corrosion），腐蚀过程中无电流产生。例如干燥空气中的 O_2、H_2S、SO_2、Cl_2 等物质与金属接触时，在金属表面生成相应的氧化物、硫化物、氯化物等，属于化学腐蚀。温度对化学腐蚀的速率影响很大。例如轧钢过程中的冷却水形成的高温水蒸气对钢铁的腐蚀特别严重，其反应为：

$$Fe + H_2O(g) \rlap{=}{=} FeO + H_2$$
$$2Fe + 3H_2O(g) \rlap{=}{=} Fe_2O_3 + 3H_2$$
$$3Fe + 4H_2O(g) \rlap{=}{=} Fe_3O_4 + 4H_2$$

在生成由 FeO、Fe_2O_3、Fe_3O_4 组成的氧化膜的同时，在温度高于 $700℃$ 时还会发生钢铁的脱碳现象。这是由于钢铁中的渗碳体（Fe_3C）与高温气体发生了反应：

$$Fe_3C + O_2 = 3Fe + CO_2$$
$$Fe_3C + CO_2 = 3Fe + 2CO$$
$$Fe_3C + H_2O(g) = 3Fe + CO + H_2$$

这些反应都是可逆的。无论在常温还是高温下，ΔG 都是负值，因此平衡常数都很大。尤其在高温下，腐蚀速率很可观。

由于脱碳反应的发生，致使碳不断从邻近的尚未反应的金属内部扩散到反应区。于是金属内部的碳逐渐减少，形成脱碳层。钢铁表面的硬度和强度由于脱碳层的存在而变差。

此外，在电绝缘油、润滑油以及含有机硫化物的原油中的金属的腐蚀，也都属于化学腐蚀。

6.5.2 电化学腐蚀

电化学腐蚀是指金属和电解液发生电化学反应而引起的金属损耗。在电化学腐蚀过程中，同时存在着两个相对独立的反应过程——阳极反应和阴极反应，并有电流产生，其主要特点是原电池腐蚀。

腐蚀原电池工作包括 3 个基本过程。

① 阳极过程　金属 M 进行阳极氧化溶解，以离子形式进入溶液，同时将等量的电子留在金属上。

$$[M^{n+} \cdot ne^-] = M^{n+} + [ne^-]$$

② 阴极过程　溶液中的氧化剂 O（如酸性溶液中的氢离子或中性和碱性溶液中的溶解氧等）获得电子，自身被还原。

$$O + [ne^-] = R$$

③ 电流的流动　电子在金属导体上由阳极流向阴极，离子在溶液中发生电迁移和化学反应过程。

由此可见，发生金属的电化学腐蚀必须具备 3 个条件：①金属表面上的不同区域或不同金属腐蚀介质中存在着电极电势差；②具有电极电势差的两电极处于短路状态；③金属两极都处于电解质溶液中。

电化学腐蚀阳极过程均为金属阳极的溶解，但阴极过程可能不同。根据阴极过程的差别，最常见的有析氢腐蚀、吸氧反应和差异充气腐蚀等。

(1) 析氢腐蚀　在酸性介质中，金属受到腐蚀的同时要析出 H_2，这种腐蚀称为析氢腐蚀（hydrogen-generation corrosion）。例如，Fe 浸在无氧的酸性介质中（如钢铁酸洗时），Fe 作为阳极而腐蚀，Fe 中的碳或其它比铁不活泼的杂质作为阴极，构成腐蚀原电池，为 H^+ 的还原提供反应界面，腐蚀反应如下。

阳极（Fe）：　　　　　　$Fe = Fe^{2+} + 2e^-$
阴极（杂质）：　　　　$2H^+ + 2e^- = H_2(g)$
总反应：　　　　　　$Fe + 2H^+ = Fe^{2+} + H_2(g)$

(2) 吸氧腐蚀　由于氢超电势的影响，在中性介质中难以发生析氢腐蚀。日常遇到的大量腐蚀现象往往是在有氧存在、pH 接近中性条件下发生的，称为吸氧腐蚀。此时，金属仍作为阳极溶解，金属中的杂质为溶于水膜中的氧获取电子提供反应界面，腐蚀反应如下。

阳极（Fe）：　　　　　　$2Fe = 2Fe^{2+} + 4e^-$
阴极（杂质）：　$O_2 + 2H_2O + 4e^- = 4OH^-$
总反应：　　$2Fe + O_2 + 2H_2O = 2Fe(OH)_2(s)$

一般条件下，$\varphi(O_2/OH^-) > \varphi(H^+/H_2)$。大多数金属电极电势低于 $\varphi(O_2/OH^-)$，很

多金属都可能发生吸氧腐蚀，甚至在酸性介质中，金属发生析氢腐蚀的同时，有氧存在时也会发生吸氧腐蚀。

（3）差异充气腐蚀　是由于金属处在含氧量不同的介质中引起的腐蚀。由能斯特方程可以得出，在 298.15K 时，$\varphi(O_2/OH^-) = 1.23V - 0.05917pH + 0.0148\lg[p(O_2)/p^\ominus]$。在 $p(O_2)$ 大的部位，$\varphi(O_2/OH^-)$ 值大；$p(O_2)$ 小的部位，$\varphi(O_2/OH^-)$ 小。根据电池组成原则，φ 大为阴极，φ 小为阳极。因此在充气少的部位，金属成为阳极被腐蚀。

6.5.3　金属腐蚀的防止

防止金属腐蚀的方法很多。例如，可以根据不同目的选用不同的金属或非金属使组成耐腐蚀合金以防止金属的腐蚀；也可以采用油漆、电镀、喷涂或表面钝化等使形成金属覆盖层而与介质隔绝的方法以防止腐蚀。

（1）合理选用耐腐蚀金属材料　材料选择不当，常常是造成腐蚀破坏的主要原因。正确选用对环境介质具有耐蚀性的材料，是腐蚀防护中最积极的措施，在炼制金属时加入其它组分，提高耐蚀能力。如在炼钢时加入 Mn、Cr 等元素制成不锈钢。然而，不管何种金属材料，只是在一定介质和工作条件下才有较高的耐蚀性，在一切介质和任何条件下都耐蚀的材料是没有的。现在可作为设备使用的材料，除以钢铁为代表的各种金属材料外，还包括复合材料和非金属材料。

（2）介质处理　由腐蚀理论可知，腐蚀介质的成分、浓度、温度、流速、pH 值等均会影响金属材料的腐蚀形态和腐蚀速度。合理的调整、控制这些因素就能有效地改善腐蚀环境，达到减缓腐蚀的目的。例如，加碱调整酸性介质的 pH 值使其增大以减缓析氢腐蚀，亚硫酸钠使溶液中的氧浓度降低以减缓吸氧腐蚀等。

（3）覆盖防护层　在金属表面覆盖油漆、搪瓷、塑料、沥青等，将金属与腐蚀介质隔开。在需保护的金属表面用电镀或化学镀的方法镀上 Au、Ag、Ni、Cr、Zn、Sn 等金属，保护内层。

（4）缓蚀剂法　在腐蚀介质中，加入少量能减小腐蚀速率的物质以防止腐蚀的方法叫做缓蚀剂法，所加的物质叫做缓蚀剂。在石油工业中，H_2S 气体及 NaCl 溶液对管道及容器的腐蚀、酸洗除锈工艺中酸对被洗金属的腐蚀、工业用水中水对容器的腐蚀、金属切削工业中切削液对金属工件的腐蚀以及锅炉的腐蚀等方面常采用缓蚀剂防腐。

缓蚀剂按其组分可分为无机缓蚀剂和有机缓蚀剂两大类。

① 无机缓蚀剂　在中性或碱性介质中主要采用无机缓蚀剂，如铬酸盐、钼酸盐、重铬酸盐、磷酸盐、碳酸氢盐等。它们主要是在金属的表面形成氧化膜或沉淀物。例如，铬酸钠（Na_2CrO_4）在中性水溶液中，可使铁氧化成氧化铁（Fe_2O_3），并与铬酸钠的还原产物 Cr_2O_3 形成复合氧化物保护膜。

$$2Fe + 2Na_2CrO_4 + 2H_2O = Fe_2O_3 + Cr_2O_3 + 4NaOH$$

又如，在含有氧的近中性水溶液中，硫酸锌对铁有缓蚀作用。这是因为锌离子能与阴极上经 $O_2 + 2H_2O + 4e^- = 4OH^-$ 反应产生的 OH^- 生成难溶的氢氧化锌沉淀保护膜：

$$Zn^{2+} + 2OH^- = Zn(OH)_2(s)$$

碳酸氢钙[$Ca(HCO_3)_2$]也能与阴极上产生的 OH^- 反应生成碳酸钙沉淀保护膜：

$$Ca^{2+} + HCO_3^- + OH^- = CaCO_3 + H_2O$$

聚磷酸盐［如六偏磷酸钠 $Na_6(PO_3)_6$］的保护作用是由于能形成带正电荷的胶体离子，例如，六偏磷酸钠能与 Ca^{2+} 形成$[Na_5CaP_6O_{18}]_n^{n+}$ 配离子，向金属阴极部分迁移，生成保护膜。因而对于含有一定钙盐的水，聚磷酸盐是一种有效的缓蚀剂。

② 有机缓蚀剂　在酸性介质中，无机缓蚀剂的效率较低，因而常采用有机缓蚀剂。它们一般是含有 N、S、O 的有机化合物。常用的缓蚀剂有乌洛托品［六亚甲基四胺

$(CH_2)_6N_4$]、若丁（其主要组分为二邻苯甲基硫脲）等。

在有机缓蚀剂中还有一类气相缓蚀剂，它们是一类挥发速率适中的物质，其蒸气能溶解于金属表面的水膜中。当金属制品吸附缓蚀剂后，再用薄膜包起来，就可以达到缓蚀的作用。常用的气相缓蚀剂有亚硝酸二环己基胺，碳酸环己基胺和亚硝酸二异丙基胺等。

缓蚀剂按作用原理分为氧化膜型、沉淀膜型和吸附膜型。氧化膜型缓蚀剂加入后使腐蚀金属表面生成具有保护性的氧化膜。沉淀膜型缓蚀剂则是使金属表面形成具有保护性的沉淀膜。有许多有机缓蚀剂能形成吸附膜。它的极性基团（如 RNH_2 中的—NH_2）是亲水性的，而非极性集团（如 RNH_2 中的—R）是亲油的。在吸附时，它的极性集团吸附于金属表面，而非极性集团则背向金属表面。

对于缓蚀剂分子的被吸附机理，主要有两种理论解释，即物理吸附理论和化学吸附理论。物理吸附主要依靠静电引力。含有氮、硫等元素的有机缓蚀剂在酸性水溶液中能与 H^+ 或其它正离子结合。这些离子能以单分子层吸附在金属表面，使酸性介质中的 H^+ 难以接近金属表面，从而阻碍了金属的腐蚀。

化学吸附是由缓蚀剂分子中的极性基团中心原子（如硫、氮等）的未共用电子对与金属原子形成配位键而引起的。例如，烷基胺 RNH_2 在铁表面上的吸附是烷基胺中的氮原子（有未共用电子对）与铁原子以配位键相结合的结果。

（5）电化学保护　顾名思义，电化学保护是将被腐蚀金属通以极化电流，被腐蚀金属发生极化以减缓腐蚀的保护技术。根据产生极化的不同，电化学保护可分为阳极保护和阴极保护。

阳极保护法是用外电源，将被保护金属接电源阳极，在一定的介质和外电压作用下，使金属发生阳极极化，表面生成具有保护性的钝化膜，从而减缓金属的腐蚀。需要特别指出的是，一般情况下，阳极极化时，金属的溶解速率加快，因此，阳极保护只能用于可钝化体系中金属的保护，如处于较浓硫酸介质中碳钢的保护。

阴极保护法是将被保护金属通以阴极电流，使金属发生阴极极化，从而达到减缓金属腐蚀的目的。根据使金属产生阴极极化的电流的来源不同，阴极保护又分为牺牲阳极的阴极保护法和外加电流的阴极保护法。

① 牺牲阳极保护法　这是将较活泼金属或其合金连在被保护的金属上，使形成原电池的方法。较活泼金属作为腐蚀电池的阳极而被腐蚀，被保护的金属则得到电子作为阴极而达到保护的目的。一般常用的牺牲阳极材料有纯锌及锌合金、纯镁及镁合金、铝合金等。牺牲阳极法常用于保护海轮外壳、锅炉和海底设备。

② 外加电流法　在外加直流电的作用下，用废钢或石墨等难溶性导电物质作为阳极，将被保护的金属作为电解池的阴极而进行保护的方法。

我国海轮外壳，海湾建筑物（如防波堤、闸门、浮标）、地下建筑物（如输油管、水管、煤气管、电缆、铁塔脚）等大多数已采用了阴极保护法来保护，防腐效果十分明显。

应当指出，工程上制造金属制品时，除选用合适的金属材料外，还应从金属防腐的角度对结构进行合理的设计，以避免因机械应力、热应力、流体的停滞和聚集等原因加速金属的腐蚀。由于金属的缝隙、拐角等应力集中部分容易成为腐蚀电池的阳极而受到腐蚀，所以合理设计金属构件的结构是十分重要的。还应该注意避免使电极电势相差很大的金属材料相互接触（例如不应该使用杜拉铝铆钉来铆接铜板）。当必须把不同的金属装配在一起的时候，最好使用橡皮、塑料及陶瓷等不导电的材料把金属隔离开。

◇ 本章小结

1. 基本概念

氧化还原反应与氧化还原平衡；氧化还原电对；原电池；电极电势与标准电极电势；标

准氢电极；半反应、电极反应；极化与去极化；化学电源；一次电池、二次电池与燃料电池；电解；析氢腐蚀、吸氧腐蚀、差异充气腐蚀；缓蚀剂；阳极保护；阴极保护

2. 基本公式

（1）能斯特方程式

① 对于电极反应，氧化态＋ze^- ⇌ 还原态，电极电势与温度、浓度的关系为：

$$\varphi = \varphi^{\ominus} + \frac{RT}{zF} \ln \frac{c(\text{氧化态})/c^{\ominus}}{c(\text{还原态})/c^{\ominus}}$$

② 对于电池反应，氧化态1＋还原态2＝氧化态2＋还原态1，原电池电动势与温度、浓度的关系为：

$$E = E^{\ominus} + \frac{RT}{zF} \ln \left\{ \frac{c(\text{氧化态 1})/c^{\ominus}}{c(\text{还原态 1})/c^{\ominus}} \cdot \frac{c(\text{还原态 2})/c^{\ominus}}{c(\text{氧化态 2})/c^{\ominus}} \right\}$$

（2）氧化还原反应的热力学参数 $\Delta_r G_m$、$\Delta_r G_m^{\ominus}$ 与电化学参数 E、$E^{\ominus}$ 的关系为：

$$\Delta_r G_m = -zFE$$

$$\Delta_r G_m^{\ominus} = -zFE^{\ominus}$$

（3）标准平衡常数 $K^{\ominus}$ 与 $\Delta_r G_m^{\ominus}$、$E^{\ominus}$ 关系式

$$\lg K^{\ominus} = -\frac{\Delta_r G_m^{\ominus}}{2.303RT} = \frac{zFE^{\ominus}}{2.303RT}$$

当温度为 298.15K 时，上式可化为：

$$\lg K^{\ominus} = \frac{zE^{\ominus}}{0.0591\text{V}}$$

◇ 思考题

1. 电化学反应其中正负极与阴阳极有何区别？
2. 电化水反应与一般化学氧化还原反应的本质区别是什么？
3. 化学电源的主要性能指标有哪些？
4. 电解过程中如何判断在电极上优先放电的化学物种？
5. 试简单比较机械抛光、化学抛光和电化学抛光。
6. 以食盐水电解为例，简单分析相关的电化学过程及其工作参数的选择原则。
7. 试分析空气相对湿度对普通碳钢大气腐蚀的影响规律。
8. 为什么缓蚀剂的加入能够显著降低金属的腐蚀速率？
9. 结合机械设备的设计，谈谈将采用哪些方法来延长设备的寿命。
10. 电化学保护方法有哪些？其基本原理如何？

◇ 习题

一、填空题

1. 将化学能转变为电能所必须具备的条件是_____。

2. 填表

氧化还原反应	电池符号	两极反应
$Zn + CdSO_4 \longrightarrow ZnSO_4 + Cd$		
$Sn^{2+} + 2Ag^+ \longrightarrow Sn^{4+} + 2Ag$		
$2Al + 3Cl_2 \longrightarrow 2AlCl_3$		
$Fe + Hg_2Cl_2 \longrightarrow FeCl_2 + 2Hg$		

3. 标准电极电势中的数值是相对于_____的标准电极电势。电化学测量中常用的参比电极是_____。

4. 影响电极电势数值的因素有：_____、_____、_____。

5. 判断氧化还原反应进行方向的原则是_____或_____，判断氧化还原反应进行程度的关系式是_____。判断氧化剂或还原剂相对强弱的依据是_____。

6. 在配制 $SnCl_2$ 溶液时，常加入少许锡粒。其原因是利用_____反应，防止_____被氧化。

7. 填表

电池符号	两极反应	电池总反应
$(-)Zn\vert Zn^{2+} \parallel Fe^{2+}\vert Fe(+)$		
$(-)Ni\vert Ni^{2+} \parallel Fe^{3+},Fe^{2+}\vert Pt(+)$		
$(-)Pb\vert Pb^{2+} \parallel H^+\vert H_2\vert Pt(+)$		
$(-)Ag\vert AgCl\vert Cl^- \parallel I^-\vert I_2\vert Pt(+)$		

8. 电解含有下列金属离子的盐类水溶液：Li^+、Na^+、K^+、Zn^{2+}、Ca^{2+}、Ba^{2+}、Ag^+。其中（   ）能被还原成金属单质，（   ）不能被还原成金属单质。

二、是非题

1. 取两根铜棒，一根插入盛有 $0.1mol \cdot L^{-1}CuSO_4$ 溶液的烧杯中，另一根插入盛有 $1mol \cdot L^{-1}CuSO_4$ 溶液的烧杯中，并用盐桥将两只烧杯中的溶液连起来，可以组成一个浓差原电池。（   ）

2. 金属铁可以置换 Cu^{2+}，因此三氯化铁不能与金属铜反应。（   ）

3. 电动势 E（或电极电势）的数值与电池反应（或半反应式）的写法无关，而平衡常数 K 的数值随反应式的写法（即化学计量数不同）而变。（   ）

4. 钢铁在大气的中性或弱酸性水膜中发生吸氧腐蚀，只有在酸性较强的水膜中才主要发生析氢腐蚀。（   ）

5. 有下列原电池：$(-)Cd\vert CdSO_4(1mol \cdot L^{-1}) \parallel CuSO_4(1.0mol \cdot L^{-1})\vert Cu(+)$，若往 $CdSO_4$ 溶液中加入少量 Na_2S 溶液，或往 $CuSO_4$ 溶液中加入少量 $CuSO_4 \cdot 5H_2O$ 晶体，都会使原电池电动势变小。（   ）

三、计算题

1. $pH=4.0$，其它离子的浓度皆为 $1.0mol \cdot L^{-1}$ 时，计算说明 $Cr_2O_7^{2-}+14H^++6Br^- \longrightarrow 3Br_2+2Cr^{3+}+7H_2O$ 在 $25℃$ 是否能自发进行。

2. 计算原电池 $(-)Cu\vert Cu^{2+}(1.0mol \cdot L^{-1}) \parallel Ag(1.0mol \cdot L^{-1})\vert Ag(+)$ 在下述情况下电动势有多大改变？
(1) $c(Cu^{2+})$ 降至 $1.0 \times 10^{-3}mol \cdot L^{-1}$；
(2) 加入足量 Cl^- 使 $AgCl$ 沉淀，设 $c(Cl^-)=1.56mol \cdot L^{-1}$。

3. 对照电极电势表：
(1) 选择一种合适的氧化剂，它能使 Sn^{2+} 变成 Sn^{4+}，Fe^{2+} 变成 Fe，而不能使 Cl^- 变成 Cl_2。
(2) 选择一种合适的还原剂，它能使 Cu^{2+} 变成 Cu，Ag^+ 变成 Ag，而不能使 Fe^{2+} 变成 Fe。

4. 插铜丝于盛有 $CuSO_4$ 溶液的烧杯中，插银丝于盛有 $AgNO_3$ 溶液的烧杯中，两杯溶液以盐桥相通，若将铜丝和银丝相接，则有电流产生而形成原电池。(1) 写出该原电池的电池符号。(2) 在正、负极上各发生什么反应，以方程式表示。(3) 电池反应是什么？以方程式表示。(4) 原电池的标准电动势是多少？(5) 加氨水于 $CuSO_4$ 溶液中，电动势如何改变？如果把氨水加到 $AgNO_3$ 溶液中，又是怎样？

5. 根据电极电势表，计算下列金属或金属离子中，哪些会与水发生氧化还原反应？
$$Sn,Mn,Sr,V^{2+},Co^{3+},Mn^{3+}$$

6. 根据电极电势表，计算下列反应在 $298.15K$ 时的 $\Delta_rG^\ominus$。
(1) $\qquad\qquad Cl_2+2Br^- \longrightarrow 2Cl^-+Br_2$
(2) $\qquad\qquad I_2+Sn^{2+} \longrightarrow 2I^-+Sn^{4+}$
(3) $\qquad\qquad MnO_2+4H^++2Cl^- \longrightarrow Mn^{2+}+Cl_2+2H_2O$

7. 过量的铁屑置于 $0.050mol \cdot L^{-1}$ Cd^{2+} 溶液中，平衡后 Cd^{2+} 的浓度是多少？

8. 如果下列原电池的电动势为 $0.500V$（$298.15K$），则溶液的 H^+ 浓度应是多少？
$$Pt,H_2(100kPa)\vert H^+(?\ mol \cdot L^{-1}) \parallel Cu^{2+}(1.0mol \cdot L^{-1})\vert Cu$$

9. 已知：$PbSO_4 + 2e^- \Longrightarrow Pb + SO_4^{2-}$，$\varphi^{\ominus} = -0.359V$；$Pb^{2+} + 2e^- \Longrightarrow Pb$，$\varphi^{\ominus} = -0.126V$。求 $PbSO_4$ 的溶度积。

10. 用两极反应表示下列物质的主要电解产物。

（1）电解 $NiSO_4$ 溶液，阳极用镍、阴极用铁；

（2）电解熔融 $MgCl_2$，阳极用石墨，阴极用铁；

（3）电解 KOH 溶液，两极都用铂。

11. 电解镍盐溶液，其中 $c(Ni^{2+}) = 0.10mol \cdot L^{-1}$。如果在阴极上只有 Ni 析出，而不析出氢气，计算溶液的最小 pH 值（设氢气在 Ni 上的超电势为 0.21V）。

12. 分别写出铁在微酸性水膜中以及完全浸没在稀硫酸（$1mol \cdot L^{-1}$）中发生腐蚀的两极反应式。

13. 已知下列两个电对的标准电极电势如下：$Ag^+(aq) + e^- \Longrightarrow Ag(s)$，$\varphi^{\ominus}(Ag^+/Ag) = 0.7990V$；$AgBr(s) + e^- \Longrightarrow Ag(s) + Br^-(aq)$，$\varphi^{\ominus}(AgBr/Ag) = 0.0730V$。试从 φ 值及能斯特方程，计算 AgBr 的溶度积。

14. 银不能溶于 $1.0mol \cdot L^{-1}$ 的 HCl 溶液，却可以溶于 $1.0mol \cdot L^{-1}$ HI 溶液，试通过计算说明之〔提示：溶解反应为 $2Ag(s) + 2H^+(aq) + 2I^-(aq) \Longrightarrow 2AgI(s) + H_2(g)$，可从 $\varphi^{\ominus}(Ag^+/Ag)$ 及 $K_{sp}^{\ominus}(AgI)$ 求出 $\varphi^{\ominus}(AgI/Ag)$，再判别〕。

15. 氢气在锌电极上的超电势 η（单位为 V）与电极上通过的电流密度 i（单位为 $A \cdot cm^{-2}$）的关系为 $\eta = 0.72 + 0.116 \lg i$。在 298.15K 时，用 Zn 作阴极，惰性物质作阳极，电解液为 $0.1mol \cdot L^{-1}$ 的 $ZnSO_4$ 溶液，设 pH 值为 7.0。若要使 $H_2(g)$ 不与 Zn 同时析出，应控制电流密度在什么范围内〔提示：注意分析超电势使氢电极电势增大还是减小〕？

◇ 部分习题答案

二、是非题

对错对对错

三、计算题

1. $\varphi(Cr_2O_7^{2-}/Cr^{3+}) = 0.680V < \varphi^{\ominus}(Br_2/Br^-)$，不能自发进行

2. （1）0.0888V；（2）0.4594V

5. Mn，Sr，Co^{3+}，Mn^{3+}

6. （1）$-56.9kJ \cdot mol^{-1}$；（2）$-73.4kJ \cdot mol^{-1}$；（3）$25kJ \cdot mol^{-1}$

7. $2.6 \times 10^{-3} mol \cdot L^{-1}$

8. $1.8 \times 10^{-3} mol \cdot L^{-1}$

9. 1.8×10^{-8}

10. （1）阳极：$Ni(s) \Longrightarrow Ni^{2+}(aq) + 2e^-$；阴极：$Ni^{2+}(aq) + 2e^- \Longrightarrow Ni(s)$；

（2）阳极：$2Cl^-(aq) \Longrightarrow Cl_2(g) + 2e^-$，阴极：$Mg^{2+}(aq) + 2e^- \Longrightarrow Mg(s)$；

（3）阳极：$4OH^-(aq) \Longrightarrow 2H_2O(l) + O_2(g) + 4e^-$；阴极：$2H_2O(l) + 2e^- \Longrightarrow 2OH^-(aq) + H_2(g)$

11. $c(H^+) < 0.044mol \cdot L^{-1}$，$pH > 1.36$

12. 在微酸性水膜中，$Fe(s) \Longrightarrow Fe^{2+}(aq) + 2e^-$，$O_2(g) + 2H_2O(l) + 4e^- \Longrightarrow 4OH^-(aq)$；

在盐酸溶液中，$Fe(s) \Longrightarrow Fe^{2+}(aq) + 2e^-$，阴极 $2H^+(aq) + 2e^- \Longrightarrow H_2(g)$

13. $K_{sp}^{\ominus}(AgBr) = 5.2 \times 10^{-13}$

14. $AgI(s) + e^- \Longrightarrow Ag(s) + I^-(aq)$，$\varphi^{\ominus}(AgI/Ag) = -0.152V < \varphi^{\ominus}(H^+/H_2)$

15. 大于 $1.1 \times 10^{-3} A \cdot cm^{-2}$

第 7 章　有机化学基础

【学习提要】　有机化合物大量存在于自然界中，其分子结构和理化性质与无机化合物的差别很大。本章主要介绍有机化合物的基本特性、结构特征、有机反应的基本类型和基本有机物的制备方法，重点学习有机化合物的特点和分类、有机化合物的异构现象和简单化合物异构体的书写、有机化学反应的基本类型、基本有机化合物的主要制备方法等。

　　有机化学是研究有机化合物的结构、性质、制备及其应用的学科。本章将从有机物的特点和分类、结构、有机反应、有机合成四个方面，对有机化学进行初步的介绍。

7.1　有机化合物概述

7.1.1　有机化合物和有机化学

　　从 18 世纪 50 年代起，人们把来源于矿物的物质叫做无机物，而把那些从有生命的动、植物体内分离出来的物质叫做有机物。当时的化学家认为，只有生命力才能合成这类物质，并以此作为区别有机物和无机物的依据。"生命力论"的观点妨碍了对有机物本质的认识和研究。1828 年德国化学家维勒（F. Wöhler）蒸发无机物氰酸铵（NH_4NCO）溶液得到有机物尿素（NH_2CONH_2），以后一些化学家相继在实验室里又合成了许多有机物，直到此时，"生命力论"才被推翻，有机化合物的研究才发展起来。有机化合物可以用人工方法合成，这表明有机物和无机物之间，并不存在不可逾越的鸿沟。然而"有机化合物"的名称仍被保留下来，这是由于有机化合物在组成、结构、性质等方面存在着共有的特点，有必要与无机化合物加以区别。

　　有机化合物一般指含碳原子的化合物，大量存在于自然界中，如粮食、油脂、丝、毛、棉、麻、糖、药材等。所有的有机物都含有碳原子，所以现代有机化学的定义是"碳化合物的化学"。但习惯上把碳的氧化物、碳酸盐和金属氰化物等含碳的化合物仍当做无机化合物。有机化合物除含碳外，绝大多数都含有氢，有的还含有氧、氮、卤素、硫和磷等元素。由碳和氢两种元素组成的一大类化合物称为烃（hydrocarbon），也叫碳氢化合物（如甲烷 CH_4，乙烯 C_2H_4，苯 C_6H_6）。母体烃中氢原子被其它原子或原子团取代而衍生为一系列的其它有机化合物（如甲醇 CH_3OH，氯乙烯 C_2H_3Cl，硝基苯 $C_6H_5NO_2$），这些化合物都称为烃的衍生物。所以，有机化合物可以定义为碳氢化合物及其衍生物。有机化学就是研究有机化合物的一门科学。

7.1.2　有机化合物的特点

　　与无机化合物相比较，有机化合物具有以下特点。

　　（1）有机化合物的数目庞大，结构复杂　虽然组成有机物的元素不多，但在已知的化合物中，有机物约占 90%。生命体中 60%～90% 是水，剩下 10%～40% 的物质中，无机物含量不足 4%，其余全是有机物。有机化合物有如此庞大的数目，与碳原子能自相结合成键密切相关。有机分子中的碳原子数目，几乎没有限制，例如聚乙烯分子可含有几十万个碳原子。同时，碳与碳的结合既能形成链状也可形成环状，碳与碳间的化学键可以是单键也可以是双键或三键。在这些化合物中碳原子又能与金属或非金属元素的原子相互结合而形成不同类型的化合物。这些不同类型的有机化合物，因结构不同，各自具有其特有的化学性质和物理性质。即便在同一类型的化合物中，又因取代基团的性质及数量不同，每个化合物也呈现出各自的特性。

另外，有机化合物具有同分异构现象。分子式相同而结构不同的化合物称为同分异构体（isomer），这种现象称为同分异构现象。这也大大地增加了有机化合物的数目，如正丁烷和异丁烷就是同分异构体，其结构如图 7-1 所示。

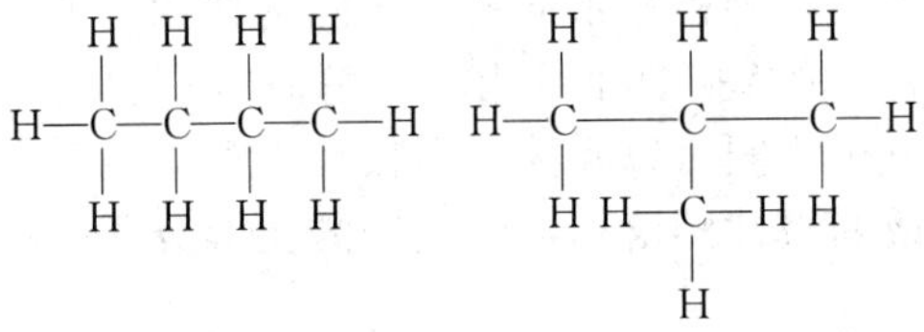

图 7-1　正丁烷和异丁烷的结构

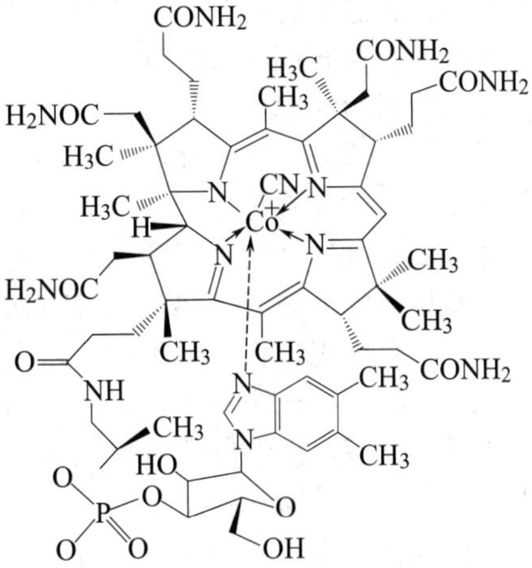

图 7-2　维生素 B₁₂

无机化合物多数只由几个原子所组成，而有机化合物则复杂得多。如维生素 B₁₂ 的分子式为（$C_{63}H_{90}O_{14}N_{14}PCo$），其结构式如图 7-2 所示。

20 世纪 80 年代从海洋生物中得到的沙海葵毒素（palytoxin）的分子式为（$C_{129}H_{221}O_{54}N_3$），即便知道了这 400 多个原子之间是以怎样的次序相结合，但仅仅由于原子在空间取向的不同就有可能形成 2×10^{21} 种立体异构体，这个数目几乎接近阿伏加德罗常数，而其中只有一个才是该化合物的真正结构，其结构式如图 7-3 所示。

（2）有机化合物物理性质上的特点

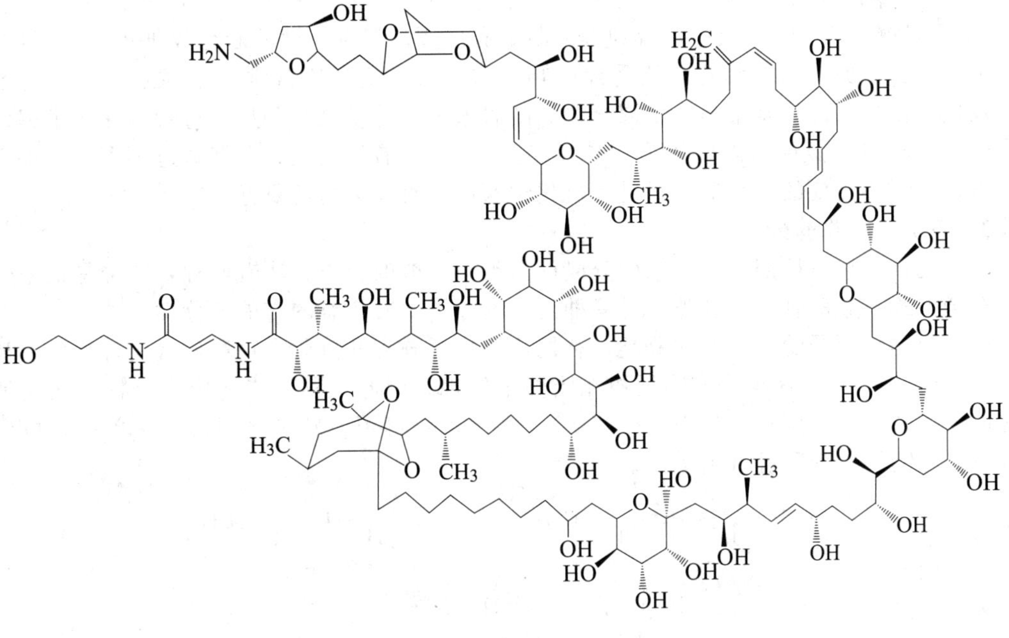

图 7-3　沙海葵毒素（palytoxin，ATX Ⅱ）

① 熔点、沸点低　熔解是结晶的粒子从有规则排列变成无规则排列并呈现液体样流动特征的过程。当温度上升到粒子的热运动能克服晶体内粒子之间的作用力时就出现了熔解现象，即到达了熔点。无机化合物的结晶大多是以离子为结构单位排列而成的，依靠正、负离子间的静电引力互相吸引，这种静电引力非常强，只有在极高的温度下，才能克服这种强有力的静电引力。因此，无机物的熔点一般很高。而有机化合物组成晶体的单位是分子，熔点一般都不高。熔点是有机化合物非常重要的物理常数，纯净的有机物有固定的熔点和很短的熔距，但也有少数有机化合物到达某一温度时会分解或炭化而表现不出固定的熔点。同样原因，有机化合物的沸点也比较低。

② 绝大部分的有机化合物不溶于水，而易溶于有机溶剂　水是一种极性很强、介电常数很大的液体，而有机化合物的极性一般较弱甚至没有极性。水分子之间有很强的氢键作用力，但大多数有机化合物之间的作用力是范德华力。多数有机化合物和水之间只有很弱的吸引力，要拆开强的水分子之间的氢键力而代之以很弱的两种极性不同的分子间的作用力非常困难。因此，有机化合物一般不溶于水。"相似相溶"的经验规律可用于了解有关有机化合物的溶解度问题。该规律表明，极性和结构相似的分子之间可以互溶，而极性不相似的分子之间一般不相混溶，极性弱的有机化合物与非极性或弱极性的溶剂如烃类、醚类等分子间作用力相似，因此是可以互溶的。

（3）有机化合物化学性质上的特点

① 易燃烧　有机化合物含有碳、氢等可燃元素，故绝大部分的有机化合物都可以燃烧，有些有机化合物本身是气体，有些挥发性很大、闪点低，这就要求在处理有机化合物时要注意消防安全。同时，这个特点也使人们可以较简单地区别有机化合物和无机化合物，因为大多数无机化合物不会燃烧，也不能烧尽，而有机化合物可以燃烧并最终烧完，且不留或仅留有很少的残余物。

② 反应较慢　大部分无机化学反应是离子型反应，大多在水溶液中进行，反应速率快，反应比较彻底。有机化学反应是通过有机分子间的碰撞而发生的，因此绝大多数有机化合物的反应都不快，完成反应经常需要几个到几十个小时。为了加快反应，需要对反应体系采取加热、搅拌、加催化剂等手段以促进反应的发生和进行。

③ 反应较复杂　有机反应涉及到键的断裂和生成，但专一性的断键较难控制。反应时，有机分子中各个原子部位都有可能受到影响，这使得有机反应常常不是局限在一个特定部位，反应后得到的产物常常是一个混合物。随着人们对分子结构和反应过程的深入了解，现在已经发现某些产物专一、产率可达95%甚至100%的有机反应，但毕竟还不多见。提高反应产率、遏制不需要的副反应，仍是有机化学家们一直在努力的目标。

7.1.3　有机化合物的分类

有机化合物可以按照它们的结构分成许多类。一般的分类方法有两种：一种是根据碳原子的结合方式（碳的骨架）分类，另一种是根据分子中所含有的官能团分类。

（1）根据碳原子的结合方式分类　有机化合物可分为开链化合物和环状化合物两大类。

① 开链化合物　这类化合物最初在脂肪中发现，因此又称为脂肪族化合物。在这类化合物的分子中，碳链两端不相连（即开链），碳链可长可短，碳碳之间可以是单键，也可以是双键、三键等不饱和键（图 7-4）。

图 7-4　开链化合物

② 环状化合物　在这类化合物的分子中，碳原子互相连接而呈环状。根据环的结构和

组成元素的不同，这类化合物又可分为脂环、芳香族和杂环三种。

脂环化合物（图 7-5）在结构上可看做是由开链化合物关环而成的，性质上与脂肪族化合物相似。脂环化合物中最简单的是环丙烷。

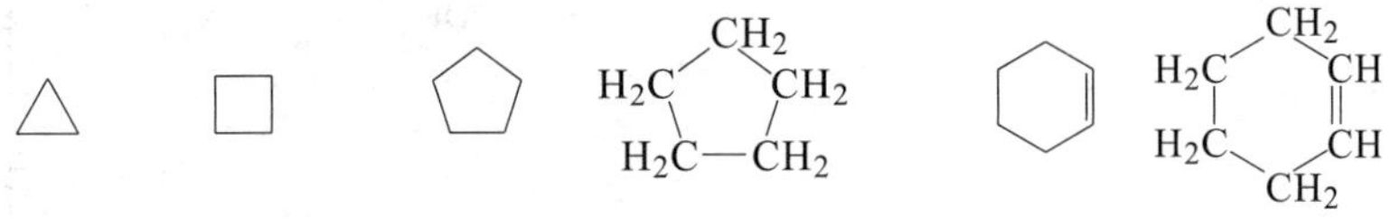

环丙烷　环丁烷　环戊烷　环己烯

图 7-5　脂环化合物

芳香族化合物（图 7-6）的结构中都含有一个由碳原子组成的在同一平面的闭环共轭体系（苯环）。它们具有特殊的物理和化学性质。

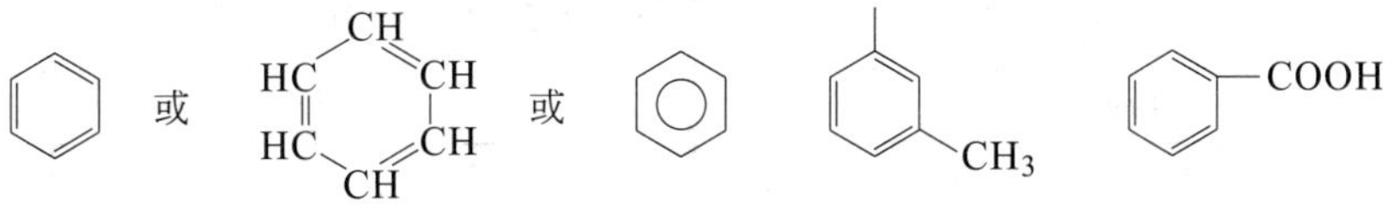

苯　间甲苯酚　苯甲酸

图 7-6　芳香族化合物

杂环化合物（图 7-7）的分子中的环由碳原子和其它元素的原子如氧、硫、氮等组成。

呋喃　噻吩

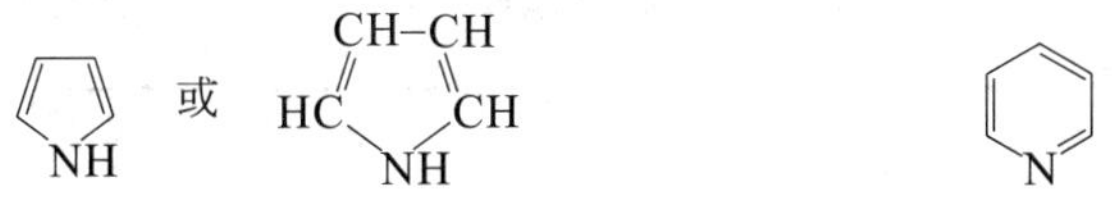

吡咯　吡啶

图 7-7　杂环化合物

根据碳架分类的方法虽然比较简单，但反映不出各种化合物相互之间的性质和结构的关联或差异，有机化合物的性质除了和碳架组成有关外，更与其组成中某些特殊的原子（团）有关。

（2）根据分子中所含有的官能团分类　按此方法，有机化合物可被更好地分类，能反映出某类有机化合物的特性并在有机化合物的化学性质上起很重要作用的原子或原子团叫做官能团。一般，含有相同官能团的化合物在化学性质上基本相同。几类比较重要的官能团列于表 7-1。

7.1.4　有机化合物的命名

有机物种类多且结构复杂，故其名称不但应反映分子中元素组成和所含元素原子数目，而且还应该反映分子的化学结构。目前国际上常采用系统命名法，另外还有习惯命名法和衍生物命名法。

命名规则在本书第 1 章中已有介绍，在此不再重复，但要注意的是，一个化合物的名称可能有多个，但一个名称只能写出一个结构，如果根据名称写出了多个结构，则该名称肯定是错误的。

表 7-1　常见的重要官能团

官能团结构	名　称	类　别	官能团结构	名　称	类　别
—C=C—	双键	烯烃	(R′)H C(OR)(OR)	缩醛(酮)基	缩醛(酮)
—C≡C—	三键	炔烃	—C(O)—O—C(O)—	酸酐基	酸酐
—X	卤素	卤代烃	—C(O)—OR	酯基	酯
苯环	苯环	芳烃	—C(O)—NH(R)	酰胺基	酰胺
—OH	羟基	醇、酚	—NO₂	硝基	硝基化合物
—C—O—C—	醚键	醚	—NH₂	氨基	胺
—C(O)—H	醛基	醛	—SH	巯基	硫醇
—C(O)—	羰基	酮	—CN	氰基	腈
—C(O)—OH	羧基	羧酸	—C—O—O—C	过氧基	过氧化合物
—C(O)—Cl	酰氯基	酰卤	—SO₃H	磺酸基	磺酸化合物

7.2　有机化合物的结构

　　从有机化合物的数量和分类方法中可以看出同分异构现象在有机化学中占有相当重要的地位。同分异构体含有相同数目相同种类的原子，但原子间连接的次序和空间取向不同，即结构上的不同使分子式相同的化合物包含着不同的化合物组成。因此，对有机化合物的研究必须从结构上着手才能抓住本质而不致误入歧途。结构是收集成千上万个有机化合物并作系统整理的依据，也是对这些化合物的性质进行解释说明的基础。不解决结构问题，就不可能学习和研究有机化学和有机化合物本身。

　　分子能够形成是因为分子比原子稳定，原子形成分子后能量得到释放，分子中化学键的形成使体系能量降低，而化学键的断裂总是需要吸收能量。反应时，原子将失去或得到电子，使结构接近不活泼气体的结构。化学变化仅仅涉及原子核外层的电子即价电子。所有的有机化合物分子中都含有共价键，因此共价键在有机化学中特别重要。共价键理论和分子轨道理论是试图说明共价键是怎样形成的两个各有特色和被普遍接受的理论。有关共价键的形成及其基本性质在第 2 章"物质结构基础"中已有叙述。有机物中常见的共价键有 σ 键和 π键。有机物中的单键都是 σ 键；碳碳双键具有一个 σ 键和一个 π 键；而碳碳三键具有一个 σ键和两个 π 键。σ 键和 π 键的主要区别见表 7-2。

表 7-2　σ 键与 π 键的差异

σ 键	π 键
可以单独存在	必须与 σ 键共存
存在于任何共价键中	仅存在于不饱和键中
成键轨道沿轴向在直线上相互重叠	成键轨道对称轴平行，从侧面重叠
σ 电子云集中于两原子核的连线上，呈圆柱形分布	π 电子云分布在 σ 键所在平面的上下两方，呈块状分布
σ 键有一个对称轴，轴上电子云密度最大	只有对称面，对称面上的电子云密度最小（＝0）
键能较大	键能较小
以 σ 键连接的两原子可相对自由旋转	以 π 键连接的两原子不能相对自由旋转
键的可极化度较小	键的可极化度较大

　　共价键可以用 Lewis 结构或称电子（点）结构表达。有机化合物中碳原子有 4 个价电子，可用 4 个点表示；其它原子也都有一定的价电子，例如氢有一个价电子，用一个点表示。另一个表示共价键的方法是 Kekulé 结构或称线键结构，它用一根短线表示两个成对价电子的结合（图 7-8）。在简单或复杂的有机化合物中，碳原子和其它原子数目之比保持一定。

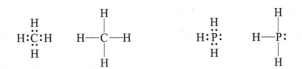

图 7-8　CH$_4$ 和 PH$_3$ 的 Lewis 结构式和 Kekulé 结构式

7.2.1　有机化合物的异构现象

　　有机化合物中分子式相同但性质不同的现象非常普遍。这是由于碳链中与碳原子直接相连的原子不仅可以是氢原子，也可以是其它原子，所以会出现各种不同的连接方式和次序，还会有不同的空间排列。这种分子式相同但各原子相互连接方式和次序不同，或原子在空间的排列不同的化合物互称同分异构体，简称异构体。有机化合物的异构现象分为构造异构和立体异构两大类，立体异构又包括构型异构和构象异构。

7.2.1.1　构造异构

　　分子中各个原子相互连接的方式和次序叫做构造。凡分子式相同而构造不同的化合物称构造异构体，包括碳链异构、官能团异构和官能团的位置异构。

　　（1）碳链异构　它是指分子中各个碳原子连接次序不同而形成的异构体。例如烷烃中，甲烷、乙烷、丙烷只有一种结合方式，没有异构现象。从丁烷开始有构造异构现象，丁烷的两个构造异构体是正丁烷和异丁烷（见图 7-1）。

　　（2）官能团异构　在烷烃的衍生物中，往往由于某一个原子排列顺序的改变而产生另一种官能团或特征结构。例如将醇中的 C—C—O 链改为 C—O—C 链就变成醚。乙醇和二甲醚是一对构造异构体，丙醛和丙酮也是一对构造异构体（图 7-9）。

图 7-9　官能团异构举例

　　（3）官能团的位置异构　它是指取代基或官能团在碳链或环上的位置不同而形成的异构

体。例如丙醇和异丙醇就是由于羟基—OH 在碳链上的位置不同而形成的一对构造异构体（图 7-10）。

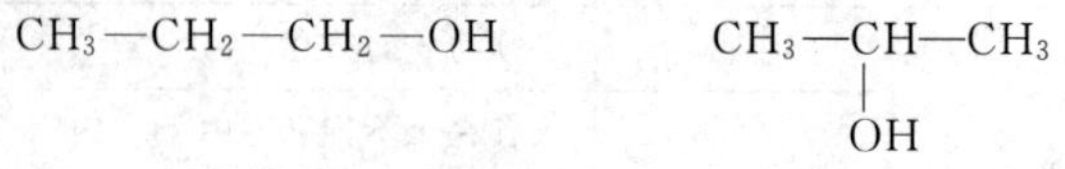

$$CH_3—CH_2—CH_2—OH \qquad CH_3—\underset{\underset{OH}{|}}{CH}—CH_3$$

丙醇   异丙醇

图 7-10　丙醇和异丙醇

7.2.1.2　构型异构

构型异构是指构造相同，即各个原子间的连接次序一样，但分子中原子或基团在空间的排列方式不同引起的异构现象，包括顺反异构和对映异构。

（1）顺反异构　顺反异构是指因键的旋转受阻而产生的立体异构，又叫几何异构。如顺-2-丁烯与反-2-丁烯（图 7-11）。

顺-2-丁烯（沸点 3.7℃）　　　　反-2-丁烯（沸点 0.9℃）

图 7-11　顺-2-丁烯和反-2-丁烯

图 7-11 所示的两个异构体在原子或基团的连接顺序及官能团的位置上均无区别，它们的区别仅在于基团在空间的排列方式不同。在前一个化合物中，相同的基团——两个甲基或两个氢原子在双键的同侧，叫做顺式异构体；而后者的两个甲基（或两个氢）则在双键的两侧，所以叫做反式异构体。

有机分子产生顺反异构体，必须具备两个条件：首先分子中必须有限制旋转的因素，如碳碳双键的存在；其次，以双键相连的两个碳原子，每一个必须和两个不同的原子或基团相连。如图 7-12 所示，具有（a）、（b）或（c）结构形式的物质都有顺反异构现象；如果形成双键的任何一个碳原子所连的两个基团是相同的［如（d）］，就没有这种顺反异构现象。

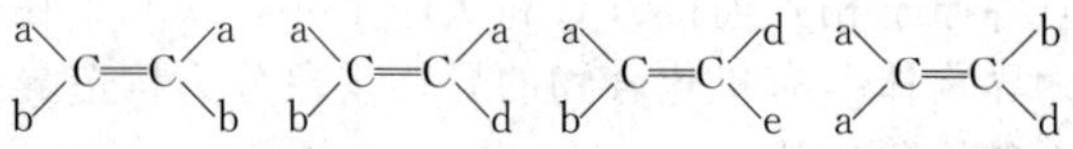

（a）　　　　（b）　　　　（c）　　　　（d）

图 7-12　烯烃的顺反异构结构与非顺反异构结构

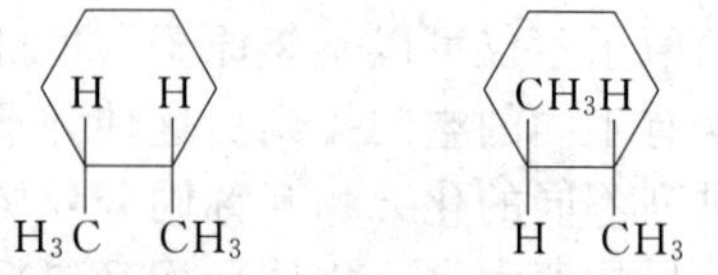

顺-1,2-二甲基环己烷　顺-1,2-二甲基环己烷

图 7-13　1,2-二甲基环己烷的顺反异构

对于顺反异构体来说，如 2-丁烯，反式异构体的对称性较高，其偶极矩为零，分子没有极性，而顺式异构体有微弱的极性，所以顺式异构体的沸点一般比反式异构体高，而对于熔点来说则相反，对称的分子在晶格中可以排得较紧，故反式异构体的熔点高。

除烯烃具有顺反异构外，当脂环烃的环上连有两个或两个以上取代基时，也有顺反异构，如 1，2-二甲基环己烷（图 7-13），即有顺式与反式两个异构体。两个甲基在环的同侧者为顺式。

（2）对映异构

① 手性和旋光度　对映异构又叫旋光异构，是指因分子中的手性因素而产生的立体异构。两个立体异构体之间呈实物与镜像相互对映关系，它们虽然彼此相似但不能叠合，这种关系犹如人的左手与右手的关系，如图 7-14 所示。

这种立体异构体与其镜像不能叠合的特征称为手征性或手性（chirality）。例如，从肌肉中分离的乳酸和蔗糖发酵所得的乳酸是手性的，它们彼此呈实物与镜像关系，如图 7-15 所示。这两种异构体对平面偏振光表现出不同的行为，前者能使偏振光向右旋转，称为右旋乳酸；后者则使偏振光左旋，称为左旋乳酸。它们使偏振光旋转的角度是一样的，只是方向相反。右旋和左旋常用"＋"和"－"表示。像这样结构式相同，空间构型不同，彼此互为镜像不能叠合的立体异构现象称为对映异构，每种异构体称为对映体。

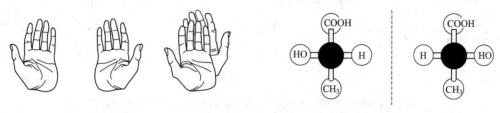

图 7-14　左手和右手对映却不能叠合　　　　　图 7-15　两种乳酸对映体

一对对映异构体的基本物理性质（熔点、沸点、溶解度、折射率等）是一样的，在一般条件下的化学性质也完全一样。它们主要的区别表现在对平面偏振光的旋转方向不同，以及在不对称环境下的物理和化学性质不同。对映异构体使平面偏振光旋转的角度即为旋光度，可用旋光仪测定。影响旋光度大小的因素很多，如手性分子的浓度（c）、光通过含手性分子溶液的长度（l）、波长（λ）和温度（T）等。为比较不同物质的旋光性，使旋光度与分子结构相联系，提出了比旋光度的概念，即在一定的温度和波长下，规定溶液的浓度为 1g·cm^{-3}、盛液管的长度为 1dm 时测得的旋光度叫比旋光度 $[\alpha]$。比旋光度的计算公式为：

$$[\alpha]_\lambda^T = \frac{\alpha}{l \cdot c}$$

式中，c 为溶液的浓度（g·cm^{-3}）；l 为管长（dm）。

② 手性的判断　判断分子是否具有手性最原始的方法就是做出分子的棍球模型，然后看两个模型是否能叠合，但这种方法只适用于结构简单的对映体分子。如果分子结构比较复杂，进行上述操作将是很麻烦的事。判断分子是否具有手性的一般方法是分析分子是否具有对称面、对称中心和交替对称轴，不具有上述对称因素的分子是手性分子。

a. 对称面　如果一个分子能被一个平面分成互为实物与镜像的两部分，此平面即为该分子的对称面。具有对称面这一对称因素的分子即为对称分子。取代烯烃、炔烃以及芳烃等平面型分子，其分子所处的平面即为对称面，如反式-1,2-二氯乙烯中双键所在的平面，以及二氯甲烷分子中以 Cl—C—Cl 三点确定的平面或 H—C—H 确定的平面即为分子的对称面（图 7-16）。

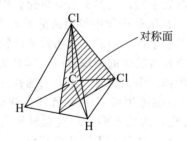

图 7-16　二氯甲烷分子中的对称面

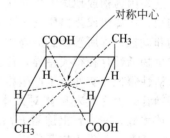

图 7-17　1,3-二甲基-2,4-环
丁二甲酸的对称中心

b. 对称中心　如果分子内有一点，通过该点的直线两端等距离处都有相同的原子或基团，该点即为分子的对称中心。如图 7-17 所示，1,3-二甲基-2,4-环丁二甲酸具有对称中心，它的实物和镜像能够重合，分子无手性。

c. 交替对称轴　如果一个分子绕一根轴旋转 $360°/n$，如 $90°（n=4）$ 之后，再用垂直于该轴的镜子对映, 此时得到的镜像若与原来分子相同, 该轴即为分子的四重交替对称轴(用 S_4 表示)(图 7-18)。具有交替对称轴的分子没有手性。

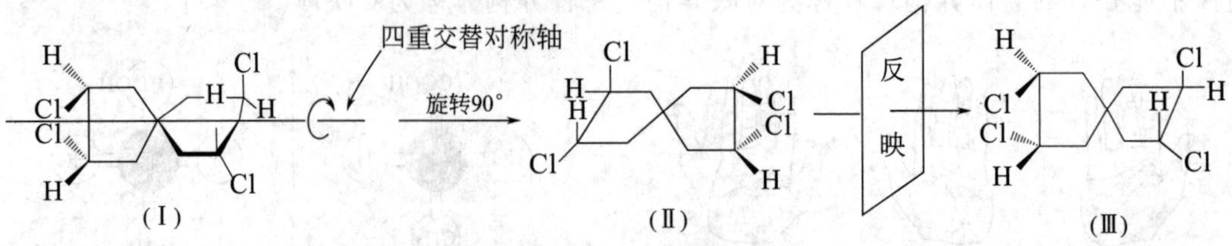

(Ⅰ)旋转90°后得(Ⅱ), (Ⅱ)以垂直于旋转轴的平面反映后得(Ⅲ), (Ⅲ)≡(Ⅰ)

图 7-18　交替对称轴

③ 对映体的表示方法　对映体之间在结构上的差别是基团在空间的排列方式不同, 因此对映体需用构型式表示。例如乳酸的两种对映体可分别用实线表示处于同一平面上的基团, 楔形键表示伸向该平面前(或上)方的基团, 虚线表示伸向该平面后(或下)方的基团。这种方法表示的构型式叫透视式, 它的优点是空间关系清楚, 立体感强, 缺点是书写费事, 如图 7-19 所示。

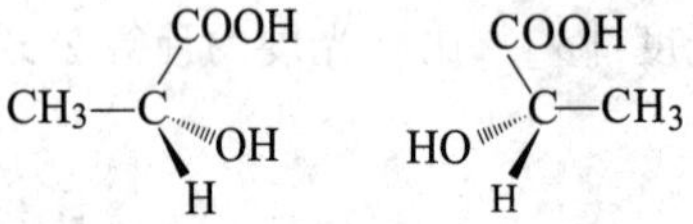

图 7-19　乳酸分子的透视式

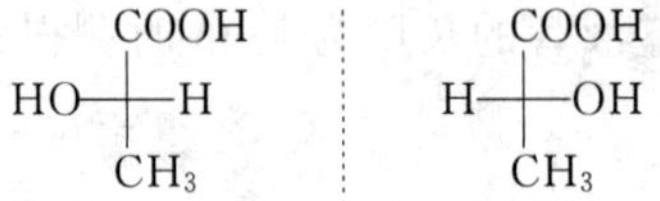

图 7-20　乳酸对映体的费歇尔投影式

将手性分子的碳链竖直放置, 系统命名法中编号最小的碳原子放在上方, 并将手性碳原子放到投影纸面上进行投影, 竖线上的基团表示伸向投影面背面, 横线上的基团指向纸前面, 两条垂线的交点"+"表示手性碳, 4 条垂直的线段表示 4 个价键, 这种式子叫费歇尔(Fischer)投影式。例如乳酸对映体的费歇尔投影式, 如图 7-20 所示。

用投影式表示对映体构型, 书写方便, 但必须记住横线和竖线上的基团在空间的伸展方向, 绝不允许将投影式离开纸面翻转来比较两个投影式是否重叠, 因为一旦翻转, 就改变了手性碳原子周围各基团的空间关系。

④ 立体异构体与生物活性　在生物体中具有重要生理意义的有机化合物绝大多数都是手性的, 这是因为构成地球上生物体的基础物质大多具有手性, 这些天然有机化合物通常具有特定构型。例如组成蛋白质的 α-氨基酸主要是 L 型, 从天然产物中得到的糖类多为 D 型; 机体代谢和调控过程所涉及到的物质如酶和受体等都具有手性。因此, 含手性的药物, 其对映体间的生物活性存在很大差异, 往往只有其中的一个具有较强的生理效应, 其对映体或无活性, 或活性很低, 有些甚至产生相反的生理作用。例如, 作为血浆代用品的葡萄糖苷一定要用右旋糖苷, 因为其左旋体对人体有较大的危害; 右旋维生素 C 具有抗坏血病的作用, 而其对映体无效; 左旋肾上腺素升高血压的效果是右旋体的二十多倍; 左旋氯霉素是抗生素, 但右旋氯霉素几乎无抗菌作用。有些对映体的左、右旋体具有不同的生理作用, 所以在临床上有不同的应用。例如, 右旋四咪唑是抗忧郁药, 而其左旋体则为治疗肿瘤的辅助药物; 右旋苯丙胺是精神振奋药, 其左旋体则具有抑制食欲的作用。

7.2.1.3　构象异构

碳碳 σ 键最显著的一个特点是成键电子云以键轴为对称轴呈高度对称分布, 因此可以自由旋转。σ 键旋转过程中, 两个碳原子所结合的原子或基团之间的相对位置不断发生变化, 使这些不直接结合的原子(基团)之间的距离发生改变。这种由于单键旋转所形成的分子内原子和基团排布形象的不同称为构象异构，又叫旋转异构体。研究构象对于分子物理性质和化学行为的影响的工作叫构象分析。

不同构象间的转化不需要键的断裂，而只是通过键的旋转和扭动即可完成，故不需很高的能量。如乙烷的重叠式和交叉式、环己烷的椅式和船式等。乙烷的重叠式和对位交叉式构象见图 7-21。

| 图 7-21 乙烷的重叠式和交叉式构象 | 图 7-22 环己烷的椅式和船式构象 |

脂肪族化合物的碳链是锯齿状排布的，碳碳 σ 键的旋转并不是完全自由的。以最简单的乙烷为例，其重叠构象的能量比交叉构象高，二者能量差大约为 $12kJ \cdot mol^{-1}$，这个能量差不大，故不能分离这两种不同构象。但由于重叠式构象的稳定性较低，在常温条件下，乙烷主要以交叉式构象存在。重叠式具有较高的能量是因为两个相邻碳原子的 C—H 键处于重叠位置，它们之间距离较小，扭转张力较大的缘故。

环己烷分子中的六个碳原子可以有如图 7-22 所示的两种极限的空间排布方式：椅式和船式。无论是椅式或船式，环中 C^2、C^3、C^5、C^6 都在一个平面内。但在椅式中，C^1 和 C^4 分别在 C^2、C^3、C^5、C^6 形成的平面的上下两侧，叫做椅型；在船式中，C^1 和 C^4 则在 C^2、C^3、C^5、C^6 形成的平面的同侧，叫做船型。船型和椅型是环己烷的两种构象。

从图 7-22 可以看出，在船型中，C^1 及 C^4 上有两个氢原子间相距极近，相互之间的斥力较大，而在椅型中则不存在这种情况。另外，椅型环己烷中每一个 C—C 键上基团的构象，都是邻位交叉式；而在船型中，C^2—C^3 及 C^5—C^6 上连接的基团为全重叠式，因而船型能量比椅型高，不如椅型稳定，所以环己烷主要以椅型存在。

构造、构型和构象是化合物分子结构不同层次上的描述，当分子中存在可旋转或翻转而改变整体空间形象的单键时，一种构型必定有无数种构象。

7.2.2 有机化合物的结构分析

有机化学中一个很重要的研究领域即是化合物的结构分析。无论是由实验室合成得到的还是由自然界分离得到的有机化合物，如果是已知的，即前人已经报道过的，必须对它鉴定结构；如果是未知的，则必须证明它的结构。

已知化合物的结构一般已经被测知。因此，有关某个化合物的性质及其结构的证明可以在文献中找到。对于未知的化合物，则要探求这是什么的问题。首先要测定其物理性质，如熔点（mp）、沸点（bp）、密度（ρ）、折射率（n）、比旋光度（$[\alpha]_D^t$）、在各种溶剂中的溶解度等；再通过元素分析看其中有何种元素，通过定量分析得到其相对组成，结合相对分子质量可以得出分子式；然后通过化学反应决定其含有哪些官能团及原子间键联的方式。现在，可更多地依靠有机化合物的各种光谱性质，如红外（IR）、紫外（UV）、质谱（MS）、核磁共振（NMR）和 X 射线衍射分析来确知分子中每个原子的确切位置。

对一个有机化合物进行结构分析一般要经过下面几个步骤。

（1）分离纯化 随着分析技术的进步，目前已可以实现分析鉴定混合物中某个化合物的结构，但分离纯化一般仍然是结构分析中最重要的第一步。这是因为无论是从天然产物中分离提取的还是从实验室里合成制备的化合物往往都含有杂质，需要提纯。常用的有效分离纯化方法有多种，但每个化合物有其自身特点，所用方法不可一概而论。结晶是纯化固体物质的重要手段。升华也可以提纯固体。蒸馏、减压蒸馏和分馏是纯化液体的重要手段。色谱方法的发现则把分离提纯的手段提到一个崭新的阶段。薄层色谱、柱色谱、气相色谱和液相色谱等各种色谱技术使分离纯化有机化合物的工作变得更为简捷有效。

（2）经验式和分子式的确定　有机化合物的元素分析一般在自动化仪器上进行。知道了有机化合物的元素百分比之后，就可以得到该化合物的经验式（实验式），但还没有给出该化合物的分子式。分子式的确定需要在元素分析结果的基础上进一步测定化合物的相对分子质量。质谱仪的出现使相对分子质量的测定变得极为方便可靠，高分辨质谱技术仅需几纳克（ng）的样品。对于一个未知的新化合物，一般仍需要做元素分析，而且理论值和实验值的误差不应超过 0.3%，否则被测样品的纯度甚至结构会被认为有问题。要注意计算理论值时要用元素所有同位素的平均相对原子质量而不是丰度最大的原子的原子质量值。某些化合物的纯度很难达到要求，此时用高分辨质谱技术来确定相对分子质量和分子式更有效。

（3）结构式的确定　有了经验式和分子式后，结合某化合物的化学性质和物理性质，加上各种谱学特性，就能迅速、可靠地确定有机化合物的结构。20 世纪初确定吗啡（$C_{17}H_{19}O_3N$）的结构用了 50 多年，到 50 年代确定结构更复杂的利血平（$C_{33}H_{40}O_9N_2$）的结构只用了不到 5 年的时间（结构式见图 7-23）。可以说，没有核磁共振等仪器分析的发展，就不会有今天的有机化学。

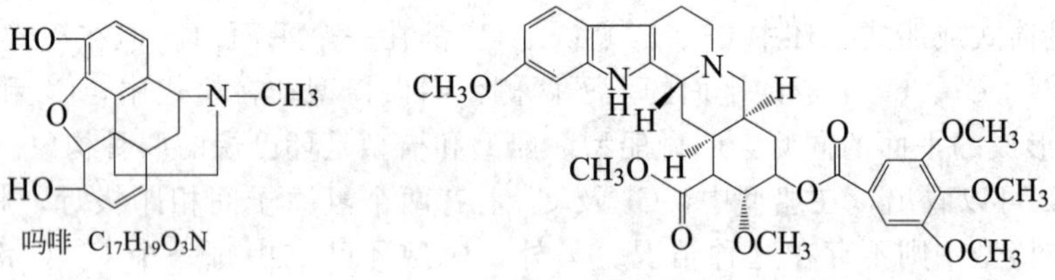

吗啡 $C_{17}H_{19}O_3N$

利血平（$C_{33}H_{40}O_9N_2$）

图 7-23　吗啡（$C_{17}H_{19}O_3N$）和利血平（$C_{33}H_{40}O_9N_2$）的结构

7.3　有机化学反应基本类型

7.3.1　有机化学反应的分类

有机化学反应比较复杂，反应种类也是多种多样，为了阐述的方便和易于理解，可将基本的有机化学反应进行分类。化合物分子之间发生化学反应，必然包含着这些分子中原有的某些化学键的断裂和新的化学键的形成，从而形成新的分子。按照共价键断裂和形成的方式，可以分成三种反应。

（1）自由基反应　共价键断裂时，组成该键的一对电子由键合的两个原子各自保留一个，这种断裂方式称为均裂。均裂产生的带有单电子的原子（或基团）叫自由基，按均裂进行的反应叫自由基反应。自由基反应的发生往往借助于较高的温度或光的照射，也可利用能产生自由基的催化剂来促使自由基反应的发生。

$$C:Y \xrightarrow{\text{均裂}} C\cdot + Y\cdot$$

（2）离子型反应　另一种断裂方式是成键的一对电子保留在一个原子上，这叫异裂。异裂产生的是正负离子，按共价键的异裂进行的反应又叫离子型反应或极性反应。离子型反应一般在极性溶剂中进行，往往会被酸、碱或极性试剂所催化。大多数的有机反应是离子型反应。

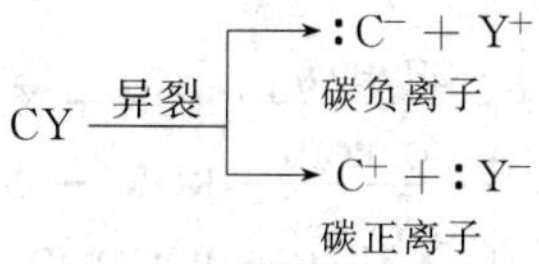

$$CY \xrightarrow{\text{异裂}} \begin{cases} :C^- + Y^+ \quad \text{碳负离子} \\ C^+ + :Y^- \quad \text{碳正离子} \end{cases}$$

（3）协同反应　在反应过程中如果共价键的断裂与生成同时发生，这类反应称为协同反应。其特点是，在反应过程中既没有自由基的生成，也没有离子的生成。

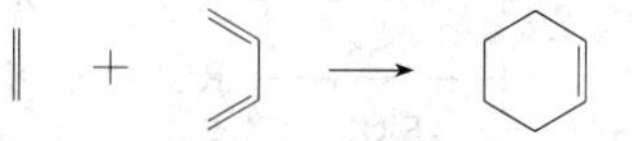

除了上述分类方法外，还有一种将有机反应分类的方法，即根据反应物与产物间的关系进行分类。由此可以将有机反应分为取代反应、加成反应、氧化反应、还原反应、消除反应、缩合反应等。这一分类更加详细，本节将根据这一分类方法进行阐述。

7.3.2　取代反应

取代反应是有机物分子里的某些原子或原子团被其它原子或原子团所代替的反应。根据进攻试剂的不同，可以将取代反应分为自由基取代、亲核取代和亲电取代。

（1）自由基取代反应　在取代反应过程中，首先生成自由基中间体，再由自由基进攻有机物引起的反应，叫做自由基取代反应，如烷烃的卤代反应。

$$Br_2 \xrightarrow[\text{或光照}]{\text{高温}} 2Br \cdot$$

在高温或光照条件下，卤素首先均裂为自由基，再进攻烷烃，生成相应的卤代烷。由于反应剧烈，产物往往是复杂的混合物。如甲烷在日光（或紫外光）照射下，与氯气发生取代反应（图 7-24）。

$$CH_4 + Cl_2 \xrightarrow{\text{日光}} CH_3Cl + HCl$$

$$CH_4 + Cl_2 \xrightarrow{\text{日光}} CH_2Cl_2 + HCl$$

$$CH_4 + Cl_2 \xrightarrow{\text{日光}} CHCl_3 + HCl$$

$$CH_4 + Cl_2 \xrightarrow{\text{日光}} CCl_4 + HCl$$

图 7-24　甲烷与氯气间发生的取代反应

在强光下这个反应极为剧烈，甚至发生爆炸。其它卤素如 F_2、Br_2 也能与烷烃反应生成一卤和多卤代烃，反应活性为 $F_2 > Cl_2 > Br_2$，但碘通常不反应。除了甲烷外，其它烷烃也能发生自由基取代反应。

（2）亲核取代反应　在取代反应中，由亲核试剂的进攻而发生的取代，称为亲核取代反应。如卤代烃中的卤素被羟基、氨基或其它卤素所取代的反应。

$$R-L + :Nu^- \longrightarrow R-Nu + L^-$$

反应式中受试剂进攻的反应物 R—L 称为底物（substrate），由于底物中 L 的电负性比碳大，所以 C—L 键之间的共用电子对偏向于 L 原子，使得碳原子带部分正电荷，这样，与 L 相连的碳原子就容易受亲核试剂的进攻。参与进攻的反应物 Nu^- 称为亲核试剂（nucleophile），一般是负离子或具有未共用电子对的中性分子。底物上的 L 原子带着一对电子以负离子的形式从碳原子上离开，故称为离去基团（leaving groups），一般用 L 表示。卤代烷是最为常见的亲核取代反应底物，其分子中的卤原子可以被多种亲核试剂所取代，生成含多种不同官能团的化合物（图 7-25）。

（3）亲电取代反应　由亲电试剂的进攻而发生的取代反应，叫做亲电取代反应。亲电试剂是缺电子试剂，通常是正离子或含有空轨道的分子。苯容易发生亲电取代反应。苯是环状的共轭结构，六个碳原子和六个氢原子在一个平面内，分子平面的上下方为 π 电子云所遮

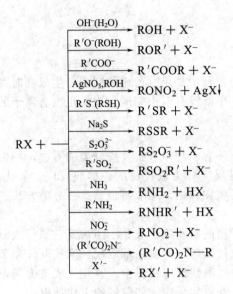

图 7-25　卤代烷的亲核取代反应

蔽，因此容易遭受亲电试剂的进攻，发生亲电取代反应，反应后环状共轭结构不变。苯环上的亲电取代反应有卤代、硝化、磺化和烷基化等。在这些反应中，真正的进攻试剂都是正离子或含有空轨道的分子。

① 卤代反应　当有催化剂（如铁粉或卤化铁）存在时，在不高的温度下，苯和氯或溴作用，苯环上的氢原子被氯或溴原子取代，生成氯苯或溴苯。

$$\text{苯} + X_2 \xrightarrow[55\sim60℃]{FeX_3} \text{C}_6\text{H}_5X + HX \quad (X=Cl、Br)$$

氯苯和溴苯都是有机合成的重要原料，常用这个反应来制备氯苯和溴苯。但这个反应还会生成少量的二卤代苯。

$$2\text{C}_6\text{H}_5X + 2X_2 \xrightarrow{FeX_3} \text{邻二卤苯} + \text{对二卤苯} + 2HX \quad (X=Cl、Br)$$

邻二卤苯　　　　对二卤苯

② 硝化反应　在过量的浓硫酸中，硝酸可定量地转化为硝酰正离子而作为进攻试剂。

$$HNO_3 + 2H_2SO_4 \longrightarrow NO_2^+ + H_3O^+ + 2HSO_4^-$$

当浓硫酸和浓硝酸（或称混酸）与苯共热，苯环上的氢原子能被硝基（—NO$_2$）取代，生成硝基苯。在这里，硫酸的作用是与硝酸作用生成硝酰正离子 NO_2^+，而不是起脱水作用。

$$\text{苯} + HONO_2 \xrightarrow[55\sim60℃]{H_2SO_4} \text{C}_6\text{H}_5NO_2 + H_2O$$

反应温度和酸的用量对硝化程度的影响很大。在过量混酸存在下，硝基苯继续硝化，得到间二硝基苯。这步反应比前一步要慢，要再引入第三个硝基极为困难。

$$\text{C}_6\text{H}_5NO_2 + HNO_3 \xrightarrow[95℃]{\text{浓 } H_2SO_4} \text{间二硝基苯} + H_2O$$

· 190 ·

甲苯比苯更易硝化，不需浓硫酸，而且在更低温度下就可进行。硝基甲苯继续硝化，得到 2,4,6-三硝基甲苯，即 TNT。

③ 磺化反应　苯和浓硫酸共热，苯环上的氢可以被磺酸基（—SO$_3$H）取代，得到苯磺酸。

磺化反应是可逆的，反应中生成的水使硫酸溶液变稀，磺化速度变慢，水解速度加快，因此常用发烟硫酸在 30～50℃进行磺化反应。

苯及其衍生物几乎都可以磺化。由于磺化反应是可逆的，同时磺酸基又可被硝基、卤素等取代，所以磺化反应在有机合成上应用极广。

④ 烷基化反应　　在无水三氯化铝等催化下，苯可以与卤代烷反应生成烷基苯，这个反应叫傅-克烷基化反应。

当苯环上的一个氢原子被取代基取代后，要再度进行取代反应时，苯环上原有的取代基决定了第二个取代基进入苯环的位置。一般有两类定位基，第一类是邻、对位定位基，如—CH$_3$、—NH$_2$、—OH、—OCH$_3$、—Cl、—Br、—I、—C$_6$H$_5$ 等；第二类是间位定位基，如—NO$_2$、—CN、—SO$_3$H、—CHO、—COOH、—CONH$_2$ 等。

当苯环上连有第一类定位基，再进行取代反应时，第二个基团主要进入它的邻位和对位。当苯环上连有第二类定位基时，第二个取代基团主要进入它的间位。掌握这些，可用来预测反应的主要产物以及选择适当的合成途径等。

7.3.3　加成反应

加成反应是指反应底物的不饱和重键（π 键）打开，与其它原子或基团生成两个单键（σ 键）的反应。根据进攻试剂的不同，可以将加成反应分为亲电加成、自由基加成、亲核加成以及协同加成四种类型。

（1）亲电加成反应　由亲电试剂进攻而发生的加成反应称为亲电加成反应。亲电加成反应一般发生在碳碳不饱和键上，如烯烃、炔烃分子中的不饱和键。这些不饱和键由 σ 键和 π 键组成，与单个 σ 键相比，电子云密度更高，而且 π 电子云不是分布在重键碳原子的轴线上，所以容易接受多种亲电试剂的进攻，发生亲电加成反应。常见的亲电试剂包括质子酸、

Lewis 酸（如 FeCl$_3$、AlCl$_3$、HgCl$_2$ 等）、卤素（Br$_2$、Cl$_2$）、次卤酸、卤代烷、卡宾、醇、羧酸和酰氯等。烯烃双键的一些重要的亲电加成反应如表 7-3 所示。

表 7-3　烯烃碳碳双键的重要的亲电加成反应

反应名称	反 应 式	反应名称	反 应 式
加氢卤酸	$\searrow C=C \diagup + HX \longrightarrow \overset{X}{\underset{H}{\searrow C-C\diagup}}$	加醇	$\searrow C=C \diagup + ROH \overset{H^+}{\longrightarrow} \overset{OR}{\underset{H}{\searrow C-C\diagup}}$
加硫酸	$\searrow C=C \diagup + H_2SO_4 \longrightarrow \overset{SO_4H}{\underset{H}{\searrow C-C\diagup}}$	加卤素	$\searrow C=C \diagup + X_2 \longrightarrow \overset{X}{\underset{X}{\searrow C-C\diagup}}$
直接水合	$\searrow C=C \diagup + H_2O \overset{H^+}{\longrightarrow} \overset{OH}{\underset{H}{\searrow C-C\diagup}}$	加次卤酸	$\searrow C=C \diagup + HOX \longrightarrow \overset{X}{\underset{OH}{\searrow C-C\diagup}}$
加卤代烷	$\searrow C=C \diagup + RX \overset{AlX_3}{\longrightarrow} \overset{X}{\underset{R}{\searrow C-C\diagup}}$	加氯化碘	$\searrow C=C \diagup + ICl \longrightarrow \overset{Cl}{\underset{I}{\searrow C-C\diagup}}$

对于不对称烯烃和卤化氢的亲电加成，氢原子主要加到含氢较多的碳原子上，这个经验规则叫做马尔可夫尼可夫规则，简称马氏规则。如烯烃和溴化氢的亲电加成。

$$CH_3-CH=CH_2 + HBr \longrightarrow CH_3-\overset{Br}{\underset{H}{CH}}-CH_2$$

（2）自由基加成反应　由自由基进攻而发生的加成反应，称为自由基加成反应。在基本有机反应中，自由基加成反应较少，仅以烯烃和溴化氢的加成反应为例加以说明。

在一般的反应条件下，烯烃和溴化氢的加成为亲电加成。但是当反应条件改变时，如在高温、光照或自由基引发剂的条件下，同样是烯烃和溴化氢的加成，可以变为自由基加成反应。

$$HBr \xrightarrow{\text{过氧化物}} Br\cdot$$

过氧化物为常用的自由基引发剂，引发生成的溴自由基进攻烯烃双键，经过一系列的反应，最后总的反应结果为溴化氢对烯烃的加成。

$$CH_3-CH=CH_2 + HBr \xrightarrow{\text{过氧化物}} CH_3-\overset{H}{\underset{Br}{CH}}-CH_2$$

通过对反应产物结构的比较，可以看出不对称烯烃和溴化氢的加成，亲电加成和自由基加成的方向正好相反，即自由基加成的产物结构不遵循马氏规则，而为反马氏规则。

（3）亲核加成反应　由亲核试剂的进攻而发生的加成反应，称为亲核加成反应。如羰基的碳氧双键上发生的加成反应，即为亲核加成反应。

羰基的结构与碳碳双键类似，也是由一个 π 键和一个 σ 键组成的不饱和键。不同的是羰基是碳氧双键，由于氧原子的电负性（3.5）大于碳（2.5），使得 π 电子云不再对称地分布在双键之间，而是更靠近氧原子一边。

$$>\overset{\delta^+}{C}\overset{\frown}{=}\overset{\delta^-}{O}$$

极化结果使羰基碳原子带部分的正电荷，容易受到亲核试剂的进攻，发生亲核加成反应。羰基的亲核加成反应的取向比较确定，总是试剂电正性的部分加到羰基氧原子上，试剂电负性的部分加到羰基碳原子上。

$$>\overset{\delta^+}{C}\overset{\frown}{=}\overset{\delta^-}{O} + H^+ —Nu^- \rightleftharpoons >C \overset{OH}{\underset{Nu}{}}$$

醛、酮容易在 HCN、NaHSO$_3$、RNH$_2$、ROH、RMgX 等能提供一对电子的试剂进攻下发生亲核加成，生成各种不同结构的化合物，因此醛、酮在有机合成中特别重要。

$$\overset{R}{\underset{(R')H}{}}C=O + HCN \longrightarrow \overset{R}{\underset{(R')H}{}}C\overset{OH}{\underset{CN}{}}$$

2-羟基腈

（4）协同加成反应 协同加成反应也称环加成反应，通过加成反应可以形成六元环或四元环，是形成环状化合物的一个重要方法。环加成反应的特点是在反应过程中，既没有自由基的生成，也没有正、负离子的生成，π键的断裂和σ键的形成是同时发生的。

常见的环加成反应有［4+2］环加成和［2+2］环加成。

［4+2］环加成反应中，只需要加热而不需要其它条件，反应就可以进行。而［2+2］环加成反应必须要光照，反应才能顺利进行。

7.3.4 氧化、还原反应

在有机化学中可简单地把分子中加氧或脱氢的反应视为氧化，而去氧及加氢的反应叫还原。常用的氧化剂除空气中的氧外，还有臭氧、过氧化氢、高锰酸钾和重铬酸钾等，而氢气、锌粉、硼氢化钠、四氢铝锂等是有机反应中常用的还原剂。

（1）氧化反应 氧化反应包括烷烃的氧化，不饱和烃的部分氧化，芳烃侧链的氧化，醛的部分氧化，醇、胺、酚的氧化等。所有的烃类在高于着火温度时能在空气中完全氧化燃烧，生成二氧化碳和水，并释放大量的热能。如果控制反应在较低的温度和催化剂存在下进行，则可使烃类发生部分氧化，得到不同结构的含氧化合物。

烷烃在常温下比较稳定，烯烃、炔烃由于π键的活泼性，比烷烃容易氧化。例如，在碱性条件下，冷的稀高锰酸钾溶液能使烯烃氧化为二元醇，本身紫色立即消失，而生成褐色的二氧化锰。

$$3CH_2{=}CH_2 + 2KMnO_4 + 4H_2O \longrightarrow 3CH_2{-}CH_2 + 2KOH + 2MnO_2$$
$$\underset{OH \quad\quad OH}{|\quad\quad |}$$

在较强的氧化剂（酸性高锰酸钾溶液）作用下，烯烃氧化而使碳碳双键断裂。

$$RCH{=}CH_2 \xrightarrow{[O]} R{-}\overset{O}{\overset{\parallel}{C}}{-}OH + H{-}\overset{O}{\overset{\parallel}{C}}{-}OH$$
$$\xrightarrow{[O]} CO_2 + H_2O$$

$$\overset{R}{\underset{R}{}}C{=}CH{-}R' \xrightarrow{[O]} \overset{R}{\underset{R}{}}C{=}O + R'{-}\overset{O}{\overset{\parallel}{C}}{-}OH$$

当双键碳原子有两个氢原子时，氧化后变为 CO_2 和 H_2O；当双键碳原子上连有一个氢原子和一个烷基时，氧化后变为 RCOOH（羧酸）；当双键碳原子上连有两个烷基时，氧化后变为 $R^1R^2C=O$（酮）。

炔烃被氧化时，一般三键会完全断裂。例如，乙炔可以被高锰酸钾溶液氧化，而使溶液的紫色褪去。

$$3CH \equiv CH + 10KMnO_4 + 2H_2O \longrightarrow 6CO_2 + 10KOH + 10MnO_2 \downarrow$$

芳香烃中苯环的结构非常稳定，与一般氧化剂不作用。但是如果苯环上连有侧链时，则侧链可以被氧化，且不论侧链长短如何，都是侧链中直接与苯环连接的碳原子被氧化成羧基（—COOH）。

但是当氧化剂的氧化能力足够强时，也可以将苯环氧化，得到开链的氧化产物。

醇可以被氧化为醛或酮，其中的醛可以继续被氧化为羧酸。

要想使氧化产物停留在醛的阶段，就必须使用比较弱的氧化剂。

$$CH_2=CHCH_2OH \xrightarrow[\text{石油醚}]{MnO_2} CH_2=CHCHO \qquad 99\%$$

醛很容易被氧化，氧化后生成与原来醛具有相同碳原子数的酸。较弱的氧化剂就可使之氧化，但不能使酮氧化，因此可利用这一原理来鉴别醛与酮。例如可以用托伦斯（Tollens）试剂或斐林（Fehling）试剂检验醛。

托伦斯试剂是硝酸银的氨溶液，它与醛反应生成银，附着于管壁，形成光亮的银镜，称为银镜反应。

$$RCHO + 2[Ag(NH_3)_2]^+ + 2OH^- \longrightarrow 2Ag + RCOONH_4 + 3NH_3 + H_2O$$

斐林试剂是硫酸铜、氢氧化钠和酒石酸钾的混合液，它与醛反应生成红色的氧化亚铜沉淀。

$$RCHO + 2Cu(OH)_2 + NaOH \xrightarrow{\triangle} RCOONa + \underset{\text{红色}}{Cu_2O} \downarrow + 3H_2O$$

（2）还原反应　在有机化合物中减少氧原子或增加氢原子的反应，称为还原反应。还原反应的应用很广泛，包括非极性重键（碳碳双键、三键）的还原和极性重键（碳氧双键、碳氮三键等）的还原。常用的还原方法有催化氢化法和化学还原法。

催化氢化就是利用氢气作为还原剂，过渡金属作为催化剂，将重键还原为单键的方法。

常用的金属催化剂有 Ni、Cu、Pt、Pd、Rh、Ru 等。催化氢化法主要用于非极性重键（碳碳双键、三键）的还原，但是如果分子中还有其它可被还原的基团，如羰基、硝基、氰基等时，这些基团也将被还原。

$$\text{〈benzene〉—CH=CH—CHO} \xrightarrow[\text{Ni}]{H_2} \text{〈benzene〉—CH}_2\text{—CH}_2\text{—CH}_2\text{OH}$$

化学还原法是利用化学还原剂将重键还原为单键的方法。常用的化学还原剂有硼氢化钠（NaBH$_4$）、氢化铝锂（LiAlH$_4$）等。化学还原法主要用于极性重键（碳氧双键、碳氮三键等）的还原，不能还原非极性重键。

$$\text{〈benzene〉—CH=CH—CHO} \xrightarrow[H^+]{NaBH_4} \text{〈benzene〉—CH=CH—CH}_2\text{OH}$$

$$CH_2\text{=CH—CH}_2\text{—CN} \xrightarrow[\text{THF}]{LiAlH_4} CH_2\text{=CH—CH}_2\text{—CH}_2\text{NH}_2$$

化学还原剂的种类很多，还有一些选择性很强的还原剂，主要针对某一个或某一类化合物进行还原。如克莱门森还原和黄鸣龙还原法，都是将羰基还原为亚甲基的方法。克莱门森还原法是用锌汞齐加盐酸的方法还原，黄鸣龙法是用水合肼加氢氧化钾的方法还原。

$$>\!\!C\!\!=\!\!O \xrightarrow[\text{Zn-Hg + HCl}]{[H]} >\!\!CH_2 + H_2O$$

硝基化合物，特别是芳香族硝基化合物，除了常用的还原剂硼氢化钠和氢化铝锂外，通常用金属加盐酸的方法将其还原为胺。

$$\text{〈benzene〉—NO}_2 \xrightarrow[\triangle]{\text{Fe,HCl}} \text{〈benzene〉—NH}_2$$

7.3.5 消除反应

从有机化合物分子内消去一个较小分子的反应称为消除反应。消除反应可以看做加成反应的逆反应，被消去的分子可以是 H$_2$O、HX、R$_3$N 及 X$_2$ 等。

根据消去基团的相对位置，消除反应可以分为：α-消除（1,1-消除），即消去同一个原子上所连的两个原子或取代基；β-消除（1,2-消除），即消去相邻的两个原子上所连的原子或取代基；还有 γ-消除（1,3-消除）等，消去两个相距更远的基团或原子。

α-消除可产生活性中间体卡宾或氮宾。卡宾和氮宾中的碳原子和氮原子的外层都只有 6 个电子，其中有两个未成键，因此化学性质非常活泼。重氮甲烷经光照或受热可分解生成卡宾：

$$:\!CH_2\!\!-\!\!\overset{-}{N}\!\!\equiv\!\!\overset{+}{N} \xrightarrow[\text{或 } h\nu]{\triangle} CH_2\!: + N_2$$

三氯甲烷在强碱作用下，可发生 α-消除反应，消去氯化氢，生成二氯卡宾。

$$CHCl_3 \xrightarrow{t\text{-BuOK}} \overset{Cl}{\underset{Cl}{>}}C\!:$$

β-消除生成不饱和键，例如卤代烷在碱性条件下可消去 HX 成烯烃，季铵碱也可消去 R$_3$N 成烯烃。在饱和碳原子上发生亲核取代反应的同时，常伴随消除反应。例如卤代烷用碱处理时，同时有取代及消除反应发生，分别生成醇和烯烃。至于取代反应和消除反应哪一个占优势，取决于反应物的结构及反应条件。

$$RCH_2CH_2X + OH^- \xrightarrow{} \begin{cases} \xrightarrow{\text{取代}} RCH_2CH_2OH + X^- \\ \xrightarrow{\text{消去}} RCH\!\!=\!\!CH_2 + X^- + H_2O \end{cases}$$

γ-消除及相隔更远的消除反应生成环状化合物。例如：γ-氯代-2-戊酮用氢氧化钠处理，可消去一分子 HCl 生成环丙烷衍生物：

$$\text{ClCH}_2\text{CH}_2\text{CH}_2\overset{\overset{\displaystyle O}{\|}}{\text{C}}\text{CH}_3 + \text{NaOH} \longrightarrow \triangleright\!\!-\!\overset{\overset{\displaystyle O}{\|}}{\text{C}}\text{CH}_3 + \text{NaCl} + \text{H}_2\text{O}$$

7.3.6 缩合反应

缩合反应有很多种，如醇醛缩合反应、酯缩合反应等。通过缩合反应，可以形成新的碳碳键，增长碳链。

一分子醛或酮在酸或碱的催化下，用 α-碳原子和另一分子醛或酮的羰基碳原子结合，形成 β-羟基醛或酮的反应，称为醇醛缩合反应。例如乙醛在碱的催化下，发生自身缩合反应，形成 β-羟基醛。

$$\text{CH}_3\overset{\overset{\displaystyle O}{\|}}{\text{CH}} + \text{H}\!-\!\text{CH}_2\overset{\overset{\displaystyle O}{\|}}{\text{C}}\!-\!\text{H} \xrightleftharpoons{\text{OH}^-} \text{CH}_3\!-\!\overset{\overset{\displaystyle OH}{|}}{\text{CH}}\!-\!\text{CH}_2\overset{\overset{\displaystyle O}{\|}}{\text{CH}}$$
$$\beta\text{-羟基醛}$$

酯缩合反应是指在碱的催化下，含有 α-氢的酯自身缩合，生成 β-酰基酯的反应。例如乙酸乙酯在乙醇钠的催化下，发生自身缩合反应，形成乙酰乙酸乙酯。

$$\text{CH}_3\!-\!\overset{\overset{\displaystyle O}{\|}}{\text{C}}\!-\!\text{OC}_2\text{H}_5 \xrightarrow[\text{C}_2\text{H}_5\text{OH}]{\text{C}_2\text{H}_5\text{ONa}} \text{CH}_3\!-\!\overset{\overset{\displaystyle O}{\|}}{\text{C}}\!-\!\text{CH}_2\!-\!\overset{\overset{\displaystyle O}{\|}}{\text{C}}\!-\!\text{OC}_2\text{H}_5$$

7.4 基本有机化合物的合成

有机合成是指利用化学方法将简单的有机原料制备得到复杂的新的有机化合物的过程。有机化合物的合成，大致包括分子骨架的形成和官能团的转换两个方面，是对各类基本有机反应的综合应用及其组合。因此，了解和掌握各类基本有机化合物的合成是十分重要的。

7.4.1 烯烃和炔烃的合成

烯烃是重要的有机化工原料。石油裂解是工业上制备烯烃的主要方法，有时也利用醇在氧化铝等催化剂存在下，进行高温脱水来制取。

$$\text{C}_6\text{H}_{14} \xrightarrow{700\sim900℃} \underset{15\%}{\text{CH}_4} + \underset{40\%}{\text{CH}_2\!=\!\text{CH}_2} + \underset{20\%}{\text{CH}_3\!-\!\text{CH}\!=\!\text{CH}_2} + \underset{25\%}{\text{其它}}$$

$$\text{CH}_3\!-\!\text{CH}_2\text{OH} \xrightarrow{\text{Al}_2\text{O}_3,350\sim360℃} \underset{98\%}{\text{CH}_2\!=\!\text{CH}_2} + \text{H}_2\text{O}$$

实验室中主要由醇的脱水来制备烯烃，常用的脱水剂主要有：硫酸、磷酸、无水氯化锌等。

$$\text{CH}_3\!-\!\text{CH}_2\text{OH} \xrightarrow[170℃]{\text{H}_2\text{SO}_4} \text{CH}_2\!=\!\text{CH}_2 + \text{H}_2\text{O}$$

$$2\text{CH}_3\!-\!\underset{\underset{\displaystyle \text{OH}}{|}}{\text{CH}}\!-\!\text{CH}_2\text{CH}_2\text{CH}_3 \xrightarrow[-\text{H}_2\text{O}]{\text{H}_2\text{SO}_4} \text{CH}_3\!-\!\text{CH}\!=\!\text{CHCH}_2\text{CH}_3 + \text{CH}_2\!=\!\text{CHCH}_2\text{CH}_2\text{CH}_3$$

2-戊醇   2-戊烯   1-戊烯
（主要产物）

除了醇的脱水外，用卤代烃与碱的醇溶液作用脱去卤化氢，也是制备烯烃的一种方法。例如：

$$\text{BrCH}_2\text{CH}_2\text{CH}_3 + \text{NaOH} \xrightarrow{78\% \text{ C}_2\text{H}_5\text{OH}} \text{CH}_3\text{CH}\!=\!\text{CH}_2 + \text{NaBr} + \text{H}_2\text{O}$$

乙炔是最重要的炔烃，它不仅是一种有机合成的重要基本原料，而且又大量地用做高温氧炔焰的燃料。乙炔的合成采用的是工业方法，主要有两种生产方法。

其一是碳化钙法，由焦炭和石灰在高温电炉中反应，得到碳化钙，再和水反应，即得到乙炔。

$$3C + CaO \xrightarrow{2000℃} CaC_2 + CO$$

$$CaC_2 + 2H_2O \longrightarrow HC\equiv CH + Ca(OH)_2$$

其二是由天然气或石油生产乙炔。

$$2CH_4 \xrightarrow[0.01\sim0.1s]{1500℃} HC\equiv CH + 3H_2$$

$$4CH_4 + O_2 \longrightarrow CH\equiv CH + 2CO + 7H_2$$

其它炔烃的合成，通常采用邻二卤代烃或偕二卤代烃在碱性条件下脱卤化氢而得到。

$$CH_3-\underset{Cl}{CH}-\underset{Cl}{CH}-CH_3 \xrightarrow[C_2H_5OH]{KOH} CH_3-C\equiv C-CH_3$$

$$CH_3-\underset{Cl}{\overset{Cl}{C}}-CH_2-CH_3 \xrightarrow[C_2H_5OH]{KOH} CH_3-C\equiv C-CH_3$$

7.4.2 卤代烃的合成

卤代烃是一类重要的有机合成中间体，通过卤代烃的取代反应，能制备多种有用的化合物，如腈、胺、醚等。卤代烃在无水乙醚中和金属镁作用生成的烷基卤化镁（RMgX），称为格氏试剂（Grignard reagent），格氏试剂与羰基化合物，如醛、酮及二氧化碳等作用，可制取醇和羧酸。

卤代烃的合成方法很多，其中常用的是不饱和烃的加成反应和醇的取代反应。不饱和烃可以与卤化氢或卤素加成，生成卤代烃。

$$CH_3CH_2CH_2CH\equiv CH_2 \xrightarrow{KI}{H_3PO_4} CH_3CH_2CH_2\underset{I}{CH}-CH_3$$

$$CH_3CH\equiv CH_2 + Br_2 \xrightarrow{CCl_4} CH_2-\underset{Br}{CH}-\underset{Br}{CH_2}$$

实验室中制备卤代烃的最常用的方法是醇的取代反应，由醇与氢卤酸作用，生成卤代烃和水。其中氯代烃的制备是将浓盐酸和醇在无水氯化锌的存在下制得的；制备溴代烃时，要将醇与氢溴酸及浓硫酸一起加热；碘代烃则可将醇与氢碘酸一起加热回流而得到。

$$H_3C-\underset{OH}{CH}-CH_3 \xrightarrow[ZnCl_2]{HCl} H_3C-\underset{Cl}{CH}-CH_3 + H_2O$$

$$C_2H_5OH + HBr \xrightarrow{H_2SO_4} C_2H_5Br + H_2O$$

卤代芳烃的制法与卤代烷不同。一般是用卤素（氯或溴）在铁粉或三卤化铁催化下与芳香族化合物作用，通过芳香族的亲电取代反应将卤原子引入苯环。

7.4.3　醇的合成

醇在有机化学上应用极广，不但可用做溶剂，而且易于转变成卤代烷、烯、醚、醛、酮、羧酸等化合物，所以它是一类重要的有机化工原料。

醇的制备方法很多，包括烯烃的水合、卤代烃的水解、醛酮的还原以及从格氏试剂制备等。

烯烃的水合法是指烯烃与水在酸的催化下，通过亲电加成反应而得到醇。

$$CH_2\!=\!CH_2 + HOH \xrightarrow[280\sim300℃,8MPa]{H_3PO_4\text{-硅藻土}} CH_3\!-\!CH_2\!-\!OH$$
乙醇

$$CH_3\!-\!CH\!=\!CH_2 + HOH \xrightarrow[105℃,2MPa]{H_3PO_4\text{-硅藻土}} CH_3\!-\!\underset{\underset{OH}{|}}{CH}\!-\!CH_3$$
异丙醇

$$CH_3\!-\!\underset{\underset{CH_3}{\|}}{C}\!=\!CH_2 \xrightarrow{H_2SO_4} CH_3\!-\!\underset{\underset{OSO_3H}{|}}{\overset{\overset{CH_3}{|}}{C}}\!-\!CH_3 \xrightarrow{H_2O} CH_3\!-\!\underset{\underset{OH}{|}}{\overset{\overset{CH_3}{|}}{C}}\!-\!CH_3$$
叔丁醇

卤代烃的水解法指卤代烃在碱的催化下，通过亲核取代反应、羟基取代卤素而得到醇。

$$H_2C\!=\!CHCH_2Cl + H_2O \xrightarrow{Na_2CO_3} H_2C\!=\!CHCH_2OH + HCl$$
烯丙醇

$$\underset{\text{苄氯}}{C_6H_5CH_2Cl} \xrightarrow[\text{或 } Na_2CO_3]{NaOH\ \text{水溶液}} \underset{\text{苄醇}}{C_6H_5CH_2OH}$$

醛、酮的分子中都含有不饱和的羰基，因此它们能够通过催化加氢或用化学还原剂还原而得到醇。

$$\underset{\text{丁醛}}{CH_3CH_2CH_2CHO} \xrightarrow{NaBH_4}{}_{H_2O}\underset{\text{丁醇(85\%)}}{CH_3CH_2CH_2CH_2OH}$$

$$\underset{\text{2-丁酮}}{CH_3CH_2COCH_3} \xrightarrow[H_2O]{NaBH_4} \underset{\text{2-丁醇(87\%)}}{CH_3CH_2\underset{\underset{OH}{|}}{CH}\!-\!CH_3}$$

结构复杂的醇主要是由 Grignard 反应来制备。Grignard 试剂能与环氧乙烷、醛、酮、羧酸酯等化合物进行加成，将此加成物进行水解，便可分别得到伯、仲、叔醇。

$$R\!-\!X + Mg \xrightarrow{\text{无水乙醚}} RMgX \quad \text{其中 } X = Cl、Br、I$$

$$R:MgX + \underset{H}{\overset{H}{C}}\!=\!\ddot{O} \xrightarrow{\text{干醚}} R\!-\!\underset{\underset{H}{|}}{\overset{\overset{H}{|}}{C}}\!-\!\ddot{O}:MgX \xrightarrow{H_3O^+} R\!-\!\underset{\underset{H}{|}}{\overset{\overset{H}{|}}{C}}\!-\!OH$$
伯醇

$$R:MgX + \underset{H}{\overset{R'}{C}}\!=\!O \xrightarrow{\text{干醚}} R\!-\!\underset{\underset{H}{|}}{\overset{\overset{R'}{|}}{C}}\!-\!OMgX \xrightarrow{H_3O^+} R\!-\!\underset{\underset{H}{|}}{\overset{\overset{R'}{|}}{C}}\!-\!OH$$
仲醇

$$R\!:\!MgX + \begin{matrix}R'\\ \quad\\ R''\end{matrix}\!\!\!C=O \xrightarrow{\text{干醚}} R-\underset{\underset{R''}{|}}{\overset{\overset{R'}{|}}{C}}-OMgX \xrightarrow{H_3O^+} R-\underset{\underset{R''}{|}}{\overset{\overset{R'}{|}}{C}}-OH$$

叔醇

7.4.4　醚的合成

大多数有机化合物在醚中都有良好的溶解度，有些反应（如 Grignard 反应）也必须在醚中进行，因此醚是有机合成中常用的溶剂。醚的制备方法主要有两种。

一种是醇的脱水：

$$R-OH + H-OR \underset{\triangle}{\overset{\text{催化剂}}{\rightleftharpoons}} ROR + H_2O$$

另一种是醇（酚）钠与卤代烃作用：

$$RO-Na + X-R \rightleftharpoons ROR + NaX$$

前一种方法是由醇制取单纯醚的方法，所用的催化剂可以是硫酸、磷酸或氧化铝等。

$$CH_3CH_2O\boxed{H+HO}CH_2CH_3 \xrightarrow[\text{或}Al_2O_3,240\sim260℃]{\text{浓}H_2SO_4,140℃} CH_3CH_2-O-CH_2CH_3 + H_2O$$

乙醚

醇（酚）钠和卤代烃的作用，是合成不对称醚的主要方法，特别是在制备芳基烷基醚时产率较高。

$$CH_3-\underset{\underset{CH_3}{|}}{\overset{\overset{CH_3}{|}}{C}}-ONa + ICH_3 \longrightarrow CH_3-\underset{\underset{CH_3}{|}}{\overset{\overset{CH_3}{|}}{C}}-OCH_3 + NaI$$

$$\text{C}_6\text{H}_5-ONa + BrCH_2CH_3 \longrightarrow \text{C}_6\text{H}_5-OCH_2CH_3 + NaBr$$

7.4.5　醛、酮的合成

醛、酮是一类重要的化工原料。根据分子结构不同，醛、酮可分为脂肪醛、酮和芳香醛、酮。醇的氧化和脱氢是制备脂肪醛、酮的主要方法。工业上大多用催化氧化或催化脱氢法，即相应的醇在较高的温度（250～350 ℃）下，用银、铜、铜-铬合金等金属催化来制取。

$$CH_3-\underset{\underset{H}{|}}{\overset{\overset{H}{|}}{C}}-OH \xrightarrow[260\sim290℃]{Cu} CH_3-\overset{\overset{O}{\|}}{C}-H + H_2\uparrow$$

$$\begin{matrix}CH_3\\ \quad\\ CH_3\end{matrix}\!\!\!CH-OH \xrightarrow[380℃]{ZnO} \begin{matrix}CH_3\\ \quad\\ CH_3\end{matrix}\!\!\!C=O + H_2\uparrow$$

实验室一般都用氧化剂氧化醇来制备醛、酮，其中酸性重铬酸钠（钾）是最常用的氧化剂。

$$CH_3(CH_2)_5\underset{\underset{OH}{|}}{CH}CH_3 \xrightarrow[100℃,H_2O]{K_2Cr_2O_7+H_2SO_4} CH_3(CH_2)_5\overset{\overset{O}{\|}}{C}CH_3$$

2-辛醇　　　　　　　　　　　　2-辛酮(96％)

$$CH_3CH_2OH \xrightarrow[{[O]}]{K_2Cr_2O_7+H_2SO_4} CH_3CHO$$

乙醛(沸点 21℃)

芳香酮的制备通常利用 Friedel-Crafts 反应。所谓 Friedel-Crafts 反应是指芳香烃在 Lewis 酸（无水三氯化铝、氯化锌、三氯化铁、三氟化硼等）催化剂存在下，与卤代烷、酰氯或酸酐作用，在苯环上发生亲电取代反应引入烷基或酰基的反应。前者称为 Friedel-Crafts 烷基化反应，后者称为 Friedel-Crafts 酰基化反应。

$$\text{（苯）} + \text{（苯甲酰氯）COCl} \xrightarrow{\text{AlCl}_3} \text{二苯甲酮} + HCl$$

苯甲酰氯　　　　　　　　　　　二苯甲酮

$$\text{（苯）} + CH_3CH_2CH_2COCl \xrightarrow{\text{AlCl}_3} \text{（苯-COCH}_2CH_2CH_3) + HCl$$

7.4.6 羧酸的合成

制备羧酸最常用的方法是氧化法，可以将烯烃、伯醇、醛分子通过空气氧化或化学氧化剂氧化来制取羧酸。

$$CH_3CH_2CH_2OH \xrightarrow[\triangle]{\text{KMnO}_4/\text{H}_2\text{SO}_4} CH_3CH_2CHO \xrightarrow[\triangle]{\text{KMnO}_4/\text{H}_2\text{SO}_4} CH_3CH_2COOH$$

$$\text{（}C_6H_5CH_2OH\text{）} \xrightarrow[\triangle]{\text{KMnO}_4/\text{H}_2\text{SO}_4} \text{（}C_6H_5CHO\text{）} \xrightarrow[\triangle]{\text{KMnO}_4/\text{H}_2\text{SO}_4} \text{（}C_6H_5COOH\text{）}$$

$$CH_3(CH_2)_3CHO \xrightarrow[20℃]{\text{KMnO}_4/\text{H}_2\text{SO}_4} CH_3(CH_2)_3COOH$$

$$\text{（环己烷）} + 4[O] \longrightarrow \begin{array}{c} CH_2CH_2COOH \\ | \\ CH_2CH_2COOH \end{array}$$

芳香烃的苯环比较稳定，较难氧化，而苯环上含有 α-氢的烷基，则不论长短，用强氧化剂氧化时，最后都变成羧基，这是通常制备芳香族羧酸的方法。

$$\text{（}C_6H_5CH_3\text{）} \xrightarrow{\text{KMnO}_4/\text{NaOH}} \text{（}C_6H_5COOH\text{）} \xleftarrow{\text{KMnO}_4/\text{NaOH}} \text{（}C_6H_5C_2H_5\text{）}$$

$$\text{（对硝基甲苯）} \xrightarrow[\triangle]{\text{K}_2\text{Cr}_2\text{O}_7/\text{H}_2\text{SO}_4} \text{（对硝基苯甲酸）}$$

$$\text{（对叔丁基甲苯）} \xrightarrow{\text{KMnO}_4/\text{NaOH}} \text{（对叔丁基苯甲酸）}$$

$$\text{（间位取代苯）} \xrightarrow{\text{Na}_2\text{Cr}_2\text{O}_7/\text{H}_2\text{SO}_4} \text{（间苯二甲酸衍生物）}$$

此外，羧酸还可以通过腈的水解、Grignard 试剂和二氧化碳作用或甲基酮的卤仿反应来制取。

$$\text{苯乙腈}\ \text{（}C_6H_5CH_2CN\text{）} + 2H_2O \xrightarrow[\text{加热}]{\text{浓 H}_2\text{SO}_4} \text{（}C_6H_5CH_2COOH\text{）} + NH_3$$

苯乙腈　　　　　　　　　　　　　　　　　苯乙酸(78%)

7.4.7 胺的合成

胺可视为氨分子中的氢原子被烃基取代后的衍生物。胺的合成反应主要有硝基化合物的还原、腈和酰胺的还原、醛酮的还原胺化等还原反应以及氨的烷基化等取代反应。

硝基化合物的还原主要用于芳香族伯胺的制备，这是由于芳香族硝基化合物容易得到，而脂肪族硝基化合物的合成比较困难。芳香族硝基化合物的还原可以用催化氢化法或化学还原法。常用的化学还原剂有铁-盐酸、铁-乙酸、锡-盐酸、氯化亚锡-盐酸等。其中尤以铁-盐酸最为常用，优点是成本低，但需要较长的反应时间，残渣铁泥也难以处理。

腈和酰胺的还原可以制备各种结构的脂肪胺，可以用催化氢化法或化学还原法。氢化铝锂是最常用的化学还原剂。

氨或胺可以与醛或酮发生亲核加成，生成的产物很容易经脱水消除得到亚胺。

所得的亚胺很不稳定，如在氢及加氢催化剂存在下，经加压立即被还原为相应的胺。这个方法称为还原胺化。

$$\text{⬡=O} + H_2NCH_2CH_3 \xrightarrow[\text{加压}]{\text{Ni-}H_2} \text{⬡—NHCH}_2CH_3$$

N-乙基环己胺

◈ 本章小结

1. 基本概念

碳氢化合物、衍生物、开链化合物、环状化合物、脂肪族、芳香族、官能团、系统命名法、习惯命名法、Lewis 结构、Kekulé 结构、异构现象、构造异构、立体异构、构型异构、构象异构、顺反异构、对映异构、旋光异构、对映体、旋光度、手性、手性分子、对称因素

2. 基本规律与基本计算

比旋光度的定义与测量，计算公式：

$$[\alpha]_\lambda^T = \frac{\alpha}{l \cdot c}$$

结构分析的主要步骤：分离纯化、经验式和分子式的确定、结合其化学性质和物理性质和各种谱学特性，确定有机化合物的结构。

马氏规则和反马氏规则：不对称烯烃和卤化氢发生亲电加成反应时，氢原子加到含氢较多的碳原子上，即为马氏规则。不对称烯烃和卤化氢发生自由基加成反应时，氢原子加到含氢较少的碳原子上，为反马氏规则。

3. 有机化学反应基本类型

（1）取代反应　包括自由基取代、亲核取代和亲电取代。自由基取代反应常需在高温或光照条件下进行。亲核试剂一般是负离子或具有未共用电子对的中性分子。卤代烷是最为常见的亲核取代反应底物。亲电取代反应则是由亲电试剂的进攻而发生的取代反应。亲电试剂是缺电子试剂，通常是正离子或含有空轨道的分子。苯容易发生亲电取代反应。常见的有卤化、磺化、硝化和烷基化等反应。

（2）加成反应　包括亲电加成、自由基加成、亲核加成以及协同加成。亲电加成反应是由亲电试剂进攻而发生的加成反应，一般发生在碳碳不饱和键上。常见的亲电试剂包括质子酸、Lewis 酸、卤素、次卤酸、卤代烷等。不对称烯烃和卤化氢的亲电加成的产物结构遵循马氏规则。自由基加成是由自由基进攻而发生的加成反应，不常见，其产物结构遵循反马氏规则。亲核加成则是由亲核试剂的进攻而发生的加成反应。醛酮容易在 HCN、NaHSO₃、RNH₂、ROH、RMgX 等能提供一对电子的试剂进攻下发生亲核加成。协同加成反应也称环加成反应，通过反应可以形成六元环或四元环，是形成环状化合物的一个重要的方法。

（3）氧化、还原反应　可简单地把分子中加氧或脱氢的反应视为氧化，而去氧及加氢的反应叫还原。氧化反应包括烷烃的氧化，不饱和烃的部分氧化，芳烃侧链的氧化，醛的部分氧化，醇、胺、酚的氧化等。较弱的氧化剂就可使醛氧化，但不能使酮氧化，可利用这一原理来鉴别醛与酮。还原反应包括非极性重键（碳碳双键、三键）的还原和极性重键（碳氧双键、碳氮三键等）的还原。常用的还原方法有催化氢化法和化学还原法。催化氢化法主要用于非极性重键（碳碳双键、三键）的还原。化学还原法主要用于极性重键（碳氧双键、碳氮三键等）的还原，不能还原非极性重键。常用的化学还原剂有硼氢化钠、氢化铝锂等。

（4）消除反应　分为 α-消除（1,1-消除）；β-消除（1,2-消除）和 γ-消除（1,3-消除）等。消除反应可以看做加成反应的逆反应，被消去的分子可以是 H₂O、HX、R₃N 及 X₂ 等。

（5）缩合反应　有很多种，如醇醛缩合反应、酯缩合反应等。通过缩合反应，可以形成

新的碳碳键，增长碳链。

4. 基本有机化合物的合成

烯烃和炔烃：石油裂解是工业上制备烯烃的主要方法；实验室中主要由醇的脱水、卤代烃与碱的醇溶液作用脱去卤化氢等方法来制备。乙炔的合成可采用碳化钙法。

卤代烃：利用不饱和烃的加成反应和醇的取代反应，实验室中常用后一方法。

醇：可利用烯烃的水合、卤代烃的水解、醛酮的还原以及格氏试剂等。

醚：利用醇的脱水制取单纯醚；利用醇（酚）钠与卤代烃作用合成不对称醚。

醛酮：主要利用醇的氧化和脱氢，工业上大多用催化氧化或催化脱氢法，而实验室一般采用氧化试剂氧化醇法。

羧酸：最常用的是氧化法，可以将烯烃、伯醇、醛分子通过空气氧化或化学氧化剂氧化来制取羧酸。还可以通过腈的水解、Grignard 试剂和二氧化碳作用或甲基酮的卤仿反应来制取。

胺：主要通过硝基化合物的还原、腈和酰胺的还原、醛酮的还原胺化等还原反应或氨的烷基化等取代反应来制备。

◇ 思考题

1. 有机化合物的定义是什么？有机化合物有什么特点？
2. 有机化合物按碳原子的结合方式分为哪几类？各举一个例子。
3. 有机化合物中有哪些主要官能团？举例说明。
4. 什么叫同分异构体？有哪些异构现象？
5. 产生顺反异构、旋光异构的条件各有哪些？
6. 进行有机物的结构分析一般经过哪些步骤？
7. 己烷和环己烷各有哪几种构象？哪种构象更稳定？
8. 按进攻试剂的不同分类，取代反应可分为哪几类？各举一例说明。
9. 加成反应的类型有哪些？各有什么特点？
10. 怎样用化学方法分辨醛和酮？
11. 常用的氧化、还原方法各有哪些？
12. 根据消去基团的相对位置，消除反应有哪些类型？各生成什么产物？
13. 工业上制备烯烃、乙炔、卤代烃的方法各有哪些？

◇ 习题

1. 按系统命名法命名下列化合物。

(1)

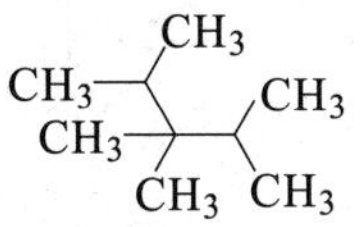

(2) $CH_3—CH=CH—C\equiv CH$

(3)

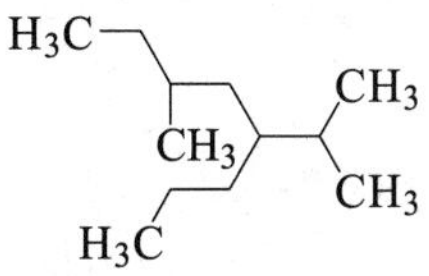

(4)

2. 写出下列化合物的结构式。

(a) 2,3-二甲基-2-丁醇；

(b) 2-溴-1-苯基丙烷；

(c) 3-甲基-2-戊酮；

(d) 1,3,5-三溴-2,4,6-三氯苯

3. 绘出 $C_3H_4Cl_2$ 的所有同分异构体，包括环状结构。

4. 绘出分子式为 C_4H_8 的同分异构体。

5. 何为官能团？写出下列官能团的结构：（a）醛基、（b）酮基、（c）羧基、（d）胺基、（e）醇基、（f）酯基、（g）醚基。

6. 选择题。

(1) 下列化合物中，有旋光性的为（　　）。

(2) 下列化合物中，能发生银镜反应的是（　　）。

A. C_6H_5CHO；B. $CH_3CHOHCH_2CH_3$；C. $C_6H_5COCH_3$；D. $CH_3CH_2CH_2OH$

(3) 下列化合物中，含有离子键的为（　　）。

A. CH_3Cl；B. NH_4Cl；C. H_2S；D. CH_3OH

(4) 下列化合物中，哪一个沸点最高（　　）。

A. 3,3-二甲基戊烷；B. 庚烷；C. 2-甲基己烷；D. 己烷

(5) 由 $CH_3CH_2CH_2Br \longrightarrow CH_3CHBrCH_3$，应采取的方法是（　　）

A. ① KOH，醇；② HBr，过氧化物；B. ① HOH，H^+；② HBr；

C. ① HOH，H^+；② HBr，过氧化物；D. ① KOH，醇；② HBr

7. 下列化合物中，哪一个有顺反异构体。

(1) （　　）

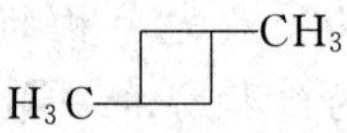

(2) （　　）

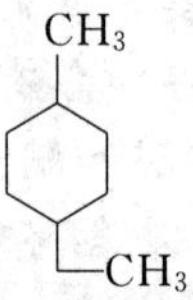

8. 用马氏规则完成下列加成反应，命名反应物和产物。

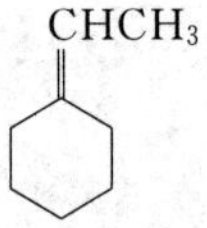

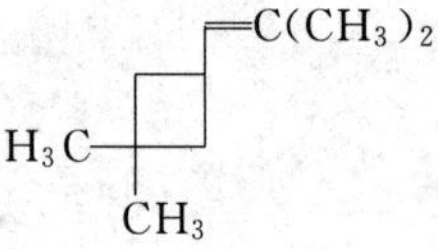

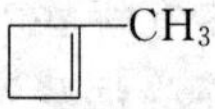

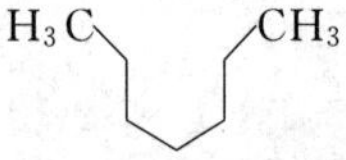

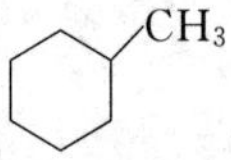

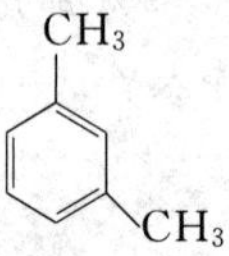

(1) $CH_3-CH_2-CH=CH_2 + HI \longrightarrow$ ；(2) $CH_3-CH=CH_2 \xrightarrow[H_2O]{Br_2}$；

(3) $CH_3-CH_2-CH=C\begin{smallmatrix}CH_3\\CH_3\end{smallmatrix} + H_2O \longrightarrow$

9. 写出下列反应的主要产物。

(1) $CH_3-CH=CH_2 \xrightarrow{HBr}$

(2) $CH_3CH_2OH + HBr \xrightarrow{\triangle}$

(3)  + $CH_3CH_2CH_2COCl \xrightarrow{AlCl_3}$

(4) $CH_3CH_2Br \xrightarrow[\text{无水乙醚}]{Mg}$

(5) 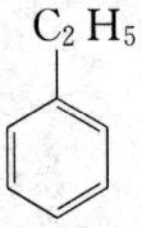 $\xrightarrow{KMnO_4}$

(6) $CH_3-C\equiv CH + 2\ HBr \longrightarrow$

(7) 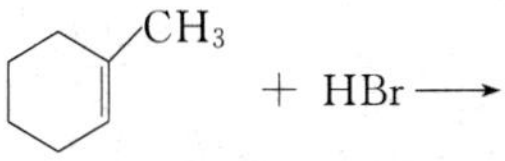 + HBr ⟶

(8) 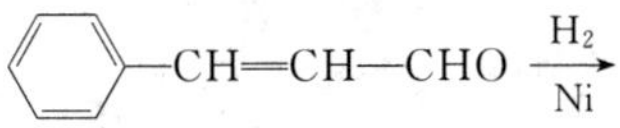 $\xrightarrow[\text{Ni}]{\text{H}_2}$

(9) 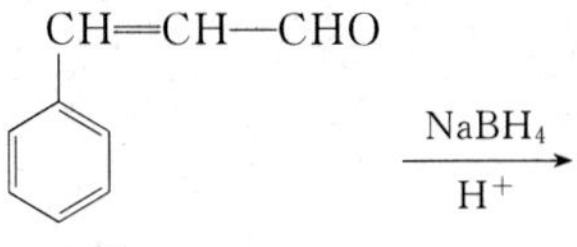 $\xrightarrow[\text{H}^+]{\text{NaBH}_4}$

(10) 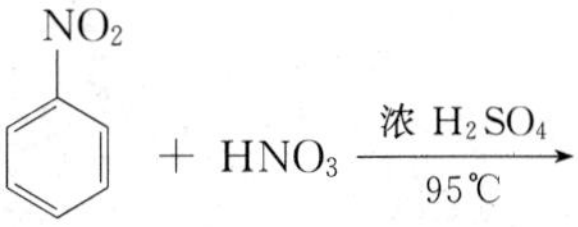 + HNO_3 $\xrightarrow[95℃]{\text{浓 H}_2\text{SO}_4}$

(11) 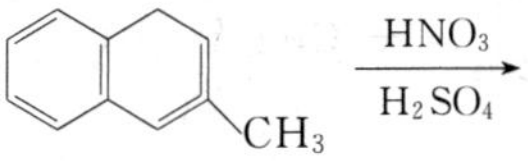 $\xrightarrow[\text{H}_2\text{SO}_4]{\text{HNO}_3}$

10. 由简单起始物质合成有机化合物是有机化学的重要方面，由本章所讨论的反应，你怎样描述下列的制备？写出相关的化学反应式。

(1) 由乙烯制 1,2-二氯乙烷；(2) 由 1-丙醇制丙酸；(3) 由 1-氯丙烷制 2-丙醇；(4) 由乙醛制乙酸乙酯。

11. 计算题。某物质溶于氯仿中，其浓度为 100mL 溶液中溶解 6.15g 该物质。

(1) 将部分此溶液放入一个 5cm 长的盛液管中，在旋光仪中测得旋光度为 −1.2°，计算它的比旋光度。

(2) 若将此溶液放进一根 10cm 长的盛液管中，试预计其旋光度。

(3) 如果把 10mL 溶液稀释到 20mL，试预计其旋光度（盛液管长为 10cm）。

12. 结构题。在某废弃的实验室中发现一贴有"烷烃 X"标签的化合物。为确定该化合物结构，取样品 6.50mg，燃烧得到 20.92mg CO_2 和 7.04mg H_2O。试推算 X 的分子式。如果标签是可信的，你认为 X 是怎样的结构呢？

13. 通过反应机理，试解释下列反应结果。

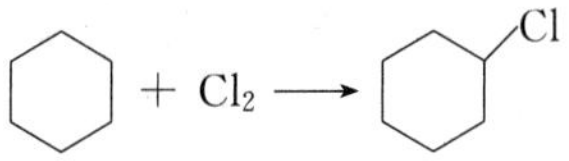

+ Cl_2 ⟶

◇ 部分习题答案

1. (1) 2,3,3,4-四甲基戊烷；(2) 3-戊烯-1-炔；(3) 3-甲基-5-异丙基辛烷；(4) *N*-甲基-*N*-乙基丙酰胺

2. (a) 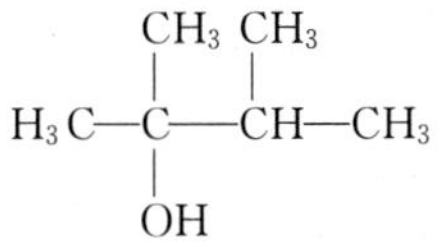 ；(b) 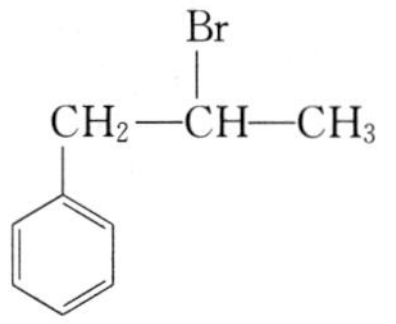 ；(c) 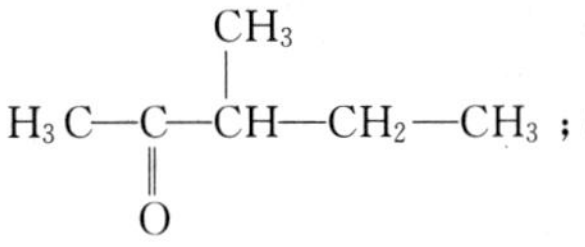 ；(d)

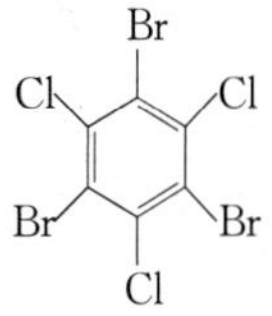

3. 一共 10 种

4. 一共 5 种

6. D，A，B，B，D

7. D，D

8. (1) $CH_3CH_2CHICH_3$；(2) $CH_3CHOHCH_3$；(3) $CH_3CH_2CHBrC(CH_3)_2OH$（命名略）

9. (1) $CH_3CHBrCH_3$；(2) CH_3CH_2Br；(3) 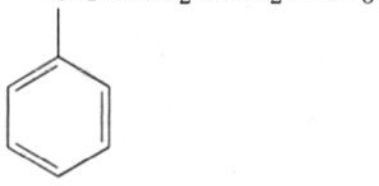 ；(4) CH_3CH_2MgBr

(5) 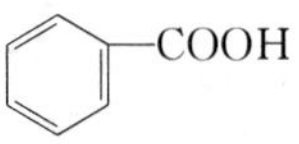 ； (6) $CH_3CBr_2CH_3$； (7) 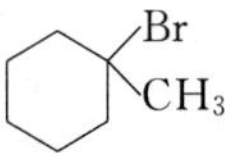 ； (8) 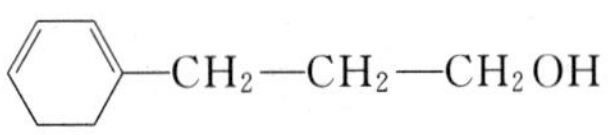 ；

(9) 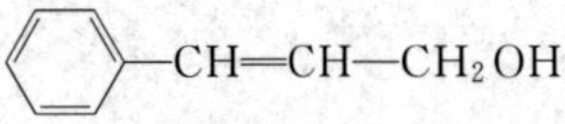 ⬡—CH=CH—CH₂OH ; (10) [苯环 with NO₂ groups] ; (11) [萘环 with CH₃ and NO₂]

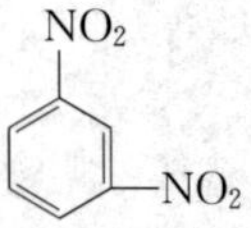

(9) $\bigcirc$—CH=CH—CH$_2$OH ； (10) 1,3-二硝基苯 ； (11) 2-甲基-1-硝基萘

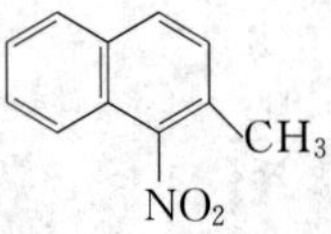

10. (1) 亲电加成；(2) 氧化反应；(3) 消除、加成；(4) 氧化、酯化

11. (1) -39.02；(2) $-2.4°$；(3) $-1.2°$

12. C_5H_8，含双环的五个碳的烷烃

13.

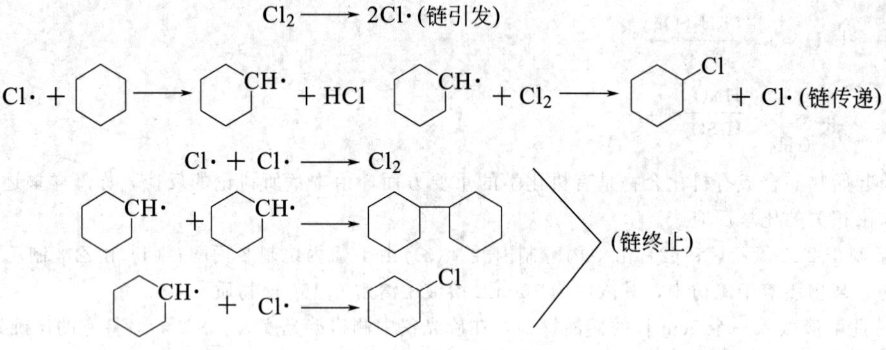

$$Cl_2 \longrightarrow 2Cl\cdot \text{(链引发)}$$

Cl· + ⬡ ⟶ ⬡CH· + HCl   ⬡CH· + Cl₂ ⟶ ⬡Cl + Cl· (链传递)

Cl· + Cl· ⟶ Cl₂

⬡CH· + ⬡CH· ⟶ ⬡—⬡

⬡CH· + Cl· ⟶ ⬡Cl

(链终止)

第 **8** 章   化学的应用

【**学习提要**】 作为一门中心科学，化学的触角必然会延伸到物质世界的各个角落。本章选择了日常生活、能源、环境和生命等几个与我们密切相关的领域，简单介绍了化学在这些领域中的重要作用，试图完成相关化学基础知识网络的编织。通过本章的学习，应该进一步深刻体会到我们生存的这个世界（包括所有生命）的物质本质，以及化学的实用性与创造性对我们这个世界和我们的生活起到了多么重要的作用。

世界是由物质组成的。化学正是研究各种物质分子的结构、性能、用途、制造方法及相关规律的科学。我们生活在物质世界中，人类自身也是这个物质世界的一个组成部分。因此，化学的触角必然会延伸到这个世界的各个角落。通过前面诸章的学习，我们已经知道化学是一门基础性的、中心的学科，通过本章的学习，我们将认识到化学也是一门实用的、创造性的学科。化学的应用涉及到我们生活的各个方面，也涉及到其它许多学科。鉴于篇幅的限制，本章仅仅就化学在日常生活、能源、环境和生命等几个领域中的应用进行介绍。

8.1 化学与日常生活

人类生活的各个方面都与化学息息相关。我们生活中会用到各种各样的物质，现在这些物质几乎已经没有纯粹天然的了。生活中各种纺织品的面料包括天然纤维、人造纤维和合成纤维。天然纤维要经过化学处理进行改性，而后两种则是化工产品。织成的布料都要用染料进行化学染色。皮革是兽皮经过化学处理后得到的，人造革则是化学合成的产品。粮食、蔬菜和水果的种植需要化肥、农药、除草剂等化工产品来保证它们的生长。色香味俱佳的食品离不开甜味剂、防腐剂、香料、调味剂和色素等食品添加剂。即使是天然的食品，如鲜牛奶，也需要化学检验来保证其品质。建筑所需的水泥、石灰、油漆、玻璃、陶瓷和塑料等材料都是化工产品，金属材料则都是经过以化学为基础的冶炼过程得到的。各种家具所用的木材都经过了化学处理。各种现代交通工具，不仅需要汽油、柴油作燃料，还需要防冻剂和润滑油，这些无一不是石油化工产品。此外，药品、保健品、洗涤剂、化妆品等，这些日常生活必不可少的商品也都是化学制剂。总之，我们生活在化学的世界中。

8.1.1 纤维和纺织品

纺织品种类很多，但从本质上看它们都是由天然纤维、人造纤维或者合成纤维制成的。

8.1.1.1 天然纤维

纺织品中常用的天然纤维包括：棉、麻、蚕丝和羊毛。

（1）棉和麻 棉和麻属于植物性纤维，是由碳、氢、氧三种元素组成的化合物纤维素构成的。纤维素分子中含有葡萄糖单体，而每个葡萄糖单体至少具有三个羟基。这些羟基都是亲水的，所以棉和麻的纤维都具有很强的吸湿性。在棉、麻纤维中，纤维素分子排列得井井有条，使它们具有较好的机械强度和柔韧性，经得起拉伸和洗涤。在显微镜下面，可以看到棉纤维是细长而略扁的呈椭圆形的中空管状细胞，很像一条救火用的水龙带。麻纤维与棉纤维不同的是其管状细胞的两端是封闭的，比较直，不卷曲。麻纤维是一种韧皮，纤维长、强度特别高，是天然纤维中强度最高的。它的组织比较疏松，不但吸湿性和透气性好，散热也很快，适于制作夏季用品。

纤维素不耐高温，当加热到150℃以上时，它就会开始分解，变成焦黄色，遇到火会燃烧。棉、麻纤维不耐酸的腐蚀，强酸会使它们受到严重的损伤。酸性比较弱的物质也会使纤维素发生水解作用，使其变成质地很脆的水解纤维素。碱对棉、麻纤维的腐蚀作用比酸要弱得多，一般弱碱性的物质对棉布和麻织品的坚牢程度影响不大，所以用普通洗衣皂（碱性）来洗涤棉、麻织品，对它们的损伤很小。不过，碱性很强的物质，如烧碱，对棉麻织品则有较强的腐蚀性。

(2) 蚕丝　蚕丝属于动物性纤维，由碳、氢、氧、氮四种元素组成的蛋白质构成。丝是一种特别细的长纤维，它的长度可以达到几百米，外层有胶。蚕丝是排列得很整齐的圆形纤维，这使它具有许多棉纤维所没有的优点：美丽明亮的光泽、柔软的质地、特别精致的外观、坚韧耐用、良好的弹性等。它的吸湿性和透气性也不差。丝纤维不怕酸的侵蚀，但是碱对蚕丝的腐蚀性却很大。另外，容易燃烧和易遭受虫蛀是丝纤维制品的共同弱点。

(3) 羊毛　羊毛也属于动物性纤维，但比丝纤维多一种硫元素。它由两种蛋白质组织构成。一种是含硫元素少的蛋白质，叫做纤维质蛋白，在羊毛纤维中排列成一条一条的；另一种是含硫元素多的细胞间质蛋白，它像爬高用的竹梯子上的横挡那样，把一条一条的纤维质蛋白连接起来，形成了一个巨大的皮质细胞。在羊毛纤维表面的皮质细胞是鳞片状的，它很像鱼身上的鳞片，覆盖在内层的皮质细胞的外面。虽然它很小又很薄，却起着保护内层皮质细胞的作用。在鳞片的外面，还有胶和结实的角膜层，使得羊毛具有特别耐磨、光滑、不透水和保暖的性质。

羊毛纤维的优点很多，但缺点也较多，主要包括：①能与碱作用而受到损伤；②怕高温，易燃烧，在130～140℃温度下，羊毛中的蛋白质就会分解放出氨气和含硫的气体，发出一种难闻的烧毛发的焦臭味；③在高温水中会发生水解作用，使纤维受到损伤，强度减弱，有时还会使纤维变黄；④对光很敏感，受到阳光的曝晒后，往往会使蛋白质分解使纤维变得脆弱；⑤易遭虫蛀，易发霉；⑥在外力长时间拉伸后难以复原；⑦不怕硫酸和盐酸，但会被硝酸破坏，生成黄蛋白。

8.1.1.2　人造纤维

人造纤维的品种不太多，主要有黏胶纤维、醋酸纤维和铜氨纤维。人造棉、人造丝、人造毛和富强纤维等都属于人造纤维。

黏胶纤维由含有天然纤维素的木材、棉短绒、甘蔗渣、棉花秆、小麦秆等农副产品，经过化学处理后制成。由于这些天然纤维素经过处理后成为一种黏稠的液体很像胶水，所以用它制成的纤维就叫做黏胶纤维。制出来的纤维是像蚕丝一样长的棒状纤维。黏胶纤维分子排列得比较松散和零乱，分子之间的空隙比较大。所以，黏胶纤维的结构要比棉纤维疏松，柔软程度和韧性方面也比棉纤维差。在吸湿性和染色效果上则和棉纤维不相上下。黏胶纤维可以按照人们的需要加工成棉型短纤维（人造棉）毛型短纤维（人造毛）和长丝纤维（人造丝）。

富强纤维，简称富纤，是采用合成树脂等化学制品来处理黏胶纤维而得到的，这些合成树脂好比钩子一样，使黏胶纤维的分子之间挂起了钩子。由于合成树脂的加入，富强纤维的干强度和湿强度都有所增加，而且在韧性、弹性方面都得到明显改善。

铜氨纤维和醋酸纤维都是用来做人造丝的，质量比黏胶纤维人造丝好，不但强度高，而且更为精细匀称，质地柔软。它们的生产工艺比较复杂，成本也比较高。醋酸纤维人造丝的耐热性比较差，一般应在100℃以下；温度太高了，醋酸纤维会熔化。

8.1.1.3 合成纤维

合成纤维是以有机化合物为原料，利用化学合成的方法，经过聚合反应制造出来的一种高分子聚合物。例如锦纶（尼龙）的化学名称叫聚酰胺纤维，涤纶（的确良）的化学名称叫聚酯纤维，腈纶的化学名称叫聚丙烯酯纤维，维纶（维尼纶）的化学名称叫聚乙烯醇纤维，丙纶的化学名称叫聚丙烯纤维，氯纶的化学名称叫聚氯乙烯纤维。

将聚合物变成可以纺丝的合成纤维一般有两种方法。第一种方法叫熔融纺丝法，它是干法纺丝，锦纶、丙纶、涤纶纤维就用此法生产。第二种方法叫湿法纺丝，即把聚合物溶解在适当的溶剂中配成聚合物的溶液，再将这种溶液从喷丝头的细孔中压出来，让溶液变成细流在热空气中通过，其中的溶剂就迅速挥发，聚合物就凝固成细丝，腈纶、维纶、氯纶纤维都用此法生产。生产出的长丝还要经过截短和后续加工以增加纤维的强度、柔软性和弹性才能用来制造纺织品。

合成纤维具有一些优良的特性，如强度高、耐磨、弹性好、保暖、不会发霉、不受虫蛀等。合成纤维的原料来源丰富。合成纤维的粗细和长短可以按照人们不同的需要而生产。例如，合成纤维长丝像蚕丝一样的长，洁白、细软而又光滑。合成纤维的短纤维则是像棉花、羊毛一样的短纤维。还有合成纤维比较粗，又比较硬，称为鬃丝。所以合成纤维的花色品种特别齐全。

合成纤维虽然具有许多优点，但也存在着一些致命的弱点。由于合成纤维是有机高分子化合物，它们都不能被水所湿润，所以合成纤维的吸湿性比较差，有的几乎不吸湿。又因为它们都是实心的纤维，所以生产出来的纺织品都很紧密，不透气，不吸水。所以在合成纤维纺织品中，纯的合成纤维纺织品比较少，合成纤维与棉、羊毛、黏胶纤维混纺的纺织品比较多。

8.1.2 食物中的营养物质

食物的种类繁多，口味各异，但从本质上看都是由一些基本的化学物质组成的，主要包括各种营养物质和食品添加剂。人们可以从食物中吸取的主要营养物质包括：蛋白质、脂肪、碳水化食物、维生素、无机盐（矿物质）、食物纤维素等。这些营养物质为我们的身体提供能量，同时也提供人体的各种组织能够生长和得到修复所不可缺少的物质。

（1）蛋白质　蛋白质是人体组织的生长和修补都必不可少的物质。人体内的蛋白质是由二十多种氨基酸所组成的，其中只有十几种氨基酸可以在人体内转化和合成，另外有八种氨基酸是不能由人体合成的，它们必须直接依靠食物来供给。由于这八种氨基酸都是维持人体内氮元素的量所必需的，所以被称为"必需氨基酸"。含有全部必需氨基酸的蛋白质称为完全蛋白质，缺少了任何必需氨基酸的蛋白质称为不完全蛋白质。蛋白质含量比较丰富的食物有蛋类、豆类、鱼类和肉类。鸡蛋中的蛋白质含有全部八种必需氨基酸，是少有的完全蛋白质，它的质量最好。豆类、鱼类和肉类中所含的必需氨基酸都只有八种必需氨基酸中的几种，它们都是不完全蛋白质。

（2）脂肪　脂肪是组成人体的重要成分，也是人体储存能量的物质，它所提供的热量远远超过糖类和蛋白质。脂肪的主要成分是脂肪酸和甘油的化合物，还含有少量的磷脂、胆固醇和维生素。磷脂是组成人体细胞所不可缺少的物质，胆固醇是某些激素的主要成分，它能促进新陈代谢，也是一种营养素。人体所必需的脂肪中，也有三种一定要从食物中摄取，它们是亚麻油酸、亚麻油烯酸和花生油烯酸，它们也被称为"必需脂肪酸"。亚麻油酸和亚麻油烯酸存在于芝麻油、菜油和豆油中，花生油烯酸则存在于鱼肝油中。含脂肪丰富的食物主要有植物性油脂（花生油、芝麻油、豆油、菜籽油、棉籽油等）、花生、豆类、核桃仁、肉类和鱼类。胆固醇含量比较高的食物有动物的内脏（肝、肾等）、蛋类、黄油、鱼子和蟹类。

（3）碳水化合物　碳水化合物又称为糖类，分为单糖（葡萄糖、果糖）、双糖（蔗糖、麦芽糖、乳糖）和多糖（淀粉、纤维素）。在人体内，糖和氧气作用后变成二氧化碳和水，同时产生热量供人们正常活动，它也是维护心脏和神经系统具有正常生理功能的必需品。食物中的碳水化合物主要有淀粉和糖，淀粉存在于粮食中，如薯类、大米、面粉、玉米等，糖则有葡萄糖、果糖和蔗糖等。其实淀粉也是一种糖（多糖），淀粉在人体内经过胰液和淀粉酶的作用，便分解成葡萄糖。

（4）维生素　维生素是调节人体代谢，维持正常生命的营养素。已知维生素有二十几种，不能由人体合成，只能由食物供给。可分为两大类，一类是"脂溶性维生素"，如维生素 A、维生素 D、维生素 E、维生素 K 等；另一类是"水溶性维生素"，如维生素 B、维生素 C、烟酸、叶酸等。维生素可使人体得到均衡发展，并增强人体抵抗力，抵御各种传染病。人体缺乏任何一种维生素都会导致疾病。如缺乏维生素 A 可得夜盲症、干眼病等，富含维生素 A 的食物主要有动物肝脏、蛋、奶，以及富含胡萝卜素的蔬菜和水果（胡萝卜、菠菜、辣椒、杏、柿子等）。缺乏维生素 C 可引起牙龈出血、皮下出血，富含维生素 C 的食物主要有新鲜的蔬菜和水果。缺乏维生素 B_2 可出现烂嘴角、唇炎、舌炎等，维生素 B_2 存在于小米、黄豆、绿叶菜等食物中。

（5）无机盐　无机盐也称矿物质，分为常量元素与微量元素两类。人体中正常含量超过 0.005% 的元素为常量元素，如钙、磷、钾、钠、镁、硫、氯等；人体中正常含量低于 0.005% 的元素被称为微量元素，如铁、铜、钴、铬、锰、锌、钼、碘、硒、氟等。无机盐是构成人的机体组织的重要材料，同时也是调节人体代谢、维持人体健康的营养素。无机盐必须从我们吃的食物中摄取，人体缺乏无机盐会引发各种疾病。例如，钙是构成骨骼和牙齿的主要成分，儿童缺钙会导致生长发育不良，引起骨骼变形，牙齿发育不好；老年人缺钙可引起骨质疏松。含钙丰富的食物主要有虾皮、奶、绿叶菜、豆类。血液中输送氧气的血红蛋白和细胞色素酶中都含有铁，缺铁，人体就不能合成血红蛋白而引起贫血。含铁丰富的食物主要有动物的内脏、血、瘦肉、蛋黄、菠菜、芹菜、油菜等。缺碘可引起甲状腺肿和克汀病。

（6）食物纤维素　食物纤维素是一种高分子碳水化合物，常见于蔬菜和水果中。它不能为人体所消化和吸收，但是它对人的消化过程具有重要的影响，是维持人体健康的重要物质。纤维素遇水后会膨胀，可刺激肠子蠕动，具有通便功能，使肠道内的致癌物质及时排出，使肠黏膜免于受损，防止结肠癌的发生。它还可与肠道内的胆固醇结合，使体内过多的胆固醇和脂肪随大便排出体外。

8.1.3　日用化工产品

日用化工产品也称日用化学品，是指那些人们在日常生活中所需要的化学产品。相关工业称为日用化学工业。主要的日用化工产品有：合成洗涤剂、肥皂、香精、香料、化妆品、牙膏、油墨、火柴、干电池、烷基苯、五钠（三聚磷酸钠）、骨胶、明胶、皮胶、甘油、硬脂酸、感光胶片、感光纸等。

8.1.3.1　合成洗涤剂与肥皂

洗涤剂是指以去污为目的而设计配合的制品，由必需的活性成分（活性组分）和辅助成分（辅助组分）构成。作为活性组分的是表面活性剂，作为辅助组分的有助剂、抗沉淀剂、酶、填充剂等，其作用是增强和提高洗涤剂的各种效能。洗涤剂包括肥皂和合成洗涤剂两大类。

（1）合成洗涤剂　合成洗涤剂是指以（合成）表面活性剂为活性组分的洗涤剂。合成洗涤剂通常按用途分类，分为家庭日用和工业用两大类（见图 8-1）。

```
                  ┌服装用：棉麻织品、丝毛织品、化纤及混纺织品用
              ┌家用┤厨房用：餐具、灶具、水果、蔬菜
              │    │硬表面用：陶瓷、木质、玻璃、塑料和金属制品
              │    └个人用：洗发、沐浴香波
   合成洗涤剂┤    ┌纺织、印染工业用
              │    │轻工、食品、发酵、造纸等行业用
              └工业用┤金属、机械、仪器仪表等工业用
                   │化工、医药及公用设施卫生用
                   └石油工业用
```

图 8-1 合成洗涤剂的分类

按洗涤对象不同，合成洗涤剂又可分为重役型洗涤剂和轻役型洗涤剂两种。重役型（又称重垢型）洗涤剂是指产品配方中活性物质含量高，或含有大量的助剂，用于除去较难洗涤的污垢；轻役型（又称轻垢型）洗涤剂含较少或不含助剂，用于去除易洗涤的污垢。

按产品状态，合成洗涤剂又分为粉状、液体、块状、粒状和膏状洗涤剂等。中国市场上以粉状洗涤剂和液体洗涤剂为主，前者占 75%，后者占 25%。欧美和日本等发达国家粉状洗涤剂约占 60%，液体洗涤剂约占 40%。

表面活性剂是合成洗涤剂的必要活性组分和主要原料，其中使用的表面活性剂主要有以下品种：烷基苯磺酸钠（LAS）、烷基硫酸盐（AS）、脂肪醇聚氧乙烯醚硫酸盐（AES）、仲烷基磺酸钠（SAS）、α-烯基磺酸盐（AOS）、脂肪酸甲酯磺酸盐（MES）、脂肪醇聚氧乙烯醚（AEO）、烷基酚聚氧乙烯醚（APE）、脂肪酸烷醇酰胺（Ninol）、烷基糖苷（APG）等。

① 烷基苯磺酸钠（LAS），是当今用量最多的表面活性剂，其产量占表面活性剂总产量的近 1/3。最初采用的烷基苯磺酸钠来自四聚丙烯苯，为支链型的烷基苯磺酸钠，称为硬性烷基苯磺酸钠（ABS），其生物降解性差。当前世界普遍采用的是带直链烷烃（$C_{11} \sim C_{13}$）的线型烷基苯磺酸钠（LAS），称为软性烷基苯磺酸钠。

② 烷基硫酸盐（AS）$ROSO_3Na$，R 为 $C_{12} \sim C_{18}$ 的烷烃。烷基硫酸钠通常由脂肪醇以三氧化硫、发烟硫酸或氯磺酸为硫酸化试剂硫酸化后，再经中和而制得。烷基硫酸钠又称脂肪醇硫酸钠。它的分散力、乳化力和去污力都很好，可用做重垢织物洗涤剂、轻垢液体洗涤剂，用于洗涤毛、丝织物，也可配制餐具洗涤剂、香波、地毯清洗剂、牙膏等。AS 的缺点之一是溶解度小，不充分稀释则得不到透明液体。

③ 脂肪醇聚氧乙烯醚硫酸盐（AES）$RO(C_2H_4O)_nSO_3Na$。在高级醇加成上环氧乙烷而得到烷基聚氧乙烯醚，然后再进行硫酸化，经中和得到 AES。AES 易溶于水，在较高浓度下也显示低浊点，而且去污力及发泡性都好，被广泛用做香波、浴液、餐具洗涤剂等液洗配方。当它与 LAS 复配时，有去污增效效果。

合成洗涤剂中除表面活性剂外还要有助剂。助剂本身可以有去污能力，也可以没有去污能力，其主要作用是明显改善洗涤剂的性能，或降低表面活性剂的配合量，因此，可以称为洗涤强化剂或去污增强剂。助剂有如下几种功能：对金属离子有整合作用或有离子交换作用，以使硬水软化；起碱性缓冲作用，使洗涤液维持一定的碱性，保证去污效果；具有润湿、乳化、悬浮、分散等作用，在洗涤过程中，使污垢能在溶液中悬浮而分散，能防止污垢向衣物再附着的抗再沉积作用，使衣物显得更加洁白。

洗涤剂助剂可分为无机助剂和有机助剂两大类，其主要品种包括：三聚磷酸钠、碳酸盐、硅酸盐、4A 分子筛、过硼酸钠或过碳酸钠、荧光增白剂、络合剂、水溶助长剂、抗污垢再沉积剂、溶剂、防腐剂等。三聚磷酸钠是洗涤剂中用量最大的无机助剂，它与 LAS 复配可发挥协同效应，大大提高 LAS 的洗涤性能。由于磷的富营养作用，会造成藻类大量繁

殖，导致水域污染，因此磷的用量日益受到限制。硅酸盐和碳酸盐配伍，是无磷洗涤剂的主要助剂。4A沸石与羧酸盐等复配，也是重要的无磷洗涤剂助剂。

（2）肥皂　肥皂是最古老的洗涤用品。自合成洗涤剂问世以来，其在洗涤用品中的比重逐年下降，但目前在洗涤用品中仍占有一定市场。肥皂从广义上讲，是油脂、蜡、松香或脂肪酸与有机或无机碱进行皂化或中和所得的产物。而油脂、蜡、松香与碱所以能发生作用，实质上是脂肪酸与碱发生作用，因而肥皂是脂肪酸盐RCOOM，式中R代表烃基，M为金属离子或有机碱类。8个碳原子数以下的脂肪酸及其碱金属盐在水中溶解度太大，且表面活性差；大于22个碳原子的脂肪酸盐类难溶于水，两者均不适宜制作肥皂。只有碳原子数在8～22的脂肪酸碱金属盐才具有洗涤作用。因此肥皂是指至少含有8个碳原子的脂肪酸或混合脂肪酸的碱性盐类（无机的或有机的）的总称。

8.1.3.2　香料与香精

广义上讲，香料是指香原料与香精的统称，是具有挥发性、能被嗅觉嗅出香气或味觉尝出香味的物质。通常说的"香料工业"是指生产香原料与香精的工业。但严格讲，香料只是指"香原料"，而不包括"香精"。这里提到的香料即是指香原料，是调配香精的原料。香精是按特定配方由几种或几十种香料调配而成的，具有一定香型的香料混合体，因此香精也称调合香料。

香料是重要的精细化学品，由天然香料、合成香料和单离香料组成。其分类如图8-2所示。

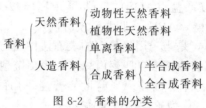

图8-2　香料的分类

香料可能是一种"单一体"，也可能是一种"混合体"。所谓"单一体"也是相对来讲的，因为绝对纯的、单一体的物质是极少见的。动物性天然香料是动物的分泌物或排泄物，常用的有麝香、灵猫香、海狸香和龙涎香4种。植物性天然香料是用芳香植物的花、枝、叶、草、根、皮、茎、籽或果等为原料，通过压榨法、蒸馏法、溶剂浸提法、吸收法等生产出来的精油、浸膏、酊剂、香脂、香树脂和净油等。香料源植物主要有60科1500个种，比较重要的约150种。使用物理或化学的方法从天然香料中分离出来的单体香料化合物称为单离香料。大多数单离香料可用合成方法生产，因此，单离香料与合成香料，除来源不同外，并无结构上的本质区别。通过化学合成的方法制取的香料化合物称为合成香料。目前约有6000多种香气、性质各不相同的合成香料，常用的产品有400多种。合成香料又可分成半合成和全合成两类。半合成香料是利用天然原料（具有单萜或倍半萜骨架的化合物，如月桂烯、石竹烯等），通过各种有机化学反应合成的各种有香气、香味价值的香料。全合成香料则是利用农林加工产品、煤化工产品和石油化工产品等基本有机化工原料（如乙烯、苯乙烯等）合成的香料。与天然香料相比，合成香料采用的工艺比较复杂。但其优点是成本低、原料丰富、质量稳定，而且其品种之多，简直是无穷无尽的。

香精、香料工业在近代生活中的作用已日趋重要，是香水、香皂、化妆品、洗涤剂、烟草、酒类、食品、医药卫生用品等工业不可缺少的重要原料，也用于纺织品、涂料、纸张、文具、运动器材、塑料制品、芳香治疗等。

8.1.3.3　化妆品

化妆品是指以涂抹、喷洒或者其它类似的方法，施于人体表面任何部位（皮肤、毛发、指甲、口唇、口腔黏膜等），以达到清洁、消除不良气味、护肤、美容和修饰目的的产品。化妆品在保护皮肤生理健康、增加魅力、修饰容貌、促进身心愉快方面有重要意义。化妆品工业是没有化学反应的化学工业，化妆品生产是一种混合技术，其特点是：按一定科学配方组合，把多种互不溶解、互不反应的原料（油溶的、水溶的、固体的、液体的、有机的、无机的）均匀地混合在一起。化妆品质量的优劣与所用原料关系很大。化妆品所用原料按性质用途分为基质原料、配合原料；按来源分为天然原料及合成原料；按化学结构或功用则大致分为油脂类、高级脂肪酸类、醇类、酯类、烃类、蜡类、粉类、胶质类、溶剂类、酸碱盐、着色剂、表面活性剂、香精等。

8.1.3.4 牙膏

牙膏属于口腔护理用品（包括牙膏、含漱剂、口腔卫生剂、洁齿液和凝胶、口腔喷雾剂等）。牙膏是由摩擦剂、发泡剂、甜味剂、胶黏剂、保湿剂、防腐剂等原料按配方工艺制得。

① 摩擦剂是牙膏的主体原料，一般占 $40\%\sim50\%$。作用是协助牙刷去除污屑和黏附物，以防止形成牙垢。摩擦剂的硬度、颗粒大小和形状要符合要求。常用的摩擦剂有碳酸钙、二水合磷酸氢钙、无水磷酸氢钙、焦磷酸钙、无水二氧化硅、氢氧化铝、热塑性树脂等。

② 发泡剂为表面活性剂，一般用量为 $2\%\sim3\%$。其作用是增加泡沫力和去污作用，并使牙膏在口中迅速扩散、香气易于透发。常用的牙膏发泡剂有十二烷基硫酸钠、N-月桂酰肌氨酸钠等。

③ 甜味剂可使膏体具有甜味，以掩盖其它成分产生的不良味道，一般用量为 $0.05\%\sim0.25\%$。常用的甜味剂有蔗糖、糖精、甜蜜素、缩二氨酸钠等。

④ 胶黏剂的作用是把膏体各组分胶合在一起，使膏体达到适宜的黏度，防止存放期内分离出水。用量一般为 $1\%\sim2\%$。常用的胶黏剂有海藻酸钠、羧甲基纤维素、羟乙基纤维素、黄树胶粉等。

⑤ 保湿剂在牙膏中的作用是防止膏体中水分逸出，并有从空气中吸附水分的作用，同时能增加膏体的耐寒性。一般在普通牙膏中的用量为 $20\%\sim30\%$，在透明牙膏中高达 75%。常用的保湿剂有甘油、山梨醇、丙二醇、聚乙二醇等。

⑥ 香精可掩盖膏体中某种不良气味，并使人感到清凉爽口，气味芳香，同时具有一定的防腐杀菌作用。用量为 $1\%\sim2\%$。所用的香料有薄荷油、柠檬香油、留兰香油等。

⑦ 防腐剂用于防止膏体发酵或腐败，用量为 $0.05\%\sim0.5\%$。常用的防腐剂有对羟基苯甲酸酯、苯甲酸钠、山梨酸钾、山梨醇等。

⑧ 功能添加剂的加入能够给牙膏增添特殊的功能。药物牙膏一般加了各种药物，大都利用我国丰富的中草药宝库，经过多种药物复配而成，也有利用氟化物和酶制剂的。着重对口腔常见病和多发病的疗效作用，有洁齿和疗效双重作用。

8.2 化学与能源

能源是指能提供能量的自然资源，如太阳能、水力、风力、煤炭、石油、核能等。能源的开发和利用是衡量一个国家的科学技术和生产力水平的重要标志，因此，世界各国都十分重视能源的开发与利用。化学在能源的开发与有效利用中起着十分重要的作用。

8.2.1 世界能源结构与现状

（1）能源的分类与转化 能源品种繁多，按其来源可以分为三大类：一是来自地球以外的太阳能，除太阳的辐射能之外，煤炭、石油、天然气、水能、风能等都间接来自太阳能；第二类来自地球本身，如地热能，原子核能（核燃料铀、钍等存在于地球自然界）；第三类则是由月球、太阳等天体对地球的引力而产生的能量，如潮汐能。常用的能源分类方法如图

8-3 所示。

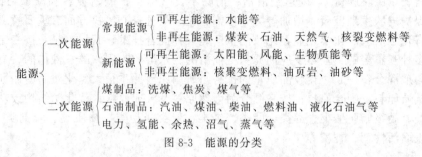

图 8-3　能源的分类

　　一次能源指在自然界现成存在，可以直接取得且不必改变其基本形态的能源，如煤炭、天然气、地热、水能等。由一次能源经过加工或转换成另一种形态的能源产品，如电力、焦炭、汽油、柴油、煤气等属于二次能源。常规能源也叫传统能源，就是指已经大规模生产和广泛利用的能源。煤炭、石油、天然气、核能等都属一次性非再生的常规能源。而水电、太阳能、风能等则属于可再生能源，因为它们不会随着人们的使用而减少。新能源指以新技术为基础，系统开发利用的能源，一般目前还没有大规模应用，技术上还有待于进一步研究、发展，包括太阳能、风能、地热能、海洋能、氢能、核聚变能等。另外，目前世界对于环保问题日益重视，对于能源利用中产生的污染问题给予了越来越多的关注。因此，根据能源利用中是否对环境造成污染，将能源分为污染型能源和清洁型能源。煤炭、石油等矿物能源是污染型能源，水电、太阳能、风能、地热能、沼气、氢能等是清洁型能源。

　　若从物质运动的形式看，不同的运动形式，各有对应的能量，如机械能（包括动能和势能）、热能、电能、光能等。各种形式的能量可以互相转化，在能量相互转化过程中，尽管做功的效率因所用工具或技术不同而有区别，但是折算成同种能量时其总值却是不变的，这就是能量转化与能量守恒定律。

　　能量的利用，其实就是能量的转化过程。如煤燃烧放热使蒸汽温度升高的过程就是化学能转化为蒸汽内能的过程；高温蒸汽推动发电机发电的过程是内能转化为电能的过程；电能通过电动机可转化为机械能；电能通过白炽灯泡或荧光灯管可转化为光能；电能通过电解槽可转化为化学能等。柴草、煤炭、石油和天然气等常用能源所提供的能量都是随化学变化而产生的，多种新能源的利用也与化学变化有关。因此，我们说化学在能源的开发与有效利用中起到了十分重要的作用。

　　(2) 世界能源结构　在人类社会的发展过程中，在不同的时期，世界能源的结构是不同的。根据各个历史阶段所使用的主要能源，可以分为柴草时期、煤炭时期和石油时期。

　　从人们发现火到 18 世纪产业革命的数十万年期间，柴草一直是人类使用的主要能源。但是到 18 世纪，由于蒸汽机的问世，燃料的化学能第一次被转换为动能来带动机器。18 世纪中叶，世界进入了煤炭时期。直至 20 世纪 40 年代末，在世界能源消费中煤炭仍占首位。在 19 世纪中叶，开拓出了一种新的矿物燃料石油。19 世纪末，内燃机的问世推动了石油的应用。第二次世界大战之后，在美国、中东、北非等地区相继发现了大油田及伴生的天然气，世界各国纷纷投资石油的勘探和炼制，新技术和新工艺不断涌现，石油产品的成本大幅度降低，发达国家的石油消费量猛增。到 20 世纪 60 年代初期，在世界能源消费统计表里，石油和天然气的消耗比例开始超过煤炭而居首位，世界进入了石油时期。表 8-1 列出了世界能源消费量和构成。

　　煤和石油资源在地球上的分布是不均匀的，各国的工业发展水平也不同，因此，各国的能源消耗结构并不相同。以我国为例，我国的煤炭资源比较丰富，石油资源则比较贫乏。现在我们是石油净进口国，年进口原油已突破 1 亿吨。随着工农业的发展和人民生活水平的提高，能源的供需矛盾还将日益严峻。表 8-2 列举了我国的能源消费量和构成，数据摘自《中国统计年鉴》（1995）。由表中的数据可见，我国能源的结构以煤炭为主的状况可能还要延续相当长的时间，因为石油的开发受资源、技术、资金等多方面的制约，恐怕在短期内难以突破。

表 8-1　1950～1999 年世界能源消费量和构成

年份	消费量/万吨标准煤	在消费量中所占比例/%			
		煤炭	石油	天然气	水电与核电
1950	239194	60.9	27.1	10.2	1.8
1960	292420	49.5	33.3	15.1	2.1
1970	643956	33.5	44.0	20.1	2.4
1980	852391	30.8	44.2	21.5	3.5
1990	1147610	27.3	38.6	21.7	12.4
1999	1451100	22.8	39.9	22.2	15.1

表 8-2　中国的能源消费量和构成

年份	消费量/万吨标准煤	在消费量中所占比例/%			
		煤炭	石油	天然气	水电
1955	6968	93.0	4.9	—	2.1
1960	30189	93.9	4.1	0.5	1.5
1970	29291	80.9	14.7	0.9	3.5
1980	60275	72.2	20.7	3.1	4.0
1990	98703	76.2	16.6	2.1	5.1
1992	108900	74.9	18.0	2.0	5.1
1994	122737	75.0	17.4	1.9	5.7

（3）世界能源现状　从目前世界能源的结构来看，尽管是多种能源互补的局面，但石油和天然气仍然是主要能源，其次为煤炭，水电与核电所占比例虽逐渐增加，但比例仍然较小，太阳能、氢能、风力、地热、潮汐等能源所占比例就更加微小。

石油、天然气、煤炭以及核燃料都是矿物型燃料，为非再生性一次能源，它们在地球上的储量都是有限的。根据 20 世纪 90 年代初勘探确认的全球矿物能源的储量除以年开采量，专家计算得到可开采年数（即资源的寿命），石油为 45.5 年、天然气为 64 年、煤炭为 219 年、铀为 74 年。再考虑人均消耗的增长和人口的增加等因素，可见矿物能源的枯竭是不可避免的。而人类对于新能源的开发与利用水平还不能满足要求，这就产生了能源危机。在这种状态下，一方面世界各国均努力争夺矿物能源，特别是石油的控制权。另一方面投入大量的资金和科技力量，研究能源的高效利用技术以提高现有能源的利用效率，节省现有能源，同时寻找、开发新能源。在寻找新能源方面已有喜讯，人们在地层的冰体内发现了一种固体天然气。据估计，它的储量相当于目前地球上煤、石油和天然气储量总和的 3 倍，还有科学家认为在海洋深处也有这种固体天然气。另外，在氢能和"核聚变能"的利用方面，技术也在不断的发展和进步。

8.2.2　煤炭及其综合利用

8.2.2.1　煤炭的组成与利用现状

煤炭通常指天然存在的泥煤、褐煤、烟煤和无烟煤以及人工产品木炭、焦炭、煤球等。全世界煤炭资源约为 10×10^{12} 吨标准煤，可供开采利用的约占 10%。煤的化学组成虽然各有差别，目前公认的平均组成是：C 85.0%，H 5.0%，O 7.6%，N 0.7%，S 1.7%。将其折算成原子比，可用 $C_{135}H_{96}O_9NS$ 代表，此外也还有微量的其它非金属和金属元素。至于煤的化学结构，科学家们用多种化学的或物理的方法综合论证，至今已有几十种模型，20世纪 60 年代以前的经典模型如图 8-4 所示，现代公认的模型如图 8-5 所示。

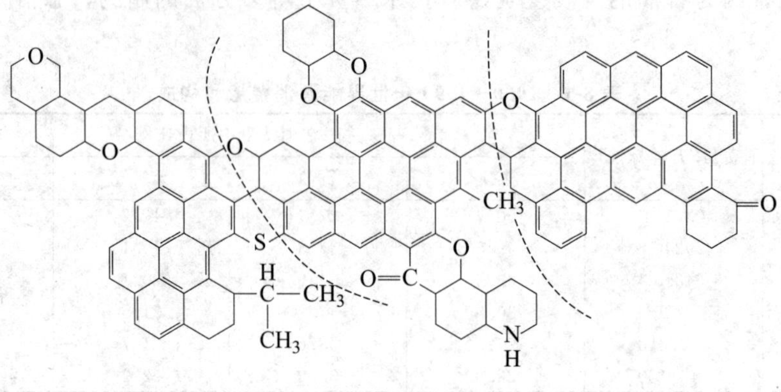

图 8-4　煤的经典结构模型

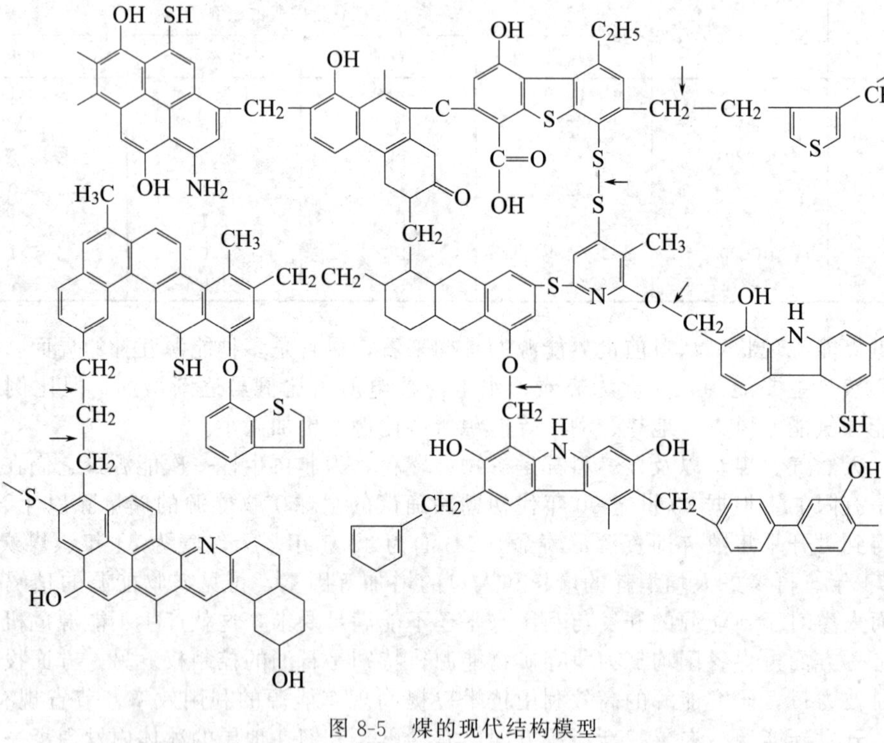

图 8-5　煤的现代结构模型

　　由上面的结构模型可见，煤炭中含有大量的环状芳烃，缩合交联在一起，并且夹着含 S 和含 N 的杂环，通过各种桥键相连。所以煤可以成为环芳烃的重要来源。同时在煤燃烧过程中有 S 或 N 的氧化物产生，污染空气。

　　煤是由远古时代的植物经过复杂的生物化学、物理化学和地球化学作用转变而成的固体可燃物。现代的成煤理论认为煤化过程是：植物→泥炭（腐蚀泥）→褐煤→烟煤→无烟煤，这个过程称煤化作用。所以，烟煤和无烟煤是老年煤，形成的时间最长，含碳量高，热值高（又称发热量，指单位质量或体积的燃料完全燃烧所放出的热量）。褐煤和泥煤则较年轻，含碳量较低，热值也较低。它们的含碳量范围大致如下：无烟煤 C 85%～95%、烟煤 C 70%～85%、褐煤 C 50%～70%、泥煤 C 约 50%。此外，它们的挥发物、水分、不挥发物和热值也有差别，所以在煤炭工业有多种详细的分类和牌号来区别。从煤的形成过程推本溯源，其能量仍是来自太阳能。

煤炭在我国能源消费结构中位居榜首（约占70%），年消费量在10亿吨以上，其中30%用于发电和炼焦，50%用于各种工业锅炉、窑炉，20%用于人民生活。直接燃烧的热值利用率并不高，如煤球热效率只有20%～30%；蜂窝煤稍高一些，可达50%，而碎煤则不到20%。至于工业锅炉用煤的热效率不仅与炉型结构有关，而且与煤的质量、形状、颗粒大小都有关系。

直接烧煤不仅能量利用效率不高，而且对环境污染相当严重。SO_2、氮的氧化物（NO_x）等是造成酸雨的主要原因，而大量 CO_2 的产生则是全球气温变暖的祸首。此外还有煤灰和煤渣等固体垃圾的处理和利用问题等。如何使煤转化为清洁的能源？如何提取分离煤中所含宝贵的化工原料？这是人们最为关心的两个问题。在综合利用煤资源方面主要涉及到煤的气化、煤的焦化和煤的液化。

8.2.2.2 煤的综合利用

（1）煤的气化　煤的气化是让煤在氧气不足的情况下进行部分氧化，使煤中的有机物转化为可燃气体，以气体燃料的方式经管道输送到车间、实验室、厨房等，也可以作为原料气体送进反应塔。煤的气化过程涉及10个基本化学反应，如表8-3所示。

表8-3　煤的气化过程涉及的基本化学反应

化学反应	特征	化学反应	特征
① $C(s)+O_2(g) = CO_2(g)$	完全燃烧、放热	⑦ $C(s)+2H_2(g) = CH_4(g)$	甲烷的生成
② $C(s)+1/2O_2(g) = CO(g)$	不完全燃烧，放热	⑧ $CO(g)+3H_2(g) = CH_4(g)+H_2O(l)$	甲烷的生成
③ $C(s)+CO_2(g) = 2CO(g)$	还原反应，吸热		
④ $C(s)+H_2O(g) = CO(g)+H_2(g)$	水煤气的生成	⑨ $2CO(g)+2H_2(g) = CH_4(g)+CO_2(g)$	甲烷的生成
⑤ $C(s)+2H_2O(g) = CO_2(g)+2H_2(g)$	副反应	⑩ $CO_2(g)+4H_2(g) = CH_4(g)+2H_2O(l)$	甲烷的生成
⑥ $CO(g)+H_2O(g) = CO_2(g)+H_2(g)$	水煤气的变换，制氢		

（2）煤的焦化　也称煤的干馏，这是把煤置于隔绝空气的密闭炼焦炉内加热，煤分解生成固态的焦炭、液态的煤焦油和气态的焦炉气。随加热温度不同，产品的数量和质量都不同，有低温（500～600℃）、中温（750～800℃）和高温（1000～1100℃）干馏之分。低温干馏所得焦炭的数量和质量都较差，但焦油产率较高，其中所含轻油部分，经过加氢可以制成汽油，所以在汽油不足的地方，可采用低温干馏。中温法的主要产品是城市煤气，而高温法的主要产品则是焦炭。

焦炭的主要用途是炼铁，少量用做化工原料制造电石、电极等。煤焦油是黑色黏稠性的油状液体，富含有苯、酚、萘、蒽、菲等重要化工原料，还可从煤焦油中分离出吡啶和喹啉，以及马达油和建筑用的沥青等。从煤焦油中分离并被鉴定的化合物已有400余种。从炼焦炉出来的气体，温度至少在700℃以上，其中除了含有可燃气体 CO、H_2、CH_4 之外，还含有乙烯（C_2H_4）、苯（C_6H_6）、氨（NH_3）等。在上述气体冷却的过程中氨气溶于水而成氨水，进而可加工成化肥；苯等芳烃化合物不溶于水而冷凝为煤焦油。

城市煤气的主要来源是煤的合成气和炼焦气，主要可燃成分为 H_2(50%)、CO(15%)和 CH_4(15%)。我国规定煤气热值不低于 15.9MJ·m^{-3}，煤气在出厂检验时，可通过增加 CH_4 和 H_2 来调节其热值。降低有毒 CO 的含量是未来城市煤气的发展方向。

（3）煤的液化　煤炭液化油也叫人造石油。煤和石油都是由 C、H、O 等元素组成的有机物，但煤的平均表观分子量大约是石油的 10 倍，煤的含氢量比石油低得多。所以煤加热裂解，使大分子变小，然后在催化剂的作用下加氢（450～480℃，12～30MPa）可以得到多种燃料油。原理似乎简单，实际工艺还是相当复杂的，涉及裂解、缩合、加氢、脱氧、脱氮、脱硫、异构化等多种化学反应。不同的煤又有不同的要求。

8.2.3 石油与天然气

8.2.3.1 石油、石油炼制与石油产品

现在认为石油是由远古海洋或湖泊中的动植物遗体在地下经过漫长的复杂变化而形成的棕黑色黏稠液态混合物，其沸点范围从常温到 500℃ 以上。未经处理的石油叫原油，它分布很广。我国具有较丰富的石油资源，但由于我国人口众多，消耗巨大，目前已是净石油进口国。

石油的组成元素主要是 C 和 H，此外也有 O、N 和 S 等。平均含碳（质量分数）84%～85%，氢 12%～14%。和煤相比，石油的含氢量较高而含氧量较低。在石油中的碳氢化合物以直链烃为主，而在煤中则以芳烃为主。至于石油中 N 和 S 的含量则因产地不同而异，不同的原油必须采用不同的加工工艺。

石油中所含化合物种类繁多，必须经过加工得到各种石油产品才能使用，这个过程称为石油的炼制。石油的炼制主要有分馏、裂化、重整和加氢等过程，其中石油的分馏称为一次加工，为物理变化过程，而裂化、重整、加氢控制等为二次加工，它们都属化学变化过程。

（1）分馏　石油的分馏包括常压分馏和减压分馏，在分馏塔中进行。表 8-4 列举了石油分馏主要产品概况，它们大体上可分为：石油气、轻油和重油。

表 8-4　石油分馏主要产品及用途

分类	温度范围/℃	产品名称	烃分子中所含碳原子数	主　要　用　途
气体	—	石油气	C_1～C_4	化工原料、气体燃料
轻油	30～180	溶剂油 汽油	C_5～C_6 C_6～C_{10}	溶剂 汽车、飞机用燃料油
	180～280	煤油	C_{10}～C_{16}	液体燃料、溶剂
	280～350	柴油	C_{17}～C_{20}	各种柴油机用燃料
重油	350～500	润滑油 凡士林	C_{18}～C_{30}	机械、纺织等工业用的各种润滑油 化妆品、医药品
		石蜡	C_{20}～C_{30}	蜡烛、肥皂
		沥青	C_{30}～C_{40}	建筑业、铺路
	>500	渣油	>C_{40}	电极材料、金属铸造燃料

① 石油气　在石油炼制过程中，沸点最低的 C_1～C_4 部分是气态烃，来自分馏塔的废气和裂化炉气，统称石油气。其中有不饱和烃（乙烯、丙烯、丁烯等），也有饱和烃（丁烷、戊烷、己烷等）。这些烯烃都是宝贵的化工原料，特别是乙烯产品是现代石油化学工业的一个龙头产品，是一个国家综合国力的标志之一。我国目前乙烯年产量 200 多万吨，居世界第 8 位。将石油气中的不饱和烃分离后，剩下的饱和烃中以丁烷为主。城市居民用石油液化气的主要成分就是丁烷，另外还含有在液化时带进的一定量的戊烷和己烷。与煤气相比，液化气无毒，热值大。液化气还可以用做汽车燃料，其热值比汽油大，而且基本上不产生 SO_2 等有害气体和黑烟。

② 轻油　蒸馏温度在 350℃ 以下所得各馏分都属于轻油，主要包括各种溶剂油和燃料油品（汽油、柴油、煤油等），其中以汽油最重要。汽油中以 C_7～C_8 成分为主，按各种烃的

组成不同，又可以分为航空汽油、车用汽油、溶剂汽油等。汽油质量用"辛烷值"表示。在汽缸里汽油燃烧时有爆震性，会降低汽油的使用效率。据研究，抗震性能最好的是异辛烷，将其定标为辛烷值等于100，抗震性最差的是正庚烷，定其辛烷值为零。若汽油辛烷值为85，即表示它的抗震性能与85%异辛烷+15%正庚烷的混合物相当（并非一定含85%异辛烷），商品名称为85号汽油。人们发现，1L汽油中若加入1mL四乙基铅 $Pb(C_2H_5)_4$，它的辛烷值可以提高10～12个标号。四乙基铅是有香味的无色液体，但有毒，属于环境激素。从环境保护的角度考虑，目前已禁止使用含铅汽油。

③ 重油　蒸馏温度在350℃以上的馏分则属重油部分，碳原子数在18～40之间的有润滑油、凡士林、石蜡、沥青等。通过催化裂化可以使重油变成含碳较少的各种有机产品。

（2）裂化　用上述蒸馏的办法所得轻油约占原油的1/4～1/3。但社会需要大量的分子量小的各种烃类，采用催化裂化法，可以使碳原子数多的碳氢化合物裂解成各种小分子的烃类。裂解产物成分很复杂，既有饱和烃又有不饱和烃，再经分馏后分别使用。裂解产物的种类和数量随催化剂和温度、压力等条件不同而异。不同质量的原油对催化剂的选择和温度、压力的控制也不相同。

（3）催化重整　在一定的温度、压力下，汽油中的直链烃在催化剂表面上进行结构的"重新调整"，转化为带支链的烷烃异构体，这就能有效地提高汽油的辛烷值，同时还可得到一部分芳香烃。选用便宜的多孔性氧化铝或氧化硅为载体，在表面上浸渍0.1%的贵金属（铂、铱和铼等）作为催化剂，汽油在催化剂表面只要20～30s就能完成重整反应。

（4）加氢精制　蒸馏和裂解所得的汽油、煤油、柴油中都混有少量含N或含S的杂环有机物，在燃烧过程中会生成 NO_x 及 SO_2 等酸性氧化物污染空气。当环保问题日益受关注时，对油品中N、S含量的限制也就更加严格。现行的办法是用钴-钼、镍-钼、镍-钨等催化剂在一定温度和压力下使 H_2 和这些杂环有机物起反应生成 NH_3 或 H_2S 而分离，留在油品中的只是碳氢化合物。

8.2.3.2　天然气

天然气的主要成分是甲烷，也有少量乙烷和丙烷，它和石油伴生，但一般埋藏部位较深。所以能源工作机构及能源结构统计往往把石油和天然气归并在一起。如果开采1t石油，天然气不超过几百立方米，就叫伴生气；如果达到1000～2000m³，称为含气田；如超过2000m³，那就成了以天然气为主的矿物，叫纯气田了。目前，天然气已与煤炭、石油并称为当今世界的三大矿物燃料，共同构成了整个工业的能源基础。我国天然气的储量约为 $2.4\times10^{13}m^3$。

天然气是一种几乎无需加工、易于管道运输、热值高的优质清洁燃料。利用天然气作燃料的火力发电与用煤和石油的火力发电相比，对大气的污染大大减少。另外，它还是一种重要的工业原料。例如作为合成氨工业中制氢的原料，制造很细的炭黑，用于橡胶的填充（补强剂）等。

8.2.4　核能（原子能）

（1）核能的来源　普通化学反应的热效应来源于外层电子重排时化学键能的变化，原子核及内层电子并没有变化，而核反应的热效应却来源于原子核的变化，可分为核衰变、核裂变和核聚变。核反应过程中由于原子核的变化，而伴随着巨大的能量变化，所以核能也叫原子能。

① 核裂变　核裂变反应是在中子（$_0^1n$）轰击下较重的原子核分裂成较轻的原子核的反应。核裂变时释放出大量的能量，直接与所发生的质量减少相联系。这可用爱因斯坦公式进行计算：$\Delta E=\Delta mc^2$，ΔE 表示系统能量的变化，即 $\Delta E=\sum E_{生成物}-\sum E_{反应物}$，$\Delta m$ 表示系统质量的改变，即 $\Delta m=\sum m_{生成物}-\sum m_{反应物}$，$c$ 表示光速，等于 $2.9979\times10^8m\cdot s^{-1}$。以

$^{235}_{92}$U 的裂变为例：

$$^{235}_{92}\text{U} + ^{1}_{0}\text{n} \longrightarrow ^{142}_{56}\text{Ba} + ^{91}_{36}\text{Kr} + 3^{1}_{0}\text{n}$$

发生 1mol 的裂变，系统的质量变化 $\Delta m = -0.2118\,\text{g·mol}^{-1}$，能量变化 $\Delta E = \Delta m \cdot c^2 = -1.9035 \times 10^{10}\,\text{kJ·mol}^{-1}$，折合成 $1.000\,\text{g}\,^{235}_{92}\text{U}$ 放出的能量是 $8.1 \times 10^7\,\text{kJ}$，而每克煤完全燃烧时放出的热量约为 30kJ，即 $1.000\,\text{g}\,^{235}_{92}\text{U}$ 放出的能量大约相当于 2.7t 煤燃烧时所放出的能量，可见核能是多么巨大。这是核燃料的明显优点。但是核裂变产物大多具有放射性，是极其危险的污染物，必须采取极其严格的安全措施对这些核废料进行储存和处理。

② 核聚变 核聚变与核裂变不同，它是使很轻的原子核在异常高的温度下合并成较重的原子核的反应。这种反应进行时放出更大的热量。以氘（$^{2}_{1}\text{H}$）与氚（$^{3}_{1}\text{H}$）核的聚变为例：

$$^{2}_{1}\text{H} + ^{3}_{1}\text{H} \longrightarrow ^{4}_{2}\text{He} + ^{1}_{0}\text{n}$$

发生 1mol 的聚变，系统的能量变化 $\Delta E = -1.697 \times 10^9\,\text{kJ·mol}^{-1}$，换算成平均 1.0g 燃料核聚变放出的能量为 $3.37 \times 10^8\,\text{kJ}$，约为核裂变释放的能量的 4 倍。除了这一明显的优点外，核聚变产物不是放射性的，所以不存在核废料的放射性污染与处理问题。核聚变所需要的燃料氘与氚，其中氘可从海水中提取，每升海水中约含氘 0.03g，因此是"取之不尽，用之不竭"的能源。氚是放射性核素，自然界不存在，但可以通过中子与 $^{6}_{3}\text{Li}$ 进行下列增殖反应得到：

$$^{6}_{3}\text{Li} + ^{1}_{0}\text{n} \longrightarrow ^{4}_{2}\text{He} + ^{3}_{1}\text{H}$$

$^{6}_{3}\text{Li}$ 是一种较丰富的同位素（占天然 Li 的 7.5%），广泛存在于陆地和海洋的岩石中，海水中也含有丰富的锂（$0.17\,\text{g·m}^{-3}$），所以相对来讲也是取之不尽的。

（2）核电站 1954 年苏联建成世界上第一座核电站，功率为 5000kW。至今世界上已有 30 多个国家 400 多座核电站在运行之中，世界能源结构中核能的比例逐渐增加。我国第一座自行设计的 30 万千瓦秦山核电站，1995 年 7 月正式通过国家验收。目前，我国的核电能力正在逐步上升。核电站的核心部分为核反应堆。目前都是利用核裂变产生的能量，使水加热产生水蒸气，进而用水蒸气推动蒸汽轮机发电。

核反应堆中所用的核燃料有铀-235 和钚-239，目前正常运转的核电厂所用的核燃料都是铀-235，它是自然界仅有的能由热中子（也称慢中子，相当于在室温 $T = 293\text{K}$ 时的中子）引起裂变的核。钚-239 是人工制备的能由热中子引起裂变的核。用慢中子轰击铀-235 时，引起的裂变反应通式可表示为：

$$^{235}_{92}\text{U} + ^{1}_{0}\text{n}(慢) \longrightarrow$$

较重碎核＋较轻碎核＋2.4 中子

裂变产物非常复杂，已发现的有 35 种元素（从 $_{30}\text{Zn}$ 到 $_{64}\text{Cd}$），其放射性同位素有 200 种以上。考虑各种可能的裂变方式，平均一次裂变可以放出 2.4 个中子。但由于每次裂变所放出的第二代中子是能量较大的快中子。这种快中子打到 $^{235}_{92}\text{U}$ 上，裂变概率只有慢中子引起裂变概率的 1/500。因此，必须要用慢化剂将快中子慢化成热中子，以引起链式反应，如图 8-6 所示。常见的慢化剂是水、重水（D_2O）和石墨。连续核裂变可释放出巨大的核能，若人工控制使链式反应在一定程度上

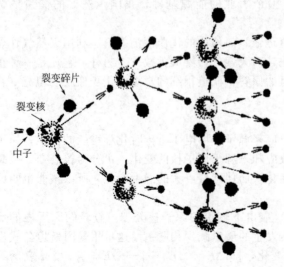

裂变碎片

裂变核

中子

图 8-6 核裂变链式反应示意图

连续进行，就是建设核电站的基本原理；若让裂变释放的能量不断积聚，最后在瞬间酿成巨大的爆炸，这是制造原子弹的原理。所以在核反应堆中对链式反应进行控制是至关重要的。

要控制核裂变的速度，必须控制中子的数目，目前核反应堆中都采用控制棒来实现这一目的。控制棒采用能吸收中子而自身又不发生裂变的材料制成，如硼、镉、铪等材料。通过调节控制棒的吸收截面来控制反应堆中的中子数，进而控制链式反应进行的程度。上面介绍的这种核反应堆称为"热中子反应堆"，简称"热堆"。

"热堆"中采用的核燃料是$^{235}_{92}U$，在天然铀中（含 0.0055% 铀-234、0.72% 铀-235 和 99.2745% 铀-238）含量很低，大量的铀-238 不能直接用做核裂变材料。如果仅用铀-235 作燃料，一方面资源少，另一方面大量的铀-238 作为核废料剩余，带来了很大的处理压力，也造成浪费。所以科学家开创了将铀-238 转变为钚-239 的技术：

$$^{235}_{92}U + 4^{1}_{0}n \longrightarrow ^{239}_{94}Pu + 2^{0}_{-1}e$$

在反应堆里，每个铀-235 或钚-239 裂变释放出的中子，除维持裂变反应以外，还有少量的中子可以用来使难裂变的铀-238 转变为易裂变的钚-239。这种由快中子来产生和维持链式反应的反应堆称为"快中子增殖堆"，简称"快堆"，目前快堆技术还不成熟。快堆在消耗裂变燃料以产生核能的同时，还能生成相当于消耗量 $1.2\sim1.6$ 倍的裂变燃料，这样就可以充分利用热堆中所积压的铀-238。所以，铀-235、铀-238 和钚-239 统称为核燃料。

从上面的介绍可见，核电是一种清洁的能源，它没有废气和煤灰，建设投资虽高，但运行时没有运送煤炭、石油这样繁重的运输工作，因此还是经济的。所以发展核电是解决当前电力缺口的一种重要选择。但有两个问题总是令人担忧，一是保证安全运行，二是核废料的处理。

8.2.5 节能与新能源

现代社会是一个极其耗能的社会，而现代社会的主要能源是煤、石油和天然气，它们都是短期内不可能再生的化石燃料，储量都极其有限。因此，现阶段我们首先必须节能，然后必须寻找、开发新的能源。只有这样，才可能从根本上解决能源问题。

8.2.5.1 节能

节能是指要充分有效地利用能源，尽量降低各种产品的能耗。据资料表明，目前我国的能耗比日本高 4 倍，比美国高 2 倍，比印度高 1 倍。所以在我国节能应该有很大的潜力可挖。能耗高的原因是复杂的，但从化学变化释放能量的角度来看，又貌似简单，无非一是燃烧是否完全，二是释放的能量是否能充分利用。我国的工业锅炉和工业窑炉耗费全国总能源的 65%，它们是节能潜力最大的行业。设计节能的炉型、选择节能的燃气比（燃料和空气的比例）、控制锅炉进水温度、及时清理锅炉积垢、积灰等都可以节能。供电系统和电能利用系统也是能源消耗量大而能量利用率低的领域，节能潜力较大。火力发电是将化学能转化为电能，通过电动机又将电能转化为机械能，这些能量转化过程中的利用率也大有潜力可挖。例如将发电站的余热与城市供热供暖相结合，组成电热联产，将分散的供热（热损耗很大）改为集中供热，都可有效地提高能源利用率；电动机的材料质量、电机结构的改进可以大大降低损耗；白炽灯的照明效率是荧光灯的一半，研制高效节能灯，并推广使用，也是节能措施之一。

8.2.5.2 新能源

在节能的同时我们也要积极开展各种新型能源的研究和探索，目前不成熟的新能源也可能成为未来的主要能源。当代新能源是指太阳能、生物质能、风能、地热能和海洋能等，它们的共同特点是资源丰富、可以再生、没有污染或很少污染。

（1）太阳能　太阳能是一种取之不尽、用之不竭的无污染的天然核聚变能。从太阳光谱分析推测，其释放的惊人的能量，主要来自氢聚变的核反应：

$$4{}_1^1\text{H} \longrightarrow {}_2^4\text{He} + 2{}_1^0\text{e}; \Delta E = -6.0 \times 10^8 \text{kJ} \cdot \text{g}^{-1}$$

式中，${}_1^0\text{e}$ 表示正电子。太阳辐射能仅有二十二亿分之一到达地球，其中约 50% 又要被大气层反射和吸收，约 50% 到达地面，估计每年有 5×10^{21}kJ 的能量到达地面。只要能利用它的万分之一，就可以满足目前全世界对能源的需求。应用太阳能不会引起环境污染，不会破坏生态平衡，分布与使用范围很广，是一种理想的清洁能源。预计太阳能将成为 21 世纪的重要能源之一。太阳能的间歇性（受日夜、季节、地理和气候的影响）和能量密度较低是利用中的难题，因此如何有效地收集和转化太阳辐射的能量是太阳能利用的关键课题。直接利用太阳能的方法有下列三种。

① 光转变为热能　这是目前直接利用太阳能的主要方式。所需的关键设备是太阳能集热器（有平板式和聚光式两种类型），在集热器中通过吸收表面（一般为黑色粗糙或采光涂层的表面）将太阳能转换成热能，用以加热传热介质（一般为水）。例如，薄层 CuO 对太阳能的吸收率为 90%，可达到的平衡温度计算值为 327℃；聚光式集热器则采用反射镜或透镜聚光，能产生很高温度，但造价昂贵。在我国，太阳能热水器、太阳灶、太阳能干燥器、蒸馏器、采暖器、太阳能农用温室等已被推广使用。利用太阳能进行热发电（即光—热—电转换），在技术上也是可行的，在世界上已建立了不少试验性的太阳能热发电厂。

② 光转变为电能　利用太阳能电池可直接将太阳辐射转换成电能。其关键是半导体材料，目前用半导体材料制成的光电池已进入实用阶段，如单晶硅、多晶硅、非晶硅、硫化镉、砷化镓等制造的太阳能电池，可用做手表、收音机、计算器、灯塔等的电源，还可用于汽车、飞机和卫星上的电源。

③ 光转变为化学能　光化学转换是利用光和物质相互作用引起化学反应。例如，利用太阳能在催化剂参与下分解水制氢。另外，植物的光合作用对太阳能的利用效率极高，利用仿生技术，模仿光合作用一直是科学家们努力追求的目标，一旦解开光合作用之谜，就可使人造粮食、人造燃料成为现实。

（2）氢能　氢能是一种理想的、极有前途的清洁二次能源。将广泛使用于交通车辆、农用机械和小型船舶等。氢能有以下优点：

热值高。氢燃烧反应的热化学方程式为：

$$\text{H}_2(\text{g}) + \frac{1}{2}\text{O}_2(\text{g}) \longrightarrow \text{H}_2\text{O}(\text{l}); \qquad \Delta_r H_m^{\ominus}(298.15\text{K}) = -285.8\text{kJ} \cdot \text{mol}^{-1}$$

折合成热值为 142.9MJ·kg^{-1}，约为汽油的 3 倍，煤炭的 6 倍。

易燃烧，燃烧反应速率快，可利用获得高的功率。

原料是水，资源取之不尽，且是一种可循环使用的媒介物。

燃烧产物是水，非常干净。

开发利用氢能需要解决三个问题：廉价易行的制氢工艺；方便、安全的储运；有效的利用。前两个问题与化学关系密切，也是当前研究的热点问题，分述于下：

① 氢气的制取　制氢气的方法很多。例如，可以从水煤气中取得氢气，但这仍需要燃料煤炭为原料，不够理想。电解法制氢，关键在于取得廉价的电能，就当前的各种电能而论，经济上仍不合算。利用高温下循环使用无机盐的热化学分解水制氢的效率比较高，是个活跃的研究领域，其安全性、经济性仍在研究和探索中。目前认为最有前途的方法是太阳能光解制氢法，可利用取之不尽的太阳能，关键在于寻找和研究合适的催化剂提高光解制氢的效率。

② 氢气的储存和运输　氢气密度小，不利于储存。例如，在 15MPa 压力下，40dm^3 的常用钢瓶只能装 0.5kg 氢气。若将氢气液化，则需耗费很大的能量，且容器需绝热，不很安全。1986 年美国航天飞机曾由于氢的渗透发生燃烧和爆炸，造成人机俱毁的惨祸。目前

研究和开发十分活跃的是固态合金储氢方法。例如，镧镍合金 $LaNi_5$ 能吸收氢气形成金属型氢化物 $LaNi_5H_6$：

$$LaNi_5 + 3H_2 \underset{微热}{\overset{200\sim300kPa}{\rightleftharpoons}} LaNi_5H_6$$

加热金属型氢化物时，H_2 即放出。$LaNi_5$ 合金可相当长期地反复进行吸氢和放氢。一些储氢材料的情况见表 8-5。自 1982 年我国材料科学家王启东教授及其课题组同事在国际上开创性地利用提取铈后的廉价富镧混合稀土金属（镍合金）成功进行吸放氢研究后，引起了许多国家科学家的效仿和进一步的研究。富镧混合稀土镍合金（表示为 $MlNi_5$）具有比 $LaNi_5$ 更廉价、储氢量更大，并可分离和纯化氢（氢的纯度可达 99.9999%）的优点，非常适用于中小型储氢，并可达到纯化和分离的目的。

应当指出，氢作为能源，除用做发电的燃料（代替传统的汽油和柴油）外，还有两个方面也是十分重要的，即氢氧燃料电池和核聚变。

表 8-5　一些储氢材料的组成和储氢容量

储 氢 系 统	氢的质量分数/%	氢的密度/g·cm⁻³
MgH_2（固态）	7.07	0.101
Mg_2NiH_4（固态）	3.59	0.081
VH_2（固态）	3.78	0.095
Pd_4H_3（固态）	7.00	约 0.07
$FeTiH_{1.95}$（固态）	1.85	0.096
$LaNi_5H_6$（固态）	1.37	约 0.092
$MlNiH_{6.6}$（固态）		约 0.10
液态氢	100	0.07
气态氢（标准态）	100	8.9×10^{-5}

（3）生物能　生物能蕴藏在动物、植物、微生物体内，它是由太阳能转化而来的，可以说是现代的、可以再生的"化石燃料"，它可以是固态、液态或气态。稻草、劈柴、秸秆等农牧业废弃物是古老的传统燃料，但直接燃烧时热量利用率很低，仅为 15%～25%，并且对环境有较大的污染。目前把生物能作为新能源来考虑，并不是再去烧固态的柴草，而是要将它们转化为可燃性的液态或气态化合物，即把生物能转化为化学能，然后再利用燃烧放热。农牧业废料、高产作物（如甘蔗、高粱、甘薯等）、速生树木（加赤杨、刺槐、桉树等），经过发酵或高温热分解等方法可以制造甲醇、乙醇等干净的液体燃料。在欧洲已建成几座由木屑制甲醇的工厂。这类生物质若在密闭容器内经高温干馏也可以生成 CO、H_2、CH_4 等可燃性气体，这些气体可用来发电。生物质还可以在厌氧条件下生成沼气，气化的效率虽然不高，但其综合效益很好。沼气的主要成分是甲烷，作为燃料不仅热值高并且干净，沼渣、沼液是优质速效肥料，同时又处理了各种有机垃圾，清洁了环境。此外科学家们还成功地培育出若干植物新品种，如巴西的香胶树（亦称石油树），每株年产 50kg 左右与石油成分相似的胶质。美国人工种植的黄鼠草，每公顷可年产 6000kg 石油，美国西海岸的巨型海藻，可用以生产类似柴油的燃料油。

（4）风能　这是利用风力进行发电、提水、扬帆助航等的技术，这也是一种可以再生的干净能源。按人均风电装机容量算，丹麦遥遥领先，其次是美国和荷兰。我国东南沿海及西北高原地区（如内蒙古、新疆）也有丰富的风力资源，现已建成小型风力发电厂 9 个，发电装机容量 2 万千瓦。

（5）地热能　地壳深处的温度比地面上高得多，利用地下热量也可进行发电。在西藏的发电量中，一半是水力发电，约 40% 是地热电，火力发电只占 10% 左右。西藏羊八井地热电站的水温在 150℃ 左右，台湾清水地热电站水温达 226℃。温度较低的地热泉（温泉）遍布全国，已打成地热井 2000 多处。

（6）海洋能 在地球与太阳、月亮等互相作用下海水不停地运动，在其中蕴藏着潮汐能、波浪能、海流能、温差能等，这些能量总称海洋能。我国在东南沿海先后建成 7 个小型潮汐能电站，其中浙江温岭的江厦潮汐能电站具有代表性，它建成于 1980 年，至今运行状况良好。

8.3 化学与环境

人类赖以生存的环境由自然环境和社会环境（人工环境）组成。自然环境是人类生活和生产所必需的自然条件和自然资源的总称，即阳光、温度、气候、地磁、空气、水、岩石、土壤、动植物、微生物以及地壳的稳定性等自然因素的总和。通常我们所说的环境问题，主要指自然环境中的问题，是指由于人类不合理的开发、利用自然资源而造成的自然环境的破坏，以及工农业生产发展和人类生活所造成的环境污染。

8.3.1 环境与生态平衡

（1）环境、生态系统与生态平衡 植物、动物、微生物等各种生物群落组成了生物环境，这些生物群落可以分为生产者、消费者和分解者。空气、水、土壤等则是生物赖以生存的环境，也叫自然环境或非生物环境。生物环境与自然环境构成了地球上的生态系统。生态系统中存在物质与能量的循环，当生态系统发展到一定阶段，它的生物种类的组成，各个种群的数量比率及能量和物质的输入、输出等，都处于相对稳定状态，这种状态称为生态平衡。这是一种动态平衡，生态系统能自动调节并维持自身稳定结构和正常功能，但自动调节能力是有一定的限度的，当超过这个限度，就会破坏生态平衡，造成生态失调。

破坏生态平衡的因素有自然因素，也有人为因素。自然因素主要指火山爆发、地震、台风、干涝灾害等自然灾害，它们对生态系统的破坏很严重，地域常有一定的局限性，且出现的频率一般不高。人为因素是指人类生产与生活活动引起的对生态平衡的破坏，这是大量的、长期的、甚至是多方面的。这种人为因素会使环境质量不断恶化，从而干扰人类的正常生活，对人体健康产生直接或间接，甚至是潜在的不利影响，这就称为环境污染。

造成环境污染的人为因素主要可分为物理的（噪声、振动、热、光、辐射及放射性等）、生物的（如微生物、寄生虫等）和化学的（有毒的无机物和有机物）三个方面。其中化学污染物的数量大、来源广、种类多、性质互异，它们在环境中存在的时间和空间位置又各不相同，污染物彼此之间或污染物与其它环境因素之间还有相互作用和迁移转化等。造成环境污染的具体来源，既与工农业生产、能源利用和交通运输有关，又与都市的恶性膨胀、大规模开采自然资源和盲目地大面积改造自然环境等有关。

（2）自然环境中化学物质的循环 自然环境可分为四个圈层：生物圈、大气圈、水圈和岩石圈，总称生态圈，这是经过漫长的演化而形成的。各圈层之间有着复杂的物质交换和能量交换。人类和其它生物共存的生物圈是在大气圈、水圈和岩石圈的交汇处。生态系统的物质循环就是自然界的各种化学元素，通过被植物吸收而从环境进入生物界，并随着生物之间的营养关系而流转，又通过排泄物和尸体的降解再回到环境中去，如此周而复始，循环不息。生态系统中各种元素的循环是非常复杂的，而要深入了解各种环境污染的危害，必须了解各种物质的循环过程，特别是水、氮、氧、碳的循环。

① 水循环 所有生物机体组成中都含有水，自然界中绝大多数生物及非生物的变化多在水中进行。没有水参与循环，就没有生态系统的功能，生命就不能维持。水约占地球表面的 70%，水为物质间的反应提供了适宜的场所，成为物质传递介质。地球上的海洋、河流等水体不断蒸发，生成的水汽进入大气，遇冷凝结成雨、雪等返回地表，其中一部分汇集在

江河、湖泊，重新流入海洋，另一部分渗入土壤或松散岩层，有些成为地下水，有些被植物吸收。被植物吸收的部分，除少量结合在植物体内外，大部分通过蒸发作用返回大气。由此可见，水的自然循环是依靠其气、液、固三态易于转化的特性，由太阳辐射和重力作用提供转化和运动能量来实现的。

水循环系统既受气象条件（如温度、湿度、风向、风速）和地理条件（如地形、地质、土壤）等自然因素的影响，也会受到人类活动的影响。例如，构筑水库、开凿河道、开发地下水等，会导致水的流经路线、分布和运动状况的改变。发展农业或砍伐森林会引起水的蒸发、下渗、径流等变化。人类的生产活动和生活中排出的化学污染物，以各种形式进入水循环后，将参与循环而迁移和扩散。如排入大气的二氧化硫和氮的氧化物形成酸雨；土壤和工业废弃物经雨水冲刷，其中的化学污染物随径流和渗透又进入水循环而扩散等。总之，水的循环会对生态系统，对人类生存的环境质量带来显著影响。

② 氮循环　氮是蛋白质的基本组成元素之一，所有生物体都含有蛋白质，所以氮的循环涉及到生物圈的全部领域。氮是地球上极为丰富的一种元素，在大气中约占 79%。氮在空气中含量虽高，却不能为多数生物体所直接利用，必须通过固氮作用。自然界的固氮作用有两种方式：一是通过闪电等高能固氮，形成的氨和硝酸盐，随降水落到地面；另一种是生物固氮，如豆科植物根部的根瘤菌可使氮气转变为硝酸盐等。植物从土壤中吸收铵离子 NH_4^+（铵肥）和硝酸盐，并经复杂的生物转化形成各种氨基酸，然后由氨基酸合成蛋白质。动物以植物为食而获得氮，并转化为动物蛋白质。动植物死亡后的遗骸中的蛋白质被微生物分解成铵离子、硝酸根离子和氨又回到土壤和水体中，被植物再次吸收利用。

③ 碳循环　碳是构成生物体的最基本元素之一，也是构成地壳岩石和矿物燃料（煤、石油、天然气）的主要元素。碳的循环主要是通过 CO_2 来进行的。它可分为三种形式：第一种形式是植物经光合作用将大气中的 CO_2 和 H_2O 化合生成碳水化合物（糖类），在植物呼吸中又以 CO_2 返回大气中被植物再度利用；第二种形式是植物被动物采食后，糖类被动物吸收，在体内氧化生成 CO_2，并通过动物呼吸释放回大气中，又可被植物利用；第三种形式是煤、石油和天然气等矿物燃料燃烧时，生成 CO_2，CO_2 返回大气中后重新进入生态系统的碳循环。

④ 氧循环　由于氧在自然界中含量丰富，分布广泛，而且性质活泼，环境中处处有氧（游离态或化合态），所以氧在自然界中的循环最复杂。其它元素的循环中大多都包含了一部分氧的循环。

参与循环的物质仅是该物质总储量的很少部分，大部分则存留于其各自的"储库"之中。海洋是水的总储库，岩石是碳和氧的总储库，大气是氮的总储库。因为参与循环的物质的量极少，所以各种物质总体循环一周所需要的时间很长，且根据各类物质总储量的不同，循环周期的长短差别亦很大。在自然界中各种物质的循环都按一定的过程进行，由此形成自然界中物质的平衡。生物体则参与所处环境的物质循环，成为平衡着的自然环境整体中的一个组成部分，而且是一个主导部分。

8.3.2　自然环境污染

环境问题是当前世界面临的重大问题之一。近半个多世纪以来，随着工业、农业的发展和人们生活水平的不断提高，过去被忽视的环境问题变得越来越突出，已经到了危及全人类的生存的严重程度。

（1）大气污染　大气圈是由空气、少量水汽、粉尘和其它微量杂质组成的混合物。空气的主要成分按体积比是氮气为 78.09%，氧气为 20.95%，氩气为 0.93%，CO_2 为 0.03%，此外稀有气体氦、氖、氩、氙、甲烷、氮的氧化物、硫的氧化物、氨、臭氧等共占 0.1%。大气中含有的一些对人体有害的物质被视为"大气污染物"，现在能监测到的有近百种。如下表 8-6 所示。

表 8-6　大气污染物

分　类	成　分
颗粒物	颗粒、飞灰、$CaCO_3$、ZnO、PbO_2、各种重金属尘粒等
含硫化合物	SO_2、SO_3、H_2SO_4、H_2S、硫醇等
含氮化合物	NO、NO_2、NH_3 等
氧化物	O_3、CO、CO_2、过氧化物等
卤化物	氯气、HCl、HF 等
有机化合物	烃类、甲醛、有机酸、焦油、有机卤化物、酮类、稠环致癌物等

　　燃料的燃烧是造成大气污染的主要原因。人类生活和工业、科学技术的现代化，使燃料用量大幅度上升，从而造成大气的污染日趋严重。随着交通运输业的发展，大都市中大量汽车的尾气排放也对环境造成了严重污染。另外，大气中还有来自工业生产的其它污染物，石油工业和化学工业大规模的发展也增加了空气中污染物的种类和数量。在农业方面，出于各种农药的喷洒而造成的大气污染也是不可忽视的问题。大气污染对建筑、树木、道路、桥梁和工业设备等都有极大危害，对人体健康的危害也日益明显，更大的威胁是通过呼吸道疾病削弱人的体质，会进一步引起心脏及其它器官的机能阻碍而导致疾病甚至死亡。综合性大气污染存在多种形式。

　　① 煤烟型烟雾　又叫"伦敦型烟雾"，主要是由于大量使用煤作为燃料，产生大量的煤烟和二氧化硫排放到空气中后产生的。它的一次污染物是煤烟和二氧化硫，二次污染物是硫酸雾和硫酸盐。由于最早在伦敦出现，所以后来人们把这种化学烟雾称为伦敦型烟雾。尽管硫酸是氧化性的，但是其浓度远小于还原性的二氧化硫，所以总体上看，伦敦型烟雾是一种还原性烟雾。它严重刺激人的呼吸道，还危害森林等植物，腐蚀建筑物。

　　从 1873 年到 1962 年，伦敦历史上曾经六次发生烟雾污染事件，其中 1952 年 12 月 5～8 日的最为严重，4 天中伦敦市死亡人数较常年同期约多 4000 人。伦敦之所以多次发生烟雾污染事件，首先是因为历史上伦敦大量烧煤。在 1962 年以后，伦敦没有再发生烟雾事件，也主要是因为改变了燃料结构，从以煤为主改为以煤气和电为主。

　　中国的大气污染以煤烟型为主，主要污染物为总悬浮颗粒物和二氧化硫，这是因为我国 75% 的一次能源是煤，这种状况今后相当长一段时间内不会改变。由于煤炭使用效率不高，适合国情的脱硫技术开发落后，污染治理缺乏力度等，造成我国二氧化硫年排放量居高不下。目前我国少数特大城市，如北京、上海、广州等，均属煤烟与汽车尾气污染并重类型。

　　② 光化学烟雾　汽车、工厂等污染源排入大气的碳氢化合物和氮氧化物等一次污染物在阳光作用下会发生光化学反应生成二次污染物。参与光化学反应过程的一次污染物和二次污染物的混合物（其中有气体污染物，也有气溶胶）所形成的烟雾污染现象，称为光化学烟雾。因其 1946 年首次出现在美国洛杉矶，所以又叫洛杉矶型烟雾，以区别于煤烟型烟雾（伦敦型烟雾）。光化学烟雾的表现特征是棕黄色或淡蓝色的烟雾弥漫，大气能见度降低。光化学烟雾一般发生在大气相对湿度较低、气温为 24～32℃ 的夏、秋季晴天，污染高峰出现在中午或稍后。光化学烟雾是一种循环过程，白天生成，傍晚消失。光化学烟雾成分复杂，对动物、植物和材料有害的主要是臭氧、过氧乙酰硝酸酯（PAN）、醛、酮等二次污染物。人和动物受到的主要伤害是眼睛和黏膜受到刺激、头痛、呼吸障碍、慢性呼吸道疾病恶化、儿童肺功能异常等。1955 年，美国洛杉矶因为光化学烟雾一次就死亡 400 多人。

　　通过对光化学烟雾形成的模拟实验，已经初步明确在碳氢化合物和氮氧化物的相互作用方面主要有以下过程：污染空气中二氧化氮的光解是光化学烟雾形成的起始反应。碳氢化合物被氢氧自由基 OH·、原子氧 O 等氧化，导致醛、酮等产物以及重要的中间产物烃基过氧

自由基 $RO_2\cdot$、氢过氧自由基 $HO_2\cdot$、酰基自由基 $RCO\cdot$ 等自由基的生成。过氧自由基引起一氧化氮向二氧化氮转化，并导致臭氧和过氧乙酰硝酸酯的生成。此外，污染空气中的二氧化硫会被 $HO\cdot$、$HO_2\cdot$ 和 O_3 等氧化而生成硫酸和硫酸盐，成为光化学烟雾中气溶胶的重要成分。碳氢化合物中挥发性小的氧化产物也会凝结成气溶胶液滴而使能见度降低。

20 世纪 40 年代，美国加利福尼亚州洛杉矶就发生过光化学烟雾。后来，在美国其它城市和世界各地相继出现。1974 年以来，我国兰州的西固石油化工区也出现光化学烟雾污染现象。近年来，一些乡村地区也有光化学烟雾污染的迹象。目前，世界卫生组织（WHO）和美国、日本等许多国家已经把臭氧和光化学氧化剂（臭氧、二氧化氮和其它能使碘化钾氧化为碘的氧化剂的总称）的水平作为判断大气环境质量的指标之一，并据以发布光化学烟雾的警报。

③ 酸雨 一般来说，雨水中溶解有二氧化碳，天然降水都偏酸性。如果认为大气与纯水达到平衡，按照理论计算 pH＝5.60。微弱的酸性有利于土壤中养分的溶解，对生物和人有益。如果降水的 pH＜5.6，则是大气受到污染的表现，就被称为酸雨了。1993 年重庆市酸雨 pH 值最低为 2.8，已经接近醋的酸度。"酸雨"不仅仅来自于雨水，范围较广的描述是"酸性降水"，包括所有 pH＜5.6 的从空中云雾降落到地面的液态水（雨）和固态水（雪、雹、霰），通常把近地层中水汽直接凝结于物体表面的露和霜也包括在内。更全面的描述是"酸沉降"，不仅包括上述各种酸性的湿沉降，而且包括酸性的干沉降，比如酸性气体被地表吸收和发生反应，酸性颗粒物通过重力沉降、碰撞和扩散沉降于地表。

酸雨中的酸主要是 H_2SO_4 和 HNO_3，它们占总酸量的 90% 以上。至于这两种酸的比例如何，则取决于燃料的构成。一次能源以煤为主的地区，例如中国，酸雨属于煤烟型的酸雨，其中 H_2SO_4 占绝大多数，H_2SO_4 与 HNO_3 之比一般在 5～10 之间。在一次能源以石油产品为主的地区，H_2SO_4 与 HNO_3 之比要小得多。然而，酸雨中的这两种酸主要是二次污染物，它们由一次污染物转化而来。H_2SO_4 的前体物是 SO_2，HNO_3 的前体物是 NO_x。人为排放量占 SO_2 的 79%，NO_x 的 59%，来自人为源的 SO_2 大约是 NO_x 的 2 倍。

酸雨的形成是一种复杂的过程。大气中的 SO_2 通过气相、液相或固相氧化反应生成 H_2SO_4，经过了复杂的化学过程。NO 排入大气后大部分转化成 NO_2，遇 H_2O 生成 HNO_3 和 HNO_2。还有许多其它气态或固态物质进入大气，对酸雨的形成也产生影响。大气颗粒物中的 Fe、Cu、Mn、V 是成酸反应的催化剂。大气光化学反应生成的 O_3 和 H_2O_2 等又是使 SO_2 氧化的氧化剂。飞灰中的 CaO，土壤中的 $CaCO_3$，天然和人为来源的 NH_3 以及其它碱性物质可以与酸反应而使酸中和。是否形成酸雨，决定于降水中酸性物质和碱性物质的相对比例，而不是绝对浓度。

酸雨对环境有多方面的危害：使水域和土壤酸化，损害农作物和林木生长，危害渔业生产，腐蚀建筑物、工厂设备和文化古迹，也危害人类健康。因此酸雨会破坏生态平衡，造成很大经济损失。此外，酸雨可随风飘移而降落于几千里外，导致大范围的公害。因此，酸雨已被公认为全球性的重大环境问题之一。

④ 温室效应 地球大气层中的 CO_2 和水蒸气等允许部分太阳辐射（短波辐射）透过并到达地面，使地球表面温度升高；同时，大气又能吸收太阳和地球表面发出的长波辐射，仅让很少的一部分热辐射散失到宇宙空间。由于大气吸收的辐射热量多于散失的，最终导致地球保持相对稳定的气温，这种现象称为温室效应。温室效应是地球上生命赖以生存的必要条件（即保护作用）。但是由于人口激增、人类活动频繁、化石燃料的燃烧量猛增，加上森林面积因滥砍滥伐而急剧减少，导致了大气中 CO_2 和各种气体微粒含量不断增加，致使 CO_2

吸收及反射回地面的长波辐射能增多，引起地球表面气温上升，造成了温室效应加剧，气候变暖。因此 CO_2 量的增加，被认为是大气污染物对全球气候产生影响的主要原因。但是温室气体并非只有 CO_2，还有 H_2O，CH_4，CFC(氟氯烃，几种氟氯代甲烷和乙烷的总称，商品名氟里昂) 等。

温室效应的加剧导致全球变暖，会对气候、生态环境及人类健康等多方面带来影响。地球表面温度升高会使更多的冰雪融化，反射回宇宙的阳光减少，极地更加变暖，海平面慢慢上升，降雨量也会增加。降水量的增加会使草原以及对水敏感的物种出现变化，很多植物将会在与以往不同时期内播种、开花与结果。植物的生长周期会缩短，甚至使植物品种打乱。变暖、变湿的气候条件会促进病菌、霉菌和有毒物质的生长，导致食物受污染或变质。因此，气候变暖将引起全球疾病的流行、严重威胁人类健康。

⑤ 臭氧层空洞　在高层大气中（高度范围约离地面 15～24km），由氧吸收太阳紫外线辐射而生成可观量的臭氧（O_3）。光子首先将氧分子分解成氧原子，氧原子与氧分子反应生成臭氧：

$$O_2 \xrightarrow{h\nu} 2O \qquad O_2 + O \xrightarrow{h\nu} O_3$$

O_3 和 O_2 属于同素异形体，在通常的温度和压力条件下，两者都是气体。当 O_3 的浓度在大气中达到最大值时，就形成厚度约 20km 的臭氧层。臭氧层主要分布在距地面 20～25km 的大气层中，臭氧能吸收波长在 220～330nm 范围内的紫外线，从而防止这种高能紫外线对地球表面生物的伤害。然而，1985 年，发现南极上方出现了面积与美国大陆相近的臭氧层空洞，1989 年又发现北极上空正在形成的另一个臭氧层空洞。此后发现空洞并非固定在一个区域内，而是每年在移动，且面积不断扩大。臭氧层变薄和出现空洞，就意味着有更多的紫外辐射线到达地面。紫外线对生物有破坏性，对人的皮肤、眼睛，甚至免疫系统都会造成伤害，强烈的紫外线还会影响鱼虾类和其它水生生物的正常生存。乃至造成某些生物灭绝，会严重阻碍各种农作物和树木的正常生长，又会使由 CO_2 量增加而导致的温室效应加剧。

人类活动产生的微量气体，如氮氧化物和氟氯烷等，对大气中臭氧的含量有很大的影响，引起臭氧层被破坏的原因有多种解释，其中公认的原因之一是氟里昂的大量使用。氟里昂被广泛应用于制冷系统、发泡剂、洗净剂、杀虫剂、除臭剂、头发喷雾剂等。氟里昂的化学性质稳定，易挥发，不溶于水。但进入大气平流层后，受紫外线辐射而分解产生 Cl 原子，Cl 原子则可引发破坏 O_3 循环的反应：

$$O_3 + Cl \longrightarrow ClO + O_2$$
$$O + ClO \longrightarrow Cl + O_2$$

由第一个反应消耗掉的 Cl 原子，在第二个反应中又重新产生，因此每一个 Cl 原子能参与大量的破坏 O_3 的反应，这两个反应加起来的总反应是：

$$O_3 + O \longrightarrow 2O_2$$

反应的最后结果是将 O_3 转变为 O_2，而 Cl 原子本身只作为催化剂，反复起分解 O_3 的作用。O_3 就被来自氟里昂分子释放出的 Cl 原子引发的反应而破坏。

另外，大型喷气机的尾气和核爆炸烟尘的释放高度均能达到平流层，其中含有各种可与 O_3 作用的污染物，如 NO 和某些自由基等。人口的增长和氮肥的大量生产等也可以危害到臭氧层。在氮肥的生产中会向大气释放出多种氮的化合物，包括有害的 N_2O，它会引发下列反应：

$$N_2O + O \longrightarrow N_2 + O_2$$
$$N_2 + O_2 \longrightarrow 2NO$$

$$NO+O_3 \longrightarrow NO_2+O_2$$
$$NO_2+O \longrightarrow NO+O_2$$
$$O+O_3 \longrightarrow O_2$$

NO 按后两个反应式循环反应，使 O_3 分解。

为了保护臭氧层免遭破坏，1987 年签订了蒙特利尔条约，禁止使用氟氯烷和其它的卤代烃。然而，臭氧层变薄的速度仍在加快。不论是南极地区上空，还是北半球的中纬度地区上空，O_3 含量都呈下降趋势，与此同时，关于臭氧层破坏机制的争论也很激烈。例如大气的连续运动性质使人们难以确定臭氧含量的变化究竟是由动态涨落引起的，还是由化学物质破坏引起的，这是争论的焦点之一。联合国环境计划署对臭氧消耗所引起的环境效应进行了估计，认为臭氧每减少 1%，具有生理破坏力的紫外线将增加 1.3%，因此，臭氧的减少对动植物尤其是人类生存的危害是公认的事实。保护臭氧层须依靠国际大合作，并采取各种积极、有效的对策。

(2) 水体污染　地球表面上水的覆盖面积约占 3/4。地球上全部地面和地下的淡水量总和仅占总水量的 0.63%。生产和生活用水，基本上都是淡水。目前，人类年用水量已近 4 万亿立方米，全球有 60% 的陆地面积淡水供应不足，近 20 亿人饮用水短缺。据估计，全球对水的需求，每 20 年将增加一倍。人类不但需水量大，且随着工农业的迅速发展和人口增长，排放的废污水量也急剧增加，使许多江、河、湖、水库，甚至地下水都遭受不同程度的污染，使水质下降。而水质的优劣直接关系到工农业生产能否正常进行，关系到水生生物的生长，更关系到人体的健康，因此，水质的优劣极为重要。

天然水可分为降水、地表水和地下水三大类。自然水体是江、河、湖、海等水体的总称。所有的天然水体总是要和外界环境密切接触的，它在运动过程中，会将接触到的大气、土壤、岩石等所含多种物质夹持或溶入，使自身成为极其复杂的体系。大多数天然水体的 pH 值为 3~9，其中河水 pH 值为 4~7，海水 pH 值为 7.7~8.3。

天然水体中通常含有三大类物质，即悬浮物质、胶体物质和溶解物质，如表 8-7 所示。

表 8-7　天然水体中含有的物质

分　类	主　要　物　质
悬浮物质	细菌、病毒、藻类及原生动物、泥沙、黏土等颗粒物
胶体物质	硅、铝、铁的氧化物胶体物质，黏土矿物胶体物质，腐殖质等有机高分子化合物
溶解物质	O_2、CO_2、H_2S、N_2 等溶解性气体，钙、镁、钠、铁、锰等离子的卤化物，碳酸盐、硫酸盐等盐类，其它可溶有机物

水体污染主要指由于人类的各种活动排放的污染物进入河流、湖泊、海洋或地下水等水体中，使水和水体的物理、化学性质发生变化而降低了水体的使用价值。水体污染会严重危害人体健康，据世界卫生组织报道，全世界 75% 左右的疾病与水有关：常见的伤寒、霍乱、胃炎、痢疾和传染性肝炎等疾病的发生与传播都和直接饮用污染水有关。

水体污染有两类：一类是自然污染，另一类是人为污染，而后者是主要的。自然污染主要是自然因素所造成，如特殊地质条件使某些地区有某些或某种化学元素的大量富集，天然植物在腐烂过程中产生某种毒物，以及降雨淋洗大气和地面后夹带各种物质流入水体，都会影响该地区的水质。人为污染是人类生活和生产活动中产生的废污水对水体的污染，包括生活污水、工业废水、农田排水和矿山排水等。此外，废渣和垃圾倾倒在水中或岸边，或堆积在土地上，经降雨淋洗流入水体，都能造成传染。

排入水体的污染物种类繁多，分类方法各异。一般可按污染物组成分为无机污染物、有机污染物和农药污染物等，见表 8-8。

表 8-8　水体中的主要污染物质

类　型	主　要　污　染　物
无机污染物	含氟、氮、磷、砷、硒、硼、汞、镉、铬、锌、铅等化合物
有机污染物	酚、氰、多氯联苯（PCB）、稠环芳烃（PAH）、取代苯类化合物
农药污染物	DDT、六六六、敌百虫、敌敌畏等

　　酸性或碱性物质进入水体使水的 pH 值发生变化，酸、碱在水体中可彼此中和，也可分别和地表物质发生反应生成无机盐类。由此引起水体中酸、碱、盐浓度超过正常量，使水质变坏的现象称水体的酸碱盐污染。

　　水体中的酸主要来源于冶金、金属加工的酸性工序、制酸厂、农药厂、人造纤维等工厂的废酸水以及进入水体的酸雨等，碱主要来源于印染、制药、炼油、碱法造纸等工业污水。

　　我国渔业用水的标准对淡水域规定 pH 值为 6.5～8.5，海水为 7.0～8.5；农田灌溉用水标准的 pH 值为 5.1～8.5。当水体长期受酸碱污染，就会使水体不能维持正常的 pH 范围，既影响水生生物的正常活动，造成水中生物的种群发生变化，导致鱼类减少，又会破坏土壤的性质，影响农作物的生长，还会腐蚀船舶、水上建筑等。

　　有毒无机污染物主要指汞（Hg）、镉（Cd）、铅（Pb）等重金属和砷（As）的化合物以及 CN^-、NO_2^- 等。它们对人类及生态系统可产生直接的损害或长期积累性损害。

　　重金属化合物污染的特点是因其某些化合物的生产与应用的广泛，在局部地区可能出现高浓度污染。另外，重金属污染物一般具有潜在危害性，它们与有机污染物不同，水中的微生物难于使之分解消除（可称为降解作用），经过"虾吃浮游生物，小鱼吃虾，大鱼吃小鱼"的水中食物链被富集，浓度逐级加大。而人正处于食物链的终端，通过食物或饮水，将有毒物摄入人体。若这些有毒物不易排泄，将会在人体内积蓄，引起慢性中毒。在生物体内的某些重金属又可被微生物转化为毒性更大的有机化合物（如无机汞可转化为有机汞）。例如众所周知的水俣病就是由所食鱼中含有氧化甲基汞引起的，骨痛病则由镉污染引起。这些震惊世界的公害事件都是工厂排放的污水中含有这些重金属所致。重金属污染物的毒性不仅与其摄入机体内的数量有关，而且与其存在形态有密切关系，不同形态的同种重金属化合物其毒性可以有很大差异。如烷基汞的毒性明显大于二价汞离子的无机盐；砷的化合物中三氧化二砷（As_2O_3，砒霜）毒性最大；钡盐中的硫酸钡（$BaSO_4$）因其溶解度小而无毒性；$BaCO_3$ 虽难溶于水，但能溶于胃酸（HCl），所以和氯化钡（$BaCl_2$）一样有毒。

　　氰化物的毒性很强，氰化物能以各种形式存在于水中。人中毒后，会造成呼吸困难，全身细胞缺氧，导致窒息死亡。氰化物主要来自各种含氰化物的工业废水，如电镀废水、煤气厂废水、炼焦炼油厂和有色金属冶炼厂等的废水。

　　有毒有机污染物主要包括有机氯农药、多氯联苯、多环芳烃、高分子聚合物（塑料、人造纤维、合成橡胶）、染料等有机化合物。它们的共同特点是大多数为难降解有机物，或持久性有机物。它们在水中的含量虽不高，但因在水体中残留时间长，有蓄积性，可造成人体慢性中毒、致癌、致畸等生理危害。

　　有机氯农药对环境的危害极大，其特点是毒性大，化学性质稳定，残留时间长，且易溶于脂肪、蓄积性强而在水生生物体内富集，其浓度可达水中的数十万倍。不仅影响水生生物的繁衍，且通过食物链危害人体健康。这类农药国外早已禁用，我国从 1983 年开始也已停止生产和限制使用。

　　多氯联苯（PCB）是联苯分子中一部分或全部氢被氯取代后所形成的各种异构体混合物的总称。PCB 有剧毒，脂溶性强，易被生物吸收。且具有化学性质很稳定，不易燃烧，强酸、强碱、氧化剂都难以将其分解，耐热性高，绝缘性好，蒸气压低，难挥发等特性。所以 PCB 作为绝缘油、润滑油、添加剂等，被广泛应用，也因此容易被排入水体。PCB 在天然水和生物体内都很难降解，是一种很稳定的环境污染物。

石油或其制品进入海洋等水域后，对水体质量有很大影响，这不仅是因为石油中的各种成分（烷烃、环烷烃、芳香烃等各种烃类化合物）都有一定的毒性，还因为它具有破坏生物的正常生活环境，造成生物机能障碍的物理作用。石油比水轻又不溶于水，覆盖在水面上形成薄膜层，既阻碍了大气中氧在水中的溶解，又因油膜的生物分解和自身的氧化作用，会消耗水中大量的溶解氧，致使海水缺氧。同时因石油覆盖或堵塞生物的表面和微细结构，抑制了生物的正常运动，且阻碍小动物正常摄取食物，呼吸等活动。如油膜会堵塞鱼的鳃部，使鱼呼吸困难，甚至引起鱼类死亡。若以含油的污水灌田，也会因油膜黏附在农作物上而使其枯死。

水体污染物中有一类属于耗氧（或需氧）有机物，本身可能无毒性，但在分解时需消耗水中的溶解氧。天然水体中溶解氧含量一般为 $5 \sim 10 \mathrm{mg} \cdot \mathrm{L}^{-1}$。当大量耗氧有机物排入水体后，使水中溶解氧急剧减少，水体出现恶臭，破坏水生生态系统，对渔业生产的影响甚大。这类物质对水体的污染程度，可间接地用单位体积水中耗氧有机物生化分解过程所消耗的氧量（以 $\mathrm{mg} \cdot \mathrm{L}^{-1}$ 为单位），即生化需氧量（BOD）来表示。一般用水温在 25℃ 时 5 天的生化需氧量（BOD_5）作为指标，用以反映耗氧有机物质的含量与水体污染的关系，一般情况下水体中 BOD_5 低于 $3 \mathrm{mg} \cdot \mathrm{L}^{-1}$ 时，水质较好。BOD_5 量愈高，表明溶解氧消耗就愈多，水质就愈差。因此，BOD_5 达到 $7.5 \mathrm{mg} \cdot \mathrm{L}^{-1}$ 时，水质不好；大于 $10 \mathrm{mg} \cdot \mathrm{L}^{-1}$ 时，表明水质很差，鱼类已不能存活。

污水中除大部分是含碳的有机物外，还包括含氮、磷的化合物及其它一些物质，它们是植物营养素。过多的植物营养素进入水体后，也会恶化水质、影响渔业生产和危害人体健康。含氮的有机物中最普通的是蛋白质，含磷的有机物主要有洗涤剂等。

蛋白质在水中的分解过程是：蛋白质→氨基酸→胺及氨。随着蛋白质的分解，氮的有机化合物不断减少，而氮的无机化合物不断增加。此时氨（NH_3）在微生物作用下，可进一步被氧化成亚硝酸盐，进而氧化成硝酸盐，其过程为：

第一步：氨被氧化成亚硝酸盐

$$2NH_3 + 3O_2 \xrightarrow{\text{微生物}} 2HNO_2 + 2H_2O$$

第二步：亚硝酸盐被氧化成硝酸盐

$$2HNO_2 + O_2 \xrightarrow{\text{微生物}} 2HNO_3$$

大量的硝酸盐会使水体中生物营养元素增多。对流动的水体来说，当生物营养元素多时，因其可随水流而稀释，一般影响不大。但在湖泊、水库、内海、海湾、河口等地区的水体，水流缓慢，停留时间长，既适于植物营养元素的积累，又适于水生植物的繁殖，这就引起藻类及其它浮游生物迅速繁殖。当这些水体中植物营养物质积聚到一定程度后，水体过分肥沃，藻类繁殖特别迅速，使水生生态系统遭到破坏，这种现象称为水体的富营养化。水体出现富营养化现象时，浮游生物大量繁殖，因占优势的浮游生物的颜色不同，水面往往呈现蓝色、红色、棕色等。这种现象在江河、湖泊中称为水华，在海洋上则称为赤潮。这些藻类有恶臭，有的还有毒，表面有一层胶质膜，鱼不能食用。藻类聚集在水体上层，一方面发生光合作用，放出大量氧气，使水体表层的溶解氧达到过饱和；另一方面藻类遮蔽了阳光，使底生植物因光合作用受到阻碍而死去。这些在水体底部死亡的藻类尸体和底生植物在厌氧条件下腐烂、分解，又将氮、磷等植物营养元素重新释放到水中，再供藻类利用。这样周而复始，就形成了植物营养元素在水体中的物质循环，使它们可以长期存在于水体中。富营养化水体的上层处于溶解氧过饱和状态，下层处于缺氧状态，底层则处于厌氧状态，显然对鱼类生长不利，在藻类大量繁殖的季节，会造成大量鱼类的死亡。同时，大量鱼类尸体沉积水体底部，会使水深逐渐变浅，年深月久，这些湖泊、水库等水体会演变成沼泽，引起水体生态系统的变化。

人、畜类排泄物（粪便、尿液）中的含氮化合物也会对水环境，特别是对地下水产生污染。进入水体的排泄物是成分复杂的有机氮化合物，由于水中微生物的分解作用，逐渐转变成较简单的化合物，即由蛋白质分解成肽、氨基酸等，最后产生氨。在这种降解过程中有机氮化合物不断减少，而无机氮化合物则不断增加。若处于无氧环境，最终产物是氨；若有氧存在则氨会进一步被氧化转变成亚硝酸盐和硝酸盐。亚硝胺类化合物已是世界公认的具有危害性的一类环境化学致癌物质。硝酸盐、亚硝酸盐与二级胺（仲胺）是亚硝胺的前体。环境中的氨基化合物可通过微生物的代谢活动产生二级胺。

洗涤剂使用后的洗涤污水会给环境带来影响甚至危害。表面活性剂本身对人体皮肤就有一定的刺激作用，若排入水中会使鱼类中毒，当其在水体中含量达到 $10mg \cdot L^{-1}$ 时，会引起鱼类死亡和水稻减产。另外，合成洗涤剂本身是一种有机物分子，在水中可进行生物降解，分解的最终产物是 CO_2 和 Na_2SO_4。由于分解过程中要消耗水中的溶解氧，使水中含氧量降低，同时当洗涤剂在水体中含量达 $0.5mg \cdot L^{-1}$ 时，水中会漂浮起泡沫，这种泡沫覆盖水面也降低了水的复氧速度和程度，这必然会影响水生生物及鱼类的生存。而洗涤剂中含量高的辅助剂磷酸盐随着洗涤污水汇同人类尿等生活污水中的 N、C 等一起排入水域中，使水中浮游生物繁殖所需的 N、P 等营养元素增加，造成前面讨论过的湖泊、海湾的水体富营养化现象，使水区环境恶化。如今水体中磷的含量约有一半来自人的生活使用的合成洗涤剂。所以，减少洗涤剂中的含磷量是防止水体发生富营养化、保护水质的重要措施。

氯化处理多年来广泛用于饮水消毒、污水处理和造纸工业的制浆漂白等工程。氯化处理会使水中所含的腐殖质（如食物渣滓和浮游生物）等多种有机物发生变化，形成对人体健康有害的卤代烃（如 $CHCl_3$）。这些含氯的有机物中很多是有毒的，有的具有致癌、致畸、致突变作用。

（3）食品污染　食品与空气、水、土壤等共同组成了人类生活的环境。人体正是从环境中摄取空气、水和食物，通过消化、吸收、合成，组成人体的细胞和组织的各种成分并产生能量，维持着生命活动。同时，又将体内不需要的代谢产物通过各种途径排入环境。食物链是人类同周围环境进行物质交换与能量传递的重要途径。食品的质量直接影响人体健康。按污染物的性质分类，食品污染可分两大类：一是生物性污染，即由致病微生物和寄生虫造成的污染；二是化学性污染，指有毒化学物质对食品的污染。

汞、镉、铅、砷等元素的一些化合物对食品造成的污染，主要渠道是农业上施用的农药和未经处理的工业废水、废渣的排放。常用的砷酸铅、砷酸钙、亚砷酸钠、甲基汞等农药（若用量过大，或使用时间距收获期太近）会对粮食作物、蔬菜、瓜果造成直接污染。含有汞、镉化合物的工业废水直接排放到江、河、湖泊，造成水体污染，进而污染水生生物。用受到污染的水灌溉农田，引起土壤污染，必然又污染农作物。人们长期食用被污染的水、鱼、农作物，毒物能通过食物链而富集，在人体中积累而引起慢性中毒。1955 年，日本富川平原群马县出现一种怪病，开始病人腰、腿关节疼痛，几年后全身各部位都痛了起来，最后骨骼萎缩，自行骨折，这种病被人称为"骨痛病"。经调查发现，原来是日本一家金属矿业公司的一座炼锌厂的废水中含有大量镉的有毒化合物，使稻米和饮水被污染的缘故。水体中生长的鱼、贝类生物，对镉有一定的蓄积作用。例如我国沿海地区常见的海产品毛蚶对镉有很强的富集能力。大气中含铅粉尘、废气、受铅污染的水源、剥落的油漆都会直接或间接污染食品。例如汽车向空气中排放的铅，其中有一半左右会降落在公路两侧 30m 以内的农田中，使作物受到污染；若在公路上晾晒粮食、油菜籽等，很容易造成铅的污染。

有机化合物农药如乐果、DDT 及敌敌畏等会引起对作物的直接污染。空气、水、土壤受到农药的污染后又会间接地造成食品的污染。环境中的农药可以通过人的皮肤、呼吸道和消化道进入人体。常见急性农药中毒事故大多数是由误食被农药严重污染的食品引起的。然而，人们可能常摄入的是一些被农药轻微污染的食物，导致慢性农药中毒。

为提高食品的色、香、味和营养成分或满足工艺要求或延长食品保存期等的需要，有目的地在食品中添加一些人工合成的化学物质或天然物质，这些物质被称为食品添加剂。目前使用的食品添加剂大多数属于化学合成的添加剂。食品添加剂又可根据其用途的不同，分为发色剂、漂白剂、防腐剂、抗氧化剂、助鲜剂、稳定剂、增稠剂、乳化剂、膨松剂、保湿剂、食用色素以及为增加营养价值而添加的维生素和必需元素等，目前食品添加剂已有近千种。

发色剂又叫呈色剂，为保持肉类的红色，即保持食物的鲜美外观，在加工时加入适量的化学物质，它与食品中的某些成分作用，使制品呈现良好的色泽。肉类腌制品中常用的发色剂是硝酸盐，它在细菌作用下能还原成亚硝酸盐，然后亚硝酸盐在一定的酸性条件下生成亚硝酸。一般宰后成熟的肉因含乳酸，pH 值约为 5.6～5.8，在不加入酸的情况下，亚硝酸盐就可生成亚硝酸，其反应为：

$$NaNO_2 + CH_3CHOHCOOH(乳酸) \longrightarrow HNO_2 + CH_3CHOHCOONa$$

亚硝酸（HNO_2）很不稳定，即使在常温下也可生成亚硝基：

$$3HNO_2 \longrightarrow H^+ + NO_3^- + 2NO + H_2O$$

当人和动物食用了添加硝酸盐和亚硝酸盐的食品后，上述的反应均可能在人体和动物体内发生。若生成高铁肌红蛋白的反应发生在血液里，就会使血液中的血红蛋白转变成高铁血红蛋内，致使血红蛋白失去输氧能力，引起紫绀症。另外，上述反应生成的亚硝酸还能与人体和动物体内的蛋白质代谢的中间产物仲胺（如二甲基胺）反应生成强致癌性的亚硝胺。由于上述原因，必须严格控制肉制食品中这两种盐的添加量。

黄曲霉素是由一种名为黄曲霉生物体产生的一类毒素的总称，属生物性污染物质。这种霉菌的繁殖力较强，温度高和湿度大是这种霉菌的生长条件。在气温高而潮湿的季节里，特别是我国南方地区，在粮食、水果、饲料、木材以及生活用品上，经常发现长有白的、绿的、灰的、黑的各式各样的棉絮状、毛茸或粉末状的菌丝，就是霉菌在作祟，人们常称之为"发霉"现象。黄曲霉菌及其毒素对食品的污染可分为对植物性食品和动物性食品污染两种情况。在各类植物性食品中，花生及其制品最易受黄曲霉素的污染，其次是玉米、小麦、大麦等麦类作物与干薯也常受污染。若用污染的植物性饲料喂养家畜、家禽，就会使动物性食品中含有黄曲霉素。动物试验表明，黄曲霉素可以使人急性中毒，也有很强的致癌性，因此黄曲霉素对食品的污染已受到重视。

（4）固体废弃物污染　固体废弃物就是一般所说的垃圾。垃圾是人类生产中必然产生的遗留废料，或是人类新陈代谢排泄物和消费品消费后的废弃物品。

城市垃圾指居民的生活垃圾、商业垃圾、市政维护和管理中产生的垃圾，不包括工业生产排放的工业固体废弃物。当前城市垃圾问题的两个特点是数量的剧增和成分的变化。堆放的垃圾若不及时清除，必然污染空气，有损环境，更会滋生蚊蝇等害虫，危害人体健康。垃圾经过雨水淋沥，流入河流或渗入地下，将使地表水和地下水受到污染。若将垃圾直接倒入河、湖、海，不仅有碍观瞻，还会导致生态平衡的破坏。垃圾中有机物的腐败、分解产生恶臭，细颗粒随风飘扬，会污染大气和环境；而焚烧处理时的烟尘也会污染大气。因此，垃圾已成为现代都市越来越严重的环境问题。

8.3.3　化学与环境保护

（1）环境质量评价的一般要求　要保护环境，改善环境质量，必须制定环境质量标准，并对环境质量进行评价。环境质量评价的内容包括污染源评价、污染状况评价、环境自净能力评价、环境对人体健康与生态系统的影响评价和环境经济学的评价等。评价内容是非常复杂的，往往既耗时又耗人力。环境质量的分级是以环境质量指数来表示的。这是一种数学模型，不同国家、不同地区，不同部门采用的计算方法不尽相同。评价对象和评价方法不同，数学模型也不同。例如常用的一种表示方法为环境质量指数 E（或 EQI，environment quality index）的表述是：

$$E = \sum_{i=1}^{n} c_i / c_{is}$$

式中，c_{is} 为 i 污染物的评价标准；c_i 为其实测浓度；n 为受监测的污染物种类数。c_i/c_{is} 实际上是污染物的超标率。这是一种比值法评价，显然 E 值愈大，污染就愈严重。

污染物评价标准一般以国家规定的环境标准或污染物在环境中的本底值为依据。如国家规定居住区大气中 SO_2 的日平均含量不得超过 $0.15mg\cdot m^{-3}$，若某地区实际测得 SO_2 的日平均含量为 $0.3mg\cdot m^{-3}$，就表明大气受 SO_2 污染，SO_2 超标了一倍。个别污染项目可能缺少国家规定标准或本底数值，这时可结合环境质量现状评价中的实际情况定出临时性指标作为依据。对评价对象的要求不同，标准值可以不同。如对水质进行评价时，水质标准可有三种：人体直接接触的（如饮用水）水质标准；人体间接接触的（如农田用水）水质标准；人体不接触的（如工业用水）水质标准。若需要对某个区域进行整体环境质量的综合评价，可采用将各个单项 E 值叠加的方法，求得环境质量综合指数：$E_{综合} = E_{地面水} + E_{地下水} + E_{大气} + E_{土壤}$。但有时这样的简单叠加不尽合理，比如各种环境质量因素对总体环境影响作用可能不一致，因此需根据具体情况再作合理的处理。

环境质量监测是环境质量评价（分级）的基础，首先要根据被测对象和评价目标确定监测项目。如对水体质量进行评价时一般需要测定的项目有三类：①无机物，包括硝酸盐、铵态氮、磷酸盐、氯化物、水中总固体浓度、硬度、pH 值等；②有机物，包括生化需氧量（BOD）、化学耗氧量（COD）、有机酸、氰化物、洗涤剂等的含量；③重金属，镉、铬、铅、汞、砷等含量。此外还有色度、臭度、透明度、温度、放射性物质浓度、细菌总数、藻类含量及水文条件等许多项目供各种评价目标选择。

常规的大气环境质量评价中受监测的污染物种类一般有 5 种：颗粒飘尘（PM）、SO_x、NO_x、CO、氧化剂（以 O_3 为代表），测定目标确定后，通过具体监测，将各污染物的实际测得值和标准值代入公式进行计算，并根据 E 值大小，将大气环境质量分为 6 个级别，见表 8-9。

表 8-9　大气环境质量分级

级别	环境质量指数	污染程度	级别	环境质量指数	污染程度
Ⅰ	0～0.01	清洁	Ⅳ	1～1.45	中度污染
Ⅱ	0.01～0.1	微污染	Ⅴ	4.5～10	较重污染
Ⅲ	0.1～1	轻污染	Ⅵ	＞10	严重污染

显然只有对环境的各种组成部分，对污染物的存在形态、分布状态、含量进行本底的和现状的分析鉴定，才能了解环境污染状况，研究污染物的存在和转化规律，从而认识、评价、改造和控制环境。

（2）环境质量监测的主要手段　为了了解环境污染状况，消除和控制污染以及研究污染物的存在和转化规律，就需要对污染物的存在形态、含量进行本底的和现状的分析鉴定，提供可靠的分析数据。因此，分析化学在环境监测工作中，任务繁重，责任重大，环境分析化学已成为一个具有特色的分支领域。环境分析化学是研究如何运用现代科学理论和先进实验技术来鉴别和测定环境污染物及有关物种的种类、成分与含量以及化学形态的科学，是环境化学的一个重要分支学科，也是环境科学和环境保护的重要基础学科。环境分析的主要特点如下：

① 研究领域广、对象复杂。要针对各种污染源（工业、农业、交通、生活等）和各类环境要素（大气、水体、土壤、动物、植物、食品及人体组织等生物材料）中成千上万种的化学物质进行定性或定量的测定。鉴定物质中含有哪些元素、原子团，叫定性分析；测定物质中有关组分的含量，叫定量分析。测定对象如果是无机物，则称无机分析；如为有机物，则称有机分析。

② 被测组分含量低，特别是环境背景值含量极微（$10^{-12} \sim 10^{-6}$g）。例如已测定太平洋中心上空中铅的含量为 1ng•g^{-1}，而南北极则低于 0.5ng•g^{-1}；雨水中汞的平均含量为 0.2ng•g^{-1}。对含量极微的组分进行分析，通常采用微量分析或超微量分析的方法，并需要采用高灵敏度的分析技术。

③ 样品组成复杂，不仅测定元素的总量，还要做形态分析。形态分析是指分析某种元素物理化学形态，包括物理形态分析和化学形态分析。物理形态分析包括区分金属的物理性质如溶解态、胶体和颗粒状等；而化学形态分析是指区分各种化学形态如单质、有机形态和无机形态。不同形态的元素性质相差很大，表现出在环境中的不同行为，如有机污染物的异构体多，异构体之间的毒性差别大。做形态分析要求分析方法选择性高，或实现多元素同时测定。

④ 样品稳定性差。有些污染物在环境介质中可能发生溶解、沉淀、吸附、氧化、还原、光解、水解、生物降解等变化，因此样品的采集时间、地点、气象条件的影响、储存条件（容器性质、温度、避光条件）等会影响样品的组成和浓度。这需要在现场进行连续的动态分析，要求仪器和方法测定速度快，自动化程度尽可能高。为此，环境分析应用了现代分析化学中的各项新理论、新方法、新技术，并引进了其它技术科学的最新成就，如光导纤维分析、电子探针、中子活化分析等，特别是发展了各种测试手段的多机联用或一机多用的连续、自动、遥控等技术来定性定量地研究环境问题。通常采用仪器分析的方法，例如色谱-质谱-计算机联用，它能快速测定各种挥发性有机物，这种方法已应用于废水的分析，可检测 200 多种污染物。遥感和激光技术也开始应用于环境分析，例如利用地球监测卫星，通信卫星和高空飞机对环境进行遥测；应用激光光谱可不经过取样直接测出大面积大气中含有 $2 \sim 3\mu$g•g^{-1} 的 10 种成分。

为提高分析结果的可靠性和可比性，方法的标准化是一个关键。我国对环境分析方法的标准化工作有很大进展，已出版《水质分析法》、《饮用水、地面水水质分析法》、《环境污染分析方法》、《污染源统一监测分析方法》等。所选用的分析方法都具有灵敏、准确和简便等特点，适应于环境保护和环境监测工作的需要。

(3) 三废处理

① 废气的处理　大气污染物绝大部分是由化石燃料燃烧和工业生产过程产生的，一般可通过下列措施防止或减少污染物的排放：改革能源结构、开发无污染或低污染能源；改进利用方式，提高利用效率，降低有害气体排放量；实施清洁生产工艺；及时清理和合理处置工业、生活和建筑废渣，减少地面扬尘；植树造林；这是治理大气污染，绿化环境的重要途径。

② 废水的处理　污染水体的污染物主要来自城市生活污水、工业废水和径流污水。这些污水必须先将其输送到污水处理厂进行处理后排放。污水处理首选方法是尽量减少污水和污物的排放量，包括尽可能采用无毒原料、采用合理的工艺流程和设备减少有毒原料的流失量、重污染水与其它量大而污染轻的废水分流、循环使用相对清洁的废水。

排放到污水处理厂的污水及工业废水，可利用多种分离和转化进行无害化处理，其基本方法可分为物理法、化学法、物理化学法和生物法。各种方法的简要基本原理和单元技术列入表 8-10。

表 8-10 污水处理方法分类

基本方法	基本原理	单元技术
物理法	物理或机械的分离方法	过滤、沉淀、离心分离、上浮等
化学法	加入化学物质与污水中有害物质发生化学反应的转化过程	中和、氧化、还原、分解、混凝、化学沉淀等
物理化学法	物理化学的分离过程	气提、吹脱、吸附、萃取、离子交换、电解、电渗析、反渗透等
生物法	微生物在污水中对有机物进行氧化,分解的新陈代谢过程	活性污泥、生物滤池、生物转盘、氧化塘、厌气消化等

废水按水质状况和处理后出水的去向确定其处理程度。废水处理程度可分为一级、二级和三级处理。

一级处理由筛滤、重力沉淀和浮选等物理方法串联组成,主要是用以除去废水中大部分粒径在 0.1mm 以上的大颗粒物质（固体悬浮物）,且减轻废水的腐化程度,经一级处理后的废水一般还达不到排放标准,所以通常作为预处理阶段,以减轻后续处理工序的负荷和提高处理效果。

二级处理是采用生物处理方法（又称微生物法）及某些化学法,用以去除水中的可降解有机物和部分胶体污染物。在自然界中,存在大量依靠有机物生存的微生物,它们具有氧化分解有机物的巨大能力。生物法处理废水就是利用微生物的代谢作用,使废水中的有机污染物氧化降解成无害物质的方法。二级处理中采用的化学法主要是化学絮凝法（或称混凝法）。废水中的某些污染物常以细小悬浮颗粒或胶体颗粒的形式存在,很难用自然沉降法除去。向废水中投加凝聚剂（混凝剂）,使细小悬浮颗粒的胶体颗粒聚集成较粗大的颗粒而沉淀,与水分离。常用的凝聚剂有硫酸铝,明矾（硫酸铝钾）,硫酸亚铁,硫酸铁,三氯化铁等无机凝聚剂和多种有机聚合物（高分子）凝聚剂。

经过二级处理后的水一般可达到农灌标准和废水排放标准,但水中还存留一定量的悬浮物、生物不能分解的有机物、溶解性无机物和氮、磷等藻类增殖营养物,并含有病毒和细菌,因而还不能满足较高要求的排放标准。也不能直接用做自来水,要作为某些工业用水和地下水的补给水,则需要继续对水进行三级处理。

三级处理可采用化学法（化学沉淀法、氧化还原法等）、物理化学法（吸附、离子交换、萃取、电渗析、反渗透法等）,这是以除去某些特定污染的一种"深度处理"方法。

化学法就是通过化学反应改变废水中污染物的化学性质或物理性质,使之发生化学或物理状态的变化,进而将其从水中除去。例如化学沉淀法,就是利用某些化学物质作沉淀剂,与废水中的污染物（主要是重金属离子）进行化学反应,生成难溶于水的物质沉淀析出,从废水中分离出去。如可用石灰 $[Ca(OH)_2]$ 与废水中 Cd^{2+}、Hg^{2+} 等重金属离子形成难溶于水的氢氧化物沉淀。利用沉淀反应除去废水中污染的重金属离子,是水溶液中主要化学反应之一,也是沉淀-溶解平衡的应用。金属硫化物的溶解度一般都比较小,因此用硫化钠或硫化氢作沉淀剂能更有效地处理含重金属离子的废水,特别是对于经过氢氧化物沉淀法处理后,尚不能达到排放标准的含 Cd^{2+}、Hg^{2+} 的废水,再通过反应生成极难溶于水的硫化物沉淀,这样自然沉降后的出水中,Hg^{2+} 含量可由起始的 $400mg \cdot L^{-1}$ 左右降至 $1mg \cdot L^{-1}$ 以下。

化学沉淀法处理废水,一般有投药、混合、反应、沉淀等过程,其工艺流程如图 8-7 所示。化学氧化法常用来处理工业废水,特别适宜处理难以生物降解的有机物,如大部分农药、染料、酚、氰化物,以及引起色度、臭味的物质。常用的氧化剂有氯类（液态氯、次氯酸钠、漂白粉等）和氧类（空气、臭氧、过氧化氢、高锰酸钾等）。用氯、次氯酸钠、漂白粉等可以氧化废水中的有机物、某些还原性无机物以及用来杀菌、除臭、脱色等。氯氧化法处理含氰废水是废水处理的一个典型实例。在碱性条件下（pH＝8.5～11）液氯可以将氰化物氧化成氰酸盐：

$$CN^- + 2OH^- + Cl_2 \longrightarrow CNO^- + 2Cl^- + H_2O$$

氰酸盐的毒性仅为氰化物的千分之一，若投加过量氧化剂，可将氰酸盐进一步氧化为二氧化碳和氮，使水质得以进一步净化。

$$2CNO^- + 4OH^- + 3Cl_2 \longrightarrow 2CO_2 + N_2 + 6Cl^- + 2H_2O$$

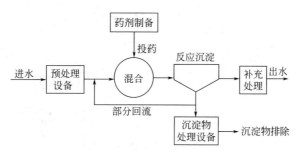

图 8-7　化学沉淀法工艺流程示意图

空气中的氧是最廉价的氧化剂，但氧化能力不够强，只能氧化易于氧化的污染物。过氧化氢（H_2O_2）具有强氧化能力，适于处理多种有毒、有味化合物及难以处理的有机废水，如含硫、氰、苯酚等的废水。高锰酸钾也是强氧化剂，主要用于除去锰、铁和某些有机污染物。

化学还原法主要用于处理含有汞、铬等重金属离子的废水。例如用废铁屑、废铜屑、废锌粒等比汞活泼的金属作还原剂处理含汞废水，将上述金属放在过滤装置中，当废水流过金属滤层时，废水中的 Hg^{2+} 即被还原为金属汞：

$$Fe(Zn,Cu) + Hg^{2+} \longrightarrow Fe^{2+}(Zn^{2+},Cu^{2+}) + Hg$$

生成的铁（锌、铜）汞渣经焙烧炉加热，可以回收金属汞。

对于含铬废水，可先用硫酸酸化（pH＝3～4），然后加入 5%～10% 的硫酸亚铁，使废水中的六价铬还原为三价铬：

$$6Fe^{2+} + Cr_2O_7^{2-} + 14H^+ \longrightarrow 6Fe^{3+} + 2Cr^{3+} + 7H_2O$$

然后再加入石灰，降低酸度，调至 pH 值为 8～9，三价铬离子形成难溶于水的氢氧化铬沉淀，即自然沉降而与水分离：

$$2Cr^{3+} + 3Ca(OH)_2 \longrightarrow 2Cr(OH)_3 + 3Ca^{2+}$$

物理化学处理法是指运用物理和化学的综合作用使废水得到净化的方法。常用的有吹脱、吸附、萃取、离子交换、电解等方法，有时也归类于化学方法。应该指出的是，不同的处理方法有与其自身的特点相适应的处理对象，需合理地选择和采用。例如对成分复杂的废水，化学沉淀法往往难于达到排放或回用的要求，则需与其它处理方法联合使用。

③ 废渣的处理　通过各种加工处理可以把垃圾转化为有用的物质或能量，所以垃圾也是一种资源。许多国家根据本国的垃圾有机成分含量高的特点，用垃圾生产高能燃料、复合肥料、制造沼气和发电，并将沼气最终用于城市管道燃气、汽车燃料、工业燃料。在采用各种合理方法处理垃圾的同时，更有价值的是对垃圾进行回收，这种回收包括材料和能源的回收。其中材料回收主要是根据垃圾的物理性能，研究和发展机械化、自动化分选垃圾技术。如利用磁吸法回收废铁；利用振动弹跳法分选软、硬物质；利用旋风分离方法，分离密度不同的物质等。随着可燃性垃圾不断增加，不少国家把它作为提供能源的资源。目前在开展科

学合理使用填埋法和焚烧法的同时，还积极研究无害化处理、长期受益的良性循环轨道的垃圾处理方法。其中有一种名为分选发酵法，其处理工艺路线如图 8-8 所示。该方法是基于我国城市垃圾主要以厨房垃圾为主的特点，先将收集的垃圾经重力分选，然后将吹出少量纸塑后剩下的主要部分经过滚筒筛分，筛下少量炉灰后，剩下大部分剩残动植物等有机废料送入发酵池进行发酵。经过生物发酵、化学法调控 pH 等一系列步骤和一定的时间，即可产生沼气。待沼气释放完后，可滤出池中发酵液直接用做农家肥，再将剩下的残渣经晒干、粉碎制成颗粒复合肥。这正是对城市垃圾作为生产沼气和复合肥的宝贵原料的积极开发。

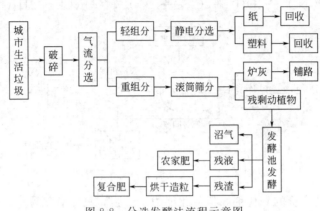

图 8-8　分选发酵法流程示意图

（4）清洁生产与绿色化学　清洁生产（cleaner production）在不同的发展阶段或者不同的国家有不同的表述方式，例如"废物减量化"、"无废工艺"、"污染预防"等。但其基本内涵是一致的，即对产品及其生产过程采用预防污染的策略来减少污染物的产生。联合国环境规划署与环境规划中心（UNEPIE/PAC）综合各种表述方法，对"清洁生产"给出了以下定义：清洁生产是一种新的创造性的思想，该思想将整体预防的环境战略持续应用于生产过程、产品和服务中，以增加生态效率和减少人类及环境的风险。对生产过程，要求节约原材料与能源，淘汰有毒原材料，减降所有废弃物的数量与毒性；对产品，要求减少从原材料提炼到产品最终处置的全生命周期的不利影响；对服务，要求将环境因素纳入设计与所提供的服务中。因此，清洁生产的定义包含了两个全过程控制：生产全过程和产品整个生命周期全过程。对生产过程而言，清洁生产包括节约原材料与能源，尽可能不用有毒原材料并在生产过程中就减少它们的数量和毒性；对产品而言，则是从原材料获取到产品最终处置过程中，尽可能将对环境的影响减少到最低。

按照美国《绿色化学》（Green Chemistry）杂志的定义，绿色化学是指：在制造和应用化学产品时应有效地利用（最好是可再生的）原料，消除废物和避免使用有毒的和危险的试剂与溶剂。今天的绿色化学是指能够保护环境的化学技术。它可通过使用自然能源，避免给环境造成负担、避免排放有害物质，并考虑节能、节省资源、减少废弃物排放量。

传统的化学工业给环境带来的污染已十分严重，目前全世界每年产生的有害废物达 3 亿～4 亿吨，给环境造成危害，并威胁着人类的生存。化学工业能否生产出对环境无害的化学品？能否开发出不产生废物的工艺？在绿色化学的号召发出之后，全世界进行了积极的响应。化学工作者正在探索污染物的防治、转化、处理及综合利用的途径，积极改革旧工艺，在探寻无污染或低排放的"绿色"新工艺中发挥着重要作用。例如有机化学家在有机合成工业中，提出对合成途径原子利用率和 E 因子的分析和估价，以此综合考虑对原料的选取、能量的耗损以及废料的环境商值 EQ 等，探索新的合成工艺。

E 因子定义为每生产 1kg 期望产品的同时产生的废物的量，即 E 因子＝废料质量/产品质量。表 8-11 列出了不同生产部门生产中环境所能接受的 E 因子的大小。

表 8-11　不同化工生产部门的 E 因子

工业部门	产品/t	E 因子
炼油	$10^6 \sim 10^8$	约 0.1
基本化工	$10^4 \sim 10^6$	$<1 \sim 5$
精细化工	$10^2 \sim 10^4$	$5 \sim 50$
制药	$10^1 \sim 10^3$	$25 \sim 100$

从表中可看到，精细化工（如染料）和制药工业的 E 因子较大，主要废料是在纯化产品的反应过程中产生的无机盐。一般步骤多废料就多，因此，减少合成步骤、无机盐的形成，即开发无盐生产工艺，可减少废料向环境的排放。

环境商值 EQ 是综合考虑废物的排放量和废物在环境中的毒性行为，用以评价各种合成方法相对于环境的好坏。环境商 $EQ = E \times Q$。式中 E 即为 E 因子，Q 为根据废物在环境中的行为给出的对环境不友好度。例如，无害的 $NaCl$ 和（NH_4）$_2SO_4$ 若 Q 定为 1，则有害重金属离子的盐类基于其毒性大小，其 Q 为 $100 \sim 1000$。环境商值愈大，废物对环境的污染愈严重，因此 EQ 值的大小是化学工程师衡量或选择合理生产工艺的重要因素。

要降低 EQ 值，意味着要减少生产工艺过程中废物的排放量，就是要提高合成工艺中的原子利用率。原子利用率定义为：

$$原子利用率 = \frac{期望产品的摩尔质量}{化学方程式中按计量所得物质的摩尔质量}$$

为此，要选择合适的途径，提高原子利用率。除理论产率外，还需考虑比较不同途径的原子利用率，这是有关生产过程对环境产生的潜在影响的又一评价标准。下面给出了环氧乙烷（C_2H_4O）生产中，经典工艺和新工艺（一步催化反应）不同原子利用率的比较。经典工艺的原子利用率为 25%，新的一步催化法则为 100%，即理论上没有废物产生。

经典氯代乙醇法

$$CH_2=CH_2 + Cl_2 + H_2O \longrightarrow ClCH_2CH_2OH + HCl$$

$$ClCH_2CH_2OH + Ca(OH)_2 + HCl \longrightarrow H_2C\overset{O}{\overbrace{}}CH_2 + CaCl_2 + 2H_2O$$

总反应

$$C_2H_4 + Cl_2 + Ca(OH)_2 \longrightarrow C_2H_4O + CaCl_2 + H_2O$$
摩尔质量　　44　　111　　18

原子利用率 = 44/173 = 25%

现代石油化学工艺

$$CH_2=CH_2 + 1/2O_2 \xrightarrow{催化} H_2C\overset{O}{\overbrace{}}CH_2$$

原子利用率 = 100%

8.4　化学与生命

生命科学以生物体的生命过程为研究对象，是生物学、化学、物理学、数学、医学、环境科学等学科之间相渗透形成的交叉学科。而生命科学的研究在解决粮食、能源、人体健康等人类社会主要问题中有重要作用。因此对生命科学，特别是对构成生命的糖类、蛋白质、核酸等基本物质以及与生命现象有关的化学有一个粗略的了解，是十分必要的。

8.4.1　生命的本质

从物质组成上来看，现代科学已普遍认识到，蛋白质、核酸以及磷脂类是生命的主要基本物质，哪里有生命，哪里就会存在这些物质。但是单纯的这些物质并不意味着生命。

从生命体表现出来的特征来看，生命体普遍具有"新陈代谢、自我繁殖与遗传变异"的特点。当生命体的生命活动停止时，这两大特征也随之消失。组成生命体的物质转入分解、降解，全部变成无机物的另一套化学变化过程之中。

如果把生命体看成一个系统，则生命体是开放系统，在其整个生命过程中，它时时刻刻都在与它周围的环境进行着物质、能量、信息的交换。而且生命总是从无序走向有序，从简单走向复杂，从低级走向高级，结构越来越复杂，能量转化越来越精细有效，信息量越来越大。生命就是这样一种远离平衡态的有序结构，一种耗能可变动的结构，人们把这种结构称为耗散结构。

按现代物理学观点，在整个生命过程中，贯穿着物质、能量和信息这三者的变化和协调统一。这三个量有组织，有秩序的变动，即是生命运动的基础，非生命的物质不是这样。生命与非生命的最根本区别就在于生命物质（如蛋白质、核酸）能不断地自我更新，能自组织及非线性发展，而不像无机世界矿物晶体的线性生长。

综上所述，我们可以得到一些肯定的认识，那就是：生命是物质的，物质是运动的，生命是一种高级形式的物质运动，是一个开放系统和耗散结构，生命物质可以不断地自我更新，不断地自组织和非线性发展，生命体是物质、能量和信息三者不断变化、协调的统一体。

8.4.2　生命体中的重要有机物

（1）糖类　糖是自然界存在的一大类具有生物功能的有机化合物，它主要是由绿色植物光合作用形成的。这类物质主要由 C、H 和 O 所组成。其化学式通常以 $C_n(H_2O)_n$ 表示，其中 C、H、O 的原子比恰好可以看做由碳和水复合而成，所以有碳水化合物之称。其实糖类物质是含多羟基的醛类或酮类化合物。常见的葡萄糖和果糖是最简单的糖类。葡萄糖含有一个醛基，六个碳原子，称己醛糖；而果糖则含有一个酮基，六个碳原子，称己酮糖。此外，植物体内的淀粉、纤维素，动物体内的糖原、甲壳素等也都属于糖类。糖类物质的主要生物学定义是通过生物氧化而提供能量，以满足生命活动的能量需要。

凡不能被水解的多羟基醛糖或多羟基酮糖，例如葡萄糖和果糖称为单糖。单糖不仅有链状结构，还有环状结构。凡能水解成少数（2～6 个）单糖分子的称为寡糖（又称低聚糖），其中以双糖存在最为广泛。人们食用的蔗糖（来自甘蔗和甜菜）就是由葡萄糖和果糖形成的双糖，甜度较差的麦芽糖（来自淀粉）可用做营养基和增养基，来自乳汁的乳糖甜度适中，用于食品工业和医药工业，它们也都是双糖。凡能水解为很多个单糖分子的糖为多糖。多糖广泛存在于自然界，是一类天然的高分子化合物。多糖在性质上与单糖、低聚糖有很大的区别，它没有甜味，一般不溶于水。与生物体关系最密切的多糖是淀粉、糖原和纤维素。

淀粉是麦芽糖的高聚体，完全水解后得到葡萄糖。淀粉有直链淀粉和支链淀粉两类。直链淀粉含几百个葡萄糖单位，支链淀粉含几千个葡萄糖单位。在天然淀粉中直链

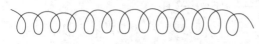

图 8-9　直链淀粉结构示意图

的约占 22%～26%，它是可溶性的，其余的则为支链淀粉。当用碘溶液进行检测时，直链淀粉显蓝色，而支链淀粉与碘接触时则变为红棕色。图 8-9 和图 8-10 分别为直链淀粉和支链淀粉结构示意图。

淀粉是植物体中储存的养分，存在于种子和块茎中，各类植物的淀粉含量都较高。大米中含淀粉 62%～86%，麦子中含淀粉 57%～75%，玉蜀黍中含淀粉 65%～72%，马铃薯中含淀粉 12%～14%。淀粉是食物的重要组成部分，咀嚼米饭等时感到有些甜味，这是因为唾液中的淀粉酶将淀粉水解成了单糖。食物进入胃肠后，还能被胰脏分泌出来的淀粉酶水

解，形成的葡萄糖被小肠壁吸收，成为人体组织的营养。支链淀粉部分水解可产生称为糊精的混合物。糊精主要用做食品添加剂、胶水、糨糊，并用于纸张和纺织品的制造等。

糖原称动物淀粉，是动物的能量储存库。糖原的结构与支链淀粉基本相同（葡萄糖单位的分支链），只是糖原的分支更多，糖原是无定形无色粉末，较易溶于热水，形成胶体溶液。糖在动物的肝脏和肌肉中含量最大，当动物血液中葡萄糖含量较高时，就会结合成糖原储存于动物的肝脏中，当葡萄糖含量降低时，糖原就可分解成葡萄糖而供给机体能量。

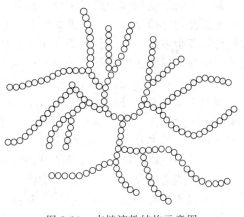

图 8-10　支链淀粉结构示意图

纤维素是自然界中最丰富的多糖。它是没有分支的链状分子，与直链淀粉一样，是由 D-葡萄糖单位组成。纤维素结构与直链淀粉结构间的差别在于 D-葡萄糖单位之间的连接方式不

图 8-11　纤维素分子示意图

同。由于分子间氢键的作用，使这些分子链平行排列、紧密结合，形成纤维束，每一束含有 $100 \sim 200$ 条纤维系分子，这些纤维束拧在一起形成绳状结构，绳状结构再排列起来就形成了纤维素，如图 8-11 所示。纤维素的力学性能和化学稳定性与这种结构有关。

淀粉与纤维素仅仅是结构单体在构型上的不同，却使它们有不同的性质。淀粉在水中会变成糊状，而纤维素不仅不溶于水，甚至不溶于强酸或碱。人体中由于缺乏分解纤维素结构所必需的酶，因此纤维素不能为人体所利用，就不能作为人类的主要食品，但纤维素能促进肠的蠕动而有助于消化，适当食用是有益的。牛、马等动物的胃里含有能使纤维素水解的酶，因此可食用含大量纤维素的饲料。纤维素是植物支撑组织的基础，棉花中纤维素含量高达 98%，亚麻和木材中含纤维素分别为 80% 和 50% 左右。纤维素是制造人造丝、人造棉、玻璃纸等的主要原料。

生物界对能量的需要和利用均离不开糖类，生物界对太阳能的利用归根到底始于植物的光合作用和 CO_2 的固定，与这两种现象密切相关的都是糖类的合成。光合作用是自然界将光能转变为化学能的主要途径。

光合作用是一个很复杂的过程，其总反应为 CO_2 和 H_2O 在叶绿素的作用下吸收太阳能转化为高能的糖类。

$$6CO_2 + 6H_2O + 能量（太阳光）\xrightarrow{\text{叶绿素}} C_6H_{12}O_6 + 6O_2$$

在光合作用中，CO_2 被还原为糖，而 H_2O 被氧化成 O_2：

$$6CO_2 + 24H^+ + 24e^- \longrightarrow C_6H_{12}O_6 + 6H_2O$$

$$12H_2O \longrightarrow 6O_2 + 24H^+ + 24e^-$$

叶绿素是含镁的配合物，具有复杂的结构，它能吸收可见光。当叶绿素吸收光子后，能量就被称为叶绿体的植物细胞中的亚细胞组分所摄取，通过一系列的步骤以化学势能的形式将能量储存起来。然后转移给通用的"生化能量储藏室"三磷酸腺苷（ATP）。上述的光合作用常称为光反应（在光照射下才发生的反应），能在黑暗中进行的反应称为暗反应。在绿色植物细胞中发生的光反应和暗反应组成了光合作用的全过程。植物能通过光合作用而制造糖类，动物不能发生光合作用，但可通过摄取植物而得到。动植物体内发生代谢作用时，碳水化合物氧化成 CO_2 和 H_2O（光合作用的逆反应）时释放出能量，以供生命活动的需要。

糖类不仅是生物体的能量来源，而且在生物体内发挥其它作用。因为糖类可以与其它分子形成复合物，即复合糖类。例如糖类与蛋白质可组成糖蛋白和蛋白聚糖。糖类可与脂类形成糖脂和多脂多糖等。复合糖类在生物体内的种类和结构的多样性及功能的复杂性，更是超过了简单糖。糖类在生物界的重要性还在于它对各类生物体的结构支持和保护作用。很多低等动物的体外有层硬壳，组成这层硬壳的物质被称为甲壳质，它是一种多糖，其化学组成是 N-乙酰氨基葡萄糖。甲壳质的分子结构因此也和纤维素很相似，具有高度的刚性，能忍受极端的化学处理。在动物细胞表面没有细胞壁，但细胞膜上有许多糖蛋白，而且细胞间存在着细胞间质，其主要组分是结构糖蛋白和多种蛋白聚糖。另外，还有含糖的胶原蛋白，胶原蛋白也是骨的基质。这些复合糖类对动物细胞也有支持和保护作用。

糖类还能通过很多途径影响生物体的生老病死，其中有些是有益于健康的，有些是有害的。在生物体内有很多水溶性差的化合物，有的来自食物，有的是体内的代谢产物，它们长期储存在体内是有害甚至有毒的。生物体内有一些酶能催化葡萄糖醛酯和许多水溶性差的化合物相连接，使后者能溶于水中，进而被排出体外，这时糖类起到了解毒的作用。

（2）蛋白质、氨基酸、肽键　蛋白质（protein）是细胞里最复杂的、变化最大的一类大分子，它存在于一切活细胞中。所有的蛋白质都含 C、N、O、H 元素，大多数蛋白质还含 S 或 P，或其它元素如 Fe、Cu、Zn 等，多数蛋白质的相对分子质量范围在 1.2 万～100 万。蛋白质是分子量很大的聚合物，水解时产生的单体叫氨基酸。蛋白质的种类繁多，功能迥异，各种特殊功能是由蛋白质分子里氨基酸的顺序决定的，氨基酸是构成蛋白质的基础。

氨基酸是 α-碳上有一个氨基（—NH_2）的有机酸，氨基酸中的 R 基侧链是各种氨基酸的特征基团。最简单的氨基酸是甘氨酸，其中的 R 是一个 H 原子。人体内的主要蛋白质大约由 20 种氨基酸组成，蛋白质中的氨基酸是 L-构型。人体需要 L-氨基酸而不能利用 D-氨基酸。

蛋白质分子中氨基酸连接的基本方式是肽键。一分子氨基酸的羧基与另一分子氨基酸的氨基，通过脱水（缩合反应），形成一个酰胺键，新生成的化合物称为肽。肽分子中的酰胺键也叫肽键。最简单的肽由两个氨基酸组成，叫做二肽。例如两个甘氨酸分子缩合成二肽甘氨酰甘氨酸。

多个氨基酸失水形成的肽称谓多肽，多肽一般是链状化合物，17 种不同的氨基酸组合的不同方式可达到 3.56×10^{14} 种，但目前自然界中已发现的蛋白质种类比起这个数目来还差得很远。同样，由一组氨基酸按不同的顺序组成的蛋白质种类的理论数目和实际存在于细胞中的种类数也相差很远。这个现象说明只有某些氨基酸并按某几种顺序组合而成的蛋白质才与生命或生理活性有关。

蛋白质分子是由一条或多条多肽链构成的生物大分子。蛋白质的种类很多，按功能来分有活性蛋白和非活性蛋白；按分子形状来分有球蛋白和纤维蛋白。球蛋白溶于水，易破裂，具有活性功能，而纤维状蛋白不溶于水，坚韧，具有结构或保护方面的功能，头发和指甲中的角蛋白就属纤维状蛋白。按化学组成来分有简单蛋白与复合蛋白，简单蛋白只由多肽链组成，复合蛋白由多肽链和辅基组成，辅基包括核苷酸、糖、色素（动植物组织中的有色物质）和金属配离子等。

为了表示蛋白质结构的不同层次，经常使用一级结构、二级结构、三级结构和四级结构这样一些专门术语。一级结构就是共价主链的氨基酸顺序，二、三和四级结构又称空间结构（即三维构象）或高级结构。氨基酸的顺序决定了蛋白质的功能，对它的生理活性也很重要，顺序中只要有一个氨基酸发生变化，整个蛋白质分子就会被破坏。蛋白质的二级结构是指蛋白质分子中多肽链本身的折叠方式。例如角蛋白中的多肽链，排列成卷曲形，称为 α-螺旋。

在这种结构里，氨基酸形成螺旋圈，肽键中与氮原子相连的氢，与附在沿链更远处的肽链中和碳原子相连的氧以氢键相结合。根据氨基酸的顺序，各种蛋白质都有其特异的二级结构，如图 8-12 所示。蛋白质的三级结构是指球状蛋白质的立体结构。一般讲，球蛋白是一个折叠得非常紧密的球形，如图 8-13 所示。蛋白质的更高级结构不再进一步讨论。

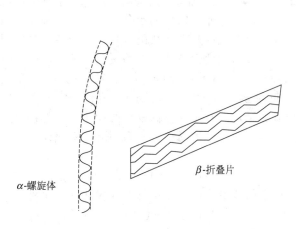

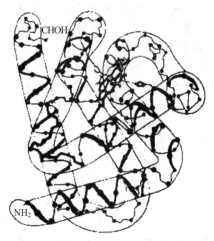

图 8-12　纤维状蛋白质　　　　　图 8-13　肌红蛋白的三级结构

蛋白质广泛而又多变的功能决定了它们在生理上的重要性。来自食物的蛋白质是身体的氮和硫的主要来源，除催化功能和结构功能外，还构成了肌肉收缩的体系。作为抗体，它们是身体的防卫系统。而作为激素，则能够调节身体的腺体的活动。在血液中它们维持体液平衡，是凝血机制的一部分，能输送氧气和类脂物等。

（3）酶　人类从发明酿酒、造醋、制酱、发面时起，就对生物催化作用有了初步的认识，不过当时并不知道有酶这类生物催化剂。酶是一类由生物细胞产生的、以蛋白质为主要成分的、具有催化活性的生物催化剂。进入 19 世纪后期，人们已积累了不少关于酶的知识，认识到酶来自生物细胞。进入 20 世纪，不仅发现了很多酶，而且酶的提取、分离、提纯等技术有了很大的发展，并注意到有不少酶在作用中需要低分子量的物质（辅酶）参与，对酶的本质进行了深入的研究。1926 年第一次成功地从刀豆中提取出脲酶的结晶，并证明每种结晶具有蛋白质的化学本质，它能催化尿素分解为 NH_3 和 CO_2。尔后又相继分离出许多酶（如胃蛋白酶、胰蛋白酶等）的晶体。至今，人们已鉴定出 2000 种以上的酶，其中 200 多种已得到了结晶。

酶催化作用的主要特点如下。①酶对周围环境的变化比较敏感，若遇到高温、强酸、强碱、重金属离子、配位体或紫外线照射等因素的影响时，易失去它的催化活性。②酶催化反应都是在比较温和的条件下进行的。例如在人体中的各种酶促反应，一般是在体温（37℃）和血液 pH 值约为 7 的情况下进行的。③酶具有高度的专一性，即某一种酶仅对某一类物质甚至只对某一种物质的给定反应起催化作用，生成一定的产物。如脲酶只能催化尿素水解生成 NH_3 和 CO_2，而对尿素的衍生物和其它物质都不具有催化水解的作用，也不能使尿素发生其它反应。酶的这种专一性通常可用两分子的几何构型给予解释。如麦芽糖酶是一种只能催化麦芽糖水解为两分子葡萄糖的催化剂，这是由于麦芽糖酶的活性部位（即反应的位置）能准确地结合一个麦芽糖分子，当两者相遇时，使两个单糖单位相连接的链合变弱，其结果是水分子的进入并发生水解反应。麦芽糖酶不能使蔗糖水解，使蔗糖水解的是蔗糖酶。近年来的研究结果表明，把酶和底物看成刚性分子是不完善的，实际上它们的柔性使二者可以相互识别相互适应而结合。④酶促反应所需的活化能低，而且催化效率非常高。例如，

H_2O_2 分解为 H_2O 和 O_2 所需的活化能是 $75.3kJ \cdot mol^{-1}$，用胶态铂作催化剂活化能降为 $49kJ \cdot mol^{-1}$；当用过氧化氢酶催化时的活化能仅需 $8kJ \cdot mol^{-1}$ 左右，而且 H_2O_2 分解的效率可提高 10^9 倍。

从酶的化学组成来看，可分成单纯酶和结合酶两大类。单纯酶的分子组成全是蛋白质，不含非蛋白质的小分子物质，如脲酶、蛋白酶、淀粉酶、脂肪酶、核糖核酸酶等都属单纯酶。结合酶的分子组成除蛋白质外，还含有对热稳定的非蛋白质的小分子物质，这种非蛋白质部分叫做辅助因子。酶蛋白与辅助因子结合后所形成的复合物或配合物叫做全酶。辅助因子是这类酶起催化作用的必要条件，缺少了它们，酶的活性就消失。酶蛋白、辅助因子各自单独存在时都无催化作用。酶的辅助因子可以是金属离子，如 $Cu(II)$、$Zn(II)$、$Fe(III)$、$Mg(II)$、$Mn(II)$ 等的配合物（如血红素、叶绿素等），也可以是复杂有机化合物。

人体对食物的消化、吸收，通过食物获取能量，以及生物体内复杂的代谢过程都包含许多化学反应，必须有各种不同的酶参与作用。这些专一性的酶组成一系列酶的催化体系，维持生物体内各种代谢过程按规律进行。

生物体是通过物质的氧化获得能量的，但物质氧化时所产生的能量一般不能直接被利用。机体利用能量的方式是将生物氧化系统释放的能量，以高能键的形式先储存在生物体内的 ATP 分子中，当需要时再释放出来供各种生理活动和生化反应使用。生物氧化过程，即是由各种有机物（食物来源）在酶的作用下，氧化生成 CO_2 和 H_2O，并释放出能量的过程。由于酶的催化作用，生物氧化得以在比较温和的条件下及有水的环境中进行，并且能量可以逐步释放。

通过食物氧化得到的能量主要用于合成 ATP，然后在适当的催化剂存在时 ATP 将经历三步水解，其提供的能量可用来引起其它化学反应。各种生物活动，如核酸、蛋白质的生物的合成，糖、脂肪、药物等物质的代谢，以及细胞内外物质的转运等，都有 ATP 参与，ATP 被称为生物体内的能量使者。

对于大多数细胞代谢过程的酶已经有了较多的了解，目前酶学研究中的新领域包括：酶合成的遗传控制与遗传病，许多酶系统的自我调节性质，生长发育及分化中酶的作用与肿瘤及衰老的关系，细胞相互识别过程中酶的作用等。

（4）核酸　核酸是一类多聚核苷酸，它的基本结构单位是核苷酸。采用不同的降解法可以将核酸降解成核苷酸，核苷酸还可进一步分解成核苷和磷酸，核苷再进一步分解生成碱基（含 N 的杂环化合物）和戊糖。也就是说核酸是由核苷酸组成的，而核苷酸又由碱基、戊糖与磷酸组成。

核酸中的碱基分两大类：嘌呤碱与嘧啶碱。核酸中的戊糖有两类：D-核糖和 D-2-脱氧核糖。核酸的分类就是根据核酸中所含戊糖种类不同分为核糖核酸（RNA）和脱氧核糖核酸（DNA）两大类。RNA 中的碱基主要有四种：腺嘌呤、鸟嘌呤、胞嘧啶、尿嘧啶。DNA 中的碱基主要也是四种，三种与 RNA 中的相同，只是胸腺嘧啶代替了尿嘧啶。

DNA 的一级结构是由数量极其庞大的四种脱氧核糖核苷酸即：脱氧腺嘌呤核苷酸、脱氧鸟嘌呤核苷酸、脱氧胞嘧啶核苷酸和脱氧胸腺嘧啶核苷酸所组成。这四种核苷酸的排列顺序（序列）正是分子生物学家多年来要解决的问题。因为生物的遗传信息储存于 DNA 的核苷酸序列中，生物界物种的多样性即存在于 DNA 分子四种核苷酸千变万化的不同排列顺序中。

核酸是遗传信息的携带者与传递者。核酸有着几乎多得无限的可能结构，而生物体的遗传特征就反映在 DNA 分子的结构上，即 DNA 的结构携带着遗传的全部信息，就是通常所说的 DNA 携带着遗传的密码。生物体的遗传信息以密码的形式编码在 DNA 分子上，表现为特定的核苷酸排列顺序，并通过 DNA 的复制由亲代传送给子代。在后代的生长发育过程中，遗传信息自 DNA 转录给 RNA，然后翻译成特定的蛋白质，以执行各种生命功能，使后代表现出与亲代相似的遗传性状。所谓复制，就是指以原来 DNA 分子为模板，合成出相同分子的过程。所谓转录，就是在 DNA 分子上合成出与其核苷酸顺序相对应的 RNA 的过程。而翻译则是在 RNA 的控制下，从 DNA 得来的核苷酸顺序合成出具有特定氨基酸顺序的蛋白质肽链的过程。由于生命活动是通过蛋白体来表现的，所以生物的遗传特征实际上是通过 DNA →RNA →蛋白质的过程传递的，就是遗传信息传递的中心法则，如图 8-14 所示。

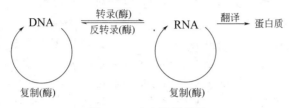

图 8-14　中心法则简示

1953 年，英国剑桥大学的 Watson 和 Crick 提出了著名的生物遗传物质 DNA 分子的双螺旋模型，这是生命化学乃至生物学中的重大里程碑。这一发现为遗传工程的发展奠定了理论基础。DNA 分子双螺旋结构模型如图 8-15 所示。

遗传工程从狭义上理解就是指 DNA 重组技术，即提取或合成不同生物的遗传物质（DNA），在体外切割、拼接和重新组合，然后通过载体将重组的 DNA 分子引入受体细胞，使重组 DNA 在受体细胞中得以复制与表达。从遗传工程的概念看，遗传工程的直接目的就是改造生物，从而使其更好地为人类服务。例如，作为人类主要食物的谷类作物含有大量糖类，而人体所必需的蛋白质、氨基酸与维生素的含量却很少。有些微生物可以产生这些物质，用大规模发酵的方法培养微生物，进而提取这些物质，就可以进行工业化生产。采用 DNA 重组及细胞融合等技术改造苏氨酸、色氨酸、赖氨酸等氨基酸的生产菌，与原始菌株相比，氨基酸的含量提高了几十倍，且生产成本下降。这些氨基酸产品广泛用于营养食品及饲料添加剂等生产，从而部分代替了粮食产品。又如，生物固氮的遗传工程研究是一个令人神往的重要领域，其目的就是培养出能自行供氮的作物。一切植物的生长都需要氮元素，大气中虽有 80% 的氮气，但除了豆科植物外，都不能直接利用空气中的分子态的 N_2。而豆科植物根部共生的根瘤菌可以固定分子态氮并转化成能被植物吸收的状态。如果把根瘤菌的固氮基

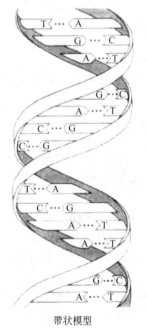

带状模型

图 8-15　DNA 分子双
螺旋结构模型

因转移到水稻、小麦、玉米等作物细胞中，就有可能使这些作物直接利用空气中的氮，这不仅可提高产量，增加谷类作物的蛋白质含量，而且能大大节省化肥，从而降低生产成本，减轻环境污染。遗传工程研究的开展，将为解决人类面临的食品与营养、健康与环境、资源与能源等一系列重大问题开辟新途径，也具有极大的经济潜力。

8.4.3　基因与遗传信息

基因是具有遗传功能的单元，一个基因是 DNA 片段中核苷酸碱基特定的序列，此序列载有某特定蛋白质的遗传信息。人们形象地将 DNA 碱基序列称为遗传编码，DNA 序列分析是揭开遗传密码的关键，也是基因研究的基础。

每个 DNA 分子含有很多基因，这些基因按一定顺序排列，就成为创造蛋白质的图纸和

指挥复制的命令。现代遗传学认为，基因是控制生物性状的遗传物质的功能单位和结构单位，是有遗传效应的 DNA 片段，每个基因中可以含有成百上千个脱氧核苷酸。核酸储存和传递遗传信息，蛋白质是基因作用的直接产物，并含有遗传信息。蛋白质是组成生物体的重要成分，生物体的性状主要是通过蛋白质来体现的，生物体内大部分化学反应也离不开称为酶的蛋白质进行催化。因此，基因对性状的决定性作用是通过 DNA 控制蛋白质的合成来实现的。核酸是遗传信息的携带者和传递执行者，遗传信息由 DNA →RNA →蛋白质的表达过程，也称基因表达，是分子生物学（分子遗传学）研究的核心。

人体细胞约有 10 万个基因，测定出人类基因组 30 亿个碱基对（遗传密码）的全序列，就能掌握人类遗传信息，建立起完整的遗传信息库，由此危害人类健康的 5000 多种遗传病以及与遗传密切相关的癌症、心血管疾病和精神疾病等，可以得到预测、预防、早期诊断与治疗。今后必将继续发现大量新的重要基因，如控制记忆与行为的基因，控制细胞衰老与程序性死亡的基因，新的癌基因与抑癌基因，以及与大量疾病有关的基因。这些成果将被用来为人类健康服务。

RNA 分子既有遗传信息功能又有酶的功能，在下一个世纪，人们将试图在实验室人工合成生命体，已有可能利用生物技术将保存在特殊环境中的古生物或冻干的尸体的 DNA 扩增，揭示其遗传密码，建立已绝灭生物的基因库，研究生物的进化与分类问题。

在生物医学发展中，对人类基因治疗的意义、策略、前景等的研究不断取得进展。人类基因治疗是将"目的基因"转移给"靶细胞"，从调控患者由于某种基因的缺失或突变造成功能异常的病变而达到治疗疾病的目的。目前基因治疗已试用于多种疾病，如遗传病基因治疗、艾滋病的基因治疗、肿瘤基因治疗等。肿瘤的发生被认为是基因表达调控失常以及与其周围组织相互作用关系的紊乱所致。一个正常细胞变成恶性细胞涉及抗癌基因的丢失或失活，原癌基因被激活等步骤。从理论上推测，原癌基因和抗癌基因相对应，在特定条件下它们对细胞分裂起正负调控作用，因此通过抗癌基因调变基因表达，使肿瘤细胞逆转而恢复正常，是治疗肿瘤的理想选择。尽管临床基因治疗初见成效，但仍存在很多潜在的问题，亟待解决。

8.4.4 生物膜

细胞是人体和其它生物体一切生命活动结构与功能的基本单位。体内所有的生理功能和生化反应，都是在细胞及其产物（如细胞间隙中的胶原和蛋白聚糖）的物质基础上进行的。一切动物细胞都由一层薄膜所包裹，称为细胞膜，为生物膜的一种，它把细胞内容物和细胞的周围环境分割开来。在地球上出现生命物质和它由简单到复杂的长期演化过程中，生物膜的出现是一次飞跃，它使细胞能够独立于环境而存在，靠通过生物膜与周围环境进行有选择的物质交换而维持生命活动。显然，细胞要维持正常的生命活动，不仅细胞的内容物不能流失，且其化学组成必须保持相对稳定，这就需要在细胞和它的环境之间有某种屏障存在。同时细胞在不断进行新陈代谢过程中，又需要经常由外界得到氧气和营养物质，排出代谢产物和废物，使细胞保持动态的恒定，这对维持细胞的生命活动极为重要。因此生物膜是一个具有特殊结构和功能的半透性膜，它的主要功能可归纳为：能量转换、物质运送、信息识别与传递。

对各种膜性结构的化学分析表明，膜主要由脂质、蛋白质和糖类等物质组成。生物膜所具有的各种功能，在很大程度上决定于膜内所含的蛋白质；细胞和周围环境之间的物质、能量和信息的交换，大多与细胞膜上的蛋白质有关。细胞膜蛋白质就其功能可分为以下几类：一类是能识别各种物质，在一定条件下有选择地使其通过细胞膜的蛋白质，如通道蛋白；另一类是分布在细胞膜表面，能"辨认"和接受细胞环境中特异的化学性刺激的蛋白质，这统称为受体；还有一大类膜蛋白质属于膜内酶类，种类甚多；此外，膜蛋白质可以是和免疫功能有关的物质。总之，不同细胞拥有其特有的膜蛋白质，这是决定细胞在功能上的特异性的重要因素。一个进行着新陈代谢的活细胞，不断有各种各样的物质（从离子和小分子物质到蛋白质大分子以及团块状物质或液体）进出细胞，也包括各种供能物质、合成新物质的原料、中间代谢产物、代谢终产物、维生素、氧和 CO_2 等进出细胞，它们都与膜上的特定的蛋白质有关。

生物膜的物质运送是生物膜的主要功能之一。物质运送可分为被动运送和主动运送两大类。被动运送是物质从高浓度一侧，顺浓度梯度的方向，通过膜运送到低浓度一侧的过程，这是一个不需要外界供给能量的自发过程。而物质的主动运送，是指细胞膜通过特定的通道或运载体把某种分子（或离子）转运到膜的另一侧去。这种转运有选择性，通道或运载体能识别所需的分子或离子，能对抗浓度梯度，所以是一种耗能过程。在膜的主动运送中所需要的能量只能由物质所通过的膜或膜所属的细胞来供给。在细胞膜的这种主动运送中，很重要且研究得很充分的是关于 Na^+、K^+ 的主动运送。包括人体细胞在内的所有动物细胞，其细胞内液和外液中的 Na^+、K^+ 浓度有很大不同。以神经和肌肉细胞为例，正常时膜内 K^+ 浓度约为膜外的 30 倍，膜外 Na^+ 浓度约为膜内的 12 倍。这种明显的浓度差的形成和维持，主要与细胞膜的某种功能有关，而此功能要靠新陈代谢的正常进行。例如，低温、缺氧或一些代谢抑制剂的使用，会引起细胞内外 Na^+、K^+ 正常浓度差的减小，而在细胞恢复正常代谢活动后，上述浓度差又会恢复。很早就有人推测，各种细胞的细胞膜中普遍存在着一种称为钠钾泵的结构，简称钠泵。它们的作用就是能够逆着浓度差主动地将细胞内的 Na^+ 移出膜外，同时将细胞外的 K^+ 移入膜内，从而形成和保持 Na^+ 和 K^+ 在细胞膜两侧的特殊分布。后来大量科学实验证明，钠泵实际上就是膜结构中的一种特殊蛋白质，它本身具有催化 ATP 水解的活性，可以把 ATP 分子中的高能键切断而释放能量，并利用此能量进行 Na^+、K^+ 的主动运送。因此钠泵就是这种被称为 Na^+-K^+ 依赖式的 ATP 酶的蛋白质。细胞膜上的钙泵是一种 ATP 酶，它能把细胞内多余的 Ca^{2+} 转移到细胞外。

生物膜是当前分子生物学、细胞生物学中一个十分活跃的研究领域。关于生物膜的结构，生物膜与能量转换、物质运送、信息传递，以及生物膜与疾病等方面的研究及用合成化学的方法制备简单模拟膜和聚合生物膜等方面，不断取得新进展。此外，人们正在研究对物质具有优良识别能力的人造膜，使模仿生物膜机能的人造内脏器官，应用于医疗诊断。

8.4.5　氧自由基与人体健康

所谓自由基，是指带有未成对电子的分子、原子或离子，未成对电子具有成双的趋向，因此常易发生失去或得到电子的反应而显示出较活泼的化学性质。氧气维持着地球上绝大多数生物的生命。虽然氧对需氧生物是有用的，但氧也有对生物不利的一面。在生物体系中，电子转移是一个基本的变化。氧分子可以通过单电子接受反应，依次转变为 $O_2^-\cdot$、$HO_2\cdot$、HOOH 与 $\cdot OH$ 等中间产物。由于这些物质都是直接或间接地由分子氧转化而来，而且具有较分子氧活泼的化学反应性，故统称为活性氧，亦称氧自由基。

超氧阴离子自由基 $O_2^-\cdot$ 既可以作为还原剂供给电子，又可以作为氧化剂接受电子。$O_2^-\cdot$ 可以与 H^+ 结合生成超氧酸 $HO_2\cdot$，可以在铁螯合物催化下与 H_2O_2 反应产生羟自由基 $\cdot OH$。

$$O_2^-\cdot + H_2O_2 \xrightarrow{\text{铁螯合物}} O_2 + \cdot OH + OH$$

$\cdot OH$ 是化学性质最活泼的活性氧物种。其反应特点是无专一性。几乎与生物体内所有物质，如糖、蛋白质、DNA、碱基、磷脂和有机酸等都能反应，且反应速率快，可以使非自由基反应物变成自由基。例如，$\cdot OH$ 与细胞膜及细胞内容物中的生物大分子（用 RH 表示）作用：

$$\cdot OH + RH \longrightarrow H_2O + R\cdot$$

生成的有机自由基 R· 又可以继续起作用生成 RO_2：

$$R· + O_2 \longrightarrow RO_2·$$

这样,自由基通过上述方式传递和增强。愈来愈多的氧自由基在细胞内出现会损伤细胞,引发各种疾病。很多研究表明,含氧自由基关系到 60 多种疾病,由于 $O_2·$ 自由基可使细胞质和细胞核中的核酸键断裂,会导致肿瘤、炎症、衰老、血液病以及心、肝、肺、皮肤等方面病变的产生。在人体和环境中持续形成的自由基来自人体正常新陈代谢过程,大量体育运动、吸烟、食用脂肪和腌熏烤肉、发生炎症、某些抗癌药物、安眠药、射线、农药、有机物腐烂、塑料用品制造过程、油漆干燥、石棉、大气污染、化学致癌物、大气中的臭氧等也都能产生自由基。已知自由基可损伤蛋白质,可使蛋白质的转换增加;损害 DNA 可导致细胞突变;损伤—SH 可使某些酶的活性降低或丧失;攻击未饱和脂肪酸可引起脂质过氧化,其氧化产物可引起—SH 氧化、酶失活、膜功能受损、干扰膜的运送功能等。另外,由燃料废气、香烟和一些粉尘造成的大气污染,使大气上空的自由基占分子污染物总量的 $1\% \sim 10\%$,因此环境污染中的自由基反应也是不可忽视的。

在生物体内的 $O_2·$ 过量和不足对身体都不利,因此 $O_2·$ 的产生和消除应处于动态平衡,即生物体内活性氧自由基不断产生又不断被清除是属于生命所必需的过程,也有其重要的生理功能。正常生物体具有维持活性氧的平衡生理浓度的能力,只有当活性氧的浓度失去控制时才会造成伤害,体内过多的 $O_2·$ 可以依靠 SOD 去消除。SOD 是超氧化物歧化酶的英文名称的缩写,是一种具有特定生物催化功能的蛋白质,由蛋白质和金属离子组成,广泛存在于自然界的动、植物和一些微生物体内。SOD 能催化 $O_2·$ 发生歧化反应:

$$O_2· + O_2· + 2H^+ + 2e^- \xrightarrow{\text{SOD}} H_2O_2 + O_2$$

活性氧 H_2O_2 对机体亦有害,但有过氧化氢酶能催化 H_2O_2 发生一种还原性反应而被清除。由此人体内形成一套解毒系统,对机体起保护作用,因此,SOD 是机体内 $O_2·$ 的消除剂。有研究表明,人体的一些病变可反映在 $O_2·$ 与 SOD 含量的变化上。对 SOD 减少或 $O_2·$ 增加的疾病可用 SOD 药物治疗。

总之,研究自由基与人体健康的关系已是备受关注的新兴领域。

8.4.6 药物设计

化学理论的进展对于整个化学学科的影响,集中表现在分子设计的思想贯穿于整个学科。化学研究的主线是制备、性能与结构三者关系的研究。传统的研究,主要依靠实验,通过筛选和试测来发现新的化合物、化合物新的性能,从而得到新的合成方法。科学技术的发展,既积累了许多理论的规律,又有了电子计算机技术可以实现高效的运算,从而可以进行分子设计。分子设计的思想,就是从所需要的性能出发,设计出具有某种性能的结构,然后再设法合成得到产物。分子设计的基础除了与计算机技术密切相关的因子分析、多因素优化、模式识别、数据库技术、图像显示技术外,主要就是定量的结构与性能的关系。有机化学和无机化学中已形成了许多分子设计方法,其集中表现在化合物(如萃取剂、螯合剂、储能剂、氟氯烃代用品等)分子设计、催化剂设计、材料设计、生物活性物质设计和药物设计等方面。

人工设计与合成新的药物是现代医药的基石,也是推动现代医药不断发展的主要动力。药物化学发展历史表明,早期发现的药物多是偶然的、经验性的,且来源于自然界。如柠檬可使水手避免因缺乏蔬菜、水果而引起的坏血病,导致了维生素的发现;金鸡纳树皮能治疟疾而发现了奎宁,从而衍生出一系列合成抗疟疾药物,如氯喹等;鸦片有镇痛作用而发现了吗啡,并衍生出一系列新的合成镇痛药。时至今日,由于生物学家、医学家的努力,对很多疾病的体内过程,对体内各种受体和酶的了解逐步深入,又由于计算机辅助药物分子设计的进步，使药物化学家在设计和合成药物分子的研究工作中，逐步由经验方式向半经验或理论指导方式演变，使其更具有针对性。国际上，化学合成药物的创造大致有三种类型：①创制新颖的化学结构类型—突破性新药—研究开发；②创造"me—too"新药—模仿性新药（模仿，而不是仿制）—研究开发，即在不侵犯别人专利权的情况下，对新出现的、很成功的突破性新药进行较大的分子改造，寻找作用机制相同或相似，并在治疗上具有某些长处的新体系；③已知药物的结构改造—延伸性新药—研究开发。显然，药物设计及其合成是很宽广的研究领域。

正由于高效药物的广泛存在和药政法规的日趋严格，要找到一个较原有药物更具特点的新药的难度极高。一种合成新药的整个研究开发周期一般为 8～10 年，长的达 12～15 年。近年来，为减少新药设计的盲目性和提高命中率，合理的药物设计方法备受关注。近 20 年来，随着物理有机化学和量子生物化学的发展，精密分析测试仪器的出现和电子计算机的广泛应用，药物定量构效关系（QSAR）的研究方法，即通过较少数的化合物，建立一个系列化合物构效关系的数学模型，用以指导新药设计、预测其生物活性，并推论药物作用的机理，已取得一定进展。

我国幅员广阔，植物资源丰富，又有几千年利用中草药防治疾病的经验。在以中草药为原料，分离有效成分，进而合成有效药物方面已取得了很多成果。但我们发明创造的新药在我国目前生产的临床应用药物品种中所占比例还很小，主要原因在于新药研究需要高强度的投资和多学科的配合。我们坚信，只要坚持研究、有效地利用我国的资源和天然药物化学人才优势，坚持新药开发研究中各种专业人才的密切协作，坚持将几千年积累的经验与新科学技术相结合，一定会不断发展具有优良疗效的新型药物，在医药发展史上开创新篇章。

◇ 本章小结

基本概念

天然纤维、合成纤维、熔融纺丝、洗涤剂、污染型能源、清洁型能源、煤的气化、煤的焦化、煤的液化、石油的分馏、裂化、重整、衰变、核裂变、核聚变、新能源、生态系统、生态平衡、元素的循环、蛋白质、氨基酸、肽键、酶催化、生物膜

◇ 思考题

1. 人体需要的营养素包含哪几类物质？它们各有什么作用？
2. 请举出自己日常生活中常用的日用化学品，并说明每个产品的主要化学组成。
3. 什么是再生能源和非再生能源？分别举例说明。
4. 请分析对于节约能源和开发新能源，化学所能发挥的作用有哪些？
5. 请分析能源的利用与能量守恒定律有何作用？
6. 观察你生活的环境，分析各种环境污染的来源，这些污染的危害，以及可行的改善方法。
7. 许多国家的经济发展中，最初都以牺牲环境为代价，你认为科学吗？请分析说明。
8. 什么是"绿色化学"？它在化工生产中的积极意义有哪些？
9. 构成生命的基本物质是哪几类有机化合物？
10. 生命体区别于其它物质的最本质的特征是什么？
11. 作为生物催化剂的酶与一般的催化剂有什么不同？

第 **9** 章　基础化学实验

【学习提要】　本章重点介绍了 11 个基本的化学实验。通过这些基本的化学实验，可以初步掌握一些基本的化学操作、化学实验过程的设计以及实验数据的处理，是对所学的基本化学理论知识综合运用的实践。

实验1　化学反应热效应的测定

1. 实验目的
　　(1) 了解测定化学反应焓变的基本原理和方法；
　　(2) 掌握分析天平的使用方法、容量瓶和移液管的基本操作；
　　(3) 学习实验数据的作图法处理。

2. 实验原理
　　反应热是化学反应的基本特征参数之一。燃烧热是反应热的一种。今后的年代中，燃烧产生的热量仍然是动力的主要来源，在工业生产和日常生活中有着极其重要的意义。
　　(1) 化学反应热效应测定与计算
　　在等压条件下测得的反应热叫做等压反应热。因等压反应热 q_p 与焓变 $\Delta_r H^{\ominus}$ 在数值上相等，故等压反应热又常以焓变来表示。在热化学中规定，放热反应的 $\Delta_r H^{\ominus}$ 为负值，吸热反应的 $\Delta_r H^{\ominus}$ 为正值。测定反应热的方法很多。对于常温下水溶液中进行的反应，可采用保温杯式量热计（图 9-1），但对于涉及气体的反应或是反应后升温很高的反应，就必须采用量热效应更精确的仪器，例如广泛应用的弹式量热计。

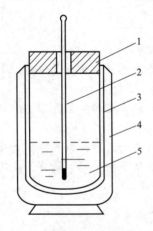

图 9-1　保温杯式量热计示意图
1—杯盖；2—温度计；3—真空隔热层；
4—杯外壳；5—反应溶液

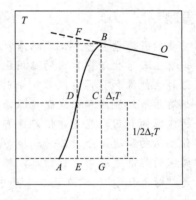

图 9-2　反应时间与温度变化的关系

　　本实验是测定锌粉与硫酸铜溶液反应的焓变值。锌与硫酸铜溶液反应的热化学反应方程式如下：

$$Zn+CuSO_4 \!=\!\!=\!\! ZnSO_4+Cu, \Delta_r H^\ominus(298.15K)=-216.8kJ \cdot mol^{-1} \tag{9-1}$$

反应在量热计中进行完全。根据能量守恒定律，反应所放出的热量促使量热器本身和反应体系温度升高，由溶液的比热容和反应前后溶液温度的变化可以求得上述反应的焓变（见图9-2）。反应放出的热量可用下式计算：

$$Q_p=\Delta T c V d+\Delta T C_p \tag{9-2}$$

如果反应生成铜的物质的量为 $n(mol)$，则反应焓变为：

$$\Delta_r H^\ominus=\frac{-Q_p}{n}=-\Delta T \times \frac{1}{n} \times \frac{1}{1000} \times (cVd+C_p) \tag{9-3}$$

式中，$\Delta_r H^\ominus$ 为反应的焓变，$kJ \cdot mol^{-1}$；ΔT 为反应前后溶液温度的变化，K；c 为溶液的比热容，近似用纯水在 298.15K 时的比热容 $4.18J \cdot g^{-1} \cdot K^{-1}$；$V$ 为反应时所用 $CuSO_4$ 溶液的体积，mL；d 为 $CuSO_4$ 溶液的密度（近似用水的密度 $1.00g \cdot cm^{-3}$ 代替）；n 为 V（cm^3）溶液中生成铜的物质的量；C_p 为量热器热容（$J \cdot K^{-1}$）。

假设量热器本身吸收的热量可以忽略，即 $C_p \approx 0$，则式(2-3)简化为：

$$\Delta_r H^\ominus=-\Delta T c V d \times \frac{1}{n} \times \frac{1}{1000} \tag{9-4}$$

根据式(9-3)，如果已知 $CuSO_4$ 溶液的体积和浓度，只要测出反应前后溶液温度的变化，就可以计算出反应的焓变。

（2）温度改变值的校正

如果采用量热效应更精确的仪器进行实验，那么只需要准确地测定始末态的温度即可。然而，本实验中采用的量热计并不非常精确，所以在量热时，不仅要精确地测定末态的温度以求出 ΔT，还必须对影响量热的因素进行校正。由于反应后的温度需要有一定的时间才能升到最高数值，而实验所用的量热器又不是严格的绝热体系，在实验中，量热器不可避免地会与环境发生少量的热交换。再加上由于搅拌引入的搅拌热和 1/10 刻度温度计中水银柱的热惰性等，关系比较复杂，很难找到一个统一的热交换校正公式，故采用作图法外推，一定程度地消除这些影响。

3. 实验内容

（1）锌与硫酸铜反应焓变的测定

① 用精确到 0.01g 的台秤在纸上称取 2.50g 锌粉。

② 用移液管量取 100.00mL 0.200mol·mL^{-1} $CuSO_4$ 溶液，注入用自来水洗净的量热器（保温杯）中，并放入一个干净的搅拌管，盖好插有 1/10 刻度温度计的橡胶塞，将量热器放在电磁力搅拌器上。

③ 开启电磁搅拌器（注意：转速不能太快，以免打破温度计），观察温度变化，待溶液温度恒定（一般需要 2～3min）后，记录温度，该温度为反应的起始温度。

④ 打开量热器橡胶塞，迅速向溶液中加入 2.50g 锌粉，塞好塞子，同时用秒表（或手表）计时，每隔 30s 记录一次温度，当温度上升到最高点后，再测定五六个记时点。

⑤ 测完后，关闭电磁搅拌器开关，取下量热器的橡胶塞和温度计，小心放在实验台上，从量热器中取出搅拌管，然后将其中溶液和金属残渣倒入回收瓶中，用水洗净量热器和搅拌器，放回原处。

⑥ 用作图法求 ΔT：

a. 将观测到的量热器温度对时间作图，联成 $ADBO$ 曲线（见图 9-2），A 点是未加锌粉时溶液的恒定温度读数点，B 点是观测到的最高温度读数点，加锌粉后各点至最高点为一曲线（AB），最高点后各点绘成一直线（BO）。

b. 量取 AB 两点间垂直距离为反应前后温度变化值 $\Delta_r T$。

c. 通过 $\Delta_r T$ 的中点 C 作平行横轴的直线，交曲线于 D 点。

d. 过 D 点作平行纵轴的直线分别交于 BO 的延长线于 F 点和 AG 线于 E 点，EF 线代表校正后的真正温度改变值 ΔT。

⑦ $\Delta_r H^{\ominus}$ 和相对误差的计算。由作图外推法求出的 ΔT，代入式（9-3）中计算出 $\Delta_r H^{\ominus}$ 值（实验值），按下式可计算实验的相对误差：

$$\frac{|\Delta_r H^{\ominus}_{理}|-|\Delta_r H^{\ominus}_{实}|}{|\Delta H^{\ominus}_{理}|}\times 100\% = \frac{218.66-|\Delta H^{\ominus}_{实}|}{218.66}\times 100\% \qquad (9\text{-}5)$$

（2）量热器热容测定

在上面的实验中，采用作图法校正了温度改变值。此外，还可以通过测量热器热容的方法，根据式（9-2）计算反应的焓变（该方法在冷热水混合时有热量损失，测定误差较大，所以此内容可以不做，仅供参考）。

① 用移液管量取 50.00mL 蒸馏水放入干燥的量热器中，塞好塞子，搅拌之，若连续 3min 温度无变化，可以认为体系处于平衡状态，记下此时的温度 T_1。

② 用移液管取 50.00mL 自来水注入 200mL 烧杯中加热，当加热到高于冷水温度 20℃ 时，停止加热，让热水静止 1～2min，测热水温度为 T_2，然后迅速倒入量热器中，盖上盖子并搅拌，同时计时、记温，每隔 15s 记录一次温度，当温度升到最高点后，每 30s 记录一次，温度达最高点后连续观测 3min。用温度对时间作图，求 T_3。

③ 热容计算。在量热器中加入一定量 $m(g)$ 冷水，测定其温度 T_1，加入相同量的热水，测定其温度 T_2，混合后水温为 T_3，已知水的比热容为 c，那么，热水失热 $=mc(T_2-T_3)$，冷水得热 $=mc(T_3-T_1)$，量热器得热 $=mc(T_2-T_3)-mc(T_3-T_1)$，所以量热器热容为：

$$C_p = \frac{mc(T_2-T_3)-mc(T_3-T_1)}{T_3-T_1} = \frac{mc(T_2+T_1-2T_3)}{T_3-T_1}$$

④ 计算焓变 $\Delta_r H^{\ominus}$。将量热器热容 C_p 值代入式（9-3）中可计算出 $\Delta_r H^{\ominus}$ 值（实验值），根据式（9-5）可计算出实验的相对误差。

4. 仪器和药品

（1）仪器与器皿

保温杯式量热计、温度计、台秤、电磁搅拌器、秒表、移液管。

（2）药品

Zn 粉、$0.2000\text{mol}\cdot\text{dm}^{-3}$ $CuSO_4$ 溶液。

◇ 思考题

1. 用量热器测定反应热的基本原理是什么？
2. 实验中所用 Zn 粉为何只需用台秤称取？$CuSO_4$ 为什么用移液管量取？
3. 试计算 100.00mL $0.2000\text{mol}\cdot\text{dm}^{-3}$ $CuSO_4$ 溶液完全反应所需加 Zn 粉的量。
4. 试比较作图外推法与测热容直接计算法哪种方法与理论值偏差大，并分析其主要原因。

实验2 温度对反应速率的影响与活化能的测定

1. 实验目的

（1）掌握过二硫酸铵与碘化钾的反应的速率测量方法；

（2）掌握阿伦尼乌斯公式的运用方法，学会通过作图法求算反应活化能；

（3）了解保持恒温操作的技巧，重点掌握恒温水浴装置的使用方法。

2. 实验原理

活化能在化学反应中是一个重要参数，利用它的大小可以判断化学反应的快慢。在一定温度下，活化能越大，则反应速率越慢；活化能越小，反应速率就越快。例如金属铁在空气中能与氧气反应生成氧化物。一个小铁块在常温常压下被完全锈蚀（氧化），至少需要两三年的时间。但当把它制成很细的铁粉后，可以在几个小时内完全氧化且放出大量的热。这从一个侧面说明，化学反应速率的快慢，主要取决于三个因素：反应物本性、反应温度和反应物浓度。反应物浓度越大，单位体积中活化分子的数目也就越多，因此增加反应物浓度可以加快反应速率；温度升高，分子的能量增加，可产生更多的活化分子，亦即活化分子百分数增加，反应速率从而加快；使用催化剂可使反应速率加快，则是催化剂降低了反应活化能的缘故。

对于基元化学反应 $a\mathrm{A}+b\mathrm{B}\longrightarrow g\mathrm{G}+d\mathrm{D}$，其反应速率方程为：$v=k\{c(\mathrm{A})\}^a \cdot \{c(\mathrm{B})\}^b$。该方程中，反应物浓度项指数值和 $(n=a+b)$ 称为反应级数。在同一温度时，速率常数 k 值与浓度无关，但它是温度的函数。本实验通过测定不同温度下 $(\mathrm{NH_4})_2\mathrm{S_2O_8}$ 与 KI 的反应速率及其 k 值，再根据阿伦尼乌斯公式用作图法求解反应活化能 E_a。

在水溶液中，$(\mathrm{NH_4})_2\mathrm{S_2O_8}$ 与 KI 反应的离子方程式为：

$$\mathrm{S_2O_8^{2-}}+3\mathrm{I^-}=\!=\!=2\mathrm{SO_4^{2-}}+\mathrm{I_3^-} \tag{9-6}$$

实验证明，反应式(9-6)的速率与反应物浓度的关系为：

$$v=-\frac{\Delta[\mathrm{S_2O_8^{2-}}]}{\Delta t}=k[\mathrm{S_2O_8^{2-}}][\mathrm{I^-}]$$

式中，Δt 为反应时间；$\Delta[\mathrm{S_2O_8^{2-}}]$ 为 $\mathrm{S_2O_8^{2-}}$ 在 Δt 时间范围内物质 $\mathrm{S_2O_8^{2-}}$ 浓度的改变值；$[\mathrm{S_2O_8^{2-}}]$ 和 $[\mathrm{I^-}]$ 分别为两种离子的初始浓度(mol·dm^{-3})；k 为反应速率常数。

为了能测出在一定时间 Δt 内 $\mathrm{S_2O_8^{2-}}$ 浓度的变化量，在混合 $(\mathrm{NH_4})_2\mathrm{S_2O_8}$ 和 KI 溶液时，同时加入一定体积已知浓度的并含有淀粉（指示剂）的 $\mathrm{Na_2S_2O_3}$ 溶液，这样在反应式(9-6)进行的同时，也进行着如下的反应：

$$2\mathrm{S_2O_3^{2-}}+\mathrm{I_3^-}=\!=\!=\mathrm{S_4O_6^{2-}}+3\mathrm{I^-} \tag{9-7}$$

反应式(9-7)进行得非常之快，几乎瞬间完成，而反应式(9-6)却慢得多。由反应式(9-6)生成的 $\mathrm{I_3^-}$ 立刻与 $\mathrm{S_2O_3^{2-}}$ 作用，生成无色的 $\mathrm{S_4O_6^{2-}}$ 和 $\mathrm{I^-}$。因此在开始一段时间内，看不到碘与淀粉作用而显示出来的特有蓝色。但是，一旦 $\mathrm{Na_2S_2O_3}$ 耗尽，由反应式(9-6)继续生成的微量碘很快与淀粉作用，使溶液显出蓝色。

从反应方程式(9-6)与式(9-7)的关系可知，$\mathrm{S_2O_8^{2-}}$ 浓度减少的量总是等于 $\mathrm{S_2O_3^{2-}}$ 浓度减少量的一半，即：

$$\Delta[\mathrm{S_2O_8^{2-}}]=\frac{\Delta[\mathrm{S_2O_3^{2-}}]}{2}$$

由于在 Δt 时间内，$\mathrm{S_2O_3^{2-}}$ 全部耗尽，浓度为零，所以 $\Delta[\mathrm{S_2O_8^{2-}}]$ 实际上就是反应开始时 $\mathrm{Na_2S_2O_3}$ 浓度的半值。这样记下从反应开始到溶液出现蓝色所需要的时间 Δt，就能由下式求出反应速率常数 k 值：

$$-\frac{\Delta[\mathrm{S_2O_8^{2-}}]}{\Delta t}=k[\mathrm{S_2O_8^{2-}}][\mathrm{I^-}]$$

即：

$$-\frac{\Delta[\mathrm{S_2O_3^{2-}}]}{2\Delta t}=k[\mathrm{S_2O_8^{2-}}][\mathrm{I^-}]$$

$$\therefore \quad k=-\frac{\Delta[\mathrm{S_2O_3^{2-}}]}{2\Delta t[\mathrm{S_2O_8^{2-}}][\mathrm{I^-}]}$$

速率常数 k 与反应温度 T，一般有如下的关系：

$$\lg k = \frac{-E_{a}}{2.303RT} + C$$

式中，E_a 为反应活化能；R 为摩尔气体常数（$8.314\mathrm{J \cdot mol^{-1} \cdot K^{-1}}$）；$T$ 为热力学温度；C 为常数。根据实验数据计算出不同温度时的 k 值，以 $\lg k$ 对 $1/T$ 作图，可得一直线，如图 9-3 所示。直线的斜率为 $-E_a/(2.303R)$，由此求出反应活化能。

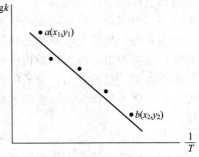

图 9-3 $\lg k$ 与 $1/T$ 的关系

3. 实验内容及操作步骤

（1）温度对反应速率的影响

① 分别从 2 支滴定管取 10.00mL KI 溶液和 8.00mL $(NH_4)_2S_2O_8$ 溶液，用量筒准确量取 4.0mL 淀粉溶液一起置于 100mL 的干燥烧杯中，再从另一滴定管中取 20.00mL $Na_2S_2O_3$ 溶液于 50mL 的干燥烧杯中，将 2 只烧杯同时放入恒温槽中恒温，测量其溶液温度直到所要求的反应温度。

② 把 $(NH_4)_2S_2O_8$ 溶液迅速倒入 KI 溶液的烧杯中，立即开始计时，并将溶液用玻璃棒搅拌均匀，检查其溶液温度，注意观察其反应，当溶液刚出现蓝色的瞬间，记录反应所需的时间 Δt(s)。

分别在室温和高于室温 10℃、20℃、30℃、40℃下重复上述实验，并记录反应时间（Δt）和温度（℃）。本实验宜先做高温，逐步降温做较低温度。每次实验所用的温度计、玻璃棒专用，不能混用。

③ 将上述 5 个实验数据填入表 9-1 中，并计算 k 值，$\lg k$ 值和 $1/T$ 值。

表 9-1 实验结果记录

次数	1	2	3	4	5
反应时间 Δt/s					
反应温度/℃					
$1/T$/K^{-1}					
$k=-\dfrac{\Delta[S_2O_3^{2-}]}{2\Delta t[S_2O_8^{2-}][I^{-}]}$					
$\lg k$					

（2）用作图法求反应的活化能

① 利用上述 5 个实验数据，以 $\lg k$ 对 $1/T$ 作图；

② 由图求出直线的斜率；

③ 由公式：斜率 $= -E_a/(2.303R)$，计算反应的活化能。

4. 仪器和药品

（1）仪器与器皿

恒温水浴、秒表、温度计(0～100℃) 2 支、烧杯(50mL) 5 只、烧杯（100mL）5 只、量筒（10mL）1 支、玻璃棒 2 支。

（2）药品

$0.2\mathrm{mol \cdot dm^{-3}}$ $(NH_4)_2S_2O_8$ 溶液、$0.04\mathrm{mol \cdot dm^{-3}}$ KI 溶液、$0.01\mathrm{mol \cdot dm^{-3}}$ $Na_2S_2O_3$ 溶液、新鲜淀粉溶液(0.2%)。

1. $(NH_4)_2S_2O_8$ 和 KI 溶液混合后，$[S_2O_8^{2-}]$、$[I^-]$ 以及 $\Delta[S_2O_3^{2-}]$ 各为多少？

2. 求 $(NH_4)_2S_2O_8$ 与 KI 反应的活化能，在实验中需要得到哪些数据？

3. 加入 $Na_2S_2O_3$ 溶液的目的是什么？

4. 在实验中把 $(NH_4)_2S_2O_8$ 溶液倒入 KI、$Na_2S_2O_3$、淀粉的混合液中时，为什么必须迅速倒入？

5. 下列情况对实验结果有何影响？

(1) $Na_2S_2O_3$ 量多取或少取。

(2) 反应时，两烧杯内溶液没有恒温。

实验3 溶液的配制和酸碱滴定

1. 实验目的

 (1) 掌握间接法配制酸、碱溶液的方法；

 (2) 了解酸（碱）式滴定管的洗涤和滴定操作方法；

 (3) 掌握酸碱滴定终点的正确判断。

2. 实验原理

 (1) 酸碱滴定反应

 根据质子酸碱理论，酸碱的强弱取决于物质给出或接受质子能力的大小。给出质子的能力愈强，酸性就愈强；反之就愈弱。同样，接受质子能力愈强，碱性就愈强；反之就愈弱。酸碱滴定法（又称中和滴定法）是以质子传递反应为基础的一种滴定分析法，可用来测定酸碱浓度。根据酸碱物质可提供或可接受的质子数目的不同，酸碱滴定中有一元酸碱滴定，还有多元酸、混合酸和多元碱的滴定。酸碱滴定反应可用下式表示：

$$H^+（酸）+ B^-（碱）\Longrightarrow HB$$

 例如，当用 NaOH 滴定 HCl 时，在滴定开始前 HCl 溶液呈强酸性，pH 值很低；随 NaOH 溶液的加入，不断地发生中和反应，溶液中 $[H^+]$ 不断降低，pH 值逐渐升高；当加入的 NaOH 与 HCl 的量符合化学计量关系时，滴定到达化学计量点，中和反应恰好进行完全，原来的 HCl 溶液变成了 NaCl 溶液，溶液中 $[H^+] = [OH^-] = 10^{-7}\,mol \cdot dm^{-3}$，pH＝7.0。在滴定过程中，溶液 pH 值随滴定液的加入而变化，这种变化可以用滴定曲线来表示（见图 9-4）。

 由于酸碱滴定过程没有任何外观明显变化，通常需要一种能够确定滴定终点的试剂，这种被称为酸碱指示剂的物质是一些比较复杂的有机弱酸或弱碱。它们在溶液中可以不同的结构形式存在而具有不同颜色，当溶液的酸度变化时，主要存在形式发生变化，因此溶液会呈现不同的颜色。例如甲基橙是一种有机弱碱，它具有两种结构：偶氮式结构，呈黄色；醌式结构，呈红色。

 甲基橙的变色范围 pH 值为 3.1～4.4，当溶液中氢离子浓度增大（pH＜3.1）时，甲基橙主要以醌式结构存在，所以溶液显红色；当氢离子

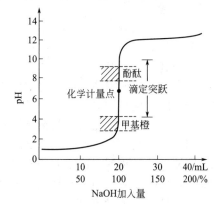

图 9-4 用 $0.1\,mol \cdot dm^{-3}$ 的 NaOH 滴定 $0.1\,mol \cdot dm^{-3}$ 盐酸时的滴定曲线

浓度降低时，甲基橙主要以偶氮式结构存在（pH＞4.4），因此溶液显黄色。无疑，作为酸碱指示剂，其酸形成的颜色和其共轭形式的颜色有明显的区别（这种对 pH 值敏感的物质在自然界也有很多，你可以试着将牵牛花放入不同 pH 值溶液中，看看它会变成什么颜色）。

（2）溶液配制

配制一定浓度的溶液有直接和间接法，采取何种方法应根据溶质的性质而定。对于某些易于提纯而稳定不变的物质，如草酸（$H_2C_2O_4 \cdot 2H_2O$）、碳酸钠（$NaCO_3$）等，可以精确称取其质量，并通过容量瓶等容器直接配制成所需一定体积的精确浓度的溶液。对于某些不易提纯或在空气中不够稳定的物质，如氢氧化钠（NaOH）或市售的浓酸溶液，如硫酸（H_2SO_4）、盐酸（HCl）等，可先配制成近似浓度的溶液，然后用基准物质或已知精确浓度的溶液（叫做标准溶液）来测定其浓度。

（3）溶液浓度的测定

测定溶液浓度时常用滴定的方法：使用滴定管将标准溶液滴加到待测溶液中（也可以反过来加），直到化学反应完全时，即到达"化学计量点"，两者物质的量恰好符合化学方程式的计量关系。根据标准溶液的浓度和所消耗的体积，算出待测溶液的浓度。反应终点是靠指示剂来确定的。指示剂能在"计量点"附近发生颜色的变化。例如，用 H_2SO_4 溶液滴定 Na_2CO_3 溶液时，可用甲基橙作指示剂，当 H_2SO_4 与 Na_2CO_3 完全作用时，溶液由黄色变为橙红色，即为反应终点。

（4）滴定分析中的计算

在滴定分析中，用标准溶液滴定被测溶液，反应物间是按化学计量关系相互作用的。例如：

$$H_2SO_4 + Na_2CO_3 \Longrightarrow Na_2SO_4 + H_2CO_3$$
$$\longrightarrow H_2O + CO_2$$

当滴定达到化学"计量点"时，即 H_2SO_4 与 Na_2CO_3 完全反应时，物质的量（n）之比应为反应方程式中计量系数之比，即 $n_{H_2SO_4} : n_{Na_2CO_3} = 1 : 1$。

因为　　　　$n = c \cdot V$

所以　　　$c_{H_2SO_4} \cdot V_{H_2SO_4} : c_{Na_2CO_3} \cdot V_{Na_2CO_3} = 1 : 1$

式中 $c_{Na_2CO_3}$ 和 $V_{Na_2CO_3}$ 分别为 Na_2CO_3 标准溶液的浓度和体积，$V_{H_2SO_4}$ 为待测 H_2SO_4 溶液的体积。

3. 实验内容

（1）H_2SO_4 溶液的配制

分析纯级含量为 96％ 的 H_2SO_4，其密度为 $1.84g \cdot cm^{-3}$，浓度为 $18.0 mol \cdot dm^{-3}$。据此计算出配制 $0.05 mol \cdot dm^{-3} H_2SO_4$ 溶液 100mL 所需浓 H_2SO_4 和 H_2O 的体积。

用量筒量取所需体积的蒸馏水倒入烧杯中，再从滴定管中取所需浓 H_2SO_4 溶液，慢慢注入烧杯中，搅拌均匀，盖上表面皿备用。

（2）标准 Na_2CO_3 溶液的稀释

用 50mL 烧杯取已备的标准 Na_2CO_3 溶液，然后用 20mL 移液管（应用什么洗过？）吸取该溶液，注入蒸馏水洗净的 100mL 容量瓶中，加蒸馏水至近刻度处，再改用滴管逐滴加蒸馏水，使之液体凹面刚好与刻度线相切，塞好瓶塞，充分摇匀备用。

（3）H_2SO_4 溶液浓度的测定

① 用 20mL 移液管（能否直接用刚才用过的移液管？）吸取刚配制好的标准 Na_2CO_3 溶液，注入用水洗净的锥形瓶中，加入 1 滴甲基橙溶液振荡混合均匀（同时取两份做平行实验）。

② 用欲测定的溶液约 5mL 洗滴定管，再将此 H_2SO_4 注入滴定管中，调好液面，待液面平稳后，读出并记下读数（准确到小数点后 2 位）。

③ 用溶液标定 H_2SO_4 溶液。滴定开始时，液体滴出的速率可稍快些，但只能是一滴一滴地加。当酸液滴入碱液中时，局部会出现橙色。随着摇动橙色很快消失。当滴定接近终点时，橙色消失较慢，此时应逐滴加酸液，每加一滴酸液，都要将溶液摇动均匀，注意橙色是否消失，直到滴入半滴或一滴硫酸溶液，锥形瓶内溶液恰好由黄色变成橙色时，即达滴定终点，记下滴定管液面的位置。

④ 如上重复一次，两次所用体积相差不得超过 0.20mL，计算出 H_2SO_4 溶液的平均浓度（保留四位有效数字）。

4. 仪器和药品

（1）仪器与器皿

比重计、烧杯（50mL）2 只、烧杯（100mL）2 只、量筒（100mL）1 支、100mL 容量瓶 2 支、碱式滴定管 1 支。

（2）药品

标准 Na_2CO_3 溶液、浓 H_2SO_4、甲基橙溶液。

◇ 思考题

1. 如果用标准 Na_2CO_3 溶液标定 HCl 溶液，怎样根据 Na_2CO_3 溶液的体积，计算 HCl 溶液的浓度？

2. 滴定管、移液管在使用前为什么必须用所取溶液洗？本实验所使用的锥形瓶、容量瓶是否也要做同样的处理？为什么？

3. 滴定过程中用水冲洗锥形瓶内壁是否影响反应终点？为什么？

实验4 乙酸解离度和解离常数的测定

1. 实验目的

（1）了解 pH 法测定乙酸解离度和解离常数的原理和方法；

（2）学习并掌握 pHS-3C 酸度计的使用方法，练习滴定管和移液管的基本操作。

2. 实验原理

乙酸 CH_3COOH（简写为 HAc）在水中是弱电解质，存在着下列解离平衡：

$$HAc(aq) + H_2O(l) \Longrightarrow H_3O^+(aq) + Ac^-(aq)$$

可简写为：

$$HAc(aq) \Longrightarrow H^+(aq) + Ac^-(aq)$$

其解离常数为：

$$K_a(HAc) = \frac{\{c^{eq}(H^+)/c^\ominus\}\{c^{eq}(Ac^-)/c^\ominus\}}{\{c^{eq}(HAc)/c^\ominus\}}$$

如果 HAc 的起始浓度为 c_0，其解离度为 α，由于 $c^{eq}(H^+) = c^{eq}(Ac^-) = c_0\alpha, c^\ominus = 1mol \cdot dm^{-3}$，代入上式，得：

$$\begin{aligned}K_a(HAc) &= (c_0\alpha)^2/\{(c_0 - c_0\alpha)c^\ominus\} \\ &= c_0\alpha^2/\{(1-\alpha)c^\ominus\} \\ &= c_0\alpha^2/(1-\alpha)\end{aligned}$$

某一弱电解质的解离常数 K_a 仅与温度有关，而与该弱电解质溶液的浓度无关；其解离度 α 则随溶液浓度的降低而增大。测定弱电解质的 α 和 K_a 的方法有多种，本实验采用 pH

法测定 HAc 的 α 和 K_a。

在一定温度下，用 pH 计（酸度计）测定一系列已知浓度的 HAc 溶液的 pH 值，将其换算成 $c(H^+)$。根据 $c^{eq}(H^+)=c^{eq}(Ac^-)=c_0\alpha$，即可求得不同浓度时 HAc 的解离度 α 和 K_a 值。得到的这一系列 K_a 值应近似为一常数，取其平均值，即为该温度时 HAc 的解离常数 K_a。

另一种测定 K_a 的简单方法是根据缓冲溶液的计算公式：

$$pH=pK_a-\lg\{c_{eq}(HAc)/c_{eq}(Ac^-)\}$$

若 $c_{eq}(HAc)/c_{eq}(Ac^-)=1$，则上式简化为：

$$pH=pK_a$$

由于

$$pK_a=-\lg K_a$$

因而如果将 HAc 溶液分为体积相等的两部分，其中一部分溶液用 NaOH 溶液滴定至终点（此时 HAc 即几乎完全转化为 Ac^-），再与另一部分溶液混合，并测定该混合溶液（即缓冲溶液）的 pH 值，即可得到 HAc 的解离常数。测定时无需知道 HAc 和 NaOH 溶液的浓度。

3. 实验步骤

（1）乙酸溶液浓度的标定

用移液管分别准确移取 25.00mL 0.1mol·dm^{-3} HAc 溶液 3 份于 3 个 250mL 锥形瓶中，各加入 1～2 滴酚酞指示剂。

分别用 NaOH 溶液滴定至终点，记录 NaOH 的消耗体积，求 HAc 溶液的准确浓度（在舍去可疑值后，以平均值表示）。

锥形瓶编号	I	II	III
$c(NaOH)/mol·dm^{-3}$			
$V(NaOH)$终/mL			
$V(NaOH)$初/mL			
$V_{耗}(NaOH)/mL$			
$\overline{V}_{耗}(NaOH)/mL$			
$c(HAc)/mol·dm^{-3}$			
$\bar{c}(HAc)/mol·dm^{-3}$			

（2）系列乙酸溶液的配制和 pH 值的测定

将已标定的 HAc 溶液装入酸式滴定管，然后从滴定管中分别放出 48.00mL，24.00mL，12.00mL，6.00mL，3.00mL 的 HAc 溶液于 5 只干燥并编号的烧杯中（为什么?），注意：接近所要求的体积时，应逐滴滴加，以确保准确度，并避免过量（如过量必须重做）! 从另一支滴定管中向这 5 只烧杯中分别依次加入 0.00mL，24.00mL，36.00mL，42.00mL，45.00mL 蒸馏水，使各烧杯中的溶液的总体积均为 48.00mL，用玻璃棒搅匀待用。

按酸度计使用的具体操作步骤分别测定各 HAc 溶液的 pH 值。记录实验时的室温，算出不同浓度 HAc 溶液的 α 值及 $[c_0\alpha^2/(1-\alpha)]$ 值。在舍弃可疑数据后，取平均值，即为 HAc 解离常数 K_a 实验值。对于相差较大的数据，应重做。实验数据及其处理结果记录于下表中。

测定时溶液的温度：_____℃

溶液编号	$c(HAc)/mol \cdot dm^{-3}$	溶液的 pH 值	$c(H^+)/mol \cdot dm^{-3}$	$K(HAc)$	$\alpha(HAc)$
1					
2					
3					
4					
5					
		$\overline{K}_a(HAc) =$			

4. 仪器和药品

（1）仪器与器皿

pH 计（附玻璃电报和甘汞电极或复合电极）、烧杯（100mL）6 只、锥形瓶（250mL）3 只、铁架台、移液管（25mL）2 支、洗耳球、滴定管（50mL、酸式、碱式）各 1 支、滴定台（附蝴蝶夹）、玻璃棒、温度计（0～100℃）1 支。

（2）药品

0.1mol·dm^{-3} HAc 溶液、酚酞指示剂溶液（1%）、0.1mol·dm^{-3} 标准 NaOH 溶液（用邻苯二甲酸氢钾标定）。

◇ 思考题

1. 预习酸度计的使用及酸式、碱式滴定管的基本操作，拟定各部分的实验数据记录表格，测定的意义和原理。
2. 酸度计是如何定位的？其目的何在？
3. 为什么要预先标定 HAc 的准确浓度？它对测定结果有何影响？
4. 如何确保各个烧杯中 HAc 溶液的指定浓度？

附 pH计的使用

pH 计（又称酸度计）的型号有多种。尽管不同型号在许多细节方面有所不同，但它们都由电极和电计两大部分组成，电极是 pH 计的检测部分，电计是指示部分。现以雷磁 pHSW-3D 型酸度计为例介绍 pH 计的使用方法。

1. 仪器主要技术性能

（1）测量范围　pH：0.00～14.00pH；mV：0～±1999mV；T：273～373K。

（2）分辨率　pH：0.01pH；mV：1mV；T：0.1K。

（3）精确度　pH：±0.01 pH±一个字；mV：±0.1%FS±一个字；T：±1K。

（4）稳定性　≤±0.01pH/3h。

2. 仪器的外形结构

（1）外形结构（如图 1 所示）

① 显示屏　数字显示 pH、mV 或温度值，测量 pH 时，pH 值和温度值同时显示。

② 指示灯　灯亮时，表示小方框中所示测量通道已经工作，测 pH 时，pH 指示灯和温度指示灯同时亮。

③ 定位调节器（pH＝7）　调节电极的不对称电势，可调范围±2pH。

④ 斜率调节器（pH＝4 或 pH＝7）　可在 80%～102% 范围内调节，以满足仪器的两点

校正。

⑤ 温度补偿调节器　拔下温度电极，用手动温度补偿时，可在 273～373K 范围内调节，数值由显示屏显示。

（2）后面面板

① pH 电极插座　测 pH 时，用以插入 201-C 型塑壳 pH 复合电极（图 2）。测 mV 值时，用以插入各种离子选择电极，离子选择电极应换上 Q9—J3 高频插口，或使用插口转换装置，测量结束后，应将插座护盖旋上，以保护插座清洁。

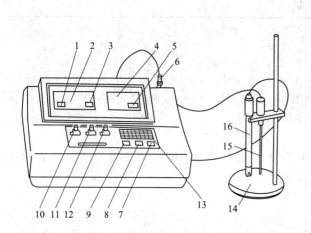

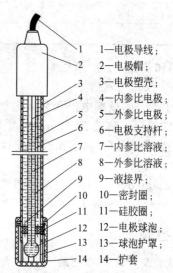

图 1　pHSW-3D 型 pH 计外形结构图
1—pH 指示灯；2—pH 及 mV 值显示屏；3—mV 指示灯；
4—温度显示屏；5—温度指示灯；6—pH 电极插座；
7—温度轻触开关；8—"mV" 轻触开关；
9—"pH" 轻触开关；10—定位调节器；
11—斜率调节器；12—温度补偿调节器；
13—缓冲溶液 pH 值表格；14—电极架；
15—温度电极；16—pH 电极

图 2　201-C 型塑壳 pH 复合
电极结构图
1—电极导线；
2—电极帽；
3—电极塑壳；
4—内参比电极；
5—外参比电极；
6—电极支持杆；
7—内参比溶液；
8—外参比溶液；
9—液接界；
10—密封圈；
11—硅胶圈；
12—电极球泡；
13—球泡护罩；
14—护套

② 温度电极插座　插入温度电极时，仪器即处于自动温度补偿状态，或用以测量溶液温度。当拔下温度电极时，即可调节温度补偿调节器，作手动温度补偿。

③ 电源插座　连接 AC 220V、50Hz 电源。

④ 保险丝　内有 0.5A 保险丝。

⑤ 电源开关。

3. 复合电极的结构

电极主要有电极球泡、电极支持杆、内参比电极、内参比溶液、电极塑壳、外参比电极、外参比溶液、液接界、电极导线等部分组成。

（1）测量原理

复合电极在溶液中组成如下电池：

内参比电极｜内参比溶液｜电极球泡‖被测溶液｜外参比溶液｜外参比电极
（－）　　$E_{内参}$　　$E_{内玻}$　　$E_{外玻}$　　$E_{液接}$　　$E_{外参}$　　（＋）

其中，$E_{内参}$ 为内参比电极与内参比溶液之间的电势差；$E_{内玻}$ 为内参比溶液与电极球泡内壁之间的电势差；$E_{外玻}$ 为电极球泡外壁与被测溶液之间的电势差；$E_{液接}$ 为被测溶液与外参比溶液之间的接界电势；$E_{外参}$ 为外参比电极与外参比溶液之间的电势差。

电池的电极电势为各级电势之和：$E = -E_{内参} - E_{内玻} + E_{外玻} + E_{液接} + E_{外参}$。其中，

$$E_{外玻} = E_{玻}^{\ominus} - \frac{2.303RT}{F}\text{pH}$$

再设 $A = -E_{内参} - E_{内玻} + E_{外玻} + E_{液接} + E_{外参} + E_{玻}^{\ominus}$

在固定条件下，A 为常数，所以

$$E = A - \frac{2.303RT}{F}\text{pH}$$

可见电极电势 E 与被测溶液的 pH 成线性关系，其斜率为 $-2.303RT/F$。因为上式中常数项 A 随各支电极和各种测量条件而异，因此，只能用比较法，即用已知 pH 的标准缓冲溶液定位，通过 pH 计中的定位调节器消除式中的常数项 A，以便保持相同的测量条件，来检测被测溶液的 pH。

（2）pH 的调节功能

① 定位调节　用来消除常数 A，使测量标准化的步骤叫做"定位"。实际操作时，利用 pH 计的定位旋钮将数字直接调整到已知的标准缓冲溶液的 pH，进行"定位"。这是 pH 计最重要的调节功能。

② 斜率调节　pH 电极的实际斜率与斜率项 $2.303RT/F$ 的理论值总有一定偏差，大多低于理论值，而且随着使用时间的增加，电极老化，偏差会更大，因此，必须对电极的斜率进行补偿后方能使测量标准化。设置斜率调节旋钮，能提高 pH 计的精度，使测量的准确度达到要求。

③ 湿度补偿调节　斜率项 $2.303RT/F$ 与溶液的温度 T 成正比。当溶液温度变化时，电极的斜率也随之变化，因此，要设置温度补偿器，使电极在不同温度下，能产生相同的电势变化。温度补偿调节的方法有手动和自动两种。

（3）使用方法

① 准备工作

a. 插上电源，按下开关，仪器预热约 30min。

b. 将 pH 复合电极在去离子水或蒸馏水中搅动洗净，甩干或用滤纸吸干。旋下插座护罩，将 pH 电极插入插座，将已配制的标准缓冲溶液分别倒入烧杯。

② 仪器标定

a. 调温度　插入温度电极，测量缓冲溶液的温度，并将温度电极浸在缓冲溶液中（或者拔下温度电极，将温度补偿旋钮调节到该温度值）。

b. 调定位　将 pH 复合电极浸入 pH=7 的标准缓冲溶液中，搅动后静止放置，调节定位旋钮，使仪器稳定显示该缓冲溶液在此温度下的 pH 值（具体数值查面板上的表格，如 pH=7 的缓冲溶液在 293K 时，pH=6.88）。

c. 调斜率　取出 pH 复合电极，用蒸馏水洗净甩干，插入 pH=4(或 pH=9) 的标准缓冲溶液中，搅动后静止放置，调节斜率旋钮，使仪器稳定显示该缓冲溶液在此温度下的 pH 值（具体数值查面板上的表格）。

d. 重复 b.、c. 步骤，使电极在两种缓冲溶液中稳定显示相应数值，仪器标定即告完成。

③ pH 测量

a. 进行高精度测量时，测量和标定应在相同温度下进行，即缓冲溶液和被测量溶液的温度应一致。将电极洗净浸入被测溶液，搅动后静止放置，读取显示器上的数值，即为该被测溶液的 pH 值。

b. 进行一般精度测量时，缓冲溶液和被测溶液的温度相差不宜太大，一般≤±10K。将温度电极浸入被测溶液（即仪器处于自动温度补偿状态），或者用温度电极测得被测溶液的温度后，将温度补偿旋钮调节至该温度值（此时即为手动温度补偿），将 pH 复合电极浸入被测溶液中进行测量。仪器标定与测量时，均应用电极充分搅动溶液后静止放置，以加速响应。

④ 电极电势的测量(mV)

a. 按下"mV"开关，接上甘汞电极和适当的离子电极。

b. 将两电极插入待测溶液，仪器即能显示该离子选择电极的电势(mV)，并自动显示极性。温度、定位、斜率调节器在测电极电势时不起作用。

⑤ 温度值测量　按下温度开关，插上温度电极，并浸入待测溶液中，即能显示该溶液的温度。

(4) 注意事项

① 仪器标定的次数取决于试样、电极性能及对测量的精度要求，当高精度测量(≤±0.03pH)时，应及时标定并使用新鲜配制的标准液。一般精度测量(≤±0.1pH)，则一次标定可连续使用一周或更长时间。在下列情况时，仪器必须重新标定：

a. 长期未用的电极和新换的电极；

b. 测量浓酸（pH<2）或浓碱（pH>12）以后；

c. 测量含有氟化物的溶液和较浓的有机液后；

d. 被测溶液温度与标定时的温度相差过大时。

② 新的或长期未用的电极，使用前应在 $3.3mol \cdot dm^{-3}$ 氯化钾溶液中浸泡约 8h，电极应避免长期浸在蒸馏水、蛋白质溶液、酸性氟化物溶液中，并防止和有机硅油脂接触。

③ 电极的保存。电极若长时间不用，应干燥保存；电极若经常使用（包括每天使用），用毕洗净后将电极保护罩套上，下次测量拔出就可使用；电极若间隔数天使用，则要在电极保护罩内加少许 $3.3mol \cdot dm^{-3}$ 氯化钾溶液以保持敏感玻璃球泡的湿润，测量前用蒸馏水洗净即可。

④ 仪器用已知 pH 值的标准缓冲溶液进行标定时，为了提高测量精度，缓冲溶液的 pH 值要可靠，且其 pH 值愈接近被测值愈好，一般不超过 3 个 pH 单位，即测量酸性溶液时应用 pH=4 的缓冲液作斜率标定，测量碱性溶液时使用 pH=9 的缓冲液作斜率标定（定位标定则固定应用 pH=7 缓冲液）。

⑤ 经常保持仪器的清洁和干燥，特别要注意保持电计和电极插口的高度清洁和干燥，否则将导致测量失准或失效。如有沾污，可用医用棉花和无水酒精揩净并吹干。仪器测量完毕，应及时将插口护罩旋上。

⑥ 复合电极前端的敏感玻璃球泡，不能与硬物接触，任何破损和擦毛都会使电极失效。测量前和测量后都应用蒸馏水清洗电极，以保证测量精度。在黏稠性试样中测定后，电极需用蒸馏水反复冲洗多次，以除去粘在玻璃膜上的试样，或先用适宜的溶剂清洗，再用蒸馏水洗去溶剂。清洗和揩拭电极球泡时，可将电极前端的护罩旋下。电极使用周期为一年左右，老化后应更换新的电极。

⑦ 电极经长期使用，或被测溶液中含有易污染敏感玻璃球泡或堵塞液接界的物质，而使电极钝化，其现象是敏感度降低，响应慢，读数不准，可根据不同情况采取下列措施：

a. 玻璃球泡污染老化处理。将电极用 $0.1mol \cdot dm^{-3}$ 稀盐酸浸泡清洗，或者将电极下端浸泡在 4%氢氟酸中 3～5s，用蒸馏水洗净，然后在氯化钾溶液中浸泡使之复新。

b. 玻璃球泡和液接界污染的情况见表：

污　染　物	清　洗　剂	污　染　物	清　洗　剂
无机金属氧化物	低于 $1mol \cdot dm^{-3}$ HCl	蛋白质血球沉淀物	酸性酶溶液，如食母生片
有机油脂类物	弱碱性稀洗涤剂	颜料质物质	稀漂白液、过氧化氢
树脂高分子物质	稀酒精、丙酮、乙醚		

一些能溶解电极外壳材料聚碳酸酯的清洗液，如四氯化碳、三氯乙烯等要慎用，因为它们能把聚碳酸酯溶解后，涂在敏感的玻璃泡上，使电极失效。

⑧ 标准缓冲溶液配制后，应装在玻璃或聚乙烯瓶中密封保存。

⑨ 201-C 型塑壳 pH 复合电极，使用温度一般应小于 333K；202 型 pH 复合电极的使用温度为 273～368K。

实验5 铁氧体法处理含铬电镀废水

1. 实验目的

（1）了解比色分析方法的基本原理；

（2）了解铁氧体法处理含铬电镀废水的原理与方法。

2. 实验原理

电镀、制革、纺织和染料等工业废水都含有铬的化合物，其常见的存在形式为 $Cr_2O_7^{2-}$、CrO_4^{2-}、Cr^{3+}。$Cr(Ⅵ)$ 的毒性比 $Cr(Ⅲ)$ 大得多，且 $Cr(Ⅵ)$ 的化合物溶解度较大，在人体内易被吸收蓄积。我国工业废水排放标准中，铬的化合物被列为第一类有害物质，规定工业废水中 $Cr(Ⅵ)$ 的最高允许排放浓度为 $0.5mg \cdot dm^{-3}$，总铬的最高允许排放浓度为 $1.5mg \cdot dm^{-3}$。

铁氧体，一般是指铁族元素和其它一种或多种金属元素的复合氧化物，是一种磁性材料。铁氧体法处理含铬废水的基本原理是：在酸性条件下，加入一定量的 $FeSO_4$ 于含 $Cr(Ⅵ)$ 的废水中，使 $Cr(Ⅵ)$ 还原为 $Cr(Ⅲ)$：

$$Cr_2O_7^{2-} + 6Fe^{2+} + 14H^+ \longrightarrow 2Cr^{3+} + 6Fe^{3+} + 7H_2O$$

然后加入 NaOH 溶液使溶液呈碱性，Cr^{3+} 和 Fe^{3+}、Fe^{2+} 能形成溶解度极小的铁氧体共沉物：

$$
\begin{array}{l}
Fe^{2+} + 2OH^- \longrightarrow Fe(OH)_2 \downarrow \\
Fe^{3+} + 3OH^- \longrightarrow Fe(OH)_3 \downarrow \\
Cr^{3+} + 3OH^- \longrightarrow Cr(OH)_3 \downarrow
\end{array}
\left.\right\} \xrightarrow{\text{静置，脱水}} 复合铁氧体(FeCr_xFe_{2-x}O_4)
$$

过滤，将固液分离，从而使废水得到净化。所得的铁氧体共沉物可回收用做磁性材料，避免了二次污染。处理后的水中 $Cr(Ⅵ)$ 和总铬均符合国家水质排放标准。

在酸性条件下，水中的 $Cr(Ⅵ)$ 可与二苯羰酰二肼产生紫红色，根据颜色深浅进行目视比色法或吸光光度法分析，测出水中残留 $Cr(Ⅵ)$ 和总铬的含量。

3. 实验内容与步骤

（1）标准 $Cr(Ⅵ)$ 系列溶液的配制

吸取 $Cr(Ⅵ)$ 标准储备液 10.00mL 于 100mL 容量瓶中，稀释至刻度。此溶液的浓度为 $0.0100g \cdot dm^{-3}$。取 6 个 50mL 比色管，用吸量管分别移取 $0.0100g \cdot dm^{-3}$ $Cr(Ⅵ)$ 标准溶液 0.00mL、1.00mL、2.00mL、2.50mL、3.00mL、4.00mL，再各加入 2.50mL 二苯羰酰二肼溶液，用去离子水稀释至刻度，摇匀。此为标准 $Cr(Ⅵ)$ 系列溶液，浓度分别为 0，0.2，

0.4, 0.5, 0.6 和 0.8(mg·dm^{-3})。

（2）含铬废水的处理

取 100mL 含 Cr(Ⅵ) 废水于 250mL 烧杯中，用 3mol·dm^{-3} 的 H$_2$SO$_4$ 调 pH≈2 后，加入使 Cr(Ⅵ) 全部转化成 Cr^{3+} 所需的 FeSO$_4$·7H$_2$O 的量 [含 Cr(Ⅵ) 废水的浓度由实验室提供]。所加 FeSO$_4$·7H$_2$O 晶体必须完全溶解，但搅拌不能太激烈，以免被空气氧化成 Fe^{3+}。反应完全后，用 6mol·dm^{-3} 的 NaOH 溶液调 pH≈11，再加入与还原 Cr(Ⅵ) 等量的 FeSO$_4$·7H$_2$O，搅拌使之完全溶解，静置，并观察黑褐色或黑色沉淀的形成。过滤，滤液待测定，用水洗涤滤渣至中性。

（3）处理效果的评价

① 水中 Cr(Ⅵ) 残留量的测定　用移液管移取 25.00mL 滤液于 50mL 比色管中，调 pH 至中性，加入 2.50mL 二苯羰酰二肼溶液，用去离子水稀释至刻度；类似的，用移液管移取 25.00mL 不同浓度的 Cr(Ⅵ) 标准储备液于 50mL 比色管中，调 pH 至中性，加入 2.50mL 二苯羰酰二肼溶液，用去离子水稀释至刻度；将滤液所在的比色管与标准储备液比色管系列进行比较，得出 Cr(Ⅵ) 的含量（更为准确的方法是在吸收波长 540nm 处用吸光光度法分析）。

② 水中总铬的测定　移取 25.00mL 滤液于 250mL 锥形瓶中，加入 25.00mL 水和 4.5mL 6mol·dm^{-3} H$_3$PO$_4$，摇匀，加 2 滴 0.01mol·dm^{-3} KMnO$_4$ 溶液，如紫红色消褪，则再加 KMnO$_4$ 溶液保持紫红色(KMnO$_4$ 不要过量，刚显紫红色即可)。加热煮沸至溶液体积约剩 20mL。取下冷却，加入 1mL 200g·dm^{-3} 的尿素溶液，摇匀后，用滴定管滴加 20g·dm^{-3} 的 NaNO$_2$ 溶液，边滴边摇至 KMnO$_4$ 溶液紫红色刚褪去[NaNO$_2$ 还原时也不能过量，否则会把 Cr(Ⅵ) 还原而使结果偏低]，稍等片刻，待溶液中气泡逸出，移至 50mL 比色管中，加入 2.50mL 二苯羰酰二肼溶液，用去离子水稀释至刻度，进行比色分析，得出总铬含量。

③ 滤渣磁性测定　将滤渣烘干，研细，用磁铁试验复合铁氧体的磁性。

（4）实验结果记录

① 数据记录

100mL 含铬废水中含 K$_2$Cr$_2$O$_7$ _____ g；使 Cr（Ⅵ）全部转化为 Cr^{3+} 需 FeSO$_4$ _____ g。

② 用标准曲线法求处理后的水中 Cr(Ⅵ) 的量和总 Cr 的量

$$Cr(Ⅵ)含量 = \frac{m \times 1000}{25.00\text{mL}} = \underline{\qquad} \text{ mol·dm}^{-3}。$$

总 Cr 的含量 = _____ mol·dm^{-3}。

m 为吸光光度法得出的 Cr(Ⅵ) 的质量（单位为 mg）。

4. 实验仪器与试剂

（1）仪器与器皿

容量瓶（100mL）、比色管（50mL）、吸量管（10.00mL）、烧杯（250mL）、锥形瓶（250mL）、移液管（25mL）、量筒。

（2）试剂

K$_2$Cr$_2$O$_7$(AR)，二苯羰酰二肼，H$_2$SO$_4$（3mol·dm^{-3}），NaOH（6mol·dm^{-3}），FeSO$_4$·7H$_2$O(工业)，H$_3$PO$_4$(6mol·dm^{-3})，尿素(200g·dm^{-3})，KMnO$_4$（0.01mol·dm^{-3}），NaNO$_2$(20g·dm^{-3})，含 Cr(Ⅵ) 废水。

Cr(Ⅵ) 标准储备液：称取 0.2828g 在 120℃ 干燥过的分析纯 K$_2$Cr$_2$O$_7$，溶于水中，移入 1000mL 容量瓶中，稀释至刻度。此溶液含铬浓度为 0.1000g·dm^{-3}。

◇ 思考题

1. 铁氧体法处理含铬废水的基本原理是什么？有什么优点？
2. 含铬废水中加入 $FeSO_4$ 前，为什么先要调节溶液的 pH≈2？反应完全后，再加入等量的 $FeSO_4$ 的作用是什么？为什么又要加入 NaOH 溶液调 pH≈11？
3. 试讨论含铬废水处理中，$FeSO_4·7H_2O$ 晶体为何要分两次加入？一次全部加入有何影响？
4. 含铬废水处理除铁氧体法外，还有什么方法？

实验6 分光光度法测定钢中的锰含量

1. 实验目的
   (1) 了解分光光度法测定钢中锰含量的原理和方法；
   (2) 学习分光光度计的使用方法。

2. 实验原理
   分光光度法（亦称光度分析法），是当一定波长的光通过有色物质溶液时，按物质对光的吸收程度来确定该物质含量的一种分析方法。这种方法准确度高，操作简便、快速，应用十分广泛。

   根据光吸收的基本定律——朗伯-比尔定律，当一束一定波长的单色光通过有色而均匀的非散射溶液时，由于溶液吸收一部分光能，使光的强度减弱。有色溶液对光的吸收程度与溶液的浓度及液层厚度的乘积成正比，其数学表达式为：

$$\lg(I_0/I) = \varepsilon c d$$

式中，ε 是比例系数，与入射光波长、物质的性质和溶液的温度等因素有关；d 为有色溶液的厚度；c 为有色溶液的浓度；I_0 为一定波长平行单色光的入射光的强度；I 为通过均匀、非散射、浓度和液层厚度一定的有色溶液后透过光的强度（见图9-5）；$\lg(I_0/I)$ 表示溶液的吸光度（也称溶液的消光度、光密度）。当液层厚度一定时，用分光光度计测定有色溶液的光密度，即可求出它的浓度。

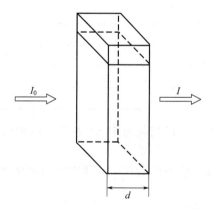

图 9-5　光通过有色溶液

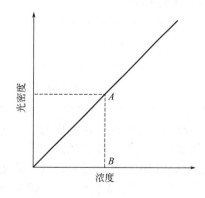

图 9-6　光度分析工作曲线

   分光光度法经常用的仪器是分光光度计。利用棱镜将入射光色散为光谱，通过狭缝而获得单色光。通过有色溶液后，单色光的强度用光电池（或光电管）测量。光电池（或光电管）受光照射后产生的电流强弱与照射光的强弱成正比。这样，光电流的大小反映了有色溶液吸收光的程度，也就是光密度（或消光度）。光密度可以从仪器上直接读出。

   用分光光度计测定试液浓度，需要绘制标准曲线（工作曲线）。即固定液层厚度、入射光强度和波长，测定一系列不同浓度的标准溶液的光密度。以光密度为纵坐标，标准溶液浓度为横坐标作图，可得到一条通过原点的直线。该直线称为标准曲线或工作曲线。在相同条件下测得的未知试样的有色溶液的光密度，由该光密度便可在工作曲线上找到相应的 A 点，A 点所对应的 B 点的数值就是未知溶液的浓度（见图 9-6）。

锰是钢中常见的有益元素。它可使钢的硬度和韧性提高，是良好的脱氧剂和脱硫剂。锰在钢中除以金属状态存在于固溶体中，还以碳化物(Mn_3C)、硅化物($MnSi$、$FeMnSi$)、氧化物(MnO_2)、硫化物(MnS) 等形式存在。钢试样经硝酸溶解后，钢中 Mn 形成 Mn^{2+}，测定时需将 Mn^{2+} 转变为有色的 MnO_4^-。显色处理时加入 H_3PO_4 可将黄色的$[Fe(H_2O)_6]^{3+}$ 转变为无色的$[Fe(HPO_4)_2]^-$ 以掩蔽 Fe^{3+}，从而排除其干扰。以 $AgNO_3$（加入形式为用 HNO_3 酸化的 1% $AgNO_3$ 水溶液）作催化剂，过量的$(NH_4)_2S_2O_8$（加入形式为15%的新配溶液）为氧化剂，将溶液加热煮沸，使 Mn^{2+} 氧化为紫红色的 MnO_4^-，反应为：

$$2Mn^{2+} + 5S_2O_8^{2-} + 8H_2O \xrightarrow{Ag^+} 2MnO_4^- + 10SO_4^{2-} + 16H^+$$

在波长 530nm 处测其光密度，通过工作曲线求算出锰的含量。

3. 实验内容与步骤

（1）标准溶液光密度的测定

用 5mL 移液管分别吸取锰含量为 $1.00mg \cdot dm^{-3}$ 的 $KMnO_4$ 标准溶液（由实验室准备）1.00、2.00、3.00、4.00(mL) 于 50mL 容量瓶中，稀释至刻度，摇匀。用波长为 530nm 的单色光，以蒸馏水为空白，分别测其光密度。

（2）试样溶液光密度的测定

① 试样溶液的显色处理　用 10mL 移液管移取 10.00mL 钢样溶液两份，分别置于 100mL 烧杯中。用量筒分别加入混酸 20mL（混酸的配制方法：将 25mL 浓 H_2SO_4 在搅拌下缓慢地加入 50mL 水中，稍冷，加入浓 HNO_3 30mL、浓 H_3PO_4 30mL，再用水稀释至 1L），$(NH_4)_2S_2O_8$ 溶液 6~7mL，$AgNO_3$ 溶液 1 滴，加热煮沸 30s，溶液变为紫红色。

② 试样溶液光密度的测定　分别将上述显色并冷却后的溶液转移到 50mL 容量瓶中，稀释至刻度，摇匀，测其光密度。

4. 数据记录及处理

项　目	锰标准溶液					试样	
编号	1	2	3	4	5	Ⅰ	Ⅱ
光密度							
锰含量/mg							

（1）绘制工作曲线　在坐标纸上以光密度为纵坐标，以配制的 50mL 标准溶液中锰的毫克数为横坐标，绘制工作曲线。

（2）计算钢中锰的含量　以试样的光密度值，在工作曲线上查出试样中锰的毫克数，取其平均值，按以下公式计算钢中锰的百分含量。

$$Mn\% = \frac{锰含量(mg)}{钢样质量(mg)} = \frac{m}{cV} \times 100\%$$

式中，m 为由工作曲线上查得的锰的毫克数；c 为钢样溶液的浓度；V 为所取钢样的体积。

◇ 思考题

1. 本实验用的 $(NH_4)_2S_2O_8$、$AgNO_3$、H_3PO_4 试剂各起什么作用？

2. 使用比色皿应注意什么？
3. 采用分光光度法绘制工作曲线的目的是什么？

附 分光光度计的使用

基本原理

光通过有色溶液后有一部分被有色物质的质点吸收。如果 I_0 为入射光的强度，I_t 为透过光的强度，则 I_t/I_0 是透光率，$\lg(I_0/I_t)$ 定义为吸光度 A（以前称光密度 D 或消光度 E）。吸光度越大，溶液对光的吸收越多。根据光的吸收定律（或朗伯-比尔定律），当一束单色光（具有一定波长的光）通过一定厚度 d 的有色溶液时，有色溶液对光的吸收程度与溶液中有色物质的浓度 c 成正比。这个定律是分光光度分析的理论基础。白光通过棱镜或衍射光栅的色散，成为不同波长的单色光。将单色光通过待测溶液，经待测液吸收后的透射光射向光电转换元件，变成电信号，在检流计或数字显示器上就可读出吸光度。

有色物质对光的吸收有选择性，通常用光的吸收曲线来描述有色溶液对光的吸收情况。将不同波长的单色光依次通过一定浓度的有色溶液，分别测定吸光度，以波长为横坐标，吸光度为纵坐标作图，所得曲线称为光的吸收曲线（图 9-7）。当单色光的波长为最大吸收峰处的波长时，称为最大吸收波长（λ_{max}），选用 λ_{max} 的光进行测量，光的吸收程度最大，测定的灵敏度和准确度都高。

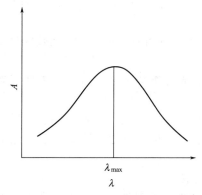

图 9-7　光的吸收曲线

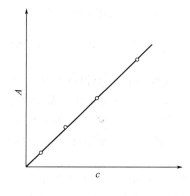

图 9-8　工作曲线

在测定样品前，首先要画工作曲线，即在与试样测定相同的条件下，测量一系列已知准确浓度的标准溶液的吸光度，作出吸光度-浓度曲线，即得工作曲线（图 9-8），测出试样的吸光度后，就可从工作曲线求出其浓度。

721 型光栅分光光度计

1. 仪器的性能

（1）光学系统　单光束、衍射光栅。

（2）波长范围　330～800nm。

（3）光源　钨卤素灯 12V，30W。

（4）接收元件　端窗式 G1030 光电管。

（5）波长精度　±2nm。

（6）波长重现性　0.5nm。

（7）透光率测量范围　0～100%（T）。

（8）吸光度测量范围　0～1999（A）。

(9) 读数精度　①透光率线性精度±0.5%(T)；②吸光度精度±0.004(A)。

(10) 透光率重现性　0.5%(T)。

2. 仪器的构造

(1) 光学系统　采用光栅自准式色散系统和单光束结构光路，如图9-9所示。

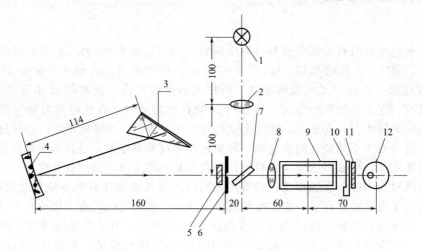

图9-9　721型分光光度计光学系统简图

1—光源灯；2—聚光透镜；3—色散棱镜；4—准直镜；5—保护玻璃；6—狭缝；
7—反射镜；8—聚光透镜；9—比色皿；10—光门；11—保护玻璃；12—光电管

(2) 仪器的结构　由光源室、单色器、试样室、光电管暗盒、电子系统及数字显示器等部件组成。

① 光源室部件　由钨灯灯架、聚光镜架、截止滤光片组架等部件组成。钨灯灯架上装有钨灯，作为可见区域的能量辐射源。

② 单色器部件　是仪器的心脏部分，位于光源与试样室之间。由狭缝部件、反光镜组件、准直镜部件、光栅部件与波长线性传动机构等组成。在这里使光源室来的白光变成单色光。

③ 试样室部件　由比色皿座架部件及光门部件组成。

④ 光电管暗盒部件　由光电管及微电流放大器电路板等部件组成。由试样出来的光经光电转换并放大后，在数字显示器上直接显示出测定液的 A 值或 T、c 值。

3. 仪器的使用与维护

(1) 使用

① 使用仪器前，应首先了解仪器的结构和工作原理。对照仪器或仪器外形图(图9-10)熟悉各个操作旋钮的功能。在未接通电源前，应先检查仪器的安全性，电源线接线应牢固，接地要良好，各个调节旋钮的起始位置应该正确，然后再接通电源开关。

② 将灵敏度旋钮调至放大倍率最小的"1"挡。

③ 开启电源，指示灯亮，选择开关置于"T"，波长调至测试用波长。仪器预热20min。

④ 打开试样室盖，光门立即自动关闭。调节"0"旋钮，使数字显示"00.0"。盖上试样室盖，光门自动打开。将比色皿架处于蒸馏水校正位置，使光电管受光，调节透光率"100%"旋钮，使数字显示为"100.0"。连续几次调整"0"和"100%"直至稳定，仪器即可进行测定工作。

⑤ 如果显示不到"100.0"，则可适当增加微电流放大器的倍率挡数，但倍率尽可能置于低挡使用，使仪器有更高的稳定性。倍率改变后必须按④重新校正"0"和"100%"。

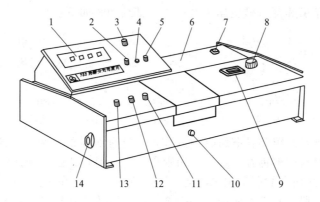

图 9-10　721 型分光光度计仪器外形图

1—数字显示器；2—吸光度调零旋钮；3—选择开关；4—吸光度调斜率电位器；5—浓度旋钮；6—光源室；
7—电源开关；8—波长手轮；9—波长刻度窗；10—试样架拉杆；11—100%T 旋钮；
12—0T 旋钮；13—灵敏度调节旋钮；14—干燥器

⑥ 吸光度 A 的测量　将选择开关置于 "A"，调节吸光度调零旋钮，使得数字显示为 "00.0"，然后将被测试样移入光路，显示值即为被测试样的吸光度值。

⑦ 浓度 c 的测量　选择开关由 "A" 旋置 "c"，将已标定浓度的试样放入光路，调节浓度旋钮，使得数字显示值为标定值，将被测试样放入光路，即可读出被测样品的浓度值。

⑧ 如果大幅度改变测试波长时，在调整 "0" 和 "100%" 后稍等片刻（闪光能量变化急剧，光电管受光后响应缓慢，需有光响应平衡时间），当稳定后，重新调整 "0" 和 "100%" 即可工作。

⑨ 每台仪器所配套的比色皿，不能与其它仪器上的比色皿单个调换。

（2）维护

① 为确保仪器稳定工作，如电压波动较大，则应将 220V 电源预先稳压。

② 当仪器工作不正常时，如数字表无亮光，光源灯不亮，开关指示灯无信号，应检查仪器后盖保险丝是否损坏，然后查电源是否接通，再查电路。

③ 仪器要接地良好。

④ 仪器左侧下角有一只干燥剂筒，试样室内也有硅胶，应保持其干燥性，发现变色立即更新或加以烘干再用。当仪器停止使用后，也应该定期更新烘干。

⑤ 为了避免仪器积灰和沾污，在停止工作时，用套子罩住整个仪器，在套子内应放数袋防潮硅胶，以免灯室受潮，导致反射镜镜面有霉点或沾污，从而影响仪器性能。

⑥ 仪器工作数月或搬动后，要检查波长精度和吸光度精度等，以确保仪器的使用和测定精度。

实验7　从茶叶中提取咖啡因

1. 实验目的

（1）了解通过连续萃取从茶叶中提取咖啡因的方法；

（2）初步掌握脂肪提取器的使用方法；

（3）学习用简单的升华操作提纯固体有机化合物。

2. 实验原理

茶叶中含有多种生物碱；咖啡因的含量为 2%～4%，另外还有 11%～12% 的单宁酸（鞣酸）、类黄酮色素、叶绿素、蛋白质等。咖啡因属杂环化合物嘌呤的衍生物，其化学名称是 2,6-二氧嘌呤，茶碱和可可碱也属于这一类，其结构式如下：

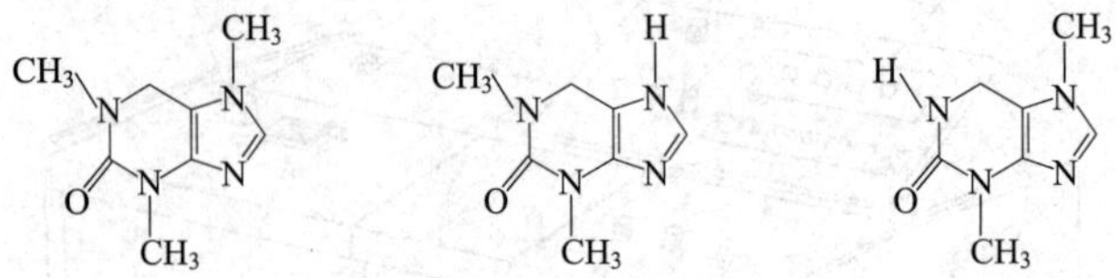

| 咖啡因 | 茶碱 | 可可碱 |

咖啡因对中枢神经系统和骨骼肌有刺激作用。这种刺激的结果是警觉提高，睡眠推延，并促进思考。可可碱对中枢神经系统的作用则比较小，但它却是一种强烈的利尿剂（引起排尿），所以有益于治疗病人的严重积水问题。与咖啡因一起存在于茶叶中的第二种黄嘌呤是茶碱，它是强烈的心肌（心脏的肌肉）兴奋剂，能使冠状动脉扩张。茶碱又称氨茶碱，常用于治疗充血性心力衰竭，也用于减轻和缓和心绞痛。此外，由于它是血管舒张药（使血管松弛），故常用于治疗头痛和支气管哮喘。

有的人会对咖啡因产生耐药性和依赖性。一个喝咖啡成瘾的人（每天超过 5 杯）在停饮 18h 后将会发生嗜睡、头痛甚至恶心等症状。饮服咖啡过度的人可导致焦虑、烦躁、易怒、失眠和肌肉震颤。

咖啡因存在于自然界的咖啡、茶和可拉果中。茶叶中所含的咖啡因在 2％～5％，咖啡豆可含（以重量计）咖啡因 5％，可可约含可可碱 5％。商业上的"可乐"是一种以可拉果提出物为基料的饮料。可口可乐中咖啡因的含量为每盎司（1 盎司＝28.3495 克）3.5mg。

咖啡因为无色针状晶体，味苦，能溶于水（2％），乙醇（2％）、氯仿（12.5％），含结晶水的咖啡因加热到 100℃即失去结晶水，并开始升华。120～178℃升华加速，咖啡因的熔点为 234.5℃。

咖啡因是溶于乙醇的，可采用回流加热的方法将其萃取到乙醇中，这一过程称为固-液萃取。将不溶于乙醇的纤维素和蛋白质等分离，所得萃取液中除了咖啡因外，还含有叶绿素、单宁及其水解物等，蒸去溶剂，在粗咖啡因中拌入石灰，与单宁等酸性物质反应生成钙盐，游离的咖啡因通过升华提纯。工业上，咖啡因主要通过人工合成制得。

3. 仪器与试剂

（1）仪器

脂肪提取器，蒸发皿，蒸汽浴，沙浴。

（2）试剂

95％乙醇 80mL；茶叶 10g； 生石灰 2～4g。

4. 实验内容与步骤

（1）从茶叶中提取咖啡因

称取 10g 茶叶末，放入折叠好的滤纸套筒中，再将滤纸套筒放入脂肪提取器中。在圆底烧瓶内加入 80mL 95％乙醇，用水浴加热，连续提取到提取液颜色很浅为止，约需 2～3h。待冷凝液刚刚虹吸下去时，立即停止加热，稍冷后，改成蒸馏装置，把提取液中的大部分乙醇蒸出，趁热把瓶中残液倒入蒸发皿中，拌入 2～4g 生石灰粉，在蒸汽浴上蒸干，使水分全部除去，冷却，擦去沾在边上的粉末，以免在升华时污染产物。

（2）升华提纯

取一只合适的玻璃漏斗，罩在隔以刺有许多小孔的滤纸的蒸发皿上，用沙浴小心加热升华，当纸上出现白色毛状结晶时，暂停加热，冷至 100℃左右。揭开漏斗和滤纸，仔细地把附在纸上及器皿周围的咖啡因用小刀刮下，残液经拌和后用较大的火再加热片刻，使升华完全。合并两次收集的咖啡因，称量约 0.2g，并测其熔点（235～236℃）。

◇ 思考题

1. 在此实验中，加入生石灰的作用是什么？
2. 用纯咖啡因计算它在茶叶中的含量，与咖啡因在茶叶中的实际含量有何区别？

实验8 印刷电路板的制作

1. 实验目的
（1）了解化学镀和电镀的原理与方法；
（2）了解印刷电路板制作工艺。

2. 实验原理
印刷电路板技术始于 20 世纪初，取代了繁琐的接线电路，大大提高了生产效率，被广泛地应用于电子工业。印刷电路板的制作通常是在塑料板敷一层铜箔上需保护的地方印刷覆盖一层抗腐蚀的物质，如油漆、油墨，形成电路条纹，再用 $FeCl_3$ 溶液或 H_2O_2 与盐酸混合液作为腐蚀剂，把未覆盖的地方溶解掉。用 $FeCl_3$ 作腐蚀液的反应式为：

$$Cu + 2FeCl_3 =\!=\!= CuCl_2 + 2FeCl_2$$

用 H_2O_2 与盐酸混合液作为腐蚀液的化学反应为：

$$2H_2O_2 + Cu + 4HCl =\!=\!= CuCl_2 + Cl_2\uparrow + 4H_2O$$

为防止裸露的铜被氧化或腐蚀，需对铜电路杂纹进行表面处理，如电镀银、电镀锡铅合金、钝化等，用惰性金属加以保护。

（1）电镀银

Ag^+ 能与 CN^- 形成配离子，但因提供 CN^- 的 KCN 剧毒，故用 $K_4[Fe(CN)_6]\cdot 3H_2O$ 固体提供配位体而制备 $[Ag(CN)_2]^-$，反应式如下：

$$3Ag^+ + [Fe(CN)_6]^{4-} \longrightarrow 3[Ag(CN)_2]^- + Fe^{2+}$$

（2）电镀锡铅合金

Sn^{2+}、Pb^{2+} 共同放电的必要条件是它们的析出电位必须相等。离子析出的电位与标准电极电位和放电离子浓度有关。标准电极电位相近的两种金属，可用改变溶液中离子浓度的方法，得到相同析出电位，使之共同沉积。

（3）化学镀铜

镀铜液由 $CuSO_4$、酒石酸钾钠（$NaKC_4H_4O_6$）、甲醛等组成。酒石酸钾钠是 Cu^{2+} 的配位体，甲醛是 Cu^{2+} 的还原剂，在碱性溶液中是强还原剂。反应式如下：

$$CuSO_4 + 2NaOH + NaKC_4H_4O_6 \longrightarrow NaKCuC_4H_2O_6 + Na_2SO_4 + 2H_2O$$

$$NaKCuC_4H_2O_6 + CH_2O \xrightarrow{[Cu]} Cu + HCOOH + NaKC_4H_2O_6$$

3. 实验内容与步骤
（1）按所需规格尺寸裁剪敷铜箔板，可取 $2cm \times 3cm$ 左右。
（2）按所需电路图（或图纹），在敷铜箔板上涂敷感光层并用胶片感光。无感光条件的可用油漆在敷铜箔板上画出电路图（或图纹）。
（3）用化学方法腐蚀掉不需要的铜箔部分。腐蚀液有 $FeCl_3$ 溶液或 H_2O_2 与 HCl 混合液，常用 $FeCl_3$ 溶液。在 100mL 烧杯中加入 38% $FeCl_3$ 腐蚀液，加热至 50℃ 左右，把准备好的印刷电路板浸没其中，稍加摇晃，待裸露的铜箔溶解后取出，用水冲洗。
（4）铜箔表面镀前处理，包括去油漆、粗化、酸洗等。
① 去油漆 用脱脂棉蘸少许有机溶剂（甲苯或丙酮）擦去油漆，用水冲洗干净，再用

去污粉和 Na_2CO_3 细粉擦拭铜箔表面，放到热的 30% NaOH 溶液中浸洗，用镊子取出，用水冲净。

② 粗化　在 100mL 烧杯中加入 50mL 粗化液，把除去油的印刷电路板投入其中浸泡 5min，取出后用水清洗 2～3 次。

经过表面镀前处理的印刷电路板，不能用手接触，以免沾污。为了防止铜箔氧化可立即投入 5% Na_2SO_4 溶液中保存，待用。

（5）化学镀铜

将化学镀铜液 100mL A 和 B（见附注）等体积混合液，将按上述处理过的印刷电路板放入液体中浸泡，然后边搅拌边加入 2mL 37% 甲醛溶液。如果反应速率较慢，可放入沸水浴中加热。取出水洗，晾干。注意应在 pH＝10～12 范围内进行。

（6）镀银（也可以是镀锡铅）

① 化学镀银　将处理好的印刷电路板放入镀银液中浸泡，2min 后取出，用毛刷轻擦一下，观察银屑是否完整，如果局部地方未镀上，可用蒸馏水冲洗，再浸镀一次，然后用棉花蘸去污粉擦亮后水洗干净，晾干或烘干。如果局部地方未镀上，用木炭磨光表面后，重新浸镀。

② 电镀银　用不锈钢板作阳极、K[Ag(CN)_2] 溶液为电镀液、印刷电路板作阴极组成电镀槽。加上直流电压 6～12V，电流密度（阴极）1mA·cm^{-2}通电 3min 左右，取出水洗，用去污粉擦亮、洗净、晾干。

（7）钝化处理

新镀的银层需要钝化处理，以防止镀层变黑、氧化（镀锡铅则无需钝化处理）。钝化方法有两种。

① 化学钝化　将电镀后的印刷电路板浸入钝化液中，10s 后取出，水洗，晾干。

② 电解钝化　取 100mL 钝化液倒入 150mL 烧杯中，以不锈钢板作阳极、印刷电路板作阴极，组成电解槽，加以 6～12V 直流电压，阴极电流密度 5mA·cm^{-2}，通电 20s 左右，取出用水洗净并晾干。

（8）喷涂助焊剂

为了易于电路元件的焊接，在电路板上喷涂助焊剂，即完成电路板的制作。

4. 仪器和试剂

（1）仪器与器皿

硅整流器，直流电流计，直流电压计，滑线电阻，不锈钢板（4cm×3cm），敷铜板（2cm×3cm），锡焊条（Sn-Pb），台式天平，酒精灯，烧杯（100mL，250mL），量筒（100mL），三脚架，洗瓶，温度计(100℃)，玻璃棒，铁夹，试管夹，导线等。

（2）试剂

$Na_2CO_3·10H_2O$（固），$NaHCO_3$（固），去污粉，NaOH（30%），丙酮，H_2SO_4（5%），粗化液，化学腐蚀剂，化学镀铜液，化学镀银液，电镀银液，锡-铅合金镀液，钝化液（见附注）。

◇ 思考题

1. 用标准电极电势解释 $FeCl_3$ 溶液或 H_2O_2 和 HCl 混合液为什么能腐蚀铜？
2. 镀前为什么要对镀件进行表面预处理？
3. 写出电镀时两极的反应式。
4. 电镀操作为什么必须严格控制电压和控制电流密度？

◇ 附注

1. 粗化液　过硫酸铵（固）200g、浓 H_2SO_4 34mL，水稀释到 1L。

2. 化学腐蚀液　$FeCl_3$ 38％、浓 HCl（$d=1.18g\cdot cm^{-3}$）10mL。

3. 化学镀铜液　A 液：$CuSO_4$（固）22.5g、浓 H_2SO_4（$d=1.84g\cdot cm^{-3}$）0.5mL，稀释到 1L。B 液：$NaKC_4H_4O_6$（固）90g、NaOH（固）32g，稀释到 1L。37％甲醛溶液 2mL。

4. 化学镀银液　$AgNO_3$（固）10g、Na_2SO_3（固）4g、EDTA-2Na（固）10g、六亚甲基四胺（固）10g。水稀释到 1L。

5. 电镀银液　$AgNO_3$（固）10.7g、NaCl（固）4g、黄血盐（固）27g、$Na_2CO_3\cdot 10H_2O$（固）35g。水稀释到 1L。

6. 锡-铅合金镀液　$PbCl_2$（固）10g、$SnCl_2$（固）20g、NH_4Cl（固）250g、H_3BO_3（固）3g、浓 HCl（$d=1.18g\cdot cm^{-3}$）10mL、木工胶 2g。水稀释到 1L。

7. 钝化液　$K_2Cr_2O_7$（固）25g、KOH（固）26g。水稀释到 1L。

8. 电镀液、钝化液用后切勿倒掉，应放入回收瓶。

实验9 钢铁的磷化

1. 实验目的

    （1）了解用化学磷化法在钢铁表面形成磷酸盐膜的原理及工艺；

    （2）熟悉化学磷化工程中除油、除锈、漂洗、表面中和、表面调整等前处理过程；

    （3）了解磷酸盐膜防蚀质量的检验方法。

2. 实验原理

    用化学或电化学方法在金属表面形成一层磷酸盐膜的方法叫"磷化"。磷化工艺作为防护层或涂料层在汽车、造船和机器制造等工业领域得到了广泛应用。作为涂料底层，它不仅提高钢铁本身的防护性能，而且增强漆膜与基体的结合力。磷酸盐膜的防护性能主要受膜的致密性及空隙率影响，而磷酸盐结晶越细，晶粒与晶粒之间的间隙越小，则膜越致密。

    化学磷化按操作温度可分为高温磷化、中温磷化和低温磷化。高温磷化一般以马日夫盐（磷酸锰铁制剂）为主要成膜剂，温度在 80～90℃。中温磷化为锌钙盐系列，磷酸盐膜主要成分为磷酸钙和磷酸锌，温度在 50～60℃。低温磷化以镍盐为主，为提高成膜速度，一般要加入促进剂如硝酸钠和亚硝酸钠，工作温度为 20～30℃。

    化学磷化前处理包括除油、除锈、漂洗、表面中和及表面调整等，除油除锈主要是清除金属表面的有机污染物和碳的偏析杂质。表面调整是为了在金属表面形成网状结晶核，以达到细化晶粒，增加磷化膜致密性的目的。

    化学磷化的基本原理如下：磷酸锰铁在水中离解（M 代表 Mn 或 Fe）。

$$5M(H_2PO_4)_2 \Longrightarrow 2MHPO_4 + M_3(PO_4)_2 + 6H_3PO_4$$

在此溶液中加入钢铁试件后，在紧靠钢铁的表面发生反应：

$$Fe + 2H_3PO_4 \Longrightarrow Fe(H_2PO_4)_2 + H_2 \uparrow$$

析氢反应使上面的平衡向右移动，结果生成更多的磷酸二氢盐。由于氢的析出，钢铁表面的 pH 值升高，使磷酸二氢盐水解成磷酸氢盐与磷酸盐，并沉积于金属表面，从而形成磷化膜。

    磷化膜的质量可用肉眼检查，其表面应均匀细密，呈银灰色至深灰色。其耐蚀性能可用硫酸铜点滴检验。

3. 实验内容与步骤

    （1）取 4 个试片打磨编号，浸入除油液中除油 10min，除油温度 70～90℃，完毕后取出，用自来水冲洗。

（2）将除油后的试片浸入酸洗液中酸洗 3～6min，待表面无锈后取出，用自来水冲洗干净。

（3）取出两个试片浸入表面调整液中，进行表面活化 1min，取出后立即与未经表面调整的一个试片一起浸入磷化液中。在磷化液中磷化 10min，取出用自来水冲洗，并置于空气中晾干。

（4）取经表面调整处理的磷化试片一个，浸入重铬酸钾溶液中封闭处理 1min，取出后用自来水冲洗，并晾干。

（5）分别测量经过表面调整、微孔封闭和未经表面调整处理的 3 个磷化试片的自然电位以及硫酸铜点滴变色时间。根据所测的各试片自然电位及用 $CuSO_4$ 液检验变色时间，评价各试片磷化膜的质量。

数据记录

项　　目		自然电位/mV	变色时间/s
未磷化试片			
磷化试片	未表面调整		
	经表面调整		
	经表面调整且封闭		

4. 仪器与试剂

（1）仪器与器皿

数字电压表 1 只，饱和甘汞电极（带盐桥）1 套，恒温水浴锅 1 台，烧杯（250mL）3 只，钢试片 4 片。

（2）试剂

$K_2Cr_2O_7$ 溶液，硫酸铜检验液 $CuSO_4$（$0.2mol \cdot dm^{-3}$），NaCl（10%），HCl（$0.1mol \cdot dm^{-3}$），3% NaCl 溶液，酸洗液 [盐酸 10%（体积比）、"7701" 缓蚀剂 0.5%～1%]，除油液（Na_2CO_3 $80～100g \cdot dm^{-3}$，水玻璃 $10～15g \cdot dm^{-3}$，十二烷基磺酸钠 $0.5～1g \cdot dm^{-3}$），表面调整液（氟钛酸钾 0.3%，Na_2HPO_4 1.0%），磷化母液 [ZnO17%、H_3PO_4 60%、$NaNO_3$ 16%、柠檬酸 2.5%、$Ni(NO_3)_2$ 2.5%]，实验时，将磷化母液稀释十倍，并加入 0.08% 的 $NaNO_2$ 促进剂。

◇ **思考题**

1. $CuSO_4$ 检验磷化膜质量的基本原理是什么？
2. 磷化前表面调整的主要作用是什么？
3. 自然电位的差别说明了什么问题？

实验10　白色原料——立德粉的制备

1. 实验目的

（1）学习立德粉的制备方法。

（2）熟悉加热、溶解、过滤等基本操作。

2. 实验原理

立德粉又名锌钡白，是硫化锌（ZnS）和硫酸钡（$BaSO_4$）等物质的量的混合物，它是一种粉状不透明的白色颜料，用途比较广泛，常用做油漆工业的白色原料、橡胶制品和纸张的白色填料等。立德粉加入涂料中，可提高涂料的密度和耐磨能力，这是其它白色颜料所不具备的。

立德粉是由硫酸锌（$ZnSO_4$）和硫化钡（BaS）在水溶液中反应，生成硫化锌（ZnS）和硫酸钡（$BaSO_4$）的共沉淀物，再加工处理得到标准的立德粉原料。反应式为：

$$ZnSO_4 + BaS \longrightarrow BaSO_4\downarrow + ZnS\downarrow$$

从理论上计算，立德粉中含 ZnS 为 29.4%，$BaSO_4$ 为 70.6%（质量分数）。但实际上，ZnS 含量高低取决于所用含锌原料的种类和控制的反应条件。立德粉中含硫化锌量的多少对于颜料的性质起着重要的作用，硫化锌含量越高，颜料的性能越好。

立德粉的制备主要包括 4 个步骤：

（1）粗制硫酸锌

在实验室的制备方法是用工业氧化锌和硫酸为原料制取粗硫酸锌；在工业上的制备方法是煅烧闪锌矿（ZnS）。反应式分别如下：

$$ZnO + H_2SO_4 \longrightarrow ZnSO_4 + H_2O$$

$$ZnS + 2O_2 \xrightarrow{\text{煅烧}} ZnSO_4$$

若原料中含有镍、镉、铁、锰等重金属离子杂质时，会使立德粉成品带来不同的色泽，从而影响产品的质量，因此需经除杂质处理。

（2）硫酸锌的精制

$ZnSO_4$ 中含 Ni^{2+}、Cd^{2+} 时，可用锌粉处理除去，含 Fe^{2+}、Mn^{2+}，可用 $KMnO_4$ 处理，在弱酸性条件下，Fe^{2+}、Mn^{2+} 可被 $KMnO_4$ 氧化，其产物逐渐水解成 $Fe(OH)_3$、MnO_2 沉淀。总反应式为：

$$2KMnO_4 + 3MnSO_4 + 2H_2O \longrightarrow 5MnO_2\downarrow + 2H_2SO_4 + K_2SO_4$$

$$2KMnO_4 + 6FeSO_4 + 14H_2O \longrightarrow 2MnO_2\downarrow + 6Fe(OH)_3\downarrow + K_2SO_4 + 5H_2SO_4$$

为反应更完全可同时加少量 ZnO。

（3）硫化钡的制取

工业上用重金石（$BaSO_4$）与煤粉混合煅烧得 BaS 熔块，然后用 90℃ 热水浸取。

$$BaSO_4 + 2C \xrightarrow{\text{高温}} BaS + 2CO_2$$

（4）立德粉的合成

将精制 $BaSO_4$ 溶液和 BaS 溶液按比例混合得白色锌钡白沉淀。

3. 实验内容与步骤

（1）$ZnSO_4$ 溶液的粗制

在 10mL 水（自来水）中滴一滴浓 H_2SO_4 配成稀 H_2SO_4 溶液。将此稀硫酸溶液加热至约 70～80℃，然后慢慢加入 ZnO，搅拌直至溶液 pH=5～6 为止，待冷却后过滤，滤液即为 $ZnSO_4$ 溶液，备用。

（2）$ZnSO_4$ 溶液的精制

将粗制 $ZnSO_4$ 溶液加热至 80℃ 左右，加入少许锌粉，搅拌反应数分钟，冷却过滤（此操作除去什么离子？如何检验是否除尽？若尚未除尽应如何处理？）。

将上述处理过的滤液加少许纯 ZnO 搅拌逐滴加 $KMnO_4$ 溶液至溶液呈微红色（为什么？），过量的 $KMnO_4$ 用甲醛还原至溶液无色止，最后用小火加热微沸数分钟（此操作除去什么离子？如何检验是否除尽？），冷却过滤，即得精制的 $ZnSO_4$ 溶液。

（3）BaS 的浸取

用台式天平称取 1g BaS 粉末，加入到 10mL 约 90℃ 的水中浸取，并不断搅拌促使硫化钡溶解，冷却后过滤，除去不溶性杂质。

（4）立德粉的合成

在烧杯中先取部分硫化钡溶液，然后交替加入硫酸锌和硫化钡溶液，且不断搅拌。反应过程中要保持溶液的 pH＝8～9 之间（如何检验和控制？），所得沉淀进行过滤，烘干即得立德粉。

4. 仪器与试剂

（1）仪器与器皿

烧杯(10mL) 4 只、烧杯(50mL) 1 只、微型漏斗、微型漏斗架、温度计、台式天平、微型点滴板、玻璃棒、广泛 pH 试纸。

（2）试剂

浓硫酸、硫酸（2mol·dm⁻³）、$KMnO_4$（$0.01mol·dm^{-3}$）、H_2O_2（3％）、HNO_3（浓）、KCNS(饱和)、甲醛、酚酞、丁二肟、硫代乙酰胺、粗 ZnO（固）、锌粉、纯 ZnO（固）、$NaBiO_3$（固）、BaS（固）。

◇ 思考题

1. 用浓 H_2SO_4 配制成稀 H_2SO_4 溶液，是浓 H_2SO_4 加入水中还是水加入浓 H_2SO_4 中？为什么？

2. 精制 $ZnSO_4$ 溶液除 Fe^{2+}、Mn^{2+} 时，为什么要加纯氧化锌？又为什么要加热微沸？

3. 在 $ZnSO_4$ 原料中含 Ni^{2+}、Cd^{2+}、Fe^{2+}、Mn^{2+} 等离子时，会使立德粉成品带来不同色泽，为什么？

◇ 附注

检验 Ni^{2+}、Cd^{2+}、Fe^{2+}、Mn^{2+} 等离子的方法，供参考。也可以采用其它的检验方法。

（1）Ni^{2+} 的检验

取三滴粗制 $ZnSO_4$ 溶液于微型点滴板中，加少许纯 ZnO，摇匀，再加一滴丁二肟，充分搅拌，待离子沉淀，若在 ZnO 表面出现红色，表示粗制 $ZnSO_4$ 中有 Ni^{2+} 存在。

（2）Fe^{2+} 的检验

取三滴粗制 $ZnSO_4$ 溶液于微型点滴板中，加一滴 $2mol·dm^{-3}$ H_2SO_4 酸化，再加一滴 3％ H_2O_2，摇匀。然后加饱和 KCNS 溶液一滴，若显红色，表示粗制 $ZnSO_4$ 中有 Fe^{2+} 存在。

（3）Cd^{2+} 的检验

取三滴粗制 $ZnSO_4$ 溶液于微型点滴板中，在微酸性下加硫代乙酰胺或硫化铵，搅匀，若有黄色沉淀，表示有 Cd^{2+} 存在。

（4）Mn^{2+} 的检验

取三滴粗制 $ZnSO_4$ 溶液于微型点滴板中，加一滴浓 HNO_3，再加少许 $NaBiO_3$ 固体，加热沉淀后，溶液若显紫红色，表示有 Mn^{2+} 存在。

实验11 金属铝的表面处理——阳极氧化法

1. 实验目的

（1）了解铝阳极氧化的基本原理及方法；

（2）了解铝阳极氧化后氧化膜的质量检验方法。

2. 实验原理

铝在空气中形成的天然氧化膜很薄（$4×10^{-3}～5×10^{-3}\mu m$），不能有效地防止金属遭受腐蚀。用电化学方法在铝或铝合金表面生成较厚的致密氧化膜，该过程称为阳极氧化，氧化膜可加厚几十至几百微米，使铝的耐腐蚀性大大提高。而且氧化膜具有很高的电绝缘性和耐磨性，还可以用有机染料染成各种颜色。由于阳极氧化后铝及铝合金具有这些优良性能，所以在许多工程技术中得到广泛的应用。

以铅为阴极，铝为阳极，在 H_2SO_4 溶液中进行电解，两极反应如下：

阴极：
$$2H^+ + 2e^- === H_2 \uparrow$$

阳极：
$$Al - 3e^- === Al^{3+}$$
$$Al^{3+} + 3H_2O === Al(OH)_3 + 3H^+$$
$$2Al(OH)_3 === Al_2O_3 + 3H_2O$$

在电解过程中，H_2SO_4 又可以使形成的 Al_2O_3 膜部分溶解，所以氧化膜的生长依赖于金属氧化速度和 Al_2O_3 膜溶解的速度。要得到一定厚度的氧化膜，必须控制氧化条件，使氧化膜形成速度大于溶解速度。

3. 实验内容与步骤

（1）溶液配制

配制 10% NaOH 溶液 100g。

将 1 个 150mL 烧杯放在台秤上称重，再放入固体 NaOH ＿＿＿＿ g（计算量），然后再加入水 ＿＿＿＿ 溶解。注意：NaOH 固体有强腐蚀性，NaOH 溶解时会产生大量的热，注意切勿溅入眼中或皮肤上（若溅入眼中或皮肤上应该立即如何处理？）。

配制 15% H_2SO_4 溶液 500mL。

按实验室浓硫酸的密度及含量计算配制此溶液所需浓硫酸及水的体积。

浓硫酸：密度 ＿＿＿＿，含量 ＿＿＿＿，配制 15% H_2SO_4 溶液 500mL 需要该浓硫酸 ＿＿＿＿ mL。

用量筒量取水倒入烧杯，再量取浓 H_2SO_4 缓缓倒入烧杯中，并不断搅拌，直至全部混合均匀。用密度计测量密度，核对所配制的溶液是否正确。

（2）铝片表面清洗

只有把铝片表面处理干净，阳极氧化后才能生成致密的氧化膜。

① 去污粉洗：取两块铝片，用去污粉刷洗，然后用自来水冲洗。

② 碱洗：将铝片放在 60～70℃，$3mol \cdot dm^{-3}$ NaOH 溶液中，浸半分钟，取出用自来水冲洗。油已除净，铝片表面应不挂水珠。

酸洗：为了除去碱处理时铝表面沉积出的杂质和中和吸附的碱，将铝片放在 $2mol \cdot dm^{-3}$ HNO_3 溶液中，浸泡 1min，取出用自来水冲洗。

经过清洗后的铝片，不能再用手接触，以免沾污。洗净的铝片可存放于盛水的烧杯中待用。

（3）阳极氧化

① 计算铝片浸入电解液部分（尚留一部分不浸入电解液）的总面积（应计算铝片的两面），按照电流密度为 $10～15mA \cdot cm^{-2}$ 计算所需的电流。

② 将两个铝片作为阳极，与直流电源的正极相连，铅为阴极，两铅片与电源负极相连，并串接入电流表，以 15% H_2SO_4 为电解液，按图 9-11 接好线路。通电后，调节稳压电源和可变电阻器，使初始电流维持在较小

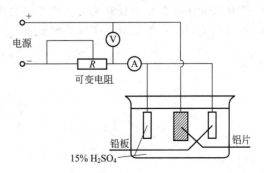

图 9-11　阳极氧化接线示意图

电流密度（不大于 5mA·cm^{-2}）并氧化 1min，然后逐渐调整电流至所需数值（10～15mA·cm^{-2}）；电压约为 10V 左右，温度应控制在 13～26℃，观察两极反应的情况。

③ 通电 20min 后，切断电源，取出铝片，用自来水冲洗。

④ 水封：由于铝氧化膜具有高的孔隙率和吸附性，因此很容易被污染，所以在氧化后，要进行封闭处理。处理方法是将铝片放入沸水中煮。其原理是利用无水三氧化二铝发生水化作用，反应如下：

$$Al_2O_3 + H_2O \longrightarrow Al_2O_3 \cdot H_2O$$
$$Al_2O_3 + 3H_2O \longrightarrow Al_2O_3 \cdot 3H_2O$$

由于氧化膜表面和孔壁的三氧化二铝水化的结果，使氧化物体积增大，将孔隙封闭。

将氧化后的一块铝片放在沸水（去离子水）中煮 10min，取出放入无水酒精中数秒钟再晾干备质量检验用。

（4）质量检验

① 绝缘性检验

利用万用表检测铝片氧化部分与未氧化部分的绝缘性能。

② 耐腐蚀性

在铝片上阳极氧化的部分和未阳极氧化部分各滴一滴 $K_2Cr_2O_7$ 盐酸溶液，观察反应。比较这两部分产生气泡和液滴变绿时间的快慢。写出反应方程式。

（5）铝阳极氧化膜的染色

经过阳极氧化处理得到的新鲜氧化膜，应有孔隙和较高的吸附性能，可以经过一定的工艺处理染上各种鲜艳的色彩。将阳极氧化后未经水封处理的铝片，用水冲洗干净，立即放入着色液中着色（着色温度 40～60℃，着色时间随所需颜色深浅而定）。染色过的铝片经水冲洗干净后，放入煮沸的去离子水中煮沸 5min 后取出。

4. 仪器与试剂

（1）仪器与器皿

烧杯（500mL）1 只、烧杯（150mL）3 只、电解槽 1 个、量筒（100mL）1 个、量筒（10mL）1 个、稳压电源、导线、铝板、恒温槽、台秤、密度计、温度计、牛角勺、钳子、电炉、精密天平、万用表。

（2）试剂

HNO_3（2mol·dm^{-3}），H_2SO_4（15％或浓），NaOH（3mol·dm^{-3}或固体），腐蚀试液（$K_2Cr_2O_7$ 盐酸溶液），铝试样，无水酒精，着色液。

◇ **思考题**

1. 本实验是怎样进行铝的阳极氧化的？
2. 用什么方法检验铝阳极氧化后氧化膜的绝缘性和耐腐蚀性？
3. 如何测定铝阳极氧化后氧化膜的厚度？

附　　录

附录1　我国法定计量单位

我国法定计量单位主要包括下列单位。

(1) 国际单位制（简称 SI）的基本单位

量 的 名 称	单 位 名 称	单 位 符 号
长度	米	m
质量	千克[公斤]	kg
时间	秒	s
电流	安[培]	A
热力学温度	开[尔文]	K
物质的量	摩[尔]	mol
发光强度	坎[德拉]	cd

(2) 国际单位制的辅助单位

量 的 名 称	单 位 名 称	单 位 符 号
平面角	弧度	rad
立体角	球面度	sr

(3) 国际单位制中具有专门名称的导出单位

量 的 名 称	单 位 名 称	单 位 符 号	其 它 表 示 式
频率	赫[兹]	Hz	s^{-1}
力;重力	牛[顿]	N	$kg \cdot m/s^2$
压力,压强;应力	帕[斯卡]	Pa	N/m^2
能量;功;热	焦[耳]	J	$N \cdot m$
功率;辐射通量	瓦[特]	W	J/s
电荷量	库[仑]	C	$A \cdot s$
电位;电压;电动势	伏[特]	V	W/A
电容	法[拉]	F	C/V
电阻	欧[姆]	Ω	V/A
电导	西[门子]	S	A/V
摄氏温度	摄氏度	℃	

(4) 国家选定的非国际单位制单位（摘录）

量 的 名 称	单 位 名 称	单 位 符 号	换算关系和说明
时间	分	min	$1min = 60s$
	[小]时	h	$1h = 60min = 3600s$
	天(日)	d	$1d = 24h = 86400s$
平面角	[角]秒	(″)	$1'' = (\pi/648000)rad(\pi$ 为圆周率)
	[角]分	(′)	$1' = 60'' = (\pi/10800)rad$
	度	(°)	$1° = 60' = (\pi/180)rad$
质量	吨	t	$1t = 10^3 kg$
	原子质量单位	u	$1u \approx 1.6605402 \times 10^{-27} kg$
体积	升	L,(l)	$1L = 1dm^3 = 10^{-3} m^3$
能	电子伏	eV	$1eV \approx 1.60217733 \times 10^{-19} J$

所表示的因数	词头名称	词头符号	所表示的因数	词头名称	词头符号
10^{24}	尧[它]	Y	10^{-1}	分	d
10^{21}	泽[它]	Z	10^{-2}	厘	c
10^{18}	艾[可萨]	E	10^{-3}	毫	m
10^{15}	拍[它]	P	10^{-6}	微	μ
10^{12}	太[拉]	T	10^{-9}	纳[诺]	n
10^{9}	吉[咖]	G	10^{-12}	皮[可]	p
10^{6}	兆	M	10^{-15}	飞[母托]	f
10^{3}	千	k	10^{-18}	阿[托]	a
10^{2}	百	h	10^{-21}	仄[普托]	z
10^{1}	十	da	10^{-24}	幺[科托]	y

附录2　一些基本物理常数

物　理　量	符　号	数　　值
真空中的光速	c	$2.99792458 \times 10^{8} \, \text{m} \cdot \text{s}^{-1}$
元电荷（电子电荷）	e	$1.60217733 \times 10^{-19} \, \text{C}$
质子质量	m_p	$1.6726231 \times 10^{-27} \, \text{kg}$
电子质量	m_e	$9.1093897 \times 10^{-31} \, \text{kg}$
摩尔气体常数	R	$8.314510 \, \text{J} \cdot \text{mol}^{-1} \cdot \text{K}^{-1}$
阿伏加德罗（Avogadro）常数	N_A	$6.0221367 \times 10^{23} \cdot \text{mol}^{-1}$
里德伯（Rydberg）常量	R_∞	$1.0973731534 \times 10^{7} \, \text{mol}$
普朗克（Planck）常量	h	$6.6260755 \times 10^{-34} \, \text{J} \cdot \text{s}$
法拉第（Faraday）常数	F	$9.6485309 \times 10^{4} \, \text{C} \cdot \text{mol}^{-1}$
玻耳兹曼（Boltzmann）常数	k	$1.380658 \times 10^{-23} \, \text{J} \cdot \text{K}^{-1}$
电子伏	eV	$1.60217733 \times 10^{-19} \, \text{J}$
原子质量单位	u	$1.6605402 \times 10^{-27} \, \text{kg}$

附录3　一些弱电解质在水溶液中的解离常数

酸	温度 $T/℃$	K_a	pK_a
亚硫酸 H_2SO_3	18	$(K_{a_1}) 1.54 \times 10^{-2}$	1.81
	18	$(K_{a_2}) 1.02 \times 10^{-7}$	6.91
磷酸 H_3PO_4	25	$(K_{a_1}) 7.52 \times 10^{-3}$	2.12
	25	$(K_{a_2}) 6.25 \times 10^{-8}$	7.21
	18	$(K_{a_3}) 2.2 \times 10^{-13}$	12.67
亚硝酸 HNO_2	12.5	4.6×10^{-4}	3.37
氢氟酸 HF	25	3.53×10^{-4}	3.45
甲酸 HCOOH	20	1.77×10^{-4}	3.75
乙酸 CH_3COOH	25	1.76×10^{-5}	4.75
碳酸 H_2CO_3	25	$(K_{a_1}) 4.30 \times 10^{-7}$	6.37
	25	$(K_{a_2}) 5.61 \times 10^{-11}$	10.25
氢硫酸 H_2S	18	$(K_{a_1}) 9.1 \times 10^{-8}$	7.04
	18	$(K_{a_2}) 1.1 \times 10^{-12}$	11.96
次氯酸 HClO	18	2.95×10^{-8}	7.53
硼酸 H_3BO_3	20	$(K_{a_1}) 7.3 \times 10^{-10}$	9.14
氢氰酸 HCN	25	4.93×10^{-10}	9.31
碱	温度 $T/℃$	K_b	pK_b
氨 NH_3	25	1.77×10^{-5}	4.75

附录 4 我国土壤环境质量标准（GB 15618—1995）

项 目		一 级	二 级			三 级
pH 值		自然背景	<6.5	6.5～7.5	>7.5	>6.5
镉	≤	0.20	0.30	0.60	1.0	
汞	≤	0.15	0.30	0.50	1.0	1.5
砷 水田	≤	15	30	25	20	30
旱地	≤	15	40	30	25	40
铜 农田等	≤	35	50	100	100	400
果园	≤	—	150	200	200	400
铅	≤	35	250	300	350	500
铬 水田	≤	90	250	300	350	400
旱地	≤	90	150	200	250	300
锌	≤	100	200	250	300	500
镍	≤	40	40	50	60	200
六六六	≤	0.05	0.50			1.0
滴滴涕	≤	0.05	0.50			1.0

附录 5 一些配离子的稳定常数 K_f 和不稳定常数 K_i

配离子	K_f	lgK_f	K_i	lgK_i
$[AgBr_2]^-$	2.14×10^7	7.33	4.67×10^{-8}	-7.33
$[Ag(CN)_2]^-$	1.26×10^{21}	21.1	7.94×10^{-22}	-21.1
$[AgCl_2]^-$	1.10×10^5	5.04	9.09×10^{-6}	-5.04
$[AgI_2]^-$	5.5×10^{11}	11.74	1.82×10^{-12}	-11.74
$[Ag(NH_3)_3]^+$	1.12×10^7	7.05	8.93×10^{-8}	-7.05
$[Ag(S_2O_3)_2]^{3-}$	2.89×10^{13}	13.46	3.46×10^{-14}	-13.46
$[Co(NH_3)_6]^{2+}$	1.29×10^5	5.11	7.75×10^{-6}	-5.11
$[Cu(CN)_2]^-$	1×10^{24}	24.0	1×10^{-24}	-24.0
$[Cu(NH_3)_2]^+$	7.24×10^{10}	10.86	1.38×10^{-11}	-10.86
$[Cu(NH_3)_4]^{2+}$	2.09×10^{13}	13.32	4.78×10^{-14}	-13.32
$[Cu(P_2O_7)_2]^{6-}$	1×10^9	9.0	1×10^{-9}	-9.0
$[Cu(SCN)_2]^-$	1.52×10^5	5.18	6.58×10^{-6}	-5.18
$[Fe(CN)_6]^{3-}$	1×10^{42}	42.0	1×10^{-42}	-42.0
$[HgBr_4]^{2-}$	1×10^{21}	21.0	1×10^{-21}	-21.0
$[Hg(CN)_4]^{2-}$	2.51×10^{41}	41.4	3.98×10^{-42}	-41.4
$[HgCl_4]^{2-}$	1.17×10^{15}	15.07	8.55×10^{-16}	-15.07
$[HgI_4]^{2-}$	6.76×10^{29}	29.83	1.48×10^{-30}	-29.83
$[Ni(NH_3)_6]^{2+}$	5.50×10^8	8.74	1.82×10^{-9}	-8.74
$[Ni(en)_3]^{2+}$	2.14×10^{18}	18.33	4.67×10^{-19}	-18.33
$[Zn(CN)_4]^{2-}$	5.0×10^{16}	16.7	2.0×10^{-17}	-16.7
$[Zn(NH_3)_4]^{2+}$	2.87×10^9	9.46	3.48×10^{-10}	-9.46
$[Zn(en)_2]^{2+}$	6.76×10^{10}	10.83	1.48×10^{-11}	-10.83

附录6 一些物质的溶度积 K_{sp}（25℃）

难溶电解质	K_{sp}	难溶电解质	K_{sp}
AgBr	5.35×10^{-13}	$Al(OH)_3$	2×10^{-33}
AgCl	1.77×10^{-10}	$BaCO_3$	2.58×10^{-9}
Ag_2CrO_4	1.12×10^{-12}	$BaSO_4$	1.07×10^{-10}
AgI	8.51×10^{-17}	$BaCrO_4$	1.17×10^{-10}
Ag_2S	6.69×10^{-50}（α型）	CaF_2	1.46×10^{-10}
	1.09×10^{-49}（β型）	$CaCO_3$	4.96×10^{-9}
Ag_2SO_4	1.20×10^{-5}	$Ca_3(PO_4)_2$	2.07×10^{-33}
$CaSO_4$	7.10×10^{-5}	$Mg(OH)_2$	5.61×10^{-12}
CdS	1.40×10^{-29}	$Mn(OH)_2$	2.06×10^{-13}
$Cd(OH)_2$	5.27×10^{-15}	MnS	4.65×10^{-14}
CuS	1.27×10^{-36}	$PbCO_3$	1.46×10^{-13}
$Fe(OH)_2$	4.87×10^{-17}	$PbCl_2$	1.17×10^{-5}
$Fe(OH)_3$	2.64×10^{-39}	PbI_2	8.49×10^{-9}
FeS	1.59×10^{-19}	PbS	9.0410^{-29}
HgS	6.44×10^{-53}（黑）	$PbCO_3$	1.82×10^{-8}
	2.00×10^{-53}（红）	$ZnCO_3$	1.19×10^{-10}
$MgCO_3$	6.82×10^{-6}	ZnS	2.93×10^{-25}

附录7 标准电极电势

电对 (氧化态/还原态)	电极反应 (氧化态$+ne^-\rightleftharpoons$还原态)	标准电极电势 $\varphi^{\ominus}/V$
Li^+/Li	$Li^+(aq)+e^-\rightleftharpoons Li(s)$	-3.0401
K^+/K	$K^+(aq)+e^-\rightleftharpoons K(s)$	-2.931
Ca^{2+}/Ca	$Ca^{2+}(aq)+2e^-\rightleftharpoons Ca(s)$	-2.868
Na^+/Na	$Na^+(aq)+e^-\rightleftharpoons Na(s)$	-2.71
Mg^{2+}/Mg	$Mg^{2+}(aq)+2e^-\rightleftharpoons Mg(s)$	-2.372
Al^{3+}/Al	$Al^{3+}(aq)+3e^-\rightleftharpoons Al(s)(0.1mol\cdot dm^{-1}NaOH)$	-1.662
Mn^{2+}/Mn	$Mn^{2+}(aq)+2e^-\rightleftharpoons Mn(s)$	-1.185
Zn^{2+}/Zn	$Zn^{2+}(aq)+2e^-\rightleftharpoons Zn(s)$	-0.7618
Fe^{2+}/Fe	$Fe^{2+}(aq)+2e^-\rightleftharpoons /Fe(s)$	-0.447
Cd^{2+}/Cd	$Cd^{2+}(aq)+2e^-\rightleftharpoons Cd(s)$	-0.4030
Co^{2+}/Co	$Co^{2+}(aq)+2e^-\rightleftharpoons Co(s)$	-0.28
Ni^{2+}/Ni	$Ni^{2+}(aq)+2e^-\rightleftharpoons Ni(s)$	-0.257
Sn^{2+}/Sn	$Sn^{2+}(aq)+2e^-\rightleftharpoons Sn(s)$	-0.1375
Pb^{2+}/Pb	$Pb^{2+}(aq)+2e^-\rightleftharpoons Pb(s)$	-0.1262
H^+/H_2	$H^+(aq)+e^-\rightleftharpoons 1/2H_2(g)$	0
$S_4O_6^{2-}/S_2O_3^{2-}$	$S_4O_6^{2-}(aq)+2e^-\rightleftharpoons 2S_2O_3^{2-}(aq)$	$+0.08$
S/H_2S	$S(s)+2H^+(aq)+2e^-\rightleftharpoons H_2S(aq)$	$+0.142$
Sn^{4+}/Sn^{2+}	$Sn^{4+}(aq)+2e^-\rightleftharpoons Sn^{2+}(aq)$	$+0.151$
SO_4^{2-}/H_2SO_3	$SO_4^{2-}(aq)+4H^+(aq)+2e^-\rightleftharpoons H_2SO_3(aq)+H_2O$	$+0.172$
Hg_2Cl_2/Hg	$Hg_2Cl_2(s)+2e^-\rightleftharpoons 2Hg(l)+2Cl^-(aq)$	$+0.26808$
Cu^{2+}/Cu	$Cu^{2+}(aq)+2e^-\rightleftharpoons Cu(s)$	$+0.3419$
O_2/OH^-	$1/2O_2(g)+H_2O+2e^-\rightleftharpoons 2OH^-(aq)$	$+0.401$
Cu^+/Cu	$Cu^+(aq)+e^-\rightleftharpoons Cu(s)$	$+0.521$
I_2/I^-	$I_2(s)+2e^-\rightleftharpoons 2I^-(aq)$	$+0.5355$
O_2/H_2O_2	$O_2(g)+2H^+(aq)+2e^-\rightleftharpoons H_2O_2(aq)$	$+0.695$
Fe^{3+}/Fe^{2+}	$Fe^{3+}(aq)+e^-\rightleftharpoons Fe^{2+}(aq)$	$+0.771$
Hg_2^{2+}/Hg	$1/2Hg_2^{2+}(aq)+e^-\rightleftharpoons Hg(l)$	$+0.7973$
Ag^+/Ag	$Ag^+(aq)+e^-\rightleftharpoons Ag(s)$	$+0.7990$

电对 （氧化态/还原态）	电极反应 （氧化态$+ne^-\rightleftharpoons$还原态）	标准电极电势 $\varphi^{\ominus}/V$
Hg^{2+}/Hg	$Hg^{2+}(aq)+2e^-\rightleftharpoons Hg(l)$	$+0.851$
NO_3^-/NO	$NO_3^-(aq)+4H^+(aq)+3e^-\rightleftharpoons NO(g)+2H_2O$	$+0.957$
HNO_2/NO	$HNO_2(aq)+H^+(aq)+e^-\rightleftharpoons NO(g)+H_2O$	$+0.983$
Br_2/Br^-	$Br_2(l)+2e^-\rightleftharpoons 2Br^-(aq)$	$+1.066$
MnO_2/Mn^{2+}	$MnO_2(s)+4H^+(aq)+2e^-\rightleftharpoons Mn^{2+}(aq)+2H_2O$	$+1.224$
O_2/H_2O	$O_2(g)+4H^+(aq)+4e^-\rightleftharpoons 2H_2O$	$+1.229$
$Cr_2O_7^{2-}/Cr^{3+}$	$Cr_2O_7^{2-}(aq)+14H^+(aq)+6e^-\rightleftharpoons 2Cr^{3+}(aq)+7H_2O$	$+1.232$
Cl_2/Cl^-	$Cl_2(g)+2e^-\rightleftharpoons 2Cl^-(aq)$	$+1.35827$
MnO_4^-/Mn^{2+}	$MnO_4^-(aq)+8H^+(aq)+5e^-\rightleftharpoons Mn^{2+}(aq)+4H_2O$	$+1.507$
H_2O_2/H_2O	$H_2O_2(aq)+2H^+(aq)+2e^-\rightleftharpoons 2H_2O$	$+1.776$
$S_2O_8^{2-}/SO_4^{2-}$	$S_2O_8^{2-}(aq)+2e^-\rightleftharpoons 2SO_4^{2-}(aq)$	$+2.010$
F_2/F^-	$F_2(g)+2e^-\rightleftharpoons 2F^-(aq)$	$+2.866$

附录8　一些共轭酸碱的解离常数

酸	K_a	碱	K_b
HNO_2	4.6×10^{-4}	NO_2^-	2.2×10^{-11}
HF	3.53×10^{-4}	F^-	2.83×10^{-11}
HAc	1.76×10^{-5}	Ac^-	5.68×10^{-10}
H_2CO_3	4.3×10^{-7}	HCO_3^-	2.3×10^{-8}
H_2S	9.1×10^{-8}	HS^-	1.1×10^{-7}
$H_2PO_4^-$	6.23×10^{-8}	HPO_4^{2-}	1.61×10^{-7}
NH^+	5.65×10^{-10}	NH_3	1.77×10^{-5}
HCN	4.93×10^{-10}	CN^-	2.03×10^{-5}
HCO_3^-	5.61×10^{-11}	CO_3^{2-}	1.78×10^{-4}
HS^-	1.1×10^{-12}	S^{2-}	9.1×10^{-3}
HPO_4^{2-}	2.2	PO_4^{3-}	4.5×10^{-2}

附录9　我国生活饮用水卫生标准（GB 5749—85）

项　目		标　准
感官性状	色	色度不超过15度，并不得呈现其它异色
	浑浊度	不超过3度，特殊情况不超过5度
	嗅和味	不得有异臭、异味
	肉眼可见物	不得含有
一般化学指标	pH值	$6.5\sim8.5$
	总硬度（以碳酸钙计）	不超过$450mg\cdot L^{-1}$
	铁	不超过$0.3mg\cdot L^{-1}$
	锰	不超过$0.1mg\cdot L^{-1}$
	铜	不超过$1.0mg\cdot L^{-1}$
	锌	不超过$1.0mg\cdot L^{-1}$
	挥发酚类（以苯酚计）	不超过$0.002mg\cdot L^{-1}$
	阴离子合成洗涤剂	不超过$0.3mg\cdot L^{-1}$
	硫酸盐	不超过$250mg\cdot L^{-1}$
	氧化物	不超过$250mg\cdot L^{-1}$
	溶解性总固体	不超过$1000mg\cdot L^{-1}$

项　　目		标　　准
毒理学指标	氟化物	不超过 1.0mg·L^{-1}
	氰化物	不超过 0.05mg·L^{-1}
	砷	不超过 0.05mg·L^{-1}
	硒	不超过 0.01mg·L^{-1}
	汞	不超过 0.001mg·L^{-1}
	镉	不超过 0.01mg·L^{-1}
	铬(六价)	不超过 0.05mg·L^{-1}
	铅	不超过 0.05mg·L^{-1}
	银	不超过 0.05mg·L^{-1}
	硝酸盐(以氮计)	不超过 20mg·L^{-1}
	氯仿	不超过 60g·L^{-1}
	四氯化氮	不超过 3g·L^{-1}
	苯并[a]芘	不超过 0.01g·L^{-1}
	滴滴涕	不超过 1g·L^{-1}
	六六六	不超过 5g·L^{-1}
细菌学指标	细菌总数	不超过 100 个·mL^{-1}
	总大肠菌群	不超过 3 个·L^{-1}
	游离余氯	在与水接触 30min 后应不低于 0.3 mg·L^{-1}。集中式给水除出厂水应符合上述要求外,管网末梢水不应低于 0.05 mg·L^{-1}
放射性指标	总 α 放射性	不超过 0.1Bq·L^{-1}
	总 β 放射性	不超过 1Bq·L^{-1}

附录 10　标准热力学函数（$p^{\ominus}=100\text{kPa}$，$T=298.15\text{K}$）

物质(状态)	$\Delta_f H_m^{\ominus}$ /kJ·mol^{-1}	$\Delta_f G_m^{\ominus}$ /kJ·mol^{-1}	$S_m^{\ominus}$ /J·mol^{-1}·K^{-1}
Ag(s)	0	0	42.55
Ag$^+$(aq)	105.579	77.107	72.68
AgBr(s)	−100.37	−96.90	170.1
AgCl(s)	−127.068	−109.789	96.2
AgI(s)	−61.68	−66.19	115.5
Ag$_2$O(s)	−30.05	−11.20	121.3
Ag$_2$CO$_3$(s)	−505.8	−436.8	167.4
Al^{3+}	−531	−485	−321.7
AlCl$_3$(s)	−704.2	−628.8	110.67
Al$_2$O$_3$(s、α、刚玉)	−1675.7	−1582.3	50.92
AlO$_2$$^-$(aq)	−918.8	−823.0	−21
Ba^{2+}(aq)	−537.64	−560.77	9.6
BaCO$_3$(s)	−1216.3	−1137.6	112.1
BaO(s)	−553.5	−525.1	70.42
BaTiO$_3$(s)	−1659.8	−1572.3	107.9
Br$_2$(l)	0	0	152.231
Br$_2$(g)	30.907	3.110	245.463
Br$^-$(aq)	−121.55	−103.96	82.4
C(s、石墨)	0	0	5.740
C(s、金刚石)	1.8966	2.8995	2.377
CCl$_4$(l)	−135.44	−65.21	216.40

物质(状态)	$\Delta_f H_m^{\ominus}$ /kJ·mol^{-1}	$\Delta_f G_m^{\ominus}$ /kJ·mol^{-1}	$S_m^{\ominus}$ /J·mol^{-1}·K^{-1}
$CO(g)$	-110.525	-137.168	197.674
$CO_2(g)$	-393.509	-394.359	213.74
$CO_3^{2-}(aq)$	-677.14	-527.81	-56.9
$HCO_3^-(aq)$	-691.99	-586.77	91.2
$Ca(s)$	0	0	41.42
$Ca^{2+}(aq)$	-542.83	-553.58	-53.1
$CaCO_3(s,方解石)$	-1206.92	-1128.79	92.9
$CaO(s)$	-635.09	-604.03	39.75
$Ca(OH)_2(s)$	-986.09	-898.49	83.39
$CaSO_4(s,不溶解的)$	-1434.11	-1321.79	106.7
$CaSO_4·2H_2O(s,透石膏)$	-2022.63	-1797.28	194.1
$Cl_2(g)$	0	0	223.006
$Cl^-(aq)$	-167.16	-131.26	56.5
$Co(s,\alpha)$	0	0	30.04
$CoCl_2(s)$	-312.5	-269.8	109.16
$Cr(s)$	0	0	23.77
$Cr^{3+}(aq)$	-1999.1	$-$	$-$
$Cr_2O_3(s)$	-1139.7	-1058.1	81.2
$Cr_2O_7^{2-}(aq)$	-1490.3	-1301.1	261.9
$Cu(s)$	0	0	33.150
$Cu^{2+}(aq)$	64.77	65.249	-99.6
$CuCl_2(s)$	-220.1	-175.7	108.07
$CuO(s)$	-157.3	-129.7	42.63
$Cu_2O(s)$	-168.6	-146.0	93.14
$CuS(s)$	-53.1	-53.6	66.5
F_2	0	0	202.78
$Fe(s,\alpha)$	0	0	27.28
$Fe^{2+}(aq)$	-89.1	-78.90	-137.7
$Fe^{3+}(aq)$	-48.5	-4.7	-315.9
$Fe_{0.947}O(s,方铁矿)$	-266.27	-245.12	57.49
$FeO(s)$	-272.0	$-$	$-$
$Fe_2O_3(s,赤铁矿)$	-824.2	-742.2	87.40
$Fe_3O_4(s,磁铁矿)$	-1118.4	-1015.4	146.4
$Fe(OH)_2(s)$	-569.0	-486.5	88
$Fe(OH)_3(s)$	-823.0	-696.5	106.7
$H_2(g)$	0	0	130.84
$H^+(aq)$	0	0	0
$H_2CO_3(aq)$	-699.65	-623.16	187.4
$HCl(g)$	-92.307	-95.299	186.80
$HF(g)$	-271.1	-273.2	173.79
$HNO_3(l)$	-174.10	-80.79	155.60
$H_2O(g)$	-241.818	-228.572	188.825
$H_2O(l)$	-285.83	-237.129	69.91
$H_2O_2(l)$	-187.78	-120.35	109.6
$H_2O_2(aq)$	-191.17	-134.03	143.9
$H_2S(g)$	-20.63	-33.56	205.79
$HS^-(aq)$	-17.6	12.08	62.8
$S^{2-}(aq)$	33.1	85.8	-14.6
$Hg(g)$	61.317	31.820	174.96

物质（状态）	$\Delta_f H_m^{\ominus}$ /kJ·mol^{-1}	$\Delta_f G_m^{\ominus}$ /kJ·mol^{-1}	$S_m^{\ominus}$ /J·mol^{-1}·K^{-1}
Hg(l)	0	0	76.02
HgO(s,红)	−90.83	−58.539	70.29
I$_2$(g)	62.438	19.327	260.65
I$_2$(s)	0	0	116.135
I$^-$(aq)	−55.19	−51.59	111.3
K(s)	0	0	64.18
K$^+$(aq)	−252.38	−283.27	102.5
KCl(s)	−436.747	−409.14	82.59
Mg(s)	0	0	32.68
Mg^{2+}(aq)	−466.85	−454.8	−138.1
MgCl$_2$(s)	−641.32	−591.79	89.62
MgO(s,粗粒的)	−601.70	−569.44	26.94
Mg(OH)$_2$(s)	−924.54	−833.51	63.18
Mn(s,α)	0	0	32.01
Mn^{2+}(aq)	−220.75	−228.1	−73.6
MnO(s)	−385.22	−362.90	59.71
N$_2$(g)	0	0	191.50
NH$_3$(g)	−46.11	−16.45	192.45
NH$_3$(aq)	−80.29	−26.50	111.3
NH$_4^+$(aq)	−132.43	−79.31	113.4
N$_2$H$_4$(l)	50.63	149.34	121.21
NH$_4$Cl(s)	−314.43	−202.87	94.6
NO(g)	90.25	86.55	210.761
NO$_2$(g)	33.18	51.31	240.06
N$_2$O$_4$(g)	9.16	304.29	97.89
NO$_3^-$(aq)	−205.0	−108.74	146.4
Na(s)	0	0	51.21
Na$^+$(aq)	−240.12	−261.95	59.0
NaCl(s)	−411.15	−384.15	72.13
Na$_2$O(s)	−414.22	−375.47	75.06
NaOH(s)	−425.609	−379.526	64.45
Ni(s)	0	0	29.87
NiO(s)	−239.7	−211.7	37.99
O$_2$(g)	0	0	205.138
O$_3$(g)	142.7	163.2	238.93
OH$^-$(aq)	−229.994	−157.244	−10.75
P(s,白)	0	0	41.09
Pb(s)	0	0	64.81
Pb^{2+}(aq)	−1.7	−24.43	10.5
PbCl$_2$(s)	−359.41	−314.1	136.0
PbO(s,黄)	−217.32	−187.89	68.70
S(s,正交)	0	0	31.80
SO$_2$(g)	−296.83	−300.19	248.22
SO$_3$(g)	−395.72	−371.06	256.76
SO$_4^{2-}$(aq)	−909.27	−744.53	20.1
Si(s)	0	0	18.83
SiO$_2$(s,α石英)	−910.94	−856.64	41.84
Sn(s,白)	0	0	51.55
SnO$_2$(s)	−580.7	−519.7	52.3

物质(状态)	$\Delta_f H_m^{\ominus}$ /kJ•mol^{-1}	$\Delta_f G_m^{\ominus}$ /kJ•mol^{-1}	$S_m^{\ominus}$ /J•mol^{-1}•K^{-1}
Ti(s)	0	0	30.63
TiCl$_4$(l)	-804.2	-737.2	252.34
TiCl$_4$(g)	-763.2	-726.7	354.9
TiN(s)	-722.2	—	—
TiO$_2$(s,金红色)	-944.7	-889.5	50.33
Zn(s)	0	0	41.63
Zn^{2+}(aq)	-153.89	-147.06	-112.1
CH$_4$(g)	-74.81	-50.72	186.264
C$_2$H$_2$(g)	226.73	209.20	200.94
C$_2$H$_4$(g)	52.26	68.15	219.56
C$_2$H$_6$(g)	-84.68	-32.82	229.60
C$_6$H$_6$(g)	82.93	129.66	269.20
C$_6$H$_6$(l)	48.99	124.35	173.26
CH$_3$OH(l)	-238.66	-166.27	126.8
C$_2$H$_5$OH(l)	-277.69	-174.78	160.07
CH$_3$COOH(l)	-484.5	-389.9	159.8
C$_6$H$_5$COOH(s)	-385.05	-245.27	167.57
C$_{12}$H$_{22}$O$_{11}$(s)	-2225.5	-1544.6	360.2

参 考 文 献

［1］ 徐光宪.21世纪化学的内涵、四大难题和突破口.科学通报,2001,46:2086-2091.

［2］ 浙江大学普通化学教研组,王明华等修订.普通化学.第五版.北京:高等教育出版社,2002.

［3］ 樊行雪,方国女.大学化学原理及应用(上,下册).北京:化学工业出版社,上海:华东理工大学出版社.2000.

［4］ 沈光球,陶家洵,徐功骅.现代化学基础.北京:清华大学出版社,1999.

［5］ 李梅君,陈娅如.普通化学.上海:华东理工大学出版社,2001.

［6］ 北京大学《大学基础化学》编写组.大学基础化学.北京:高等教育出版社,2003.

［7］ 陈虹锦.无机及分析化学.北京:科学出版社,2002.

［8］ 李秋荣,谢丹阳,王艳芝.工科基础化学.北京:中国标准出版社,2003.

［9］ 周公度.结构和物性化学原理的应用.北京:高等教育出版社,2000.

［10］ 林辉祥,李基永.工科化学.湖南:湖南大学出版社,1996.

［11］ 董元彦,左贤云,邬荆平.无机及分析化学.北京:科学出版社,2000.

［12］ 徐崇泉,强亮生.工科大学化学.北京:高等教育出版社,2003.

［13］ 曲保中,朱炳林,周伟红.新大学化学.北京:科学出版社,2002.

［14］ 浙江大学.无机及分析化学.北京:高等教育出版社,2003.

［15］ 王明华,许莉.普通化学解题指南.北京:高等教育出版社,2003.

［16］ 浙江大学普通化学教研组.普通化学.第五版.北京:高等教育出版社,2002.

［17］ 北京大学《大学基础化学》编写组.大学基础化学.北京:高等教育出版社,2003.

［18］ 金若水,王韵花,芮承国.现代化学原理.北京:高等教育出版社,2003.

［19］ 江棂主编.工科化学.北京:化学工业出版社,2003.

［20］ 李保山主编.基础化学.北京:科学出版社,2003.

［21］ 李葵英.界面与胶体的物理化学.哈尔滨:哈尔滨工业大学出版社,1998.

［22］ R H Petrucci,W S Harwood,G Herring. General Chemistry:Principles and Modern Applications. 8th Ed. Pearson Education Inc,2002(影印本,北京:高等教育出版社,2004).

［23］ 沈慕昭.电化学基本原理及其应用.北京:北京师范大学出版社,1987.

［24］ 荣国斌,苏克曼.大学有机化学基础,上海:华东理工大学出版社,北京:化学工业出版社,2000.

［25］ 徐寿昌.有机化学.第二版.北京:高等教育出版社,1993.

［26］ 刘玉鑫,李天全.有机化学教程,北京:科学出版社,2001.

［27］ 林辉祥,李基永.工科化学.长沙:湖南大学出版社,1996.

［28］ 赵泓,管毓凤,朱兵,陈锌宝.普通化学.上海:华东师范大学出版社,1992.

［29］ 西安交通大学基础化学教研室.普通化学.北京:高等教育出版社,1987.

［30］ 柯以侃主编.大学化学实验.北京:化学工业出版社,2001.

［31］ 胡立江,尤宏主编.工科大学化学实验.哈尔滨:哈尔滨工业大学出版社,1999.

［32］ 徐功骅,蔡作乾主编.大学化学实验.第二版.北京:清华大学出版社,1997.

［33］ 周仕学,薛彦辉主编.普通化学实验.北京:化学工业出版社,2003.

［34］ D R Lide. CRC Handbook of Chemistry and Physics. 71st ed. CRC Press,Inc. ,1990～1991.

［35］ D D Wagman 等编.NBS 化学热力学性质表.刘天和,赵梦月译.北京:中国标准出版社,1998.

［36］ J A Dean. Lang's Handbook of Chemistry. 13th ed. Mcgraw-Hill Book Company,1985.

元素周期表

IUPAC 2013

氧化态(单质的氧化态为0,
未列入;常见的为红色)

以 $^{12}C=12$ 为基准的原子量
(注◆的是半衰期最长同位
素的原子量)

95	← 原子序数
Am	← 元素符号(红色的为放射性元素)
镅	← 元素名称(注▲的为人造元素)
$5f^77s^2$	← 价层电子构型
+2 +3 +4 +5 +6	
243.06138(2)◆	

s区元素	p区元素	ds区元素
d区元素	f区元素	稀有气体

电子层: K L M N O P Q

族 / 周期	1 IA	2 IIA	3 IIIB	4 IVB	5 VB	6 VIB	7 VIIB	8	9 VIIIB(VIII)	10	11 IB	12 IIB	13 IIIA	14 IVA	15 VA	16 VIA	17 VIIA	18 VIIIA(0)
1	**1 H** 氢 $1s^1$ 1.008																	**2 He** 氦 $1s^2$ 4.002602(2)
2	**3 Li** 锂 $2s^1$ 6.94	**4 Be** 铍 $2s^2$ 9.0121831(5)											**5 B** 硼 $2s^22p^1$ 10.81	**6 C** 碳 $2s^22p^2$ 12.011	**7 N** 氮 $2s^22p^3$ 14.007	**8 O** 氧 $2s^22p^4$ 15.999	**9 F** 氟 $2s^22p^5$ 18.998403163(6)	**10 Ne** 氖 $2s^22p^6$ 20.1797(6)
3	**11 Na** 钠 $3s^1$ 22.98976928(2)	**12 Mg** 镁 $3s^2$ 24.305											**13 Al** 铝 $3s^23p^1$ 26.9815385(7)	**14 Si** 硅 $3s^23p^2$ 28.085	**15 P** 磷 $3s^23p^3$ 30.973761998(5)	**16 S** 硫 $3s^23p^4$ 32.06	**17 Cl** 氯 $3s^23p^5$ 35.45	**18 Ar** 氩 $3s^23p^6$ 39.948(1)
4	**19 K** 钾 $4s^1$ 39.0983(1)	**20 Ca** 钙 $4s^2$ 40.078(4)	**21 Sc** 钪 $3d^14s^2$ 44.955908(5)	**22 Ti** 钛 $3d^24s^2$ 47.867(1)	**23 V** 钒 $3d^34s^2$ 50.9415(1)	**24 Cr** 铬 $3d^54s^1$ 51.9961(6)	**25 Mn** 锰 $3d^54s^2$ 54.938044(3)	**26 Fe** 铁 $3d^64s^2$ 55.845(2)	**27 Co** 钴 $3d^74s^2$ 58.933194(4)	**28 Ni** 镍 $3d^84s^2$ 58.6934(4)	**29 Cu** 铜 $3d^{10}4s^1$ 63.546(3)	**30 Zn** 锌 $3d^{10}4s^2$ 65.38(2)	**31 Ga** 镓 $4s^24p^1$ 69.723(1)	**32 Ge** 锗 $4s^24p^2$ 72.630(8)	**33 As** 砷 $4s^24p^3$ 74.921595(6)	**34 Se** 硒 $4s^24p^4$ 78.971(8)	**35 Br** 溴 $4s^24p^5$ 79.904	**36 Kr** 氪 $4s^24p^6$ 83.798(2)
5	**37 Rb** 铷 $5s^1$ 85.4678(3)	**38 Sr** 锶 $5s^2$ 87.62(1)	**39 Y** 钇 $4d^15s^2$ 88.90584(2)	**40 Zr** 锆 $4d^25s^2$ 91.224(2)	**41 Nb** 铌 $4d^45s^1$ 92.90637(2)	**42 Mo** 钼 $4d^55s^1$ 95.95(1)	**43 Tc** 锝 $4d^55s^2$ 97.90721(3)◆	**44 Ru** 钌 $4d^75s^1$ 101.07(2)	**45 Rh** 铑 $4d^85s^1$ 102.90550(2)	**46 Pd** 钯 $4d^{10}$ 106.42(1)	**47 Ag** 银 $4d^{10}5s^1$ 107.8682(2)	**48 Cd** 镉 $4d^{10}5s^2$ 112.414(4)	**49 In** 铟 $5s^25p^1$ 114.818(1)	**50 Sn** 锡 $5s^25p^2$ 118.710(7)	**51 Sb** 锑 $5s^25p^3$ 121.760(1)	**52 Te** 碲 $5s^25p^4$ 127.60(3)	**53 I** 碘 $5s^25p^5$ 126.90447(3)	**54 Xe** 氙 $5s^25p^6$ 131.293(6)
6	**55 Cs** 铯 $6s^1$ 132.90545196(6)	**56 Ba** 钡 $6s^2$ 137.327(7)	57~71 La~Lu 镧系	**72 Hf** 铪 $5d^26s^2$ 178.49(2)	**73 Ta** 钽 $5d^36s^2$ 180.94788(2)	**74 W** 钨 $5d^46s^2$ 183.84(1)	**75 Re** 铼 $5d^56s^2$ 186.207(1)	**76 Os** 锇 $5d^66s^2$ 190.23(3)	**77 Ir** 铱 $5d^76s^2$ 192.217(3)	**78 Pt** 铂 $5d^96s^1$ 195.084(9)	**79 Au** 金 $5d^{10}6s^1$ 196.966569(5)	**80 Hg** 汞 $5d^{10}6s^2$ 200.592(3)	**81 Tl** 铊 $6s^26p^1$ 204.38	**82 Pb** 铅 $6s^26p^2$ 207.2(1)	**83 Bi** 铋 $6s^26p^3$ 208.98040(1)	**84 Po** 钋 $6s^26p^4$ 208.98243(2)◆	**85 At** 砹 $6s^26p^5$ 209.98715(5)◆	**86 Rn** 氡 $6s^26p^6$ 222.01758(2)◆
7	**87 Fr** 钫 $7s^1$ 223.01974(2)◆	**88 Ra** 镭 $7s^2$ 226.02541(2)◆	89~103 Ac~Lr 锕系	**104 Rf** 𬬻▲ $6d^27s^2$ 267.122(4)◆	**105 Db** 𬭊▲ $6d^37s^2$ 270.131(4)◆	**106 Sg** 𬭳▲ $6d^47s^2$ 269.129(3)◆	**107 Bh** 𬭛▲ $6d^57s^2$ 270.133(2)◆	**108 Hs** 𬭶▲ $6d^67s^2$ 270.134(2)◆	**109 Mt** 鿏▲ $6d^77s^2$ 278.156(5)◆	**110 Ds** 𫟼▲ 281.165(4)◆	**111 Rg** 𬬭▲ 281.166(6)◆	**112 Cn** 鿔▲ 285.177(4)◆	**113 Nh** 鿭▲ 286.182(5)◆	**114 Fl** 𫓧▲ 289.190(4)◆	**115 Mc** 镆▲ 289.194(6)◆	**116 Lv** 𫟷▲ 293.204(4)◆	**117 Ts** 𬭊▲ 293.208(6)◆	**118 Og** 鿫▲ 294.214(5)◆

镧系 ★

57 La 镧 $5d^16s^2$ 138.90547(7)	**58 Ce** 铈 $4f^15d^16s^2$ 140.116(1)	**59 Pr** 镨 $4f^36s^2$ 140.90766(2)	**60 Nd** 钕 $4f^46s^2$ 144.242(3)	**61 Pm** 钷▲ $4f^56s^2$ 144.91276(2)◆	**62 Sm** 钐 $4f^66s^2$ 150.36(2)	**63 Eu** 铕 $4f^76s^2$ 151.964(1)	**64 Gd** 钆 $4f^75d^16s^2$ 157.25(3)	**65 Tb** 铽 $4f^96s^2$ 158.92535(2)	**66 Dy** 镝 $4f^{10}6s^2$ 162.500(1)	**67 Ho** 钬 $4f^{11}6s^2$ 164.93033(2)	**68 Er** 铒 $4f^{12}6s^2$ 167.259(3)	**69 Tm** 铥 $4f^{13}6s^2$ 168.93422(2)	**70 Yb** 镱 $4f^{14}6s^2$ 173.045(10)	**71 Lu** 镥 $4f^{14}5d^16s^2$ 174.9668(1)

锕系 ★

89 Ac 锕 $6d^17s^2$ 227.02775(2)◆	**90 Th** 钍 $6d^27s^2$ 232.0377(4)	**91 Pa** 镤 $5f^26d^17s^2$ 231.03588(2)	**92 U** 铀 $5f^36d^17s^2$ 238.02891(3)	**93 Np** 镎▲ $5f^46d^17s^2$ 237.04817(2)◆	**94 Pu** 钚▲ $5f^67s^2$ 244.06421(4)◆	**95 Am** 镅▲ $5f^77s^2$ 243.06138(2)◆	**96 Cm** 锔▲ $5f^76d^17s^2$ 247.07035(3)◆	**97 Bk** 锫▲ $5f^97s^2$ 247.07031(4)◆	**98 Cf** 锎▲ $5f^{10}7s^2$ 251.07959(3)◆	**99 Es** 锿▲ $5f^{11}7s^2$ 252.0830(3)◆	**100 Fm** 镄▲ $5f^{12}7s^2$ 257.09511(5)◆	**101 Md** 钔▲ $5f^{13}7s^2$ 258.09843(3)◆	**102 No** 锘▲ $5f^{14}7s^2$ 259.1010(7)◆	**103 Lr** 铹▲ $5f^{14}6d^17s^2$ 262.110(2)◆